Dr. Estella Böhmer

Warum leiden Hauskaninchen so häufig an Gebiss- und Verdauungsproblemen?

Ein Ratgeber für die Ernährung von Kaninchen

320 farbige Abbildungen

lehmanns media

Dr. Estella Böhmer ist seit 1982 wissenschaftliche Hilfskraft und seit 1991 akademische Rätin an der Chirurgischen und Gynäkologischen Kleintierklinik der Ludwig-Maximilians-Universität München (Zentrum für Klinische Tiermedizin). Sie wurde 1996 damit beauftragt, eine spezielle Station für kleine Heimtiere zu gründen und war bis 2016 auch deren Leiterin. Daher ist sie mit den wichtigsten Erkrankungen der Kleinsäuger sowie den hieraus resultierenden Problemen für die Tierhalter sehr vertraut – basierend auf einer nunmehr über 30-jährigen beruflichen Erfahrung. Aber auch international wird ihr Rat geschätzt. So ist sie seit 2008 aktiver „consultant" im „small mammal folder" von VIN und wirkt darüber hinaus auch in anderen nationalen sowie internationalen Foren aktiv mit. 2011 veröffentlichte sie im Schattauer Verlag ein Fachbuch zum Thema „Zahnheilkunde bei Kaninchen und Nagern – Lehrbuch und Atlas" (ISBN 978-3-7945-2751-9). Englischsprachige Ausgabe: „Dentistry in Rabbits and Rodents", Wiley-Verlag (ISBN 978-1-118-80254-0). Während sich dieses Fachbuch insbesondere an Tierärzte wendet, ist das vorliegende Werk speziell für Tierbesitzer geschrieben. Es soll sie darin unterstützen durch eine tierartgerechtere Ernährung ihrer Kaninchen diverse Erkrankungen der Zähne sowie des Magen-Darm-Traktes zu vermeiden.

Bildnachweis: Alle Bilder stammen von der Autorin bzw. aus der Chirurgischen und Gynäkologischen Kleintierklinik der LMU München (Teil der Röntgenbilder – mit freundlicher Genehmigung der Klinikleitung). Die Fotos der Wildkaninchen wurden Im Rahmen der Facharbeit von Dipl. Ing. Annette Böhmer erstellt.

Die im vorliegenden Buch enthaltenen Empfehlungen sind von der Autorin mit größter Sorgfalt und nach bestem Wissen zusammengestellt worden. Trotzdem kann für die Richtigkeit der Angaben keine Garantie gegeben werden. Die Autorin sowie der Verlag übernehmen keinerlei Haftung für mögliche Schäden, die aus der Anwendung der vorgestellten Empfehlungen entstehen könnten.

Internet: www.curoxray.de
E-Mail: boehmer@curoxray.de

Umschlagentwurf und -gestaltung: Susanne Böhmer, München
Illustrationen/Graphiken: Dr. Christine Böhmer, München
Layout und Gestaltung: Florian Böhmer, München
Druck und Verarbeitung: Elanders, Waiblingen

ISBN 978-3-96543-084-6 www.lehmanns.de

Meiner Familie,
die mich während der scheinbar endlos langen „Schaffensphase“ dieses Buchs
nicht nur moralisch sondern auch tatkräftig unterstützt hat.

Chinesische Weisheit:
*„Lernen ist wie das Rudern gegen den Strom,
sobald man aufhört, treibt man zurück.“*

Vorwort

Liebe Leserin, lieber Leser,

Sie haben ein Kaninchen als Haustier – schon seit längerem oder erst seit kurzer Zeit – und möchten mehr zum Thema „Zähne“ sowie „Ernährung“ Ihres Lieblings wissen? Dann halten Sie mit diesem Buch die richtige Lektüre in Händen. Vielleicht haben Sie bereits im Internet nach Informationen zu diesem Thema gesucht. Man bekommt dort unendlich viele „Treffer“. Welche Seite soll man sich anschauen? Wo informiert man sich am besten? Welche Website ist besonders aufschlussreich und bietet wissenschaftlich fundiertes Wissen? Hat sie ein Tierarzt geschrieben, ein Wissenschaftler, ein Züchter oder ein Laie? Kann ich mich auf die dort vermittelten Informationen auch wirklich verlassen? Fragen, die nicht leicht zu beantworten sind und den Leser verunsichern. Man erfährt einiges über die Anatomie des Gebisses und den komplexen Verdauungstrakt eines Kaninchens. Hierauf basierend werden dann die unterschiedlichsten Fütterungsempfehlungen ausgesprochen. Zwischen all diesen Mitteilungen verbergen sich viele wichtige Informationen. Vielleicht gehen diese aber auch in der Masse der sich zum Teil ständig wiederholenden Textbausteine und Bilder aber auch einfach unter, da man die Seiten nach einiger Zeit eher unkonzentriert überfliegt.

Das vorliegende Buch soll Ihnen dabei helfen, sich über die komplexe Thematik der Verdauung sowie der Anatomie und Funktion eines Kaninchengebisses umfassend zu informieren – in einer leicht verständlichen Form, die gleichzeitig aktuelle wissenschaftliche Untersuchungen zu diesem Thema berücksichtigt. Als Autorin bin ich mir sicher, dass Sie nach der Lektüre des hier vermittelten Grundlagenwissens in der Lage sein werden, Ihr Kaninchen artgerecht und gesund zu ernähren. Dies wird nicht nur die Verdauung Ihres Schützlings positiv beeinflussen, sondern auch dessen Gebiss möglichst langfristig gesund erhalten – vorausgesetzt Ihr Kaninchen leidet nicht an einer angeborenen Zahn- oder Kiefererkrankung bzw. anderen Krankheiten, die Zahnprobleme auslösen oder begünstigen können.

Die Themen „**Ernährung/Verdauungsprobleme**“ und „**Gebiss-/Zahnerkrankungen**“ können nicht getrennt voneinander behandelt werden. Beide Bereiche sind eng miteinander verwoben und beeinflussen sich gegenseitig sehr stark. Um die Komplexität dieser Abhängigkeit verstehen zu können, muss man die **Grundlagen** der **Verdauungsphysiologie** und der **speziellen Anatomie der Zähne** eines Kaninchens kennen. Dieses Wissen soll Ihnen auf den folgenden Seiten vermittelt werden. Falls Sie hierbei nicht alles auf Anhieb verstehen, lesen Sie einfach weiter. Sie werden immer tiefer in die interessante Materie eintauchen und zunächst Unverständliches wird Ihnen während des weiteren Lesens plötzlich ganz logisch und klar erscheinen. Spätestens am Ende des Buches werden Sie begreifen, worauf es ankommt und was Sie als verantwortungsvoller Tierhalter tun können, um Ihrem Kaninchen ein möglichst artgerechtes, langes und hoffentlich gesundes Leben zu ermöglichen.

Ich wünsche Ihnen viel Spaß beim Lesen und hoffe, dass auch Sie von der Thematik so fasziniert sein werden wie ich. „*Die Neugierde ist es, die uns dazu antreibt, die Wunder der Natur zu erforschen*“.

München, den 21. Januar 2014 — Estella Böhmer

Vorwort 4

Einleitung 9

Entwicklung der Kaninchenhaltung und -fütterung 10

Abstammung und Verbreitung der Kaninchen 10
Geschichtliche Entwicklung der Kaninchenfütterung 12

Allgemeines zur richtigen Ernährung und Haltung von Hauskaninchen 16

Allgemeines zur Anatomie und Funktion des Magen-Darm-Trakts 25

Spezielle funktionelle Anatomie des Magen-Darm-Trakts 31

Mundhöhle 31
Schneide- und Backenzähne 32
Magen 38
Dünndarm 41
Blinddarm (Zäkum) 47
Grimmdarm (Kolon) 51
Ileozäkokolischer Komplex 55
Mastdarm (Rektum) 55

Details und Bedeutung von Blinddarmfermentation und Zäkotrophie 58

Bakterielle Fermentation im Blinddarm 58
Zäkotrophe und Zäkotrophie 63

Basiswissen zur Ernährung 71

Nährstoffe und Nährstoffbedarf 71
Kohlenhydrate 72
Proteine 81
Fette (Lipide) 83
Vitamine 84
Vitamin-B-Komplex 84
Vitamin C (Ascorbinsäure) 87
Vitamin A (Retinol) 87
Vitamin D (Calciferol) 90
Vitamin E (Tocopherol) 93
Vitamin K 94
Mineralstoffe und Spurenelemente 95
Kalzium und Phosphor 95
Kalium und Natrium 102
Wasserbedarf 103
Energiebedarf 105
Bestimmung der Rohnährstoffe im Futter 105
Weender-Futtermittelanalyse 105
Faser-Fraktionierung nach van Soest 107

Konservierung von frischem Wiesenfutter 111

Silage ... *113*
Heulage (Gärheu)+ ... *114*
Heu ... *115*
Einfluss des Schnittzeitpunkts auf die Heuqualität ... 115
Mähverfahren ... 117
Trocknungsverfahren ... 117
Heureifung („Heuschwitzen") ... 121
Eigene Herstellung von Heu ... 122

Industrielle Produktion von Futtermitteln ... 125

Bestandteile kommerzieller Futtermittel ... *125*
Herstellungsverfahren ... *128*
Pelletpressung („einfache Pelletierung") ... 128
Extrusionsverfahren ... 130

Allgemeine Überlegungen zu einer kaninchengerechten Fütterung ... 134

Naturbelassene Futtermittel ... 139

Frisches Grünfutter ... *139*
Umstellung auf frisches Wiesenfutter (Frühjahr) ... 142
Gefahren der Verfütterung von frischem Grünfutter ... 143
Giftige bzw. „gefährliche" Pflanzen ... 144
Wiesen- und Weidegrünfutter ... 145
Küchen- und Wildkräuter ... 152
Kleine Zweige und Blätter ... *153*
Frisches Gemüse ... *155*
Frisches Obst ... *161*
Getrocknete Gemüse und Trockenobst ... *162*
Heu ... *164*
Heuarten ... 167
Kriterien zur Prüfung der Heuqualität ... 170
Vorteile einer Heufütterung bei gesunden Kaninchen ... 172
Ursachen für eine Verweigerung der Heuaufnahme ... 178
Belohnungsfutter („Leckerlis") ... *181*
Ungeeignete Futtermittel ... *182*
Getreide ... 182
Trockenes Brot, Zwieback und Knäckebrot ... 185

Kommerzielle Futtermittel ... 186

Arten kommerzieller Futtermittel ... *189*
Heupresslinge (Cobs und Briketts) ... 191
Pellets ... 192
Mischfutter („Buntfutter") ... 198
Strukturiertes Mischfutter aus (vorwiegend) nativen Komponenten ... 199
Einzelfuttermittel ... 200
Grundproblem der Verfütterung besonders nährstoffreicher (Fertig-)Futtermittel ... *200*

Fütterungstechnik ... 202

Häufigkeit der Fütterung ... *202*
Heuraufe und Futterschalen ... *202*
Die gesunde Kaninchenernährung im Überblick ... *203*

Fütterungsfehler und ihre Folgen ... 204

Strukturell ungeeignetes Futter ... *204*
Mangel an unverdaulicher Rohfaser ... *210*
Überangebot an leicht verdaulichen Kohlenhydraten ... *212*
Überangebot oder Mangel an Proteinen ... *214*
Überangebot an Fetten ... *216*

Diagnostik und Therapie von Erkrankungen des Magen-Darm-Trakts ... 217

Untersuchung bei Verdacht auf eine Magen-Darm-Trakt-Erkrankung ... *217*
Therapie von Magen-Darm-Erkrankungen ... *221*
Gezielte Behandlung ... 222
Assistierte Fütterung ... 223
Spezielle Erkrankungen ... *227*
Dysbakterie ... 227
Hepatische Lipidose (krankhafte Leberverfettung) ... 228

Diagnostik und Therapie von Zahnerkrankungen ... 230

Untersuchung bei Verdacht auf eine primäre Gebisserkrankung ... *230*
Erhebung des Vorberichts ... 230
Klinische Untersuchung ... 232
Röntgenologische Untersuchung des Gebisses ... 236
Therapie von Zahnerkrankungen (Zahnüberwuchs und Kieferabszesse) ... *240*
Angeborene Erkrankungen ... *245*
Schneidezahnüberwuchs bei kurzköpfigen Kaninchen (Brachygnathie) ... 245
Kampylognathie und Zangengebiss ... 246

Nachwort ... 248

Einleitung

Kaninchen werden in der **Tierarztpraxis** am **häufigsten** wegen **Magen-Darm-Problemen** und **Zahnerkrankungen vorgestellt** (Abb.1 und Abb.2). Bei Verdauungsbeschwerden zeigen die Tiere vorwiegend folgende Symptome: Durchfall oder Verstopfung, Absetzen kleinerer Kotbällchen, die oft mit Haaren oder Fibrin, einem Entzündungsschleim, miteinander verbunden sind, schmerzhafte Kolikattacken, Aufgasung des Magen-Darm-Trakts und immer wieder Phasen, bei denen die Kaninchen die Futteraufnahme verweigern und einen mehr oder minder apathischen Eindruck machen. Die gleichen Symptome können auch bei Zahn- oder Kiefererkrankungen auftreten, da die Tiere das Futter nicht mehr korrekt zerkleinern können. Sie schlucken die Nahrung zum Großteil unzerkaut ab und dies führt zu einer übermäßigen Belastung des gesamten Magen-Darm-Trakts mit den entsprechenden klinischen Symptomen. Im Gegensatz zu Tieren mit primären Verdauungsproblemen zeigen Kaninchen mit Gebisserkrankungen häufig eine selektive Futteraufnahme, indem sie plötzlich weichere Nahrungsmittel bevorzugen. Hinzu kommen Symptome wie vermehrtes Speicheln, Zähneknirschen (als Ausdruck starker Schmerzen), „seltsame“ Kaubewegungen und oft ein verändertes Verhalten. Manchmal rasch, in vielen Fällen jedoch erst über einen Zeitraum von mehreren Monaten, entwickeln sich Abszedierungen des Kieferknochens, die sich im Endstadium der Erkrankung in vielen Fällen nicht mehr behandeln lassen. Dann bleibt nur noch die Möglichkeit, das Tier von seinem Leid zu erlösen.

Dabei wären viele dieser Verdauungs- sowie Gebisserkrankungen vermeidbar, wenn die Tiere artgerecht ernährt und gehalten würden, denn bei Kaninchen ist die **Mehrzahl der Zahn- und Verdauungsprobleme primär die Folge einer Fehlernährung**. Unsere Hauskaninchen benötigen ein relativ „einfaches“, energiearmes Futter, das einen recht geringen Anteil an Stärke, Eiweiß sowie Fett enthält. Andererseits lieben Kaninchen die Vielfältigkeit ihrer natürlichen Nahrung, die es ihnen individuell ermöglicht, besonders beliebte Gräser oder Kräuter herauszusuchen. Berücksichtigt man eine derartige Fütterungsweise, kann Erkrankungen des Verdauungstrakts effektiv vorgebeugt werden, während gleichzeitig ein optimaler Abrieb der lebenslang wachsenden Schneide- und Backenzähne stattfindet.

Abbildung 1: Hauskaninchen mit Verdauungsstörungen („Durchfall“).

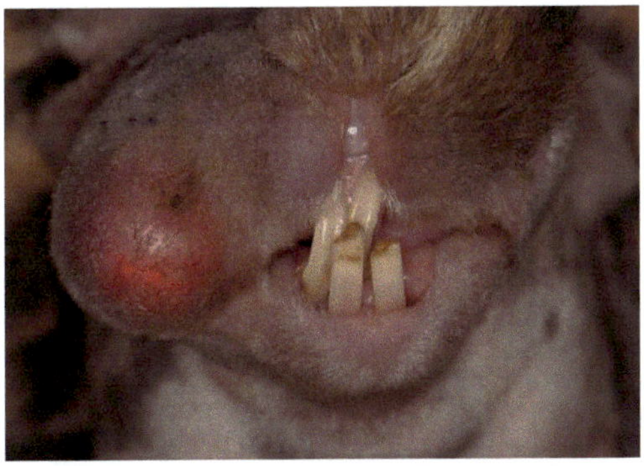

Abbildung 2: Hauskaninchen mit Schneidezahnüberwuchs und Lippenabszess.

Entwicklung der Kaninchenhaltung und -fütterung

Während Kaninchen in früheren Zeiten vorwiegend als Wirtschaftstiere gehalten wurden, übernehmen sie heute eher die Funktion beliebter Spielkameraden für Kinder. Jedoch ist eine artgerechte Kaninchenhaltung nicht einfach. Kinder sind hiermit in aller Regel überfordert und sollten auf jeden Fall von Erwachsenen bei der Versorgung sowie Fütterung der Tiere unterstützt und fachlich angeleitet werden.

Abstammung und Verbreitung der Kaninchen

Das Hauskaninchen stammt vom europäischen Wildkaninchen (**Oryctolagus cuniculus**) ab und die Wurzeln dieser Tierart liegen weit entfernt in Asien. Die ältesten **Fossilien** von „hasenartigen" Lebewesen (Palaeolagus haydeni) stammen aus **China**. Diese Tiere lebten vor ca. 60 Millionen Jahren im **Paläozän**. Sie sind jedoch nicht unmittelbare Vorfahren unserer Kaninchen, sondern ein früher Seitenast der Hasenartigen. Das heißt, diese Tiere und unsere Kaninchen haben einen gemeinsamen Vorfahren.

Die ältesten Fossilien, die primär den Hasenartigen zugeordnet werden konnten, fand man in Westindien und der Mongolei. Sie stammen aus dem **Eozän**, einer Zeit vor 55 Millionen Jahren. Bis zum **Pleistozän**, das vor ca. 2,6 Millionen Jahren begann und ca. 10.000 Jahre v. Chr. endete, breiteten sich die Wildkaninchen von Asien kommend über weite Teile Nordafrikas und Europas aus. Durch mehrere Eiszeiten wurde das Kaninchen jedoch aus den nördlichen Gebieten verdrängt, so dass es schließlich nurmehr auf der **iberischen Halbinsel**, in **Südfrankreich** sowie im **westlichen Nordafrika** heimisch war. Hier entdeckten im ersten Jahrtausend v. Chr. die **Phönizier** die Tiere. Sie waren sehr erstaunt über die Vielzahl der auf der iberischen Halbinsel frei lebenden Wildkaninchen, die sie allerdings für „Klippschliefer" hielten und „Shapan" nannten (lat.: Procavia capensis). Daher bezeichneten sie das Gebiet als das „Land der Klippschliefer" oder **„I-Shapan-Im"**. Hieraus entwickelte sich im Laufe der Zeit die Bezeichnung **Hispania**.

Von Spanien kamen die Tiere während der Antike mit dem Handel nach **Italien**, da man rasch festgestellt hatte, dass Kaninchenfleisch gut schmeckt. Die **Römer** hielten Kaninchen nunmehr als beliebte Nahrungsquelle in speziellen Gehegen, sog. **Leporarien** oder „Kaninchengärten". In diesen tiefgründig ummauerten Gärten stand den Tieren ausschließlich natürliche Nahrung zur Verfügung (Gras und Wiesenkräuter, Samen, junge Triebe, Büsche, Rinde, Wurzeln). Die Einzäunung schützte sie vor natürlichen Feinden (u. a. Wolf, Dachs, Fuchs, Wiesel) und Dickicht sowie hohes Gras boten Verstecke vor fliegenden Angreifern (z. B. Adler). Aus dieser reinen **Gehegehaltung** entwickelte sich langsam eine etwas kontrolliertere **Gehegezucht**, indem man die Tiere etwas selektierte. Parallel hierzu wurden schon damals einzelne Kaninchen aus den Gehegen herausgenommen und in separaten Stallungen „gemästet" oder ebenfalls gezielt vermehrt (**Stallhaltung**). Als Alternative zur Gehegehaltung setzten die Römer Kaninchen auch gerne auf kleineren **Inseln** innerhalb größerer Flussläufe aus, wo sie vor natürlichen Feinden ebenfalls weitgehend geschützt waren und sich daher ungestört vermehren konnten.

Von Italien ausgehend breiteten sich verwilderte „Hauskaninchen“ immer weiter nach Norden aus. Während des **Mittelalters** wurden sie insbesondere in **Frankreich** sowie auf den **Britischen Inseln** heimisch. Da Fleisch besonders junger Kaninchen (entsprechend dem Fischfleisch) zur Fastenspeise erklärt wurde, kam es vor allem in christlichen Klöstern zu einem Aufschwung der Kaninchenzucht. So beschäftigten sich insbesondere **französische Mönche** mit der Intensivierung der Kaninchenhaltung, wobei sie die Tiere auch vermehrt in Käfigen hielten. Nunmehr waren die Kaninchen abhängig von der Fütterung durch den Menschen. Dabei stand eine möglichst rasche Gewichtszunahme im Vordergrund, ebenso wie eine möglichst hohe Vermehrungsrate.

In Deutschland hingegen gab es zu Beginn des Mittelalters weder zahme noch wilde Kaninchen. Erste urkundliche Hinweise auf einen **Kaninchenimport aus Frankreich** stammen aus dem Jahr **1149** n. Chr. Damals führte das an der Weser liegende **Benedektiner-Kloster Corvey** französische Kaninchen aus dem Kloster Solignac (Südfrankreich) nach Deutschland ein. Danach wurden Kaninchen auch auf den englischen Scilly-Inseln (1176) sowie in Irland angesiedelt (1204). Im Jahr 1231 setzte man sie auch auf der Nordseeinsel Amrum aus, 1597 auf Helgoland und 1652 auf Norderney sowie der ostfriesischen Düneninsel Baltrum. In Bremen entstand 1800 ein spezielles Kaninchengehege, die sog. „Lapiniere“. Parallel zu dieser „Auswilderung“ von Tieren fand in Europa und Deutschland eine gezielte Kaninchenzucht immer größere Verbreitung.

Während des 19. Jahrhunderts wurden Kaninchen in Deutschland vorwiegend im Viehstall gehalten, zusammen mit Kühen; daher nannte man sie auch „**Kuhhasen**“. Die Tiere ernährten sich primär vom Großviehfutter (Heu) sowie einigen Küchenabfällen. Später wurden Kaninchen wegen ihres warmen Fells intensiver genutzt und auch vermehrt. Bis zum Ende des 17. Jahrhunderts dominierte hierbei insbesondere die **Angorazucht**. Aus Kaninchenhaaren wurden unter anderem Filzhüte hergestellt, da sie sich durch ihre besondere Oberflächenstruktur besonders gut zum Filzen eignen. Kaninchenhaare waren somit eine gute Alternative zur Schafswolle. Zur Herstellung eines Hutes benötigte man ca. 200 Gramm Haare, was etwa drei Kaninchenfellen entspricht.

Ende des 19. Jahrhunderts kam es in Deutschland zu einem regelrechten „**Kaninchenboom**“, da die Tiere als relativ einfach zu haltende und dabei hochwertiges Fleisch liefernde Nahrungsquelle „wiederentdeckt“ wurden. Das Futter bestand nun nicht mehr überwiegend aus Heu, sondern die Kaninchen erhielten zusätzlich „Mastfutter“, damit sie möglichst rasch ihr Schlachtgewicht erreichten. Im Verlauf des deutsch-französischen Krieges hatte man die Widder-Kaninchenzucht in Frankreich kennengelernt. So verfasste im Jahr **1875** Hauptmann a. D. **E. Aster** einen Artikel über „**Die Zucht des französischen Kaninchens und dessen Verbreitung in Deutschland**“, in dem er unter anderem die damaligen Fütterungs- und Haltungsbedingungen sehr detailliert darstellt. In den folgenden Jahren entstanden in Deutschland **zahlreiche Zuchtbetriebe** und auf **Kaninchenausstellungen** fand ein reger Erfahrungsaustausch der Züchter statt. Parallel hierzu entwickelte sich – insbesondere im Verlauf des 20. Jahrhunderts – eine eher **hobbymäßige Kaninchenhaltung**. Deren Ziel war die Erhaltung einer möglichst großen Rassevielfalt mit jeweils hohen Zuchtstandards. Eine gewisse Rolle in dieser „neuen“ Kaninchenzüchterbewegung spielte der Züchter und Genetiker Hans Nachtheim (1890–1979), der 1936 den Klassiker „Vom Wildtier zum Haustier“ schrieb.

Parallel zur zunehmenden Verbreitung der Kaninchenzucht in Deutschland veränderten sich ab dem Ende des 19. Jahrhunderts auch die Fütterungsempfehlungen für die Tiere. Man entwickelte **kommerziell hergestellte Futtermittel**, speziell für die Zucht der Tiere. Hierbei wurden ab Anfang des 20. Jahrhunderts überwiegend die Rohstoffe verwendet, die man auch zur Ernährung größerer landwirtschaftlicher Nutztiere einsetzte. In erster Linie handelte es sich um billige Abfallprodukte der menschlichen Nahrungsmittelindustrie, wie z. B. Fisch- oder Tiermehl, Melasse, Getreideschrot, diverse Trockenschnitzel und Kleie. Da sich mit der Herstellung speziellen „Viehfutters" relativ leicht viel Geld verdienen ließ, kam es bald zu Betrügereien mit Umlauf qualitativ minderwertiger, meist nicht deklarierter Ware. Die Situation besserte sich erst, als **1920** die **Mischfutterverordnung** erlassen wurde. Seitdem besteht eine Genehmigungs- und Deklarationspflicht für alle Mischfuttermittel, an die sich auch die Hersteller von Kaninchenfutter halten müssen. Die Mischfutterverordnung wurde **1926** durch das erste **deutsche Futtermittelgesetz** abgelöst.

Um von den „Nutzkaninchen" möglichst maximale Erträge erzielen zu können, erhielten die Tiere damals – im kommerziellen Bereich erfolgt dies auch heute noch – als Hauptnahrung sehr **energie- und proteinreiche Futtermittel**. Diese „Nährstoffkonzentrate" oder sog. „**Kraftfutter**" sind an die individuellen Bedürfnisse bzw. Leistungen der Tiere optimal angepasst. Sie werden überwiegend in pelletierter Form angeboten, schon allein aus praktischen Gründen (Abb.3). Hinzu kommt, dass die **Pelletierung** ein mit deutlichen Leistungseinbußen einhergehendes selektives Fressen verhindert, da alle Nahrungsbestandteile eine prinzipiell gleiche Zusammensetzung aufweisen. Bei dieser intensiven Fütterungsweise wird jedoch nur wenig Rücksicht auf einen adäquaten Zahnabrieb genommen. Um diesen einigermaßen aufrechtzuerhalten und darüber hinaus die Verdauung zu stabilisieren, erhalten die Zucht- oder Mastkaninchen meist zusätzlich zum pelletierten Hauptfutter etwas Heu. Dieses Fütterungsmanagement macht den Züchter völlig unabhängig von der Vegetationsperiode. So ist ganzjährig eine völlig problemlose und einfache Ernährung der Tiere gewährleistet bei gleichzeitig **optimalen Zuchtergebnissen** sowie **schnellen Zuwachsraten**, die durch eine tierartgerechtere Ernährung mit Heu und Frischfutter nicht erreichbar wären (abgesehen davon, dass sich ein derartiges Fütterungsmanagement für große Zucht- und Mastbetriebe nicht eignet).

Abbildung 3: Futterpresslinge (Pellets)

Dieser **Wandel in der Kaninchenernährung** fand zwar primär im Bereich der kommerziellen Tierhaltung statt, beeinflusste jedoch zunehmend auch die Fütterungsgewohnheiten von **Hobbyzüchtern** sowie **„einfachen" Kaninchenhaltern**, die dieses Fütterungskonzept unkontrolliert **übernahmen**. Schließlich hatte es sich im Zucht- und Mastbereich mehrfach bewährt. Dieser Trend macht sich teilweise bis in die heutige Zeit hinein bemerkbar. Dabei benötigen unsere ausgewachsenen Hauskaninchen, die kaum etwas leisten müssen und zudem deutlich kleiner sind als kommerziell gehaltene Tiere, überhaupt keine besondere „Kraftnahrung". Sie müssen mit dem Futter lediglich ihren Erhaltungsbedarf an Energie und Nährstoffen decken. Alles, was sie zusätzlich aufnehmen, schadet ihnen langfristig und verkürzt so ihr Leben.

♦ Entwicklung von Heimtierfuttermitteln

Insbesondere in der zweiten Hälfte des 20. Jahrhundert wurden ergänzend zum kommerziellen Pelletfutter neue „bunte" **Heimtierfuttermischungen** entwickelt, die meist relativ viel Getreide enthielten; einen billigen Rohstoff für diverse Tiernahrungsmittel. Grund dafür war die zu diesem Zeitpunkt kontinuierlich steigende Anzahl an Kaninchen, die als besonders „leicht zu haltende" Heimtiere galten. So kam eine immer größer werdende Auswahl industriell hergestellter **Allein-** und **Zusatzfuttermittel** auf den Markt, die nach wie vor sehr beliebt sind. Diese variablen „Convenience-Produkte" machen die tägliche Fütterung jedes Hauskaninchens „einfach" und zeitsparend. Auch Kinder können nunmehr die Tiere problemlos versorgen. Auch mögen die Kaninchen diese Futtermittel sehr gern, da sie ihnen die Möglichkeit bieten, schmackhaftere Nahrungsteilchen selektiv aus der **„bunten" Mischung** herauszupicken Abb.4 und Abb.5). Als Besitzer meint man, die Tiere wüssten schon, was ihnen gut tut. Daher werden die Futterschälchen immer wieder aufgefüllt und nicht gefressene Nahrungskomponenten verworfen. Dies kann jedoch zu ernsthaften Problemen führen und ist unbedingt zu vermeiden. Faktum ist: eine **artgerechte Fütterung von Kaninchen ist komplizierter** als gedacht, da einige ernährungsphysiologische Besonderheiten der Tiere berücksichtigt werden müssen. Erfolgt dies nicht, kommt es langfristig zu Erkrankungen - fast unausweichlich.

In der Futtermittelindustrie tätige Tierärzte und Ernährungsspezialisten untersuchen zwar die auf dem Markt angebotenen Produkte laufend und bewerten sie wissenschaftlich. Dabei bestätigen sie immer wieder deren Vorteile für eine „gesunde, ausgewogene und tierartgerechte" Ernährung. Jedoch wurde insbesondere in den letzten Jahrzehnten das **Futtermittel-Analyseverfahren weiterentwickelt** (siehe „Bestimmung der Rohnährstoffe im Futter"). Und dies wird bei der Deklaration der Inhaltsstoffe aktuell noch zu wenig berücksichtigt. Hierdurch bleibt die genaue Zusammensetzung der Kohlenhydratfraktion vieler Produkte unzureichend geklärt. Dies kann zu einer gewissen Fehlernährung der Tiere führen, denn ein ausreichender Anteil und auch ein richtiges Verhältnis der in der Nahrung enthaltenen pflanzlichen Gerüstsubstanzen ist ganz entscheidend für eine gesunde Verdauung. Zukünftig sollte daher mit Hilfe der **Van-Soest-Analyse** eine **detailliertere Klassifizierung dieser Faserstoffe** erfolgen und dementsprechend auch eine genauere Deklaration der Produkte.

Abbildung 4: Buntes Mischfutter mit Flocken und diversen Presslingen.

Abbildung 5: Sehr körnerreiches Mischfutter.

Die bisherigen Packungsinformationen hingegen bekräftigen den Tierbesitzer darin, alles richtig zu machen. Im Prinzip weiß der Tierhalter aber gar nicht, was sein Kaninchen wirklich für eine gesunde Ernährung benötigt, wie dessen Verdauungsapparat überhaupt funktioniert, was eine gesunde Verdauung fördert oder wie er die Zähne seines geliebten Haustieres gesund erhalten kann. Denn angeborene Zahnerkrankungen treten eher selten auf; die meisten Gebissveränderungen sind erworben und zum Großteil Folge einer falschen Fütterung. Hier muss sich etwas ändern, schon allein im Interesse der Tiere! Als verantwortungsvoller Tierhalter können Sie entscheidende Weichen setzen, indem Sie für Kaninchen nachweislich ungünstige Futtermittel nicht kaufen und die **Deklaration** aller Produkte **kritisch überprüfen**. Dieses Buch soll Ihnen das hierzu nötige Fachwissen vermitteln. Daher beschäftigt es sich sowohl mit der Anatomie der Zähne als auch mit möglichen krankhaften Veränderungen eines Kaninchengebisses. Darüber hinaus werden die Grundprinzipien einer gesunden Verdauung erläutert und erklärt, welche Probleme durch eine Fehlernährung auftreten können. Entsprechend informiert werden Sie bei dem reichhaltigen Angebot diverser Futtermittel entscheiden können, welches Produkt für Ihr Kaninchen geeignet ist und welches ihm eher schadet. Oder aber Sie wählen eine besonders tierartgerechte Ernährung mit überwiegend Frischfutter von der Wiese mit zusätzlichen Heugaben – sofern dies für Sie praktisch umsetzbar ist.

♦ „Neue Trends" der Futtermittelindustrie

In den letzten Jahren hat sich die Situation auf dem Heimtier-Futtermittelmarkt jedoch teilweise zum Besseren gewendet. Es findet aktuell ein gewisses **Umdenken** bezüglich der Kaninchenernährung statt – hin zu **naturnahen, artgerechteren Futtermitteln** (Abb.6-8). Denn letztlich scheint auch die Futtermittelindustrie erkannt zu haben, dass diverse bisher für Kaninchen angebotene Produkte in ihrer Zusammensetzung für diese Tierart ungeeignet sind. So wurden viele neue Futtermischungen entwickelt, die einen deutlich **höheren Anteil an grobstrukturierter Raufaser** aufweisen. Ein Großteil dieser „strukturierten" Futtermittel geht deutlich besser auf die natürlichen Ernährungsgewohnheiten und Bedürfnisse der Tiere ein. Das **„Strukturfutter"** sorgt nunmehr für einen adäquaten Zahnabrieb, doch enthalten viele dieser Produkte einen nicht unerheblichen Anteil völlig ungeeigneter zusätzlicher Futterkomponenten, die zwischen den Backenzahnreihen nicht adäquat zerkleinert werden können und auf der Packung eher beiläufig erwähnt werden. Somit findet trotzalledem keine ausreichende Backenzahnabrasion statt – langfristig gesehen. Hinzu kommt, dass einzelne Zähne beim Zerkleinern dieser „Zusatzpartikel" übermäßig belastet werden. Zu diesen „ungünstigen" Futterkomponenten gehören prinzipiell alle Presslinge (Pellets oder Cobs) sowie viele getrocknete, harte Nahrungsprodukte, wie z. B. Karottenstückchen oder Johannisbrotteilchen (Hülsenfrüchte des Johannisbrotbaums). Daher sind auch viele Struktur-Futtermischungen für die Gesundheit Ihres Kaninchens nicht ideal. Warum ist das so? Wie „kauen" Kaninchen eigentlich? Worauf muss man achten? Mehr dazu erfahren Sie im Kapitel „Allgemeines zur Anatomie".

Des Weiteren finden sich – sowohl im Fachhandel als auch im Internet – zunehmend **getreidefreie** und **körnerfreie Futtermittel** für Kaninchen. Man unterscheidet hierbei zwischen **„Grain-free"**-Nahrung, d. h. Futtermitteln **ohne ganze Getreidekörner**, die aber Getreidekleie oder -mehl enthalten können, sowie **„No-grain"**-Nahrung, die wirklich zu **100% getreidefrei** ist. Diese Produkte dürfen also weder Getreidemehl noch pflanzliche Nebenerzeugnisse wie z. B. Getreidekleie oder Getreidemehl enthalten.

Darüber hinaus sind auch viele verschiedene Trockenkräutermischungen erhältlich, ebenso wie diverse getrocknete Gemüse- und Obstsorten sowie reines Blätterheu (Johannisbeere, Brombeere, Brennnesseln etc.) und Vieles mehr. Auch hierbei gibt es einige für Kaninchen ungeeignete Produkte oder es wird minderwertige Ware zu horrend hohen Preisen angeboten. Wiederum muss der Besitzer entscheiden können, was für sein Tier geeignet ist. Dies setzt jedoch voraus, dass die einzelnen Futtermittel eine adäquate Deklaration aufweisen, die aber leider häufig fehlt.

Abbildung 6: Getrockneter grüner Hafer

Abbildung 7: Strukturiertes Mischfutter

Parallel zur **Neuentwicklung** diverser Futtermittel kam es zu gewissen Änderungen in deren **Herstellungsverfahren**. Was ist beispielsweise **extrudierte** oder **expandierte Nahrung** (Abb.9)? Was versteht man unter dem Begriff „**Trockengrün**"? Ist **heißluftgetrocknetes Heu** gesünder als sonnengetrocknetes Bodenheu? Welche Heusorte enthält am meisten Vitamine und Mineralstoffe? Was verbirgt sich hinter der Bezeichnung **Heulage** bzw. **Gärheu**? Worauf muss ich beim Kauf qualitativ hochwertigen Heus überhaupt achten? Mit welchem Futter gewährleiste ich einen kontinuierlichen Zahnabrieb und sorge gleichzeitig für eine gesunde Verdauung meines Kaninchens? Alle diese und noch viele andere Fragen sollen in den folgenden Kapiteln geklärt werden.

Abbildung 8: Ergänzungsfutter bestehend aus getrocknetem Löwenzahn, Spitzwegerich und diversen Wiesengräsern.

Abbildung 9: Woraus bestehen diese bunten Futterpartikel???

Allgemeines zur richtigen Ernährung und Haltung von Hauskaninchen

Trotz der neuen Trends auf dem Futtermittelmarkt werden immer noch zu viele Kaninchen falsch ernährt, primär als Folge der Unwissenheit des Tierhalters. So nehmen **Verdauungs**- und **Zahnprobleme** bei Zwerg- sowie Hauskaninchen beständig zu und stellen aktuell die häufigsten Gründe für einen Tierarztbesuch dar; gefolgt von der **Fettleibigkeit** mit all ihren Folgen (u.a. Diabetes) sowie der **Harnsteinbildung** (zu hoher Kalziumgehalt der Nahrung) (Abb.10). Viele Kaninchenbesitzer gehören daher gezwungenermaßen mitunter zu den besten Stammkunden von Tierärzten. Die Kosten für die häufig regelmäßig erforderlichen Praxisbesuche summieren sich und umgerechnet auf ein ganzes Kaninchenleben kommen mitunter recht hohe Beträge zustande. Damit sind Kaninchen heutzutage oft ein „**Luxusartikel**". Woran liegt das? Zum Teil lässt sich dies damit erklären, dass sich die Einstellung der Tierhalter in den letzten Jahrzehnten geändert hat. Ein krankes Kaninchen wurde früher kaum behandelt und schon aus Kostengründen rasch erlöst. Auch fehlte den Tierärzten häufig das nötige Fachwissen für eine Therapie. Heute sind Kaninchen vielfach „vollwertige" Familienmitglieder, bisweilen sogar „**Kindersatz**" und dementsprechend werden sie verwöhnt, auch was die Ernährung betrifft. Aber alles soll möglichst einfach sein und rasch erledigt werden können, da man schließlich berufstätig ist und daher kaum Zeit für eine „kompliziertere" Tierhaltung hat. Das Geld spielt dabei oft keine Rolle nach dem Motto „je teurer – desto besser". Hinterfragen Sie dieses Handeln kritisch nachdem Sie dieses Buch gelesen haben.

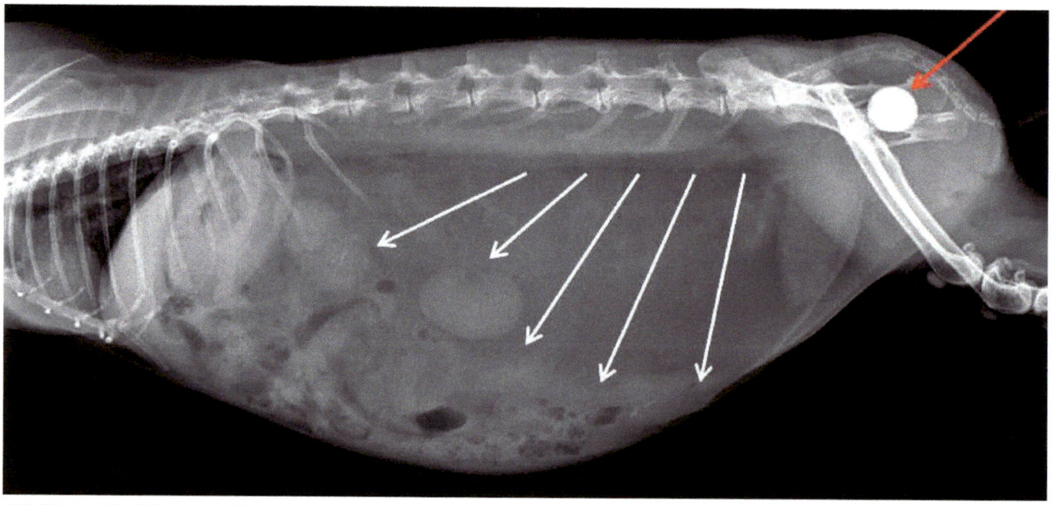

Abbildung 10: Röntgenbild eines Kaninchens mit in der Harnröhre festsitzendem Blasenstein sowie starker Verfettung des gesamten Bauchraumes. Die umfangreichen Fettpolster verdrängen den gesamten Magen-Darm-Trakt weit nach vorne (siehe Pfeile) und führen hierdurch zu einer Beeinträchtigung der Verdauung (Neigung zu Durchfallerkrankungen und Koliken).

Früher wurden Kaninchen in Privathaushalten vorwiegend als **kostengünstige Fleischlieferanten** gehalten, bevorzugt im Außenstall. Sie erhielten ein- bis zweimal täglich Futter von der Wiese sowie Küchenabfälle. Wären die Tiere damals so krankheitsanfällig gewesen wie heute, hätte man deren Haltung sicherlich rasch aufgegeben. Selten traten bei ihnen Verdauungsprobleme auf, hauptsächlich dann, wenn das Futter zu nass war und hierdurch schädliche Gärungsprozesse einsetzten. Die Kaninchen mussten zur damaligen Zeit „Leistung bringen“, d.h. möglichst rasch viel Fleisch (also Eiweiß) produzieren und sich zahlreich vermehren. Demgegenüber sind unsere Hauskaninchen heute meist eher **„Couchpotatoes“**, die bevorzugt mit teurem und ihrer Natur nicht entsprechendem Spezialfutter verwöhnt werden. Sie danken es uns mit Verdauungsstörungen sowie Gebisserkrankungen.

Bei dieser Problematik spielen selbstverständlich auch angeborene Zahnerkrankungen eine gewisse Rolle und somit die **Genetik** (Erbanlagen). Anno dazumal hielt man bevorzugt Kaninchenrassen, die kaum an angeborenen Erkrankungen litten. Davon betroffene Tiere wurden getötet und Erkrankungen durch gezielte Zucht ausgemerzt. Heutzutage muss ein Kaninchen möglichst „putzig“ und „niedlich“ aussehen, damit es sich besser verkaufen lässt. Bei den folglich bevorzugten eher **kurzköpfigen Rassen** kommen angeborene Kieferverkürzungen relativ häufig vor (Abb.11 und Abb.13). Liegt infolgedessen ein primärer Fehlbiss der Schneidezähne vor, so müssen diese regelmäßig gekürzt oder besser vollständig entfernt werden. Vermutlich lassen sich aber auch einige Backenzahnprobleme auf eine ungünstige Zuchtauswahl zurückführen, selbst bei Kaninchenrassen mit „normalem“ Schädel. Die sichere Abgrenzung zwischen angeborenen und erworbenen Veränderungen ist bisweilen recht schwierig, insbesondere bei weit fortgeschrittenen Stadien der Erkrankung. Statt immer nur im schlechten Zuchtpotential nach der Ursache von Gebissproblemen (Malokklusionen) zu suchen, sollte man versuchen, **erworbene Zahnerkrankungen** möglichst sicher zu **vermeiden** (Abb.12). Jedoch scheint es einfacher zu sein, einfach genetische Ursachen als Krankheitsursache anzunehmen statt die Gründe für einen unzureichenden Zahnabrieb und eine sekundäre Malokklusion in einer falschen Ernährung der Tiere zu suchen. Wer könnte das Gegenteil beweisen?

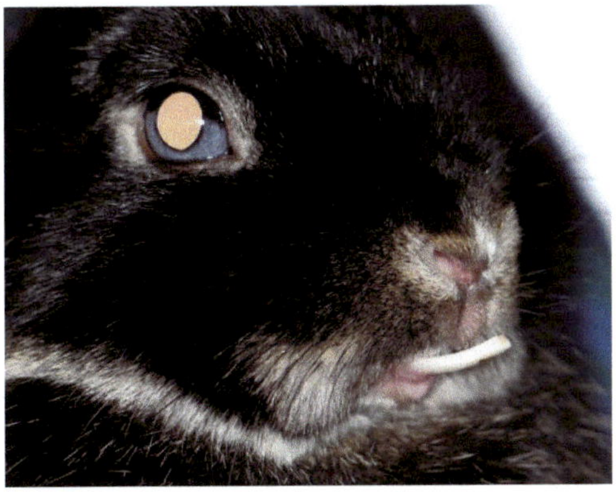

Abbildung 11: Zwergkaninchen mit angeborener Oberkieferverkürzung ("Kindchenschema") und sekundärem Schneidezahnüberwuchs.

Jeder Kaninchenhalter sollte wissen, dass eine **artgerechte Ernährung und Haltung** seines Haustieres sogar **gesetzlich vorgeschrieben** ist **(§1 sowie §2 des Tierschutzgesetzes**). Dies gilt sowohl für Haus- als auch für Zuchtkaninchen (Fleisch- oder Fellproduktion). Die Fütterung muss sich primär nach den **Bedürfnissen der Tiere** richten und den Tieren darf durch die angebotene Nahrung **kein Schaden** zugefügt werden. Was aber sind „tierartspezifische“ Bedürfnisse bei Kaninchen? Selbst die Fachliteratur und viele namhafte Experten geben hierzu sehr widersprüchliche Erklärungen und Fütterungsempfehlungen. Da sich in den letzten Jahrzehnten auch die chemische Analyse der Futtermittel verändert hat, indem neue, differenziertere Verfahren hinzugekommen sind, müssen viele der bisherigen Fütterungsempfehlungen darüber hinaus kritisch überdacht werden. Wie soll da der Tierhalter als Laie auf diesem Gebiet wissen, was seinem Kaninchen nützt oder eher schadet?

Prinzipiell können Kaninchen nur dann artgerecht gehalten und gesund ernährt werden, wenn man deren Verdauungsphysiologie zumindest in groben Zügen kennt und versteht. Und hierzu benötigt man auch einige Grundkenntnisse der doch **recht speziellen Anatomie** ihres **Magen-Darm-Trakts**. Ebenso entscheidend ist es in diesem Zusammenhang, sich Gedanken über die **lebenslang nachwachsenden Zähne** der Tiere zu machen. Wie kann man für einen konstanten, angemessenen Abrieb der beständig neu gebildeten Zahnsubstanz (ca. 10-16cm pro Jahr!) sorgen? Was passiert, wenn sich die Tiere die Schneide- und Backenzähne nicht mehr ausreichend abwetzen (können) und sich der gesamte Zahnkörper verlängert? Haben primäre „Zahnerkrankungen" auch Auswirkungen auf andere Organe oder Organsysteme (z. B. den Tränen-Nasen-Kanal)? Vertraut mit den Grundlagen der Verdauungsvorgänge sowie der Anatomie des Gebisses werden Sie viele dieser Fragen nach dem Studium dieses Buches selbst beantworten können.

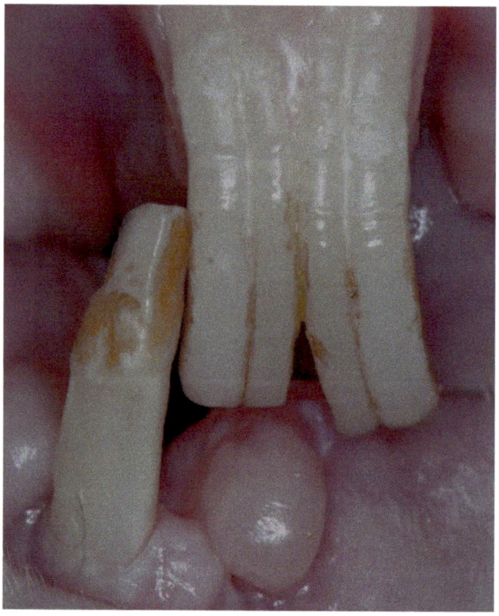

Abbildung 12: Erworbene und somit sekundäre Schneidezahnerkrankung als Folge einer ursächlichen Backenzahnproblematik.

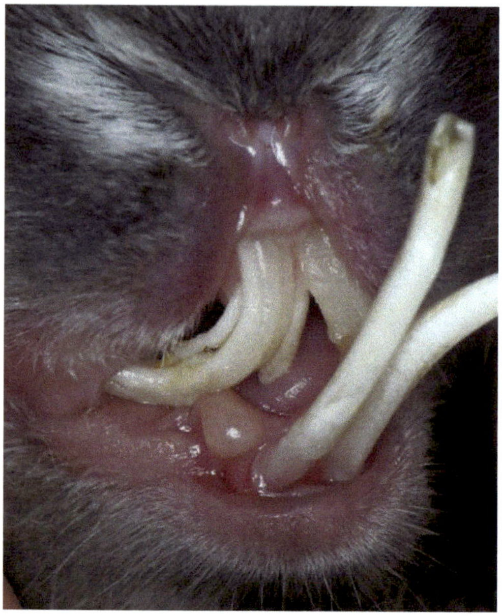

Abbildung 13: Zwergkaninchen mit angeborener Oberkieferverkürzung (sog. „Brachygnathie") und hierdurch fehlendem Abrieb der Schneidezähne.

Domestizierte Kaninchen unterscheiden sich hinsichtlich der Verdauung prinzipiell nicht von ihren in Freiheit lebenden Verwandten. Die ernährungsphysiologischen Grundlagen sind absolut identisch. Will man Hauskaninchen artgerecht füttern, ist es daher sinnvoll, sich zunächst mit der natürlichen Nahrung der freilebenden Tiere zu beschäftigen; zumal Wildkaninchen so gut wie nie an Verdauungs- oder Zahnproblemen leiden. Was nehmen sie zu sich? Wann fressen sie und wie vielfältig ist ihre Nahrung? Bevorzugen sie frisches Grünfutter oder eher trockene Pflanzenteile?

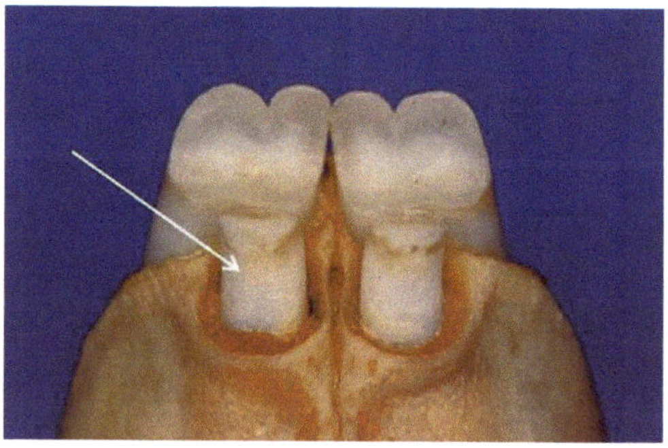

Abbildung 14: Stiftzähnchen

Kaninchen (lat.: Oryctolagus) gehören zu den Hasenartigen (lat.: **Lagomorpha**). Diese Gruppe besteht aus zwei Familien: den echten Kaninchen und Hasen (lat.: **Leporidae**) sowie den Pfeifhasen (lat.: **Ochotonidae** oder sog. Pikas). Diese Trennung erfolgte vor ca. 30 Millionen Jahren. Ein typisches Kennzeichen aller Hasenartigen ist, dass sie im Oberkiefer ein zweites Paar Schneidezähne aufweisen, die sog. **„Stiftzähnchen"** (Abb.14). Daher nennt man diese Gruppe auch „Doppelzähner" (lat.: Duplicidentata). Die Stiftzähnchen liegen hinter den großen oberen Schneidezähnen (lat.: Incisivi) und sind im Vergleich zu diesen deutlich kleiner, kürzer und nicht so stark gebogen (siehe „Allgemeines zur Anatomie"). In der Ruheposition treten sie in direkten Kontakt mit den unteren Inzisivi.

Abbildung 15: Leicht hügeliges Gelände im Norden Münchens (Heidefläche).

Das europäische Wildkaninchen (lat.: **Oryctolagus cuniculus**) hat sich im Laufe mehrerer Jahrhunderte vom Mittelmeerraum über fast die ganze Welt ausgebreitet; mit Ausnahme des nördlichen Skandinaviens, Islands sowie Nordamerikas, wo andere Kaninchenarten heimisch sind. Europäische Kaninchen leben bevorzugt in leicht hügeligem Gelände mit relativ großen Wiesenflächen, durchsetzt mit vielen Sträuchern und Büschen (Abb.15). Oberhalb einer Meereshöhe von ca. 600 m sind sie in aller Regel nicht mehr anzutreffen.

Abbildung 16: Eingang zum Kaninchenbau (Stamm einer Kiefer).

Die sehr geselligen Tiere leben meist in **größeren Kolonien**. Die einzelnen Gruppen umfassen ca. 2–8 erwachsene Tiere inklusive einiger Jungkaninchen. Dabei gibt es eine strenge soziale Hierachie. An der Spitze der Gruppe stehen die ältesten und somit erfahrensten männlichen Tiere. Werden ältere Kaninchen von jüngeren, kräftigeren Tieren attackiert und letztendlich vertrieben, leben sie als Einzelgänger. Ebenso ergeht es jüngeren männlichen Kaninchen, die nach Erreichen der Geschlechtsreife aus der Gruppe ausgeschlossen werden. Allerdings finden manche von ihnen erneute Aufnahme in benachbarten Populationen. Ganz generell sind weibliche Wildkaninchen weniger aggressiv als die Männchen.

Abbildung 17: Mehrere Eingänge zum weit verzweigten Kaninchenbau (Heide).

Prinzipiell **dämmerungs-** bzw. **nachtaktiv** legen die Tiere ein weit verzweigtes unterirdisches **Höhlensystem** an, bevorzugt in lockerem, sandigem Boden. Dabei sind natürliche oder künstlich aufgeschüttete Erdwälle als Grundlage für den Bau besonders beliebt. Die miteinander verbundenen, stark verzweigten Gänge haben einen Durchmesser von ca. 15–20 cm und reichen bis zu 3 m tief in die Erde (Abb.16 und Abb.17). Die Länge des komplexen Gangsystems kann bis zu 45 m betragen, mitunter sogar mehr. Die Wohnhöhlen weisen eine Höhe von ca. 30–60 cm auf. Für die unterirdischen Grabtätigkeiten und den Nestbau sind primär die weiblichen Tiere verantwortlich.

Abbildung 18: Unterschiedlich alter Kot von Wildkaninchen (sog. Sammelplatz).

Kaninchen **verlassen ihren Bau** erst in der **Abenddämmerung**, um bevorzugt nachts zu fressen, sich mit Artgenossen zu treffen, die Umgebung zu erkunden und sich zu paaren. Wildkaninchen nehmen als Nahrung vorwiegend **frisches Grünfutter** auf, das in unmittelbarer Nähe ihrer Höhlen meist in ausreichender Menge vorliegt. Die Nahrungsaufnahme erreicht in den frühen Morgenstunden ihren Höhepunkt, kurz bevor die Tiere wieder in ihr unterirdisches Labyrinth zurückkehren. Bisweilen kann man Wildkaninchen aber auch tagsüber fressend antreffen. Fühlen sie sich beobachtet, suchen sie rasch in ihren Höhlen Zuflucht. Im Bereich der häufiger frequentierten **„Kaninchensammelplätze“** finden sich viele kleinere oder auch größere Anhäufungen trockener, typischer Hartkotbällchen, die die Tiere stets außerhalb des unterirdischen Höhlensystems absetzen (Abb.18). Die darin enthaltenen Nährstoffreste sorgen im Frühjahr für ein besonders gutes Pflanzenwachstum (dunkelgrüne Wiesenflecken). Diese Sammelplätze liegen in aller Regel etwas erhöht im Gelände und sind somit über weite Strecken gut sichtbar. Den weichen **„Blinddarmkot“** hingegen setzen Wildkaninchen vorwiegend tagsüber zwischen 8 und 17 Uhr ab, also während der **Ruheperioden**, die sie **in ihrem Bau** verbringen. Dort wird der Weichkot, die Zäkotrophe, direkt vom After (Anus) aufgenommen und dient als zusätzlicher Energie- und Vitaminlieferant (siehe „Zäkotrophie“). Nur in Ausnahmefällen wird dieser weiche „Vitaminkot“ überirdisch, also nachts, abgesetzt. Daher ist die Bezeichnung „Nachtkot“ prinzipiell nicht korrekt und irreführend.

Das **Revier** von Wildkaninchen umfasst maximal **20 Hektar** (1 ha = 10.000 m^2 = 100 x 100 m). Ihr Bewegungsradius liegt somit bei ca. 1000 m. Männliche Tiere (Rammler) bewachen dieses Territorium und markieren es mit Urin. Zusätzlich wird das Gebiet mit Hilfe individueller Duftstoffe gekennzeichnet (sog. **Pheromone**), die in speziellen Duftdrüsen gebildet werden. Diese befinden sich am Kinn (**Kinndrüse**) und im Anogenitalbereich (**Inguinaldrüse**) (Abb.19). Auch in Gefangenschaft streifen Kaninchen daher mit dem Unterkiefer sowie dem Hinterteil über besonders markante Bereiche, um hierdurch ihr Herrschaftsgebiet zu kennzeichnen.

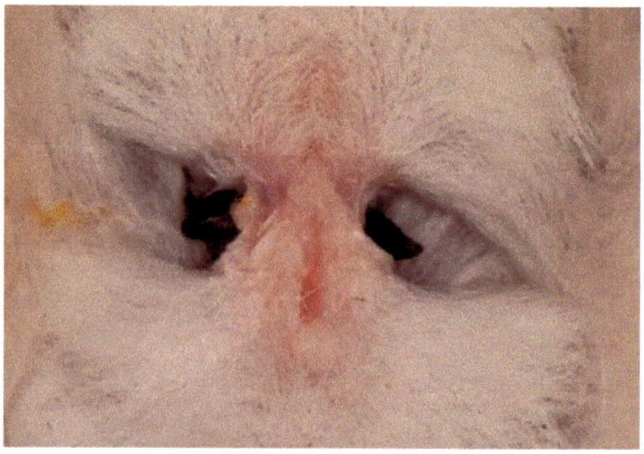

Abbildung 19: Inguinaltaschen beiderseits des Genitalbereiches mit typischem Sekret der Inguinaldrüsen.

Während der Vegetationsperiode steht freilebenden Kaninchen eine große Auswahl an Futterpflanzen zur Verfügung, wobei sie in erster Linie die blättrigen, leicht verdaulichen Pflanzenanteile und im Frühjahr **proteinreiche Jungpflanzen** sowie besonders **zarte Triebe** bevorzugen. So fressen Wildkaninchen vorwiegend weiches **Gras**, verschiedene **Wiesen-** und **Waldkräuter, junge Saaten** (Weizen, Getreide, Mais) sowie **feine Triebe** von schmackhaften Büschen und Nadelgehölzen (Abb.21, Abb.25 und Abb.27). Ebenfalls beliebt sind reife (Wald-)**Beeren**, manche **Feldfrüchte** und **Körner** diverser Getreidesorten, die jedoch nur während der Erntezeit verfügbar sind. Regelmäßig benagen die Tiere auch zarte Äste verschiedener Gehölze, um an die unter der **Rinde** liegende germinative Schicht zu gelangen, in der sich reichlich Mineralstoffe befinden (Abb.20). In stadtnahen Gebieten stehen des Weiteren **Kultur-** und **Zierpflanzen** auf dem Speiseplan. Die Nahrungsaufnahme erfolgt stets **sehr selektiv** und individuell recht unterschiedlich.

Abbildung 20: Busch mit von Wildkaninchen abgenagter Rinde.

Wildkaninchen fressen **„trockene" Pflanzen** vorwiegend in der **vegetationsfreien Zeit** oder während längerer Trockenperioden (Abb.22). Dann reduziert sich das Futterangebot drastisch auf dürre Grashalme, junge Baumschösslinge, Knospen, zarte Zweige, größere Nadeln bestimmter Koniferen, diverse Wurzeln und Knollen sowie die Rinde einiger Gewächse (Abb.23-26). Mit Proteinen sowie Aminosäuren versorgen sich die Tiere in dieser Periode primär über die Zäkotrophe, die sie insbesondere in Zeiten eines Nahrungsmangels stets vollständig aufnehmen. Der Weichkot dient ihnen infolge seines Gehalts an flüchtigen Fettsäuren als zusätzlicher Energielieferant.

Abbildung 21: Graslandschaft im Münchner Norden (Magerrasen der Heide).

Abbildung 22: Ährenlose Grasstängel (abgenagt von Wildkaninchen).

Insbesondere Gras können freilebende Kaninchen auch im Winter in einer primär ausreichenden Menge vorfinden; versteckt unter der Schneedecke oder in weitgehend schneegeschützen Bereichen unterhalb größerer Bäume. Hier sieht man auch häufig Scharrspuren, wenn die Tiere besonders schmackhafte Wurzeln ausgegraben haben. Auf freien Wiesenflächen dominieren die Ähren großwüchsiger Grassorten, die meist den ganzen Winter über verfügbar bleiben, da sie in der Regel über die Schneedecke hinausragen. Die Wildkaninchen benagen die relativ festen Stängel der Gräser, so dass diese umknicken und sie hierdurch problemlos an das begehrte Winterfutter gelangen.

Abbildung 23: Von Wildkaninchen angenagtes Gras (Februar).

Abbildung 24: Von Wildkaninchen abgenagte Nadeln einer Kiefer (Winter).

Abbildung 25: Soweit von Kaninchen erreichbar wurden die Nadeln abgefressen (Kiefer).

Bei der Haltung von Hauskaninchen sollte man sich das Leben ihrer wilden Artgenossen als Vorbild nehmen. Kinder sind dabei in aller Regel hinsichtlich einer artgerechten Kaninchenhaltung überfordert und sollten auf jeden Fall von Erwachsenen bei der Versorgung der Tiere unterstützt bzw. fachlich angeleitet werden. Hauskaninchen haben einige grundlegende Bedürfnisse, die erfüllt werden müssen, damit sie langfristig gesund, munter und agil bleiben. Hierzu gehört die **mindestens paarweise Haltung**. Als gesellige Tiere, die in freier Natur in größeren oder kleineren Kolonien leben, müssen sie auch in Gefangenschaft die Möglichkeit, haben ihr ausgeprägtes Sozialverhalten auszuleben. Folglich benötigt man etwas mehr Platz und über das Jahr hin auch mehr Futter, als man vielleicht ursprünglich geplant hat.

Abbildung 26: Schmackhafte Knospen eines Busches im Winter (bodennah abgefressen).

Ideal für Kaninchen ist eine ganzjährige **Außenhaltung** mit mindestens halbtägigem freiem Zugang zu einem Stück „bunter“ Wiese (Abb.28-30). Neben ausreichend Platz benötigen die Tiere einen Unterstand gegen Regen sowie einen etwas abgetrennten, gut isolierten, größeren Aufenthaltsbereich für kältere Perioden. Auch bei ausschließlicher **Innenhaltung** (meist im Käfig) müssen Kaninchen regelmäßig über eine längere Zeit freien Auslauf erhalten, damit sie sich artgerecht bewegen und austoben können. Dies sollte bevorzugt im Garten erfolgen (umzäuntes Gehege mit entsprechender Abdeckung) oder alternativ in der Wohnung bzw. auf dem Balkon. Mit etwas Geduld und entsprechendem Training können Kaninchen rasch „stubenrein“ werden. Für den Harn- und Kotabsatz benutzen sie dann eine Katzentoilette oder die gewohnte Ecke im frei zugänglichen Käfig. Der regelmäßige Auslauf beugt einer **Verfettung** der Tiere vor und sorgt für eine **gute Beweglichkeit** der **Wirbelsäule** sowie **aller Gelenke**. Darüber hinaus verbessert die regelmäßige Bewegung die Magen-Darm-Motorik und fördert hierdurch eine **ungestörte Verdauung**. So verhindert man, dass die Kaninchen träge werden, was bei reiner Käfighaltung und zusätzlich falscher Fütterung fast unvermeidbar ist.

Abbildung 27: Reich gedeckter Tisch (Glatthafer).

Abbildung 28: Auch Hauskaninchen lieben das "Buddeln".

Die folgende Übersicht fasst wichtige Fakten für Kaninchenbesitzer zusammen. Ausführliche Informationen zu den einzelnen Punkten in Bezug auf das Gebiss und den Verdauungsapparat finden Sie in den nachfolgenden Kapiteln.

Abbildung 29: Zwergkaninchen im Auslauf auf der Wiese.

Abbildung 30: Überdachter Auslauf mit unterirdischer Versteckmöglichkeit.

Was muss ich als Betreuer eines Kaninchens wissen?

Haltung

- Kaninchen sind im Prinzip leicht zu haltende Haustiere. Befolgt man jedoch gewisse Regeln nicht, kann ihre Haltung durch Erkrankungen sehr teuer werden.
- Kaninchen dürfen keinesfalls allein gehalten werden, sie benötigen den sozialen Kontakt zu mindestens einem **Partner**. Die gemeinsame Haltung von Kaninchen und Meerschweinchen ist nicht artgerecht (Dauerstress). Es besteht die Möglichkeit der Übertragung von Krankheitserregern (z. B. Bordetella bronchiseptica).
- Kaninchen sind als sog. **Flucht- und Beutetiere** sehr stressanfällig. Bei Aufregung steigt ihr Blutdruck. Oft quellen dabei die Augäpfel hervor. Den Stress begleitende Herzrhythmusstörungen können zum plötzlichen Herzversagen führen.
- Durch eine plötzliche Anspannung der Rückenmuskulatur kann die **Wirbelsäule** brechen. Kaninchen müssen daher richtig gehalten werden (Fixierung der Kruppe).
- Kaninchen brauchen viel **Auslauf** und Bewegung (bevorzugt im Garten).
- Kaninchen müssen regelmäßig **geimpft** werden (Myxomatose, RHD [rabbit haemorrhagic disease, Chinaseuche], evtl. Kaninchenschnupfen).

Zähne/Gebiss

- Das Gebiss des Kaninchens ist eine komplexe Einheit und daher **sehr störanfällig**. Ist ein Zahn verändert, wirkt sich dies rasch auf benachbarte oder gegenüberliegende Zähne aus.
- Schneide- und Backenzähne **wachsen lebenslang** (ca. 1 cm pro Monat). Nur durch kontinuierlichen Zahnabrieb kann die Länge der Zähne langfristig normal bleiben.
- Das Futter wird durch seitliche Kieferbewegungen in kleinere Teilchen „zerschnitten“ (!). Nahrung, die nicht „zerschnitten“ werden kann, ist für Kaninchen prinzipiell ungeeignet.
- Falsches Futter führt zu einem mangelhaften **Zahnabrieb** und einer **Überbelastung** einzelner Zähne. Mögliche Folgen sind Zahnverkrümmungen und Zahnspitzenbildungen. Zahnspitzen verletzen die Backe oder die Zunge (vermehrtes Speicheln). Überlange Zähne brechen oft in den Kieferknochen ein (sehr schmerzhafter Prozess).
- Veränderte Zähne neigen zu **eitrigen Infektionen**. Kieferabszesse sind häufige Folgen primärer Zahnveränderungen. Es gibt kein Antibiotikum, das bei zahnbedingten Kieferabszessen zur Heilung führt, weshalb diese stets operativ versorgt werden müssen.

Verdauungsapparat

- Die meisten Zahn- und Darmerkrankungen entstehen durch Fütterungs- / Haltungsfehler.
- Kaninchen haben einen **komplizierten Verdauungstrakt** mit einem großen Blinddarm.
- Das Futter von Wild-Kaninchen ist stark strukturiert (faserig). Daher benötigen auch Haus-Kaninchen für eine gute Verdauung einen hohen Anteil unverdaulicher Rohfaser.
- Nur mit Hilfe spezieller **Dickdarmbakterien** kann dieses raufaserreiche Futter verarbeitet werden. Die Fermentation der Rohfaser nennt man „Blinddarmgärung“.
- Bei falscher Ernährung verändern sich Zusammensetzung und Anzahl der Darmbakterien. Hieraus resultierende Verdauungsprobleme können zum Tod des Tieres führen (Vergiftung durch Toxinbildung).
- Ein- bis zweimal pro Tag wird sog. **Blinddarmkot** abgesetzt und direkt vom Anus aufgenommen. Er enthält wichtige Vitamine und Eiweiße.
- Kaninchen haben einen besonderen **Kalziumstoffwechsel**. Die oft übermäßige Absorption des Kalziums aus dem Futter führt zur Trübung des Harns und kann auch zur Harnsteinbildung prädisponieren.

Allgemeines zur Anatomie und Funktion des Magen-Darm-Trakts

Grundfunktionen der Verdauung sind die Bereitstellung von **Energie** und die Versorgung des Organismus mit einer Vielzahl lebensnotwendiger **Bau- und Nährstoffe**. Hierzu wird die Nahrung im Verdauungstrakt durch **mechanische** und **chemische Prozesse** in kleinere Bestandteile zerlegt, die dann über die Darmwand in die Blut- oder Lymphbahn aufgenommen werden. Erst diese **resorptionsfähigen Moleküle** sind für den Organismus verwertbar.

Damit der erste Schritt der Verdauung, die mechanische Zerkleinerung des Futters mit Hilfe der Zähne, möglichst optimal durchgeführt werden kann, benötigen Kaninchen **funktionsfähige Zähne**. Nur wenn der Nahrungsbolus gut durchgekaut wird, können die **Enzyme** ausreichend wirksam werden, die im zweiten Schritt der Verdauung den Futterbrei in die einzelnen Nährstoffe aufspalten. Zu diesen Enzymen zählen diverse Fermente des Speichels und des oberen Verdauungstrakts. Dabei unterscheidet man grundsätzlich zwischen **Peptidasen** oder **Proteasen**, die Eiweiße (Proteine) in einzelne Aminosäuren spalten, sowie **Glykosidasen**, speziellen Enzymen für die Spaltung von Mehrfachzuckern (aus mehreren Zuckermolekülen bestehende Zucker, Polysaccharide). Hinzu kommen **Lipasen**, mit deren Hilfe Fette in kleinstmögliche Partikel zerlegt werden (Glyzerin und Fettsäuren) (Tab.1).

Beim Kaninchen beginnt die Nährstoffaufspaltung – wie beim Menschen - bereits in der Mundhöhle. Der erste Schritt ist ein teilweiser Abbau von Kohlenhydraten (Stärke). Zuständig hierfür ist das Enzym **Ptyalin** der Speicheldrüse, eine Alpha-Amylase. Im Magen wird dann neben der **Salzsäure** auch **Pepsin** ausgeschieden, ein Enzym, das dem Abbau von Eiweißmolekülen dient. Im Zwölffingerdarm (einem Abschnitt des Dünndarms) wirken anschließend weitere Enzyme: die **Alpha-Amylase** aus dem Pankreas (Bauchspeicheldrüse) sowie die **Maltase**, die in der Mundhöhle vorverdaute Kohlenhydrate weiter in Monosaccharide (Einfachzucker) spaltet, das **Trypsin** und das **Chymotrypsin** zum Abbau von Eiweißen sowie die **Pankreaslipase** zur weiteren Fettaufspaltung.

Tab. 1: Verdauungsenzyme

Enzym	Herkunft	Wirkungsort	Funktion
Alpha-Amylase	Speicheldrüsen	Mundhöhle (Magen)	Spaltung - Kohlenhydrate
Pepsin	Magen	Magen	Spaltung - Proteine
Trypsin	Bauchspeicheldrüse	Dünndarm	Spaltung - Proteine
Chymotrypsin	Bauchspeicheldrüse	Dünndarm	Spaltung - Proteine
Alpha-Amylase	Bauchspeicheldrüse	Dünndarm	Spaltung - Kohlenhydrate
Maltase	Bauchspeicheldrüse, Dünndarm	Dünndarm	Spaltung - Kohlenhydrate
Saccharase	Dünndarmwand	Dünndarm	Spaltung - Kohlenhydrate
Lipase	Bauchspeicheldrüse	Dünndarm	Spaltung - Fette

Während bei den meisten Säugetieren die fermentative Zerlegung und die Resorption der Nahrung primär im Dünndarm stattfinden, liegt beim **Kaninchen** der **Hauptort der Verdauung im Blinddarm**. Hier hat sich (ähnlich wie beim Pferd) ein kleines selbstständiges Mikroökosystem entwickelt, das vorwiegend aus besonderen Darmbakterien besteht. Diese sog. „**Mikroflora**“ verarbeitet Futterpartikel, die Kaninchen allein (eigenständig) nicht verdauen könnten. Hierdurch werden primär unverdauliche Nahrungskomponenten, wie Raufasern, in resorbierbare und somit verwertbare Moleküle zerlegt. Diese **bakterielle Fermentation** ist für Kaninchen überlebensnotwendig. Bricht dieses komplexe Mikroökosystem zusammen, führt dies zu schweren Verdauungsproblemen und mitunter sogar zum Tod des Tieres.

Kaninchen haben als **primär „blinddarmverdauende“ Pflanzenfresser** einen relativ kleinen, dünnwandigen Magen und einen tierarttypisch strukturierten, verhältnismäßig umfangreichen Blinddarm (Abb.31-33 und Abb.35). Sein Fassungsvermögen ist ca. dreimal (bis viermal) größer als das des Magens. Zwischen diesen beiden Organen liegt der mehrfach gewundene Dünndarm, der vom Nahrungsbrei relativ rasch durchwandert wird. Er besteht aus drei Abschnitten: dem Zwölffingerdarm, dem Leerdarm sowie dem Krumm- oder Hüftdarm. Dem voluminösen Blinddarm schließt sich der wieder engwandigere Dick- oder Grimmdarm an, in dem – wie im Blinddarm – eine Nährstoffaufnahme über die Darmwand stattfindet. Zusätzlich wird das Futter hier durch kontinuierlichen Entzug von Wasser zu den hasentypischen Hartkotbällchen geformt. Diese sammeln sich am Ende des Verdauungstrakts im sog. Mastdarm, bevor sie vom Kaninchen abgesetzt werden (Abb.34).

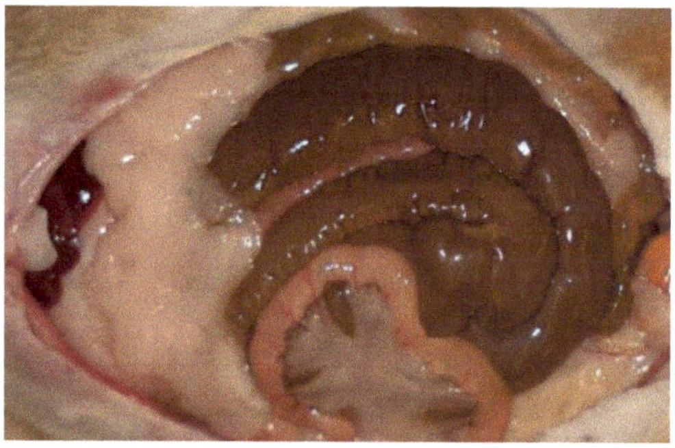

Abbildung 31: Magen-Darm-Trakt eines leicht verfetteten Hauskaninchens. Von links nach rechts: Leber, Bauchfett, großer spiralförmiger Blinddarm mit mittig gelegenem Anfangsteil des vorderen Grimmdarmes sowie einer Dünndarmschlinge (oben).

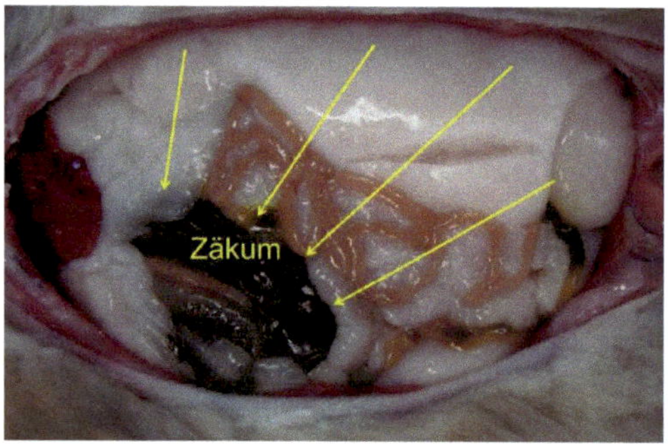

Abbildung 32: Magen-Darm-Trakt eines stark verfetteten Hauskaninchens (Adipositas) mit deutlicher Verdrängung des Blinddarmes (siehe auch Abb.10).

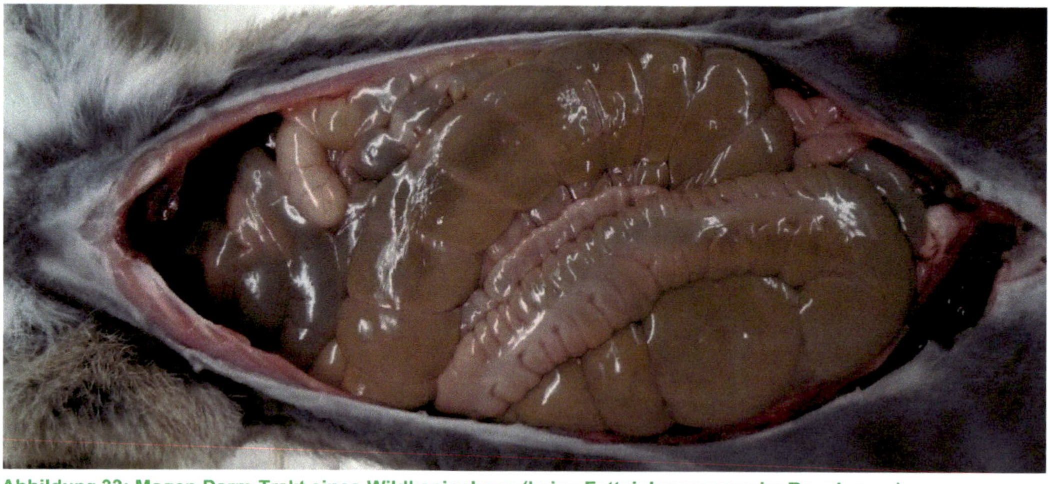

Abbildung 33: Magen-Darm-Trakt eines Wildkaninchens (keine Fetteinlagerungen im Bauchraum).

Gliederung des Verdauungstrakts in der Übersicht

- **Oberer Verdauungstrakt**:
  - Mundhöhle
  - Rachen
- **Vorderer Verdauungstrakt:**
  - Speiseröhre
  - Magen
- **Mittlerer Verdauungstrakt:**
  - Zwölffingerdarm (Duodenum) mit Leber und Gallenblase sowie Bauchspeicheldrüse
  - Leerdarm (Jejunum)
  - Hüft- oder Krummdarm (Ileum)
- **Hinterer Verdauungstrakt**:
  - Blinddarm (Zäkum)
  - vorderer Grimmdarm oder Dickdarm (proximales Kolon)
  - Kolonspindel (lat.: Fusus coli)
  - hinterer Grimmdarm oder Dickdarm (distales Kolon)
  - Mastdarm (Rektum)

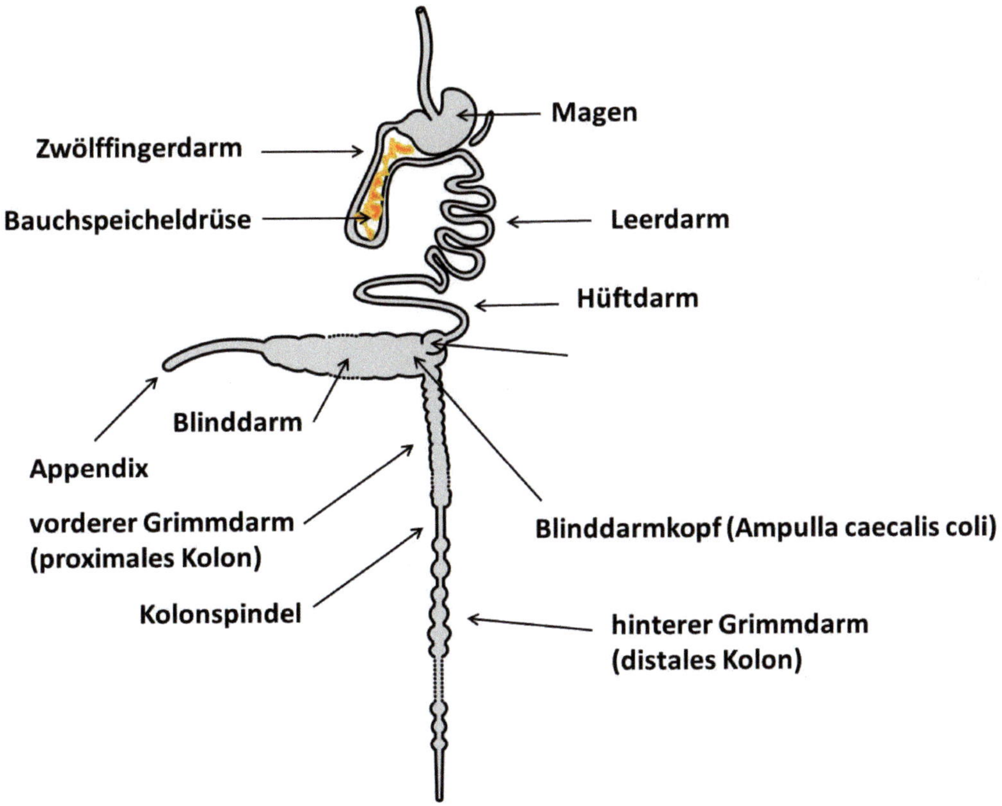

Abbildung 34: Schematische Darstellung des Magen-Darm-Trakts (nach Harcourt-Brown 2002) (Zeichnung: Dr. Christine Böhmer).

Kaninchen können Futter mit einer relativ niedrigen Nährstoffkonzentration gut verwerten. Bei zu nährstoffreicher Nahrung entstehen hingegen rasch Verdauungsprobleme, denn der Magen-Darm-Trakt ist vorwiegend darauf ausgerichtet, eine **sehr große Menge pflanzlicher, raufaserreicher** und somit **primär nicht verdaulicher Nahrung** aufzunehmen und zu verarbeiten. Daran angepasst sind auch Aufbau sowie Funktion der Schneide- sowie Backenzähne. Nur durch ein kontinuierliches Wachstum kann die – bei einer natürlichen Ernährung – beständig stattfindende Zahnabnutzung ausreichend kompensiert werden. **Zahnwachstum** sowie **Zahnabrieb** sind genau aufeinander abgestimmt und bilden somit ein **sehr störanfälliges System.** Um dessen Balance möglichst stabil zu halten, sollten Kaninchen einen Großteil des Tages mit der Nahrungsaufnahme verbringen; d. h. mit dem Zerkleinern eines relativ „kargen", kalorienarmen, jedoch raufaserreichen Futters. Dann bestehen die größten Chancen, dass sie langfristig ein gesundes Gebiss und eine stabile Verdauung erhalten.

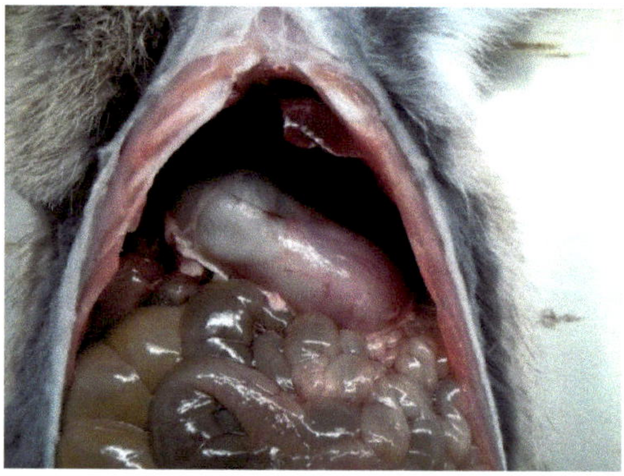

Abbildung 35: Im Verhältnis zum gesamten Magen-Darmtrakt relativ kleiner Magen eines Wildkaninchens von Abbildung 33.

Im Vergleich zu anderen Säugern haben Kaninchen eine **relativ geringe „aktive" Darmbewegung** (Peristaltik). Diese ist bei allen Tierarten dafür verantwortlich, dass das Futter im Magen-Darm-Trakt kontinuierlich weiterbefördert wird. Bei Kaninchen erfolgt die **Passage** des Futterbreis hingegen **vorwiegend „passiv"**, d. h. nur durch eine kontinuierliche Nahrungsaufnahme kann der im Verdauungstrakt befindliche Futterbrei in Bewegung bleiben und weiter wandern. Somit folgt die Verdauung dem Prinzip: "*oben rein, unten raus*" oder man sagt auch, Kaninchen hätten einen sog. **„Stopfdarm"**. Daher ist es für eine ungestörte Verdauungs funktion extrem wichtig, dass Kaninchen kontinuierlich kleinere Mahlzeiten eines raufaserreichen Futters zu sich nehmen (Abb.36). Folglich müssen sie ein geeignetes Grundnahrungsmittel (frisches Wiesenfutter und/oder Heu) den ganzen Tag über uneingeschränkt zur Verfügung haben (**Fütterung „ad libitum"**). Stellen Kaninchen – aus welchem Grund auch immer – die Nahrungsaufnahme ein, muss mit rasch auftretenden sekundären Verdauungsstörungen gerechnet werden. Dem kann mit einer vorübergehenden asisstierten Ernährung der Tiere effektiv vorgebeugt werden (siehe „Erkrankungen des Magen-Darmtrakts").

Abbildung 36: Selbstständige Aufnahme sog. „Astronautennahrung". Da Kaninchen einen „Stopfmagen" sowie „Stopfdarm" haben, muss zur Aufrechterhaltung einer ungestörten Verdauung beständig Futter aufgenommen werden.

Kaninchen sind echte, nichtwiederkäuende Pflanzenfresser (**Herbivora**). Da sie vorwiegend zarte Pflanzenblätter aufnehmen, werden sie auch gerne als **Foliovora** bezeichnet. Ein (Wild-)Kaninchen nimmt **ca. 30- bis 60-mal pro Tag kleine Portionen** eines faserreichen Futters zu sich. Der einzelne **Futterbolus** beträgt ca. **7–8 g** und dessen Verarbeitung innerhalb der Mundhöhle dauert **ca. 2–4 Minuten** (abhängig vom Raufasergehalt der Nahrung). Jüngere Tiere fressen noch häufiger (täglich ca. 80 Mahlzeiten zu je 1–2 g). Infolgedessen ist der Magen-Darm-Trakt von Kaninchen nie leer. Dies betrifft insbesondere den Magen und den Blinddarm, die beide ein Reservoir für den Nahrungsbrei darstellen. Beide Organe zusammen fassen ca. **80% des gesamten Volumens des Verdauungstrakts**. Die Gesamtlänge des Verdauungstrakts beträgt ca. **3,5–5 m** und die **Passagezeit** der Nahrung durchschnittlich **6–10 Stunden**.

Abbildung 37: Neuseeländer-Kaninchen auf der Wiese grasend.

Die rein **pflanzliche Nahrung** der Wildkaninchen liefert primär nur verhältnismäßig **wenig Energie** (Abb.37). Gleichzeitig haben die Tiere jedoch einen hohen Energiebedarf, insbesondere im Winter. Um die im Futter enthaltenen **Nährstoffe optimal nutzen** zu können, hat sich bei Kaninchen eine spezielle Methode der Verdauung entwickelt, die **mikrobielle Blinddarmfermentation**. Hierzu muss ein Teil des Futterbreis etwas länger im Blinddarm verweilen (sog. **Futterretention**), der als große Gärkammer fungiert. Es handelt sich hierbei primär um kleinere, nährstoffreiche, jedoch nur bakteriell verdauliche Faserpartikel. Kaninchen haben als sog. „**Blinddarmfermentierer**" ein recht komplex aufgebautes Dickdarmsystem entwickelt, das in gewisser Weise demjenigen des Pferdes ähnelt. Im Gegensatz zum Pferd werden jedoch **unverdauliche, größere Raufaserpartikel** (hauptsächlich Lignozellulose) als **Hartkot** schnell wieder aus dem Verdauungstrakt **ausgeschieden** (Abb.38). So kann die Passagezeit des Futters im kürzesten Fall nur 5-6 Stunden betragen. Dies ermöglicht es Kaninchen, täglich ein relativ großes Volumen raufaserreichen Futters aufzunehmen und optimal zu nutzen, ohne dieses – wie Pferde oder Wiederkäuer – in speziellen großlumigen Bereichen des Magen-Darm-Trakts (Dickdarm bzw. Pansen) zur weiteren Verarbeitung "zwischenlagern" zu müssen. Kaninchen sind für diese Art der Verdauung viel zu klein und ihr Stoffwechsel zu hoch. Des Weiteren würde ihre Beweglichkeit darunter leiden. Allerdings funktioniert bei Kaninchen die Raufaserverdauung bzw. Zellulosefermentation nicht ganz so effizient wie bei Wiederkäuern, d. h. die Nährstoffausbeute ist deutlich geringer.

Abbildung 38: Raufaserreiche Hartkotbällchen gesunder Kaninchen.

Das besondere Verdauungsprinzip beim Kaninchen besteht darin, **verdauliche von nichtverdaulichen Futterkomponenten zu trennen**, d. h. aus der sehr voluminösen, faserreichen Nahrung sekundär verdauliche Faserstoffe herauszufiltern und sich der nicht verwertbaren Partikel in Form von Hartkot möglichst rasch zu entledigen. Dieser **Separationsprozess** erfolgt im oberen Dickdarm, dem sog. **Grimmdarm**, der – wie der Blinddarm – einige anatomische Besonderheiten aufweist (siehe „Spezielle funktionelle Anatomie des Magen-Darm-Trakts"). Anschließend wird mit Hilfe der Blinddarmbakterien diese fermentierbare Raufaser (vorwiegend Hemizellulose) in ihre einzelnen Bestandteile zerlegt. Hieraus wiederum können die Darmbakterien Nährstoffe produzieren, die primär nicht in der Nahrung enthalten waren (flüchtige Fettsäuren, diverse Aminosäuren und Vitamine). Diese werden entweder direkt über die Dickdarmwand absorbiert oder in den Weichkot inkorporiert, den die Kaninchen dann direkt vom Anus aufnehmen. Die Freisetzung der darin enthaltenen Nährstoffe erfolgt dann erst bei der erneuten Passage durch den Verdauungstrakt – im Dünndarm.

Voraussetzung für das Funktionieren dieser speziellen Verdauungsstrategie ist jedoch eine **konstante Zufuhr unverdaulicher Raufaserteilchen** mit einer **Partikellänge von > 0,5 mm** (Abb.39). Nur dann können die lebenswichtigen Darmbakterien agieren und sich vermehren. Gleichzeitig ist ein ausreichender Anteil an Raufaser im Futter auch unverzichtbar für eine normale Magen-Darm-Peristaltik, da größere Faserpartikel der wichtigste „Motor der Verdauung" sind. Alles in allem füttern wir primär eigentlich nicht die Kaninchen, sondern die Darmbakterien!

Abbildung 39: Gutes Heu sollte immer zur Verfügung stehen.

Verdauungsstrategie

- Aufnahme großer Mengen raufaserreicher, strukturierter Nahrung (bevorzugt Frischfutter)
- Trennung verdaulicher und fermentierbarer Bestandteile von unverdaulicher Raufaser
- Enzymatische Verdauung und Absorption leicht verdaulicher Pflanzeninhaltsstoffe im Dünndarm
- Rasche Ausscheidung unverdaulicher Raufaser (Hartkot); diese ist daher der Hauptmotor der Verdauung und somit lebensnotwenig
- Mikrobielle Fermentierung primär unverdaulicher, kleiner Pflanzenfasern im Blinddarm
- Energieversorgung durch Produktion flüchtiger Fettsäuren (Azetat, Propionat, Butyrat)
- Wiederaufnahme des Weichkots (sog. Zäkotrophie)

Spezielle funktionelle Anatomie des Magen-Darm-Trakts

Mundhöhle

Die Mundhöhle bildet den Anfangsteil des Verdauungstrakts. Sie ist bei Kaninchen sehr lang und schmal. Die Innenauskleidung besteht aus glatter Schleimhaut, die im Bereich der vorderen seitlichen Backenwand beiderseits lokal mit etwas Fell besetzt ist (Abb.40). Während des Nagens ziehen die Tiere diesen **behaarten Backenabschnitt** zusammen, wodurch der vordere „Nagebereich“ weitgehend vom Rest der Mundhöhle isoliert wird. Dies vermeidet ein versehentliches Verschlucken unzerkauter Nahrung oder eventueller Fremdkörper (Holz oder Rinde).

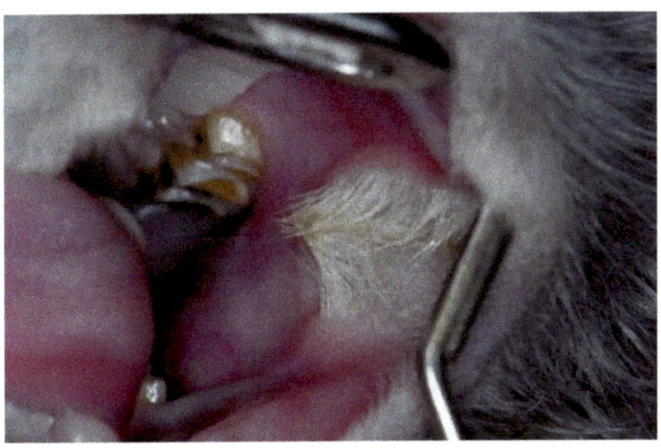

Abbildung 40: Behaarte Backenschleimhaut (Innenseite der Mundhöhle).

Die **Lippen** sind bei Kaninchen sehr empfindsame **Saug-, Tast-** und **Greiforgane**, die ihnen eine sehr selektive Futteraufnahme ermöglichen. Kaninchen sind nämlich nicht in der Lage, das zu sehen, was sie gerade fressen wollen. Denn ihr Gesichtsfeld ist eher zur Seite ausgerichtet, damit sie während der Nahrungsaufnahme Feinde möglichst rasch erkennen können. Umso größere Bedeutung haben daher die **taktilen Reize des Futters**, die Kaninchen mit den empfindlichen Tasthaaren im Nasen- und Lippenbereich, den sog. **Vibrissen**, wahrnehmen. Für die Nahrungsaufnahme entscheidend ist ebenfalls ein guter, möglichst frischer, aromatischer **Geruch des Futters**.

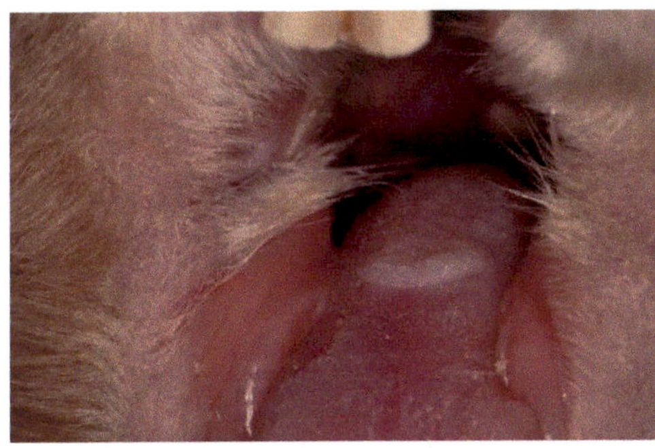

Abbildung 41: Mittig verdickter Zungenrücken (sog. "Torus linguae").

Die sehr kräftige und muskulöse Zunge ist das Hauptorgan für den Geschmack- und Tastsinn. Im Vergleich zum Menschen besitzen Kaninchen deutlich mehr Geschmacksknospen (knapp die doppelte Anzahl). Im Bereich des hinteren Zungenrückens dominiert eine kleine, etwas hellere prominente Stelle, der sog. **Zungenwulst** (Abb.41). Die voluminöse Zunge füllt den Raum zwischen den unteren Backenzahnreihen und dem Mundhöhlenboden vollständig aus und liegt bei geschlossener Mundhöhle auch großflächig dem harten Gaumen an. Da die Mundhöhle somit fast vollständig mit der Zunge ausgefüllt ist, haben Kaninchen, die an einer Verlegung der oberen Atemwege leiden (z. B. beiderseitige eitrige Nasenentzündungen oder gar Abszessen innerhalb der Nase) meist schwere

Atemprobleme. Ohne ein leichtes Öffnen der Mundhöhle können sie nicht einatmen. Diese sog. **„Maulatmung“** ist ein **Anzeichen schwerer Atemnot**, da Kaninchen aufgrund der speziellen Anatomie ihres Schlundes und Kehlkopfes von Natur aus zu den **obligaten „Nasenatmern“** gehören. Über den Mund können sie nur beschränkt Luft holen. Daher droht rasch der Erstickungstod, wenn bei starker Einengung oder Verlegung der oberen Atemwege nicht rasch gehandelt und die zugrunde liegende Ursache beseitigt wird. Dies ist bei zahnbedingten Eiterungsprozessen in der Nase meist kein einfaches, unverzüglich durchführbares Unterfangen, sondern ein langwieriger, zum Teil komplizierter Prozess (operativer Eingriff), der dem Besitzer sowie dem Tierarzt viel Geduld abverlangt.

♦ Verdauung der Nahrung in der Mundhöhle

Für die Verdauung der Nahrung in der Mundhöhle liefern vier Speicheldrüsen (Ohrspeichel-, Unterkiefer-, Unterzungen- und Jochbogendrüse) spezielle Enzyme, die die Verstoffwechslung der Kohlenhydrate einleiten. Zu diesen Enzymen zählen das **Ptyalin**, eine Alpha-Amylase, und die **Galaktosidase**. Das Ptyalin schneidet von der Stärke Maltose ab, einen Zweifachzucker, der später im Dünndarm weiter zerlegt wird. Zusätzlich werden in der Mundhöhle **Bikarbonat-Ionen** sowie der Mineralstoff **Kalium** ausgeschieden. Sie dienen dazu, die Inhaltsstoffe der Nahrung zur weiteren Verwertung im Magen und Dünndarm vorzubereiten.

Schneide- und Backenzähne

Die **großen Schneidezähne** (Inzisivi) setzen Kaninchen zum „Abbeißen“ ihrer natürlichen Nahrung ein. Die Funktion der deutlich kleineren und kürzeren **Stiftzähnchen**, die hinter den oberen Schneidezähnen liegen, ist hingegen noch nicht geklärt (Abb.44). Ihr Querschnitt ist fast rund und die Kontaktfläche im Vergleich zu den meißelförmigen großen Inzisivi stumpf. Bei manchen Kaninchen fehlen die Stiftzähnchen (angeborener Defekt oder späterer Zahnverlust). Während des Zahnwechsels können aber auch vorübergehend vier Stiftzähnchen vorhanden sein, da diese (im Gegensatz zu den großen Schneidezähnen) gewechselt werden, also einen Milchzahn als Vorgänger haben.

Das gesamte **Milchgebiss** besteht aus **16 Zähnchen** und der **Zahnwechsel** erfolgt im Alter **von 3–5 Wochen** (Abb.43). Hierbei werden primär die Backenzähne gewechselt (pro Kieferhälfte drei im Ober- sowie zwei im Unterkiefer). Erstaunlicherweise ähneln die Milch-Backenzähnchen der Kaninchen unseren Mahlzähnen, d. h. sie haben typische schmelzbedeckte Zahnhöcker und wachsen nicht kontinuierlich nach (wie dies bei den bleibenden Backenzähnen der Hasenartigen der Fall ist). Die Ursache hierfür liegt sicherlich darin, dass die Milchzähnchen ja eigentlich keine Funktion haben, da sich die jungen Kaninchen zu dieser Zeit fast ausschließlich von der Muttermilch ernähren. Der gesamte Zahnwechsel sollte spätestens nach der **6. Lebenswoche abgeschlossen** sein. Das **bleibende Gebiss** besteht dann aus **28 Zähnen** (Abb.42 und Abb.50).

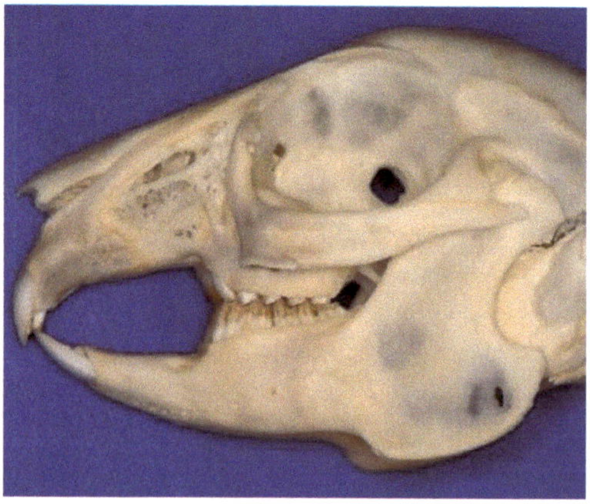

Abbildung 42: Schädel eines jungen Kaninchens mit gesundem Gebiss.

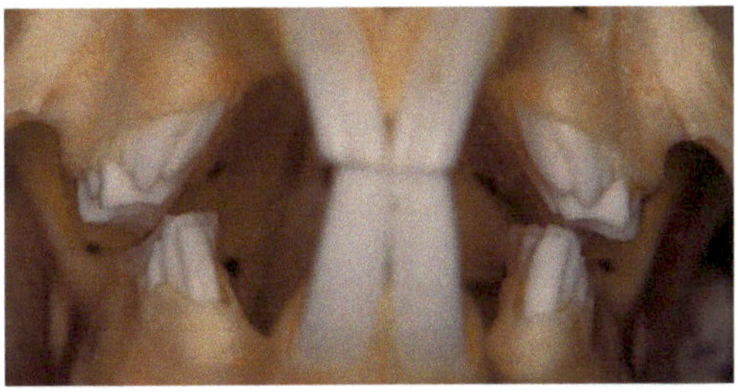

Abbildung 43: Junges Kaninchen im Zahnwechsel. (noch schmelzhöckrige vordere Backenzähne).

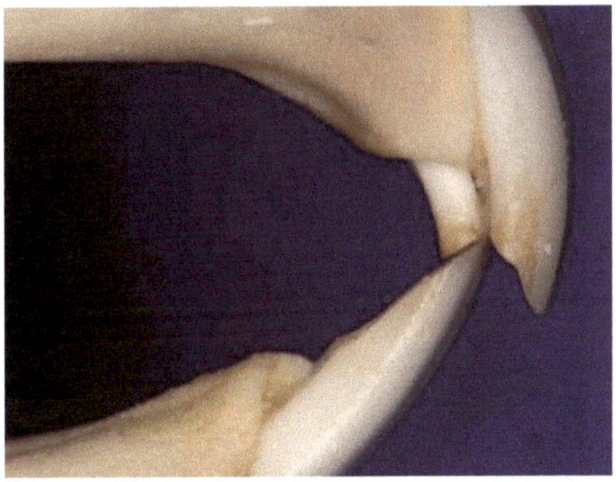

Abbildung 44: Normale Länge und physiologischer Kontakt der Schneidezähne in „Ruheposition". Die unteren Inzisivi kontaktieren hierbei unmittelbar mit den kleinen Stiftzähnchen.

Alle **Schneidezähne** des Kaninchens sind **weiß** und **wachsen lebenslang** (ca. 2 mm pro Woche). Sie haben daher keine Zahnwurzel (im herkömmlichen Sinne), sondern sind im „Wurzelbereich" weit offen (Abb.46 und Abb.47). Im Inneren des Zahns liegt der **Zahnnerv** mit den **germinativen Zellen.** Die Gesamtheit dieses Weichteilgewebes nennt man auch „Pulpa". Die germinativen Zellen produzieren lebenslang entsprechende Zahnsubstanzen und lassen den Zahn kontinuierlich aus dem Zahnfach „herauswachsen". So bilden die **Adamantoblasten** Zahnschmelz, die **Odontoblasten** das Zahnbein und die **Zementoblasten** den Kronenzement. Jede Störung oder Irritation des „Wurzelbereichs", sei es mechanischer, chemischer oder bakterieller (also infektiöser) Natur, führt dazu, dass die zahnbildenden oder germinativen Zellen keine normale Zahnsubstanz mehr produzieren (können), sondern nur noch verändertes Zahngewebe. Dies zeigt sich bei einer sorgfältigen klinischen Untersuchung durch eine veränderte Oberflächenstruktur, Verformung oder abnorme Verfärbung einzelner Zähne. So weisen erkrankte Schneidezähne häufig deutliche **Querrillen** auf der ansonsten glatten Oberfläche auf (Abb.48 und Abb.49). Physiologisch und somit normal ist hingegen eine Längsrille auf der vorderen Fläche der Oberkieferinzisivi, die den Zahnkörper in den kleineren inneren und den größeren äußeren Zahnbereich teilt (Abb.45).

Der **Krümmungsradius der großen Schneidezähne** ist **unterschiedlich**: Die oberen Inzisivi sind im Vergleich zu den unteren stets stärker gebogen. Auch haben die Inzisivi im Oberkiefer einen rechteckigen Querschnitt (mit abgerundeten Ecken), wohingegen sie im Unterkiefer eine eher rautenförmige Form aufweisen. Der „Wurzelbereich" des oberen Inzisivus befindet sich etwa in der Mitte des zahnlosen Bereichs (lat.: Diastema), etwas entfernt von der Oberkieferknochenplatte (Abb.223). Dagegen liegt die „Wurzel" des Unterkieferschneidezahns knapp vor dem ersten Unterkieferbackenzahn. Infolgedessen können sich eitrige Entzündungen rasch vom Inzisivus auf diesen benachbarten Zahn ausbreiten.

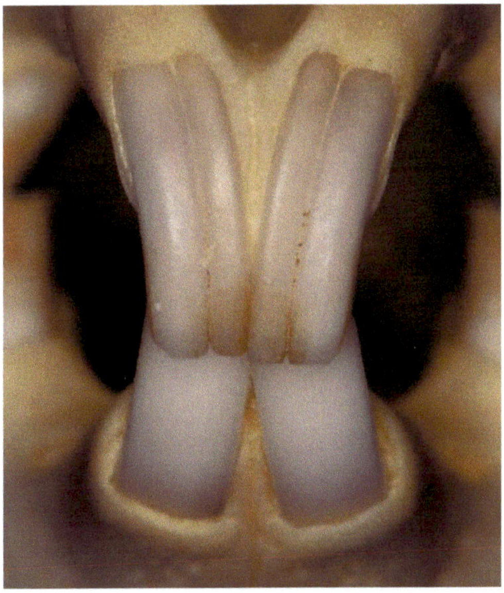

Abbildung 45: Typische Längsrille auf der Vorderfläche der oberen Schneidezähne. Die unteren Inzisivi sind hingegen glatt.

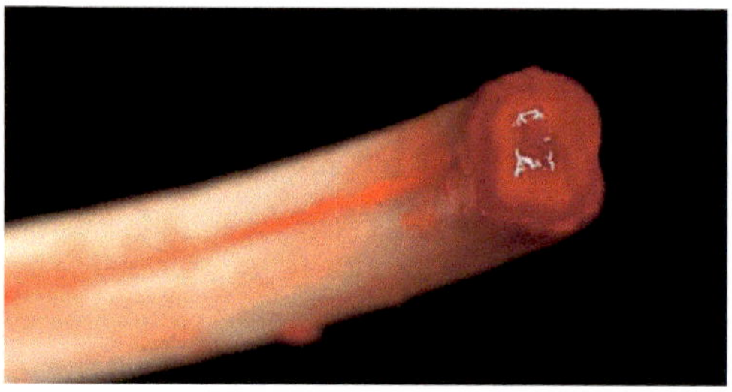

Abbildung 46: Wurzelspitzenbereich eines gezogenen Kaninchen-Schneidezahnes. Deutlich erkennbar ist das sog. "Zahnsäckchen", das über die Wurzel hinausragt (= Zahnnerv bzw. zahnbildendes Keimgewebe).

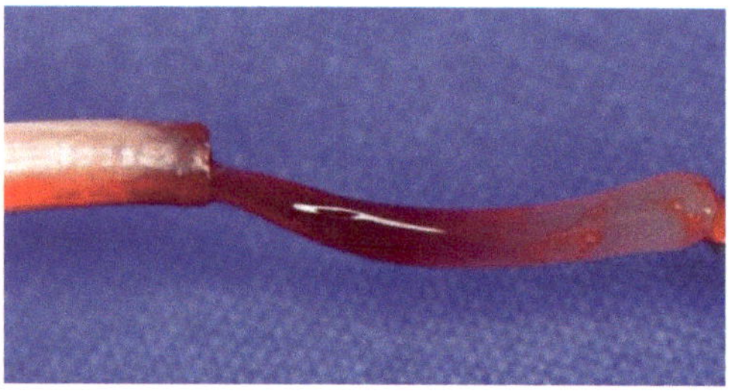

Abbildung 47: Aus dem Zahn herausgezogener "Zahnnerv" (auch „Pulpa“ genannt).

Kaninchen trennen mit Hilfe der scharfkantigen **Schneidezähne** vom Frischfutter kleinere, zur Futteraufnahme geeignete Portionen ab. Hierzu gleiten die unteren Inzisivi in Form einer seitlichen Scherbewegung an den oberen Schneidezähnen entlang. Bei diesem **„Abschneiden“ der Nahrung** helfen die sensitiven Tasthaare der Lippen. Kaninchen können jedoch wie Nagetiere (zu denen sie jedoch nicht gehören) mit den Schneidezähnen auch Holz oder Rinde benagen. Hierzu wird der Unterkiefer nach vorne geschoben, so dass die oberen und unteren Inzisivi in direkten Kontakt treten (Zangengebiss). Die zum Nagen sowie Abschneiden des Futters erforderliche scharfe Kante der Schneidezähne kommt dadurch zustande, dass die den Zahn allseitig bedeckende harte Schmelzschicht im vorderen Zahnbereich deutlich dicker ist als auf der Hinterfläche. So wird die hintere Zahnfläche der oberen Schneidezähne beim Kontakt mit der harten Schmelzkante der unteren Inzisivi stärker abgenutzt und es entsteht die **typische, meißelförmige Beißkante** (Abb.44).

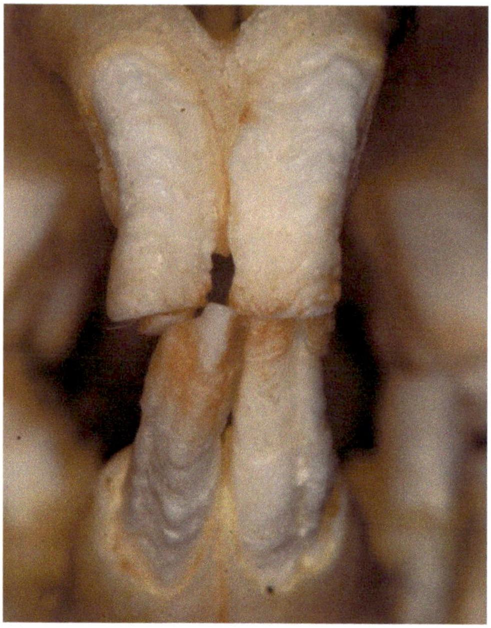

Abbildung 48: Ausgeprägte Schmelz- und Dentinveränderung aller Schneidezähne mit deutlich erkennbaren Querrillen auf der Zahnoberfläche sowie unphysiologischem Zahnkontakt.

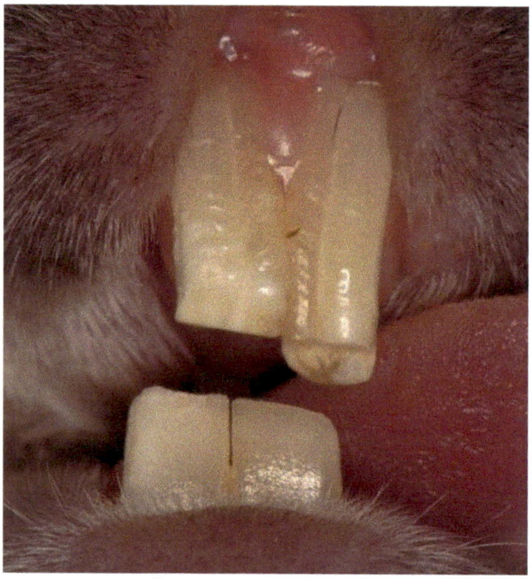

Abbildung 49: Überwuchs der oberen Schneidezähne mit veränderter Kontaktfläche (linker Inzisivus) und deutlicher Querrillung der Zahnoberfläche (rechter Inzisivus).

Das mit den Inzisivi abgeschnittene Futter wird mit Hilfe der **sehr beweglichen Lippen** und der Zunge in den hinteren Abschnitt der Mundhöhle transportiert, wo durch die Backenzähne eine weitere Zerkleinerung stattfindet.

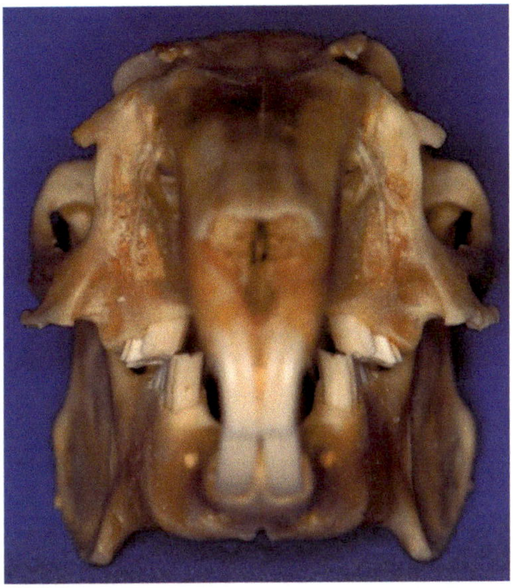

Abbildung 50: Präparat - Sicht von vorne auf das gesunde Gebiss eines Kaninchens. Die Backenzähne haben in der Ruheposition nur teilweisen Kontakt, da die oberen Zahnreihen weiter auseinander liegen als die unteren.

Wie die Schneidezähne so **wachsen** auch die **Backenzähne lebenslang** (pro Jahr ca. 10-12 cm!). Daher haben auch sie einen weit offenen Wurzelkanal (Abb.47). Damit Zahnwachstum und -abrieb in einem konstanten Gleichgewicht bleiben und sich keine Malokklusion (Gebisserkrankung) entwickelt, müssen die Backenzähne kontinuierlich abgeschliffen werden. Dies ist nur durch eine tierartgerechte Ernährung möglich, bei der die Tiere viel kauen müssen. Genau genommen wird die Nahrung hierbei über **wiederholte seitliche Kieferbewegungen** so lange in kleinere Teilchen **zerschnitten** (!), bis der Futterbolus eine passende Größe erreicht hat und abgeschluckt werden kann (Abb.53-55). Bei diesem „Kauprozess" wird das Futter primär nicht zu Brei „zermahlen" oder „zerquetscht", sondern es erfolgt eine „scherenartige" Zerkleinerung längerer Pflanzenbestandteile in kürzere Partikel. Die Backenzähne werden hierbei nur teilweise entlang ihrer Längsachse (also vertikal) belastet, es dominieren eher seitliche Scherbewegungen. Dabei kauen Kaninchen immer nur einseitig mit ca. **120 Kieferbewegungen pro Minute**. Parallel hierzu wird der Nahrungsbrei kontinuierlich mit Enzymen vermischt.

Für diese tierartspezifische Kaubewegung haben Kaninchen eine ganz besondere Zahnstruktur, sog. **schmelzfaltige Backenzähne**. Jeder Backenzahn besteht aus **zwei Zahnbeinkörpern**, die zentral je einen Zahnnerv enthalten und über eine Umhüllung aus Zahnschmelz miteinander verbunden sind (Abb.52). Dieser Schmelzmantel zieht auch zwischen beide Zahnkörper. Zwischen den beiden inneren Schmelzlamellen und somit zwischen beiden Zahnkörpern liegt zusätzlich eine sehr dünne Schicht sog. Kronenzements (Abb.51). Die **beiden mittigen Schmelzlamellen** zeigen sich auf Röntgenbildern des Kopfes im seitlichen Strahlengang als gut erkennbare **weiße Linie**. Diese verläuft in der Mitte jedes einzelnen Zahns und ist ein wichtiger **Hinweis auf eine gesunde Zahnsubstanz**. Bei Zahnwurzelentzündungen kann die Verbindung zwischen den beiden Zahnbeinkörpern unzureichend sein. Schmelz und Zement verbinden in diesem Fall beide Zahnanteile unvollständig oder überhaupt nicht mehr miteinander. Ein solcher Zahn scheint dann der Länge nach „gespalten" zu sein (Abb.56). Dies ist jedoch nicht die Folge einer übermäßigen Belastung des Zahns (z. B. durch Biss auf etwas Hartes), sondern lediglich ein Hinweis darauf, dass im Wurzelbereich etwas nicht in Ordnung ist, z. B. eine wurzelnahe Infektion vorliegt. Als Folge dieser **apikalen Irritation** können die germinativen Zellen keine normale Zahnsubstanz mehr bilden (insbesondere Kronenzement) und die beiden Zahnbeinkörper bleiben folglich getrennt. Hingegen kann oft weiterhin ein gewisses Längenwachstum der nunmehr isolierten Zahnbeinkörper stattfinden. Nur Röntgenbilder können helfen, die Situation zweifelsfrei zu klären, denn bei der Untersuchung der Mundhöhle lassen sich derartige **„Zahnspaltungen"** häufig nur schwer nachweisen und werden somit leicht übersehen.

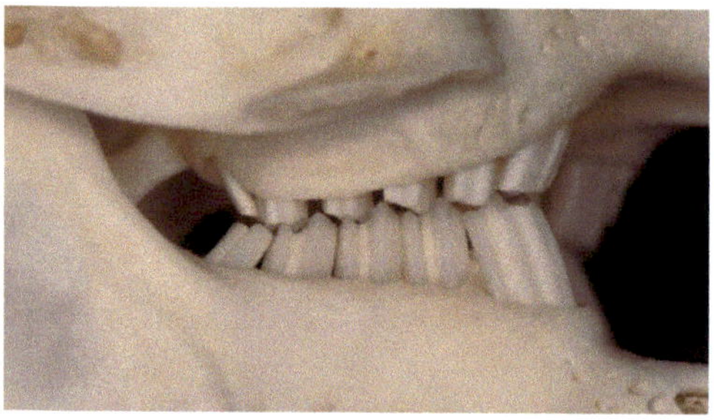

Abbildung 51: Gesundes Gebiss mit normaler Länge und physiologischem Kontakt aller Backenzähne. Deutlich sichtbar ist der gelbliche Kronenzement im Bereich der Außenfläche der unteren Backenzähne.

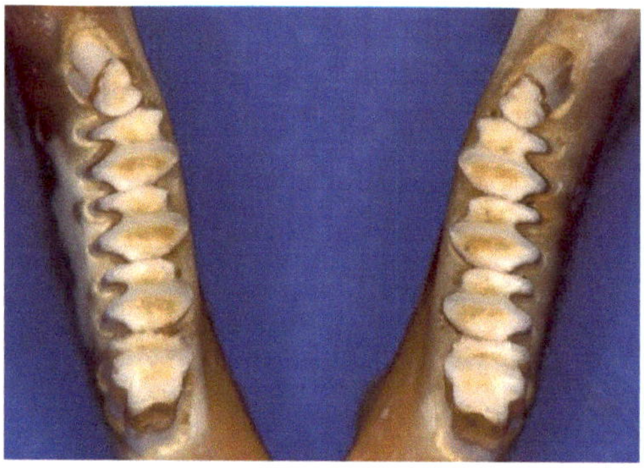

Abbildung 52: Kaufläche der Unterkiefer-Backenzähne (gesundes Gebiss eines Kaninchens). Jeder Zahn besteht aus zwei schmelzumhüllten Zahnbeinkörpern, die über eine mittlere Schmelzfalte miteinander verbunden sind. Der erste Backenzahn ist größer als die drei mittleren Zähne.

Kaninchen besitzen im **Oberkiefer sechs** und im **Unterkiefer fünf Backenzähne**. Dennoch ist die Kaufläche der oberen und unteren Zahnreihe gleich lang. Bei Betrachtung der Backenzähne von der Seite sieht man, dass sich deren Kontaktfläche ganz exakt ineinander „verzahnt“. Hierdurch sind die Zähne optimal dazu geeignet, faserige Nahrung mit Hilfe der **vielen scharfen Schmelzkanten** in kleinste Stückchen zu zerschneiden. Die raue, **unebene Kaufläche** zeigt sich auf Röntgenbildern des Kopfes im seitlichen Strahlengang stets als kaninchentypische, leicht **zickzackförmige Linie**. Die scharfen Kanten entstehen dadurch, dass bei den normalen seitlichen Kaubewegungen und dem damit erfolgenden gegenseitigen Zahnkontakt das weichere Zahnbein stärker abgenutzt wird als der deutlich härtere Zahnschmelz.

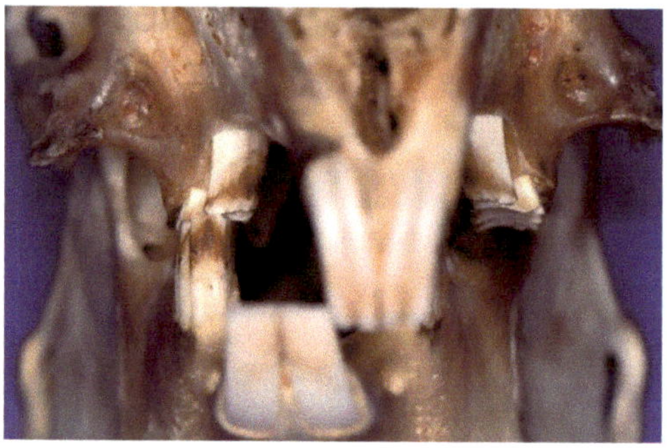

Abbildung 53. Bewegung des Unterkiefers zur linken Seite des Kaninchens beim "Zermahlen" (eigentlich „Zerschneiden“ (!)) der Nahrung.

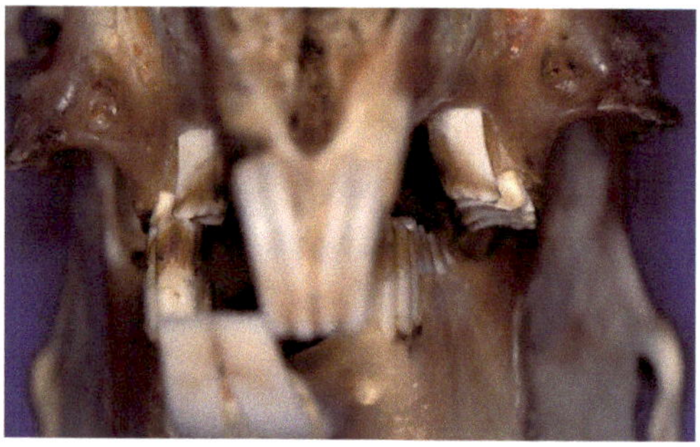

Abbildung 54: Fehlender Kontakt der linken Backenzähne während der seitlichen Unterkiefer-Bewegung nach links (Seite des Kaninchens).

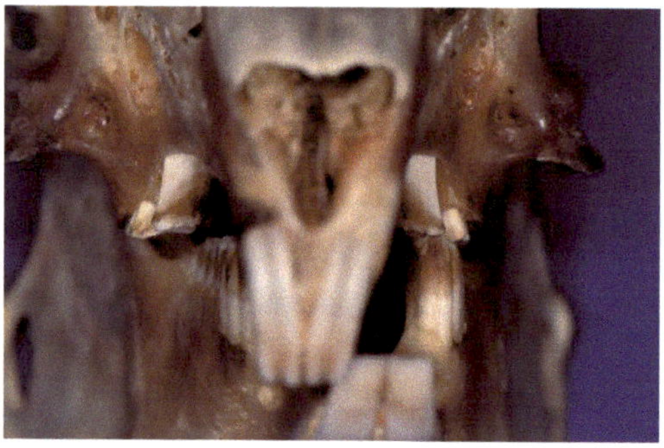

Abbildung 55: Entsprechende seitliche Bewegung des Unterkiefers nach rechts.

Als Folge der seitlichen Kieferbewegungen haben Kaninchen stets leichte, nach innen, also zur Zunge hin ausgerichtete, **physiologische Zahnausziehungen**, die keinesfalls entfernt werden dürfen. Werden sie abgeschliffen und zusätzlich die stets scharfkantig-unebene Kaufläche mit Schleifkörpern geglättet, können die Tiere faseriges Futter nicht mehr richtig zerkleinern, weil die dazu erforderliche raue Struktur der Kaufläche fehlt. Betroffene Kaninchen kauen etwas lustlos auf dem Frischfutter oder Heu herum und lassen den Futterbrocken oft wieder aus dem Mund fallen, bis sich im Lauf der Zeit wieder eine scharfkantige Kaufläche eingeschliffen hat. Das kann 1–2 Wochen dauern und in diesem Zeitraum werden die Backenzähne unphysiologisch belastet, nämlich primär axial (entlang der Zahnlängsachse) statt eher seitlich. Bei Fütterung von Pellets oder überwiegend Buntfutter fällt dieses Verhalten weniger auf, da die Tiere faseriges Futter nun meiden und gepresste Futterpartikel bevorzugen, die sie einspeicheln und dann anschließend leicht zwischen den Backenzähnen zerquetschen können. Dies führt jedoch zu einem unzureichenden Zahnabrieb und schon beginnt die Teufelsspirale des Zahnüberwuchses mit all seinen Folgen bis hin zu schwerwiegender Malokklusion (Gebisserkrankung).

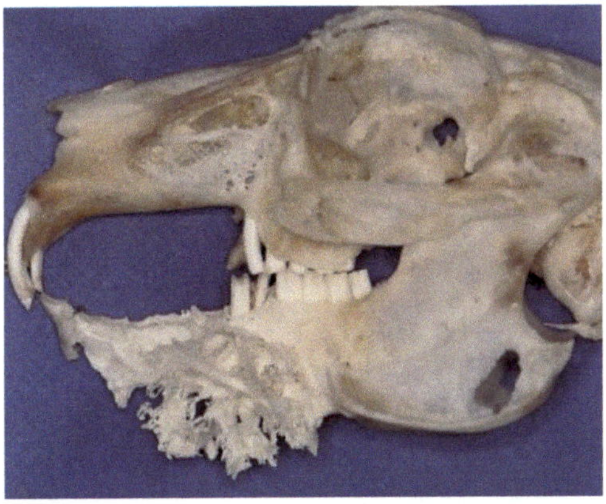

Abbildung 56: Strahlenförmiger Unterkieferabszess bei einem Kaninchen mit unerkannt gebliebener Längsspaltung des ersten unteren Backenzahnes.

Bei der Untersuchung der Mundhöhle fällt auf, dass von vorne betrachtet die **Backenzahnkörper leicht gebogen** sind; im Oberkiefer konkav nach außen, im Unterkiefer entsprechend konkav nach innen (Abb.57). Auch **kontaktieren** – bei geschlossenem Kiefer – die **oberen und unteren Backenzähne nur teilweise** (Abb.50), da die oberen Backenzahnreihen weiter auseinander stehen als die unteren. Des Weiteren lässt sich erkennen, dass die **Kaufläche** von vorne betrachtet nicht ganz horizontal, sondern um ca. **10–15° geneigt** ist (Abb.57). Auch sind die oberen Backenzähne deutlich kürzer als die unteren Prämolaren und Molaren (lateinische Bezeichnung für die vorderen bzw. hinteren Backenzähne). Von den Oberkieferbackenzähnen ist nur ein sehr geringer Anteil sichtbar, ihre Kaufläche ragt kaum über die Schleimhaut hinaus (Abb.58). Die unteren Backenzähne zeigen sich dagegen mit einer Länge von ca. 0,5–1,0 cm (abhängig von der Größe der Tiere). Die Form der Backenzähne unterscheidet sich ebenfalls: Im Oberkiefer haben sie einen quer-ovalen Querschnitt, wohingegen sie im Unterkiefer eher quadratisch geformt sind. Besonders dick und groß ist der erste Unterkieferbackenzahn, extrem klein und einfacher aufgebaut (nur aus einem Zahnbeinkörper bestehend) dagegen der letzte Backenzahn im Ober- wie auch Unterkiefer.

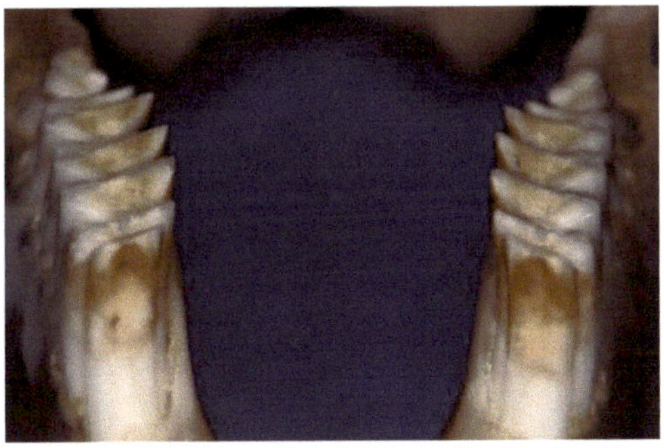

Abbildung 57: Gesundes Gebiss mit scharfkantiger unregelmäßiger Oberfläche der unteren Backenzähne. Die nach innen gerichteten spitzen Zahnausziehungen sind normal und dürfen nicht mit sog. „Zahnspitzen“ verwechselt werden.

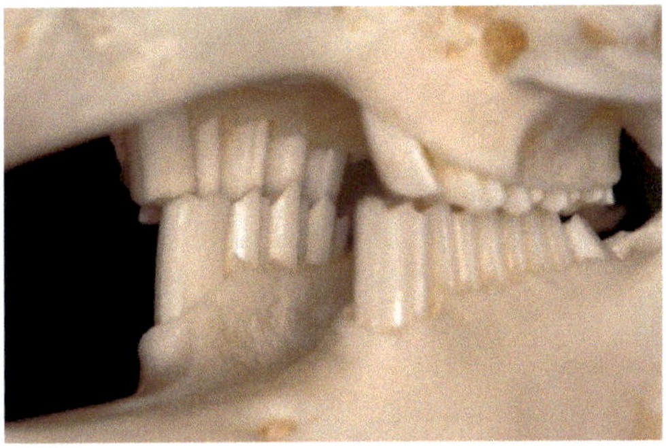

Abbildung 58: Blick auf die rechte untere sowie obere Backenzahnreihe von innen. Die spitzen „Zahnausziehungen“ verhindern ein Abgleiten der Nahrung zur Zunge hin.

Magen

Der einhöhlige Magen des Kaninchens umfasst ca. **20–34% des Gesamtvolumens des Verdauungstrakts** und fungiert primär als eine Art Futterspeicher (Abb.59). Bei einem durchschnittlich großen Hauskaninchen liegt sein **Fassungsvermögen** bei ca. **125–150 ml**. Der Mageninhalt besteht normalerweise aus einem mehr oder weniger strukturierten Nahrungsbrei – mit darin verteilten einzelnen Haaren, die bei der täglichen Fellreinigung aufgenommen werden – sowie etwas Flüssigkeit. Dazwischen lassen sich mitunter auch mehrere ca. 5 mm große, rundliche Strukturen erkennen, die einen „künstlichen" Eindruck vermitteln. Es handelt sich hierbei um einzelne Kügelchen des ungekaut aufgenommenen Weichkotes, der in seiner typischen Form eine gewisse Zeit lang unverdaut im Magen verweilt (Abb.66-67).

Normales Futter bleibt ca. **3–6 Stunden** im Magen. Vor allem dadurch, dass Kaninchen mehrmals am Tag kleine Futtermengen aufnehmen, wird der im Magen befindliche Nahrungsbrei kontinuierlich in kleinen Portionen über den Magenausgang, den sog. Magenpförtner (Pylorus), in den Dünndarm weitertransportiert (Abb.63 und Abb.64). Eine kontinuierliche Magenentleerung ist sehr wichtig für die Aufrechterhaltung einer physiologischen Magen-Darm-Peristaltik und somit für eine ungestörte Verdauung. Nur auf diese Weise kann ein permanentes Nährstoffangebot für die äußerst empfindlichen Blinddarmbakterien aufrechterhalten werden.

Im Gegensatz zu anderen Tierarten entleert sich der Magen bei Kaninchen nie vollständig, auch nicht bei stark reduzierter oder gar vollständig eingestellter Futteraufnahme. Es bleibt stets eine unterschiedlich große Menge breiiger Substanz im Magen zurück, die mit etwas Gas und Flüssigkeit vermischt ist. So kann **selbst nach 24-stündiger Nahrungskarenz** (d. h. völlig eingestellter Futteraufnahme) der **Füllungszustand des Magens immer noch 50%** betragen. Ohne Futternachschub erliegt jedoch die bei Kaninchen ohnehin sehr schwache Magen-Darm-Peristaltik weitgehend. Die kontinuierliche Fortbewegung des Nahrungsbreies stoppt und die empfindlichen Dickdarmbakterien erhalten keine Nahrung mehr. Abhängig von der Dauer dieses Zustands (sog. Stasis) reduziert sich deren Anzahl und es ändert sich deren genaue Zusammensetzung. Hieraus resultiert häufig eine zum Teil lebensbedrohliche Dysbakterie (Änderung der physiologischen Darmflora).

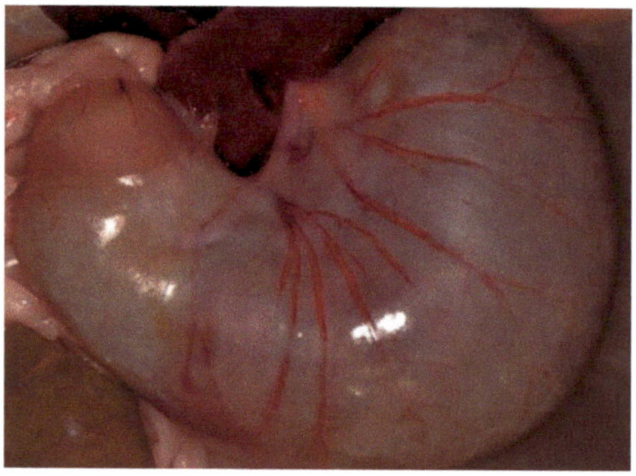

Abbildung 59: Normal gefüllter Magen eines Kaninchens mit gut sichtbarem Magenausgang (sog. „Pylorus"). Von rechts nach links: drüsenloser Magenbereich (ca. 70%), schmäleres Gebiet mit Drüsen (hellere Färbung), Pylorus (orangene Verdickung).

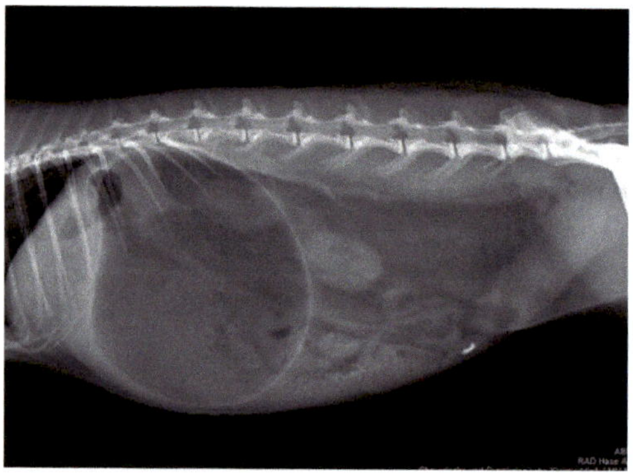

Abbildung 60: Kaninchen mit hochgradig „aufgeblähtem" Bauch bzw. lebensbedrohlicher Magenüberdehnung als Folge eines akuten Dünndarmverschlusses (kleiner Haarballen im Dünndarmbereich – siehe Abb. 61).

Abbildung 61: kleiner Haarballen aus fest miteinander verfilzten Haaren.

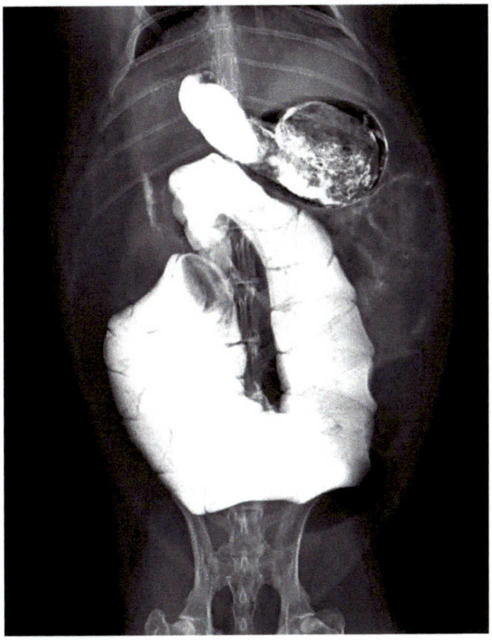

Abbildung 62: Kontrastmittelstudie mit Bariumsulfat. Mittelmäßig gefüllter Blinddarm mit Kontrastmittelresten innerhalb des Magens, die auf ein Magenbezoar hinweisen (Barium haftet auf der Bezoaroberfläche).

Beruht die Nahrungsverweigerung auf einem **primären Dünndarmverschluss**, so ist der Magen meist bis zum Platzen gefüllt, mit einem überwiegend **wässrigen, grünlichen Mageninhalt,** der kaum faserige Futterpartikel enthält (Abb.60). Ein absoluter Notfall, der einen sofortigen operativen Eingriff erfordert. In allen **anderen Fällen der Futterverweigerung** kommt es eher zu einer **Eintrocknung des Mageninhalts**. Auf Röntgenaufnahmen zeigt sich die Füllung des Magens dann als eine röntgendichtere, „festere" Struktur, die meist von relativ viel Gas umgeben ist. Dies führt häufig zur Fehldiagnose eines Magenbezoars (Verklumpung von Haaren im Magen) (Abb.61 und Abb.62). Abhängig von der zugrunde liegenden Primärerkrankung bleibt in derartigen Situationen meist genügend Zeit für eine fundierte Diagnostik, während das Tier parallel hierzu mit der Spritze oder per Sonde assistiert ernährt wird, bevorzugt mit recht flüssigem Nahrungsbrei. Dies weicht den eingedickten Mageninhalt wieder auf und normalisiert die Magen-Darm-Peristaltik. Ist die primäre Ursache der Stasis erkannt und therapiert, wird das Kaninchen rasch wieder selbstständig Nahrung zu sich nehmen.

Unter normalen Bedingungen befindet sich der Magen bei Kaninchen größtenteils innerhalb des rippengestützten Bauchraums, vorwiegend **im linken vorderen Bauchraum**, wo er gut getastet (palpiert) werden kann. In Abhängigkeit von seinem Füllungszustand und der Größe der Leber reicht der Magen unterschiedlich weit nach hinten über den Rippenbogen hinaus. Dabei liegt er bei guter Füllung der unteren Bauchwand unmittelbar an. Seine Längsachse ist ca. **60° zur Körperlängsachse** hin geneigt, d. h. sie verläuft von rechts vorne nach links hinten (Abb.35).

Die **Magenwand** ist im Vergleich zu anderen Säugern verhältnismäßig **dünn**. Sie besteht zum Großteil aus nur einer zarten Muskelfaserschicht, die somit auch nur eine relativ schwache Magenperistaltik ermöglicht. Der Weitertransport des aufgenommenen Futters erfolgt daher nur zu einem geringen Teil durch eine aktive Tätigkeit der Magenmuskulatur. Der Nahrungsbrei wird überwiegend durch eine kontinuierliche Nahrungsaufnahme passiv weitergeschoben (sog. „**Stopfmagen**"). Deshalb ist es so wichtig, nicht fressende Kaninchen möglichst rasch assistiert mit der Spritze zu füttern (siehe dort). Lediglich im Bereich des Mageneingangs und unmittelbar vor dem Magenausgang (Pylorus) findet sich über eine Breite von ca. 2–3 cm eine deutlich kräftiger ausgebildete Muskulatur. Dieser **kräftige ringförmige Pylorusmuskel** befördert den Futterbrei durch starke Kontraktionen schubweise aus dem Magen in den Dünndarm.

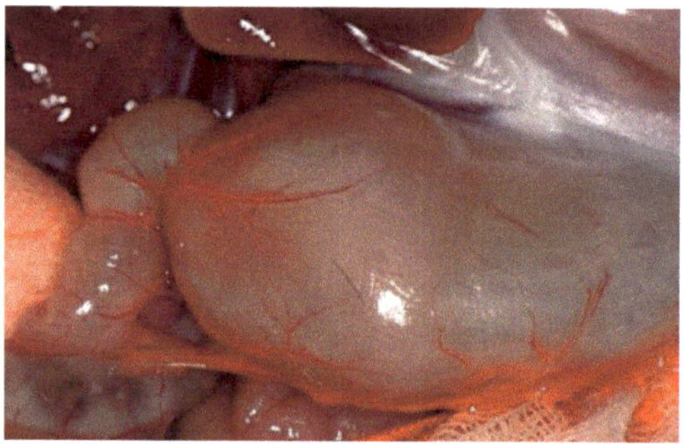

Abbildung 63: Magenausgang (Pylorus). Gut erkennbar an der pilzkopfartigen Verdickung der Magenmuskulatur.

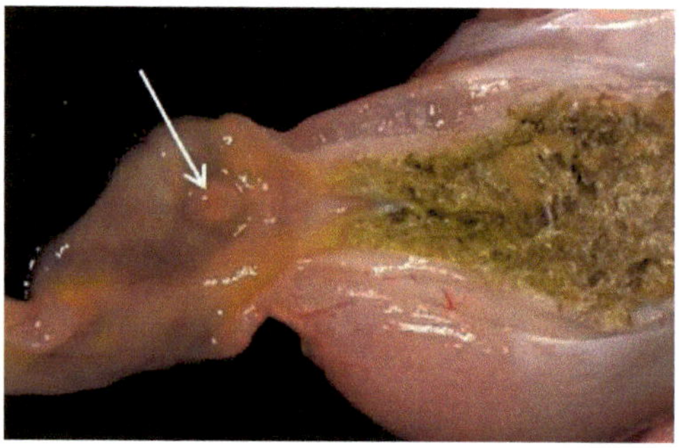

Abbildung 64: Längseröffneter Pylorus mit knapp hinter dem Magenausgang liegender Mündung des Gallenganges (kleine Schleimhaut-Papille im Dünndarmbereich).

Während die gesamte innere Magenwand prinzipiell glatt ist, zeigen sich nahe des Pylorus einige seichte Magenwandfalten. Dieser auch als Antrum bezeichnete Magenabschnitt ist drüsenfrei (**aglanduläre Zone**), ebenso wie der deutlich größere Hauptteil des Magens, der sog. Corpus. Hingegen finden sich sehr viele Drüsen im Bereich des **Fundus**, der sich in unmittelbarer Nähe des Mageneingangs befindet. In dieser **glandulären Zone** wird **Magensäure** (Salzsäure) produziert und in den Magen ausgeschieden, ebenso wie **Pepsinogen,** ein Vorläufer des Pepsins (eiweißspaltendes Verdauungsenzym) (Abb.65). Der pH-Wert (ein Maß für den Säuregrad) im Magen liegt beim pflanzenfressenden Kaninchen im stark sauren Bereich (**pH 1,5–2,2**) – ebenso wie bei Fleischfressern. Dieses saure Milieu hat einen **antimikrobiellen Effekt**. So werden vor dem Weitertransport des Futterbreis in den Dünndarm mit der Nahrung aufgenommene, schädliche Bakterien abgetötet, was Fehlgärungen vorbeugt. Wird die Produktion der Säure oder deren Vermischung mit dem Futterbrei infolge von Erkrankungen des Magen-Darm-Trakts beeinträchtigt, steigt der pH-Wert im Magen deutlich an.

Auch hier zeigt sich der Vorteil einer Fütterung mit hohem Anteil an gröberen Strukturfasern: Ist der Magen mit raufaserreichem Futter gefüllt, kann die Magensäure die „netzartige“ Struktur des Nahrungsbreis relativ leicht durchdringen und das Futter somit „entkeimen“ (Abb.193 und Abb.208). Besteht der Mageninhalt hingegen aus kleineren, kompakteren Teilchen, die relativ fest miteinander verbunden sind (wie z. B. nach Aufnahme von Presslingen, Flocken oder Körnern), erreicht die Säure kaum die inneren Schichten dieses sehr pastösen Breis, wodurch pathologische Keime leichter in den Verdauungstrakt gelangen. Durchfallerkrankungen sowie Dysbakterien sind die Folge.

Abbildung 65: Mageninhalt eines Kaninchens bei überwiegender Pelletfütterung (sehr breiige Chymus-Konsistenz). Der Schleim in der Bildmitte markiert die Grenze zwischen dem drüsenlosen sowie dem mit Drüsen besetzten Magenbereich.

Bei **Säuglingskaninchen** liegt der pH-Wert im Magen hingegen lediglich bei **pH 5–6,5**. Hierdurch können über die Zäkotrophe aufgenommene physiologische Darmbakterien den Magen leichter unverändert passieren und sich im Blinddarm ansiedeln. Nach der erfolgreichen Kolonisation des Zäkums mit der speziellen Darmflora fällt der pH-Wert im Magen dann auf ca. pH 3,0 ab und sinkt danach kontinuierlich auf den normalen Wert, sobald die Tiere überwiegend feste Nahrung aufnehmen.

♦ Verdauung des Futters im Magen

Die Verdauung des Futters setzt sich im Magen mit der Produktion der Magensäure sowie des Pepsins fort. Während die bereits in der Mundhöhle eingeleitete Stärkeverdauung (kohlenhydratspaltende Speicheldrüsenenzyme) im Magen anfangs ungestört weiterläuft, wird nach einer gewissen Zeit die **Amylase durch die Magensäure inaktiviert**. Die **Salzsäure** des Magens hat zwei weitere Funktionen: Sie zerstört die dreidimensionale Struktur der Proteine (sog. Eiweißdenaturierung) und aktiviert das von bestimmten Magenzellen abgesonderte **Pepsinogen**. Das entstehende **Pepsin** spaltet die Eiweißstoffe der Nahrung in kleinere Bestandteile, d. h. mittellange und kurze Eiweißketten, sog. Peptide.
Da Kaninchen in regelmäßigen Abständen ihren Weichkot aufnehmen (siehe Zäkotrophie), befinden sich im Magen mitunter auch entsprechende **Weichkotkügelchen**, die durch ihre **Schleimschicht** (Muzinschicht) lange vor der zerstörenden Wirkung der Magensäure **geschützt** bleiben. Dies betrifft somit auch die darin eingeschlossenen Bakterienproteine. Der Weichkot enthält jedoch auch bakteriolytische Stoffe, die aus dem Grimmdarm stammen. Diese führen zu einer langsamen Zersetzung der zäkotrophen Keime, wodurch deren Eiweißstoffe freigesetzt werden. Zerfällt nach ca. 6 Stunden die schützende Muzinschicht, vermischt sich der Inhalt der Zäkotrophe im Antrumbereich mit dem restlichen Mageninhalt und wandert portionsweise über den Magenpförtner in den Dünndarm. Hier werden von den proteolytischen (eiweißspaltenden) Enzymen nicht nur die Futtereiweiße, sondern auch diese „vorverdauten“ Bakterienproteine weiter abgebaut. Die übrigen im Weichkot enthaltenen Nährstoffe können nunmehr ebenfalls über die Darmwand des Zwölffingerdarms absorbiert werden und stehen somit dem Organismus zur Verfügung.

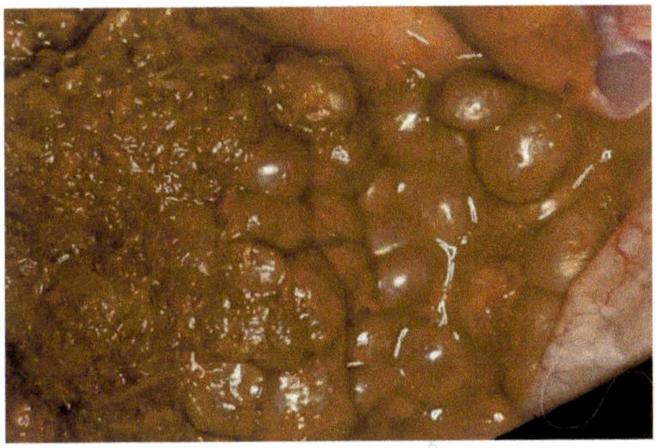

Abbildung 66: Weichkotkügelchen (sog. „Zäkotrophe“) im drüsenlosen Magenbereich.

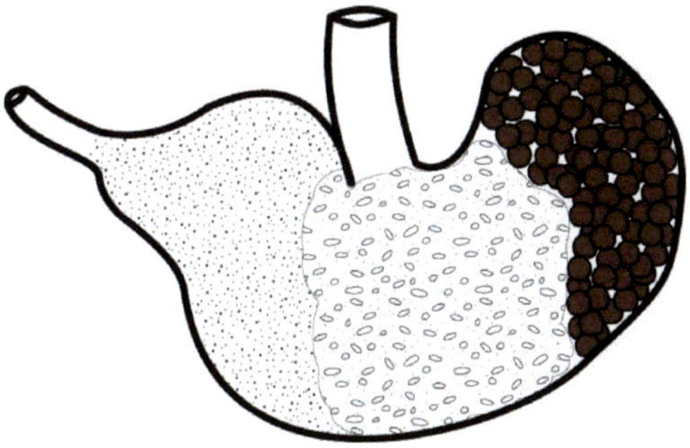

Abbildung 67: Bevorzugte Lage der Zäkotrophe innerhalb des Magens (Zeichnung Dr. Christine Böhmer).

Dünndarm

Der Dünndarm macht ca. **12%** des Gesamtvolumens des **Magen-Darm-Trakts** aus und hat beim Kaninchen eine Gesamtlänge von ca. **325–370 cm**. Man unterscheidet zwischen drei sehr charakteristischen Dünndarmabschnitten: Dem Magenausgang folgt der Zwölffingerdarm (Duodenum), danach der längste Abschnitt des Dünndarms, der Leerdarm (Jejunum), und schließlich der relativ kurze Krumm- oder Hüftdarm (Ileum).

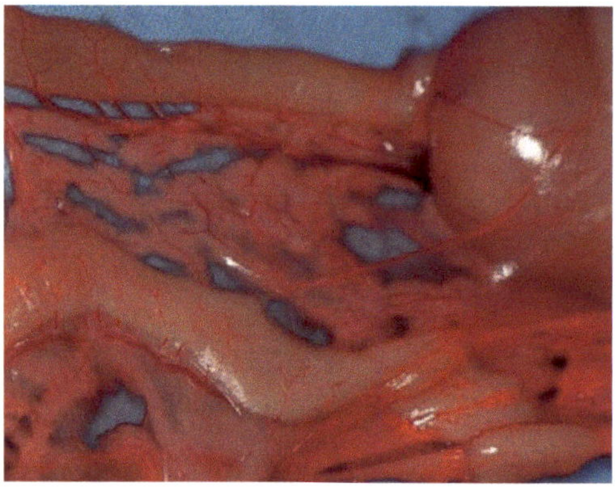

Abbildung 68: Zwischen zwei Dünndarmschlingen liegendes Bauchspeicheldrüsengewebe (rechter Pankreasabschnitt).

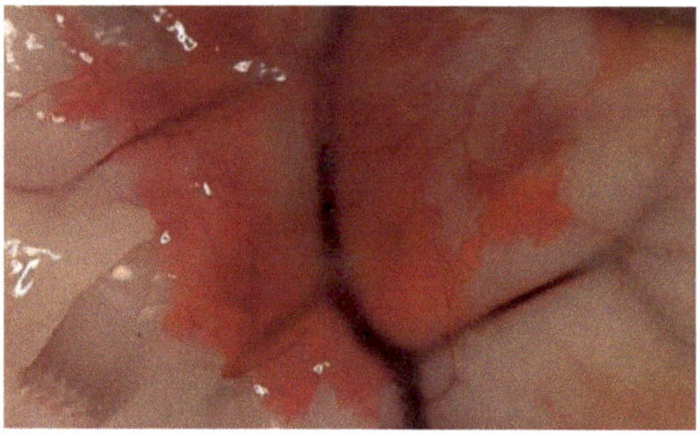

Abbildung 69: Magennaher (linker) Ast der Bauchspeicheldrüse (Pankreas).

Der **Zwölffingerdarm** besteht anatomisch aus drei Abschnitten, die eine **typische Schleife** bilden. So differenziert man zwischen dem absteigenden, dem querverlaufenden sowie dem aufsteigenden Teil des Duodenums. Der oberste Teil des Zwölffingerdarms, knapp hinter dem Magenausgang, ist leicht verdickt. Hier mündet in Form einer kleinen Papille der **Gallengang** in den Dünndarm (Abb.64). Da das Duodenum an dieser Stelle eine relativ scharfe Biegung aufweist, ist dies eine Prädilektionsstelle für fremdkörperbedingte Darmverschlüsse (z. B. Haarballenteilchen). Der Hauptausführungsgang der **Bauchspeicheldrüse** (Pankreas) (Abb.68 und Abb.69) befindet sich etwas weiter hinten, im Bereich zwischen dem querverlaufenden und dem aufsteigenden Ast des Zwölffingerdarms. Neben diesem scheint das Pankreas noch mehrere kleinere Ausführungsgänge zu besitzen. Die Bauchspeicheldrüse produziert wichtige **Verdauungsenzyme**, wie Trypsin, Chymotrypsin, Karboxypeptidasen und Lipasen. Hinzu kommen große Mengen an **Bikarbonat-Ionen**, die den durch die Magensäure sehr sauren Verdauungsbrei neutralisieren. Als Folge der normalerweise kohlenhydrat- und proteinarmen Ernährung ist die Bauchspeicheldrüse des Kaninchens – im Vergleich zu anderen Tierarten – eher klein.

Dem Duodenum schließt sich der **Leerdarm** (Jejunum) an, der beim Kaninchen eine Länge von 200-300cm aufweist und somit den längsten Darmabschnitt darstellt. Er ist mehrfach gewunden und liegt relativ frei beweglich in der Bauchhöhle, abhängig vom Füllungsgrad des Blinddarms vorwiegend im linken oberen Bauchbereich. Der Nahrungsbrei passiert das Jejunum relativ rasch. Die **Retentionszeit** des Futters beträgt lediglich ca. **10–20 Minuten**.

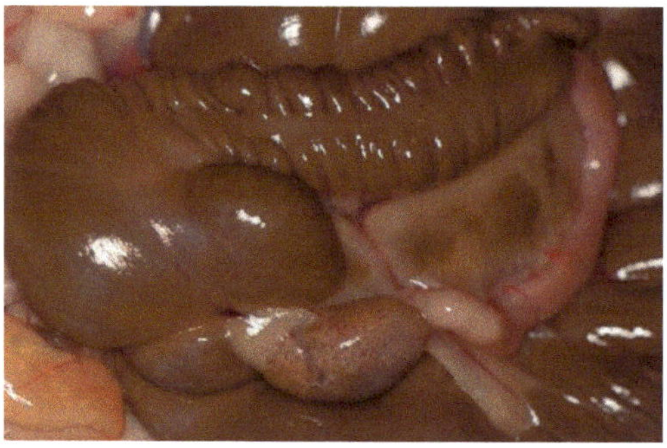

Abbildung 70: Blinddarmkopf (Ampulla caecalis coli) mit darunter liegendem Endstück des Krummdarms („marmorierter" Sacculus rotundus ilei). Die längliche Struktur im oberen Bildbereich entspricht dem Anfangsteil des Grimmdarms (Kolon ascendens).

Der **Krumm-** oder **Hüftdarm** (Ileum) ist im Gegensatz zum „freien" Jejunum mit einem Band am Blinddarm fixiert. Dieses Band verbindet auch den Anfangsteil des Enddarms (das aufsteigende Kolon) fest mit dem Blinddarmkörper. Dieser ganze Bereich wird als **ileozäkokolischer Komplex** bezeichnet (Abb.71). Das hintere Ende des Ileums ist im

Bereich seines Übergangs zum Blinddarm sowie zum oberen Abschnitt des Grimmdarms (Kolon) stark erweitert. Diese kaninchentypische anatomische Besonderheit (lateinisch als **Sacculus rotundus ilei** bezeichnet) ragt zapfenartig einige Millimeter in den Anfangsteil des ebenfalls kugelförmigen Blinddarmkopfes (die sog. Ampulla caecalis coli) hinein (Abb.70 und Abb.75). Im Bereich des sackartig erweiterten Hüftdarmabschnitts findet sich besonders **viel lymphatisches Gewebe**, das diesem Darmabschnitt ein etwas eigenartiges Erscheinungsbild verleiht (Abb.70). Die Schleimhaut ist hier etwas heller gefärbt (hellgrau) und durch die Einlagerung vieler Lymphfollikel ca. 2–3 mm dick. Dieses lymphatische Gewebe spielt insbesondere bei der Krankheitsabwehr eine wichtige Rolle. Es wird auch als „**Blinddarmtonsille**" bezeichnet.

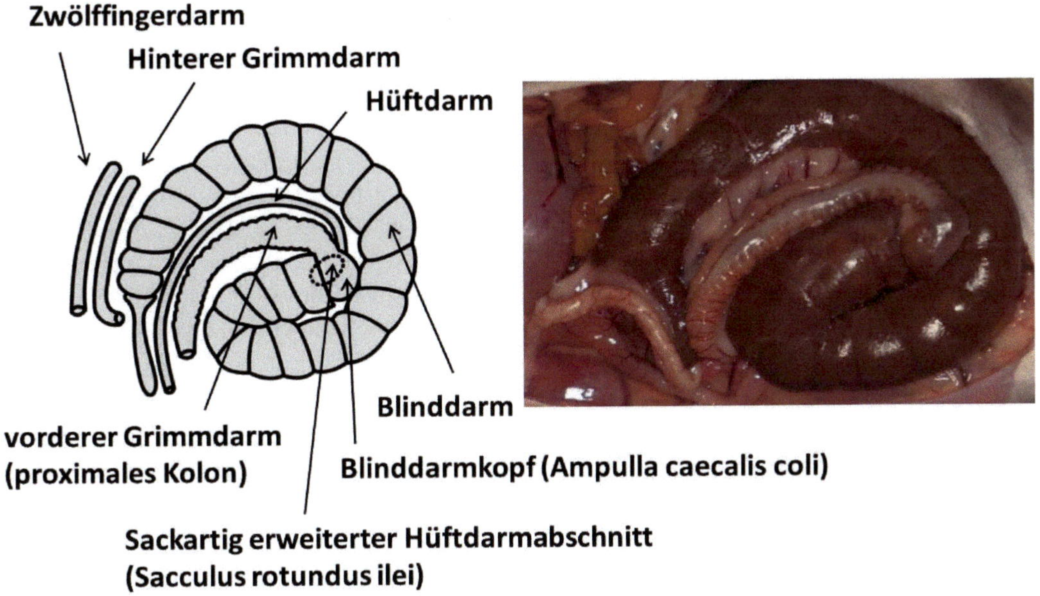

Abbildung 71: Ileozäkokolischer Komplex: bauchiger Blinddarm mit zentral liegendem oberen Abschnitt des vorderen Grimmdarms (erkennbar an den multiplen Darmwandaussackungen sowie den kräftigen Muskelsträngen - sog. „Haustren") und parallel hierzu verlaufender Hüftdarm. Links oben ein Abschnitt des hinteren Grimmdarms mit einem Teil des absteigenden Zwölffingerdarms (Zeichnung Dr. Cristine Böhmer).

Unmittelbar vor dem Sacculus rotundus ilei befindet sich im Darm eine spezielle Klappe, die sog. **Ileozäkalklappe**, die die Bewegungsrichtung des Nahrungsbrei-Transports vom Ileum in den sackartig erweiterten Darmabschnitt kontrolliert. Sie stellt sicher, dass keine Ingesta (Darminhalt) versehentlich aus dem Blinddarm zurück in den Dünndarm gelangen. Auch im Bereich der Ileozäkalklappe finden sich reichlich Lymphfollikel. Darmverschlüsse durch Fremdkörper oder Bezoare (Haarballen) liegen oft in diesem etwas verengten Darmabschnitt. Die **Retentionszeit** des Futters im Ileum beträgt ca. **30–60 Minuten**. Hier werden Elektrolyte absorbiert und auch die im Zwölffingerdarm ausgeschiedenen Bikarbonat-Ionen.

Hinsichtlich der Darmbewegung laufen im Dünndarm prinzipiell zwei Prozesse ab: die Segmentation und die Peristaltik. Mit Hilfe der **Segmentation**, d. h. periodischen statischen Darmwandkontraktionen, wird der Nahrungsbrei ordentlich durchmischt. Die **Peristaltik**, zirkuläre Muskelkonstriktionen, die sich entlang der Darmwand nach hinten fortbewegen, transportiert die Ingesta weiter. Diese peristaltischen Wellen treten ca. **alle 10–15 Minuten** auf. Die Transitzeit der

Ingesta durch den gesamten Dünndarm ist beim Kaninchen – verglichen mit anderen pflanzenfressenden Tierarten – verhältnismäßig kurz. Somit bleibt auch nicht viel Zeit für die hier stattfindenden Verdauungsprozesse.

♦ Verdauung des Futters im Dünndarm

Der Aufschluss und die Absorption verdaulicher Nahrungsbestandteile im Dünndarm ähneln beim Kaninchen prinzipiell den Prozessen bei anderen Tierarten sowie dem Menschen. Es werden hier **Kohlenhydrate** (Mehrfachzucker) und einfache **Eiweißstoffe** (Proteine) weiter **verdaut** und anschließend die Spaltprodukte (Einzelzucker und einzelne Aminosäuren) über die Darmwand aufgenommen. Hierzu erfolgt zunächst im Zwölffingerdarm eine Neutralisierung des noch sauren Futterbreis durch Ausscheidung spezieller Puffer (Bikarbonat-Ionen), die den pH-Wert vom sauren in den leicht basischen Bereich ansteigen lassen **(pH 7,5–8,0)**. Dies inaktiviert das Pepsin aus dem Magen und stoppt die Eiweißspaltung durch dieses Enzym. Zusätzlich wird der Nahrungsbrei im Zwölffingerdarm mit hier abgesonderten Sekreten der Bauchspeicheldrüse sowie mit etwas Gallenflüssigkeit vermischt. Am Ende des Dünndarms fällt der pH-Wert der Ingesta wieder ab, da im Hüftdarm die Bikarbonat-Ionen absorbiert werden.

Die Gallenblase liegt im Bereich des rechten mittleren Leberlappens. Beim Kaninchen werden pro Kilogramm Körpergewicht und Tag ca. **100–150 ml Gallenflüssigkeit** produziert. Das ist ungefähr sieben Mal so viel wie beim Hund. Die Galle enthält unter anderem **Gallensäuren**, die für die Fettverdauung erforderlich sind. Die bisher unberührt gebliebenen Lipide der Nahrung werden mit deren Hilfe emulgiert. Die Fette bestehen zu 90% aus Triglyzeriden (sog. **Triacylglycerin**), die restlichen 10% setzen sich unter anderem aus Phospholipiden und fettlöslichen Vitaminen zusammen. Die Gallensäuren brechen bei der **Fettemulgierung** große Fetttröpfchen und andere ölige Substanzen des Futters in winzige Fettkügelchen auf (sog. **Mizellen**). Gallensäuremoleküle haben hierzu eine wasserlösliche sowie eine fettlösliche Seite. Mit der fettlöslichen Fläche verbinden sie sich mit den Fetttröpfchen und richten die wasserlöslichen Enden nach außen. Das ermöglicht einen guten Kontakt zwischen den winzigen Fetttröpfchen und der Dünndarmschleimhaut. Gleichzeitig wird die Oberfläche für einen möglichst effektiven Enzymangriff vergrößert und die Lipasen (fettspaltende Enzyme) können die Nahrungsfette leichter zersetzen. Unterstützt wird dieser Prozess durch die regelmäßigen peristaltischen Darmwellen, die den Futterbrei kontinuierlich durchmischen und so das erneute Zusammenfließen der einzelnen Fetttröpfchen verhindern.

Fettspaltende Enzyme sind die **Lipase der Bauchspeicheldrüse** und die **Lipasen der Galle**, die die Nahrungsfette (Triglyzeride) in ihre Grundbausteine zerlegen. Erst diese können im hinteren Dünndarmabschnitt über die Darmwand aufgenommen werden, ebenso wie die fettlöslichen Vitamine, deren Absorption gemeinsam mit den Fettbausteinen stattfindet. Diese Aufnahme erfolgt überwiegend passiv (durch einfache Diffusion). Nur für einige Fettsäuren gibt es aktive Transportmechanismen mit sog. „Carriern“. Die absorbierten Abbauprodukte der Fette werden in den Darmzellen erneut zu Triglyzeriden, Cholesterinestern sowie Phospholipiden zusammengesetzt und zusätzlich mit einer Eiweißhülle umgeben. Die so entstandenen **Chylomikronen** gelangen in die Lymphbahnen und erreichen anschließend den Blutkreislauf.

Weitere fettspaltende Dünndarmenzyme sind die **Sterolesterhydrolase**, **Kolipase** und **Phospholipase A**. Alle diese Lipasen werden erst dann aktiv, wenn sie durch die Gallensäuren bzw. ihre Salze aktiviert wurden. Ohne diesen Prozess können sie das Triacylglycerin nicht hydrolisieren (spalten). Hierbei werden zunächst die beiden äußeren Fettsäuren abgespalten. Das durch die Hydrolyse entstehende Monoacylglycerin wird ebenso wie die freien Fettsäuren anschließend über die Darmwand absorbiert. Im Blut verbleiben die Fettsäuren lediglich einige Minuten, da sie umgehend von diversen Organen (Skelettmuskulatur, Herzmuskel oder Leber) als „Brennstoff" verwertet oder abgelagert werden (Fettgewebe).

Wird zu wenig Gallenflüssigkeit produziert oder liegt ein **Gallestau** vor (z. B. bei Leberkokzidiose, einer relativ häufigen parasitären Erkrankung), ist die **Fettverdauung gestört**. Dasselbe geschieht, wenn das **Futter zu viel Fett** enthält, das im Dünndarm nicht vollständig zerlegt und absorbiert werden kann. Hierdurch gelangen Fette in einer hohen Konzentration in den Blinddarm, der mit deren Verdauung prinzipiell überlastet ist. Somit wirkt sich eine zu hohe Fettzufuhr mit der Nahrung indirekt stets negativ auf die Blinddarmflora und somit auf die Hemizellulose- sowie Zellulosespaltung aus (siehe unten).

Einzelne Schritte der Nahrungsaufnahme bzw. Verdauung

- Abschneiden eines Futterbolus mit Hilfe der Schneidezähne
- Aufnahme der entsprechend portionierten Nahrung mit den Lippen
- Zerkleinern des Futters in der Mundhöhle mit den Backenzähnen (seitliche Kieferbewegungen = Zerschneiden des Futters)
- Abschlucken des Nahrungsbreis, weiterer aktiver Transport des Futters über die Speiseröhre in den Magen
- Im Magen beginnende Nahrungszersetzung durch stärke- und eiweißspaltende Enzyme
- Im Dünndarm Zusatz von Verdauungssekreten der Galle und Bauchspeicheldrüse sowie der Darmwand und hierdurch weitere Auflösung der Fette sowie Stärke- und Eiweißspaltung
- Im Dünndarm Übergang der Nährstoffe über die Darmwand in das Blut (Absorption)
- Transport primär nicht verdaulicher, kleinerer Partikel in den Blinddarm und mikrobielle Vergärung dieser Substanzen
- Aufnahme der hierbei freiwerdenden Nährstoffe in die Blutbahn
- Ausscheidung und Wiederaufnahme des **Weichkots** (**Zäkotrophe**)
- Absorption der darin enthaltenen Energie und Nährstoffe im Dünndarm
- Rasche Ausscheidung gröberer, faseriger und unverdaulicher Nahrungsbestandteile, dabei Entzug überschüssigen Wassers aus dem Nahrungsbrei im Dickdarm
- Absetzen des normalen Kots (**Hartkot**)

Im Zwölffingerdarm wirken weitere Verdauungsenzyme der Bauchspeicheldrüse. Sie setzen die in der Mundhöhle eingeleitete Verstoffwechselung der Kohlenhydrate sowie die im Magen begonnene Spaltung der Eiweiße fort. Die durch die Wirkung des Magenenzyms Pepsin zu kleineren Molekülen (Oligopeptiden) vorverdauten Eiweißstoffe werden durch die **Bauchspeicheldrüsen-Peptidasen** (eiweißspaltende Enzyme) in einzelne Aminosäuren zerlegt. Zu diesen Enzymen des Pankreas zählen **Trypsin**, **Chymotrypsin** sowie **Karboxypeptidasen**. Hinzu kommen **Aminopeptidasen** der Dünndarmwand. Trypsin und Chymotrypsin werden in der Bauchspeicheldrüse in Form inaktiver Vorstufen (Trypsinogen und Chymotrypsinogen) gebildet und erst im Dünndarm in ihre aktive Form (Trypsin und Chymotrypsin) umgewandelt. Sie zerlegen die Proteine bis zu 40% in **einzelne Aminosäuren**. Die Karboxypeptidasen und Aminopeptidasen, die sich im sog. Bürstensaum der Dünndarmwand befinden, spalten von den verbliebenen Eiweißketten weitere Aminosäuren ab. Nur die Aminosäuren (sowie einige Di- und Tripeptide, Eiweißbausteine, die aus zwei bzw. drei Aminosäuren bestehen) können über die Dünndarmzellen in das **Blut aufgenommen** werden. Der im Dünndarm nicht oder nur teilweise abgebaute Anteil der Futterproteine sowie ein Teil der Verdauungsenzyme (bei denen es sich primär ebenfalls um Proteine handelt) gelangen mit den Ingesta weiter in den Blinddarm, wo die Bakterien deren weiteren Abbau übernehmen. Enthält das Futter zu wenig Eiweiß, kann das Kaninchen diesen **Proteinmangel** dadurch ausgleichen, dass die **Blinddarmbakterien „neue" Eiweißstoffe synthetisieren.** Diese werden mit dem Weichkot aufgenommen, im Magen und Dünndarm abgebaut und anschließend im Dünndarm absorbiert. Somit sind Kaninchen hinsichtlich der Proteinversorgung relativ autark – vorausgesetzt die im Futter enthaltene Menge an Raufaser ist ausreichend, denn sie ist das wichtigste Substrat für eine ungestörte Funktion der Darmbakterien.

Die zuckerspaltenden Enzyme der Bauchspeicheldrüse, die **Glykosidasen**, setzen den Abbau der verdaulichen Kohlenhydrate fort. Zu diesen Enzymen zählen die **Alpha-Amylase** und die **Maltase**. Nachdem in der Mundhöhle von der Stärke mehrfach Maltose enzymatisch abgetrennt wurde, spaltet die Maltase diese in zwei Glukosemoleküle auf. Die Alpha-Amylase zersetzt die bisher noch nicht aufgespaltene Stärke in Maltosefragmente und liefert so weiteres Substrat für die Maltase. Alle Mehrfachzucker (sog. Polysaccharide), wie z. B. Stärke, müssen im Verlauf der Nahrungszersetzung im Darm Schritt für Schritt in Einfachzucker (Monosaccharide), also z. B. Glukose (Traubenzucker), aufgespalten werden. Nur Monosaccharide können über die Darmwand aufgenommen werden und dem Körper als Energielieferant dienen. Die Bauchspeicheldrüse des Kaninchens produziert nur **relativ wenig Amylase**, da es weitere Produktionsstätten für dieses Enzym gibt. So findet man es **auch in der Zäkotrophe**.

Die Dünndarmperistaltik wird durch **Motilin** stimuliert, ein Polypeptidhormon, das spezielle Darmzellen im Duodenum und Jejunum bilden. Die Sekretion dieses Hormons wird durch Fette in der Nahrung angeregt, während Kohlenhydrate seine Freisetzung hemmen. Motilin wirkt lediglich stimulierend auf die glatte Darmwandmuskulatur im Dünn- sowie Enddarm (Kolon und Rektum), während es die Blinddarmbewegungen nicht beeinflusst. Im Bereich des Dünndarms nimmt dabei die Wirksamkeit vom oberen zum unteren Abschnitt hin immer weiter ab.

Im Dünndarm werden neben dem normalen Futterbrei auch **die Inhaltsstoffe des Weichkots verarbeitet** und **absorbiert.** Hierzu zählen unverdaute Pflanzenteile, die den Verdauungstrakt somit nochmals durchwandern, sowie die in den Weichkotkügelchen konzentriert enthaltenen Aminosäuren, flüchtigen Fettsäuren, Vitamine und vorverdauten Mikroorganismen. Die partielle Zersetzung der bakteriellen Eiweiße wird durch **Lysozym** erleichtert, einem speziellen Ferment, das die Zellwand von Bakterien angreift. Es wird während der Passage des Weichkots durch den Dickdarm von speziellen Darmwandzellen ausgeschieden und in die Weichkotbällchen inkorporiert. Die bakteriolytische Aktivität dieses Enzyms ermöglicht eine rasche Zersetzung der Keime im Antrum des Magens, so dass die mikrobiellen Proteine anschließend über die Dünndarmwand absorbiert werden können. Die Verdauung der Weichkotbakterien setzt zusätzlich **mikrobielle Enzyme** frei, wie z. B. die **Amylase**, die in den Weichkotbällchen von speziellen Bakterien produziert wird und die Verdauung des Kaninchens unterstützt.

Alles in allem ist beim Kaninchen die enzymatische Zersetzung des Futters im Dünndarm zwar relativ effizient, aber ein Hauptbestandteil seiner Nahrung, die unverdauliche Rohfaser (vorwiegend in Form von Zellulose und Hemizellulose), kann hier nicht verwertet werden. Wie der Mensch und andere Säuger verfügt das Kaninchen primär über **kein Enzym**, das die **(Hemi-)Zellulose aufschließen könnte**. Allerdings findet in sehr begrenztem Umfang im Dünndarm des Kaninchens eine Verdauung besonders leicht fermentierbarer Rohfasern (Pektin) statt. Beteiligt hieran sind besondere Enzyme, wie die **Pektinase** sowie die **Xylanase**. Man kann diesen Prozess jedoch vernachlässigen, da der Großteil der fermentierbaren Raufaser im Blinddarm zersetzt wird.

Zur effektiven Nutzung der in den pflanzlichen Zellwänden enthaltenen Ballaststoffe haben Kaninchen ein **sekundäres Verdauungssystem** entwickelt. Diese Aufgabe erfüllen spezielle tierartspezifische Darmbakterien, die sich im Blinddarm befinden und dort den Nahrungsbrei aufschließen (sog. **Blinddarmfermentation**) (siehe dort). Beim Kaninchen erfolgt somit ein **primärer enzymatischer Abbau** der Nahrungsbestandteile im oberen Verdauungstrakt mit Hilfe ihrer eigenen Enzyme sowie ein **sekundärer enzymatischer Abbau** einiger primär nicht verdaulicher Nahrungsbestandteile mit Hilfe der speziellen Bakterien des Blinddarms. Dies macht sie zu verhältnismäßig effektiven Raufutterverwertern.

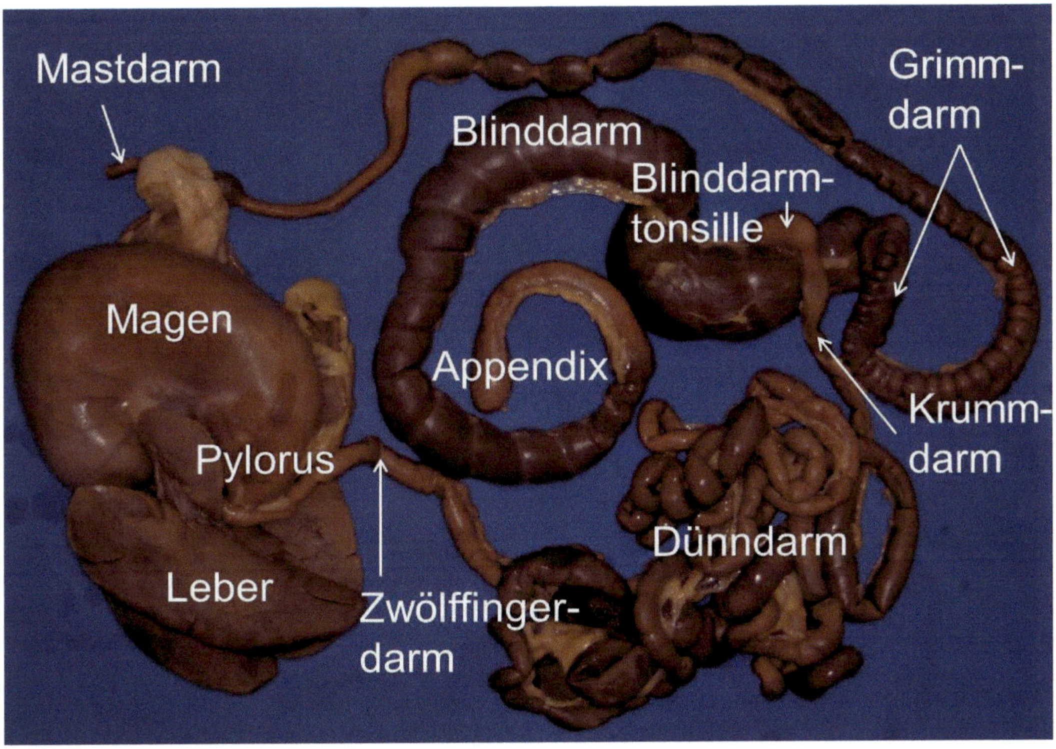

Abbildung 72: Formalinfixierter Magen-Darmtrakt eines Kaninchens.

Blinddarm (Zäkum)

Dem Dünndarm schließt sich der Dickdarm an. Dieser hintere oder untere Darmbereich besteht aus drei Abschnitten: dem Blinddarm (Zäkum), dem Grimmdarm (Kolon) sowie dem Mastdarm (Rektum). Als „**Blinddarmverdauer**“ hat das Kaninchen ein relativ voluminöses Zäkum. Der ca. 30–55 cm lange Blinddarm umfasst ca. **40–60%** des **Gesamtvolumens des Verdauungstrakts.** Sein maximales **Fassungsvermögen** liegt bei **500–600 ml**. Durchschnittlich dreimal so groß wie der Magen, fungiert der Blinddarm ebenfalls als wichtiger **Futterspeicher**. Darüber hinaus ist er eine sehr effektive, für Kaninchen lebensnotwendige **Fermentationskammer**. Bei einem physiologischen, d. h. guten Füllungszustand nimmt der Blinddarm einen Großteil der Bauchhöhle ein (Abb.33 und Abb.62), meist ein Viertel bis ein **Drittel des gesamten Bauchraums**. Er reicht dann von der Leber bis zur weit hinten im Bauchraum befindlichen Harnblase. Dabei liegt er vorwiegend auf der rechten Seite im unteren Bauchbereich, kann aber abhängig vom Füllungszustand auch weit in den linken Bauchraum hineinziehen. Sein physiologischer Inhalt lässt sich – ähnlich wie der Mageninhalt – als typisch weiche, teigige, eindrückbare Masse ertasten. Die Größe des Blinddarms hängt wesentlich vom Ernährungszustand des Tieres ab. Ist der im Bauchraum befindliche Fettkörper bei Fettleibigkeit (Adipositas) sehr groß, hat der Blinddarm kaum Platz, um sich ausreichend mit Futter zu füllen. Er wird weit nach vorne verdrängt und ist insgesamt kleiner, oft nur noch knapp so groß wie der Magen (Abb.10 und Abb.32). Hierdurch kann er seine wichtige Speicherfunktion nicht mehr erfüllen und allein deshalb neigen derart übergewichtige Kaninchen zu Verdauungsstörungen.

Der Blinddarm bildet eine **typische „Darmspirale" mit 1,5 Windungen** (Abb.71 und Abb.72). Durch eine spiralförmige Schleimhautfalte (Plica spiralis), die sein Lumen in etwa gleich große Abschnitte gliedert, weist er innen eine spiralige, **schneckenhausartige Form** mit ca. **25 Windungen** auf (Abb.74). Außen sind entsprechende Darmausbuchtungen, die sog. **Poschen** erkennbar. Diese lassen den Darm segmentiert erscheinen. Die **Wand** des Zäkums ist **sehr dünn** und **dunkler gefärbt** als die des Magens sowie des Dünn- und hinteren Enddarms. Die Blinddarmschleimhaut ist darauf ausgerichtet, die im Darmlumen in großer Menge vorliegenden Elektrolyte und flüchtigen Fettsäuren aufzunehmen. Durch den hohen Fettsäuregehalt im Zäkum liegt bei gesunden Tieren ein durchschnittlicher **pH-Wert von 6,0** vor. Ändert sich der pH-Wert, hat dies stets Auswirkungen auf die Darmflora.

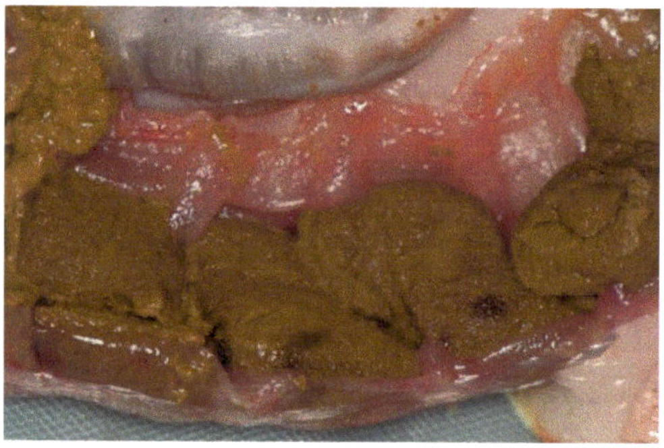

Abbildung 73: Eröffnetes Zäkum mit typischer Blinddarmpaste.

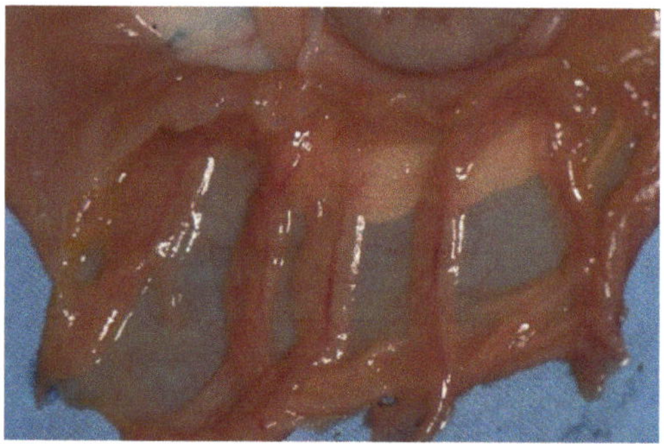

Abbildung 74: Innenseite der sehr dünnen Blinddarmwand mit den typisch spiralförmigen Schleimhautfalten (Plicae spiralis).

Der kugelförmig erweiterte hintere Hüftdarmabschnitt (Sacculus rotundus ilei) mündet über die Ileozäkalklappe in den ebenfalls sehr bauchig verdickten Anfangsteil des Blinddarms, die sog. **Ampulla caecalis coli** (Abb.70). Diese stellt sozusagen die Verbindung zwischen dem Hüftdarm, dem Blinddarmkörper sowie dem oberen Abschnitt des Grimmdarms dar. Bei genauerer Betrachtung der „Blinddarmspirale" fällt auf, dass ein kurzes Band (Gekröse) den Blinddarmkörper mit dem Anfangsteil des Grimmdarms (lat.: Colon ascendens, aufsteigendes Kolon) verbindet, einem Darmabschnitt, der deutlich dünner ist als das Zäkum. Dieser vordere Grimmdarmabschnitt kann anhand der vielen kleinen

Darmausbuchtungen (multiple Haustren) und festen Längsbänder (sog. Tänien) recht gut identifiziert werden. Zur Spitze hin verjüngt sich der Blinddarm und endet hier blind (daher auch sein Name) in einem ca. 12–15 cm langen und 1 cm breiten, schlanken, schlauchartigen Blindsack, dem sog. **Appendix**. Dieser ist etwas dickwandiger als das restliche Zäkum und enthält relativ viel **lymphatisches Gewebe**. Er liegt im Bauchraum relativ weit oben, im Bereich der linken Flanke. Im Appendixbereich wird aus dem Blinddarmlumen Flüssigkeit abgesondert, die reich an Bikarbonat-Ionen ist und somit die im Zäkum gebildeten flüchtigen Fettsäuren neutralisiert (puffert). Ein im Bereich des Blindsacks stets erhöhter Wassergehalt des Darminhalts führt zur Bildung der kaninchentypischen „Blinddarmpaste", die in regelmäßigen Abständen als Weichkot abgesetzt wird (Abb.73).

Kaninchen, die **raufaserarmes, kohlenhydratreiches Futter** fressen, haben einen **vergrößerten Appendix**. Man nimmt an, dass insbesondere bei Nahrung mit einem hohen Stärkeanteil aufgrund der sekundär häufig stattfindenden **Fehlgärung** im Blindsackbereich hier besonders viel Sekret produziert werden muss oder dass das lymphatische Gewebe in diesem Bereich einfach kompensatorisch aktiver ist, da sich bei einer derartigen Fehlernährung pathogene Keime stärker vermehren (**Dysbakterie**). Bei zu hohem Stärkegehalt des Futters sinkt infolge der übermäßig starken Fermentationsprozesse und der damit vermehrt gebildeten flüchtigen Fettsäuren auch der pH-Wert im Blinddarm ab (von 6 auf 4–5). Und dies allein führt bereits zu einer Veränderung der mikrobiellen Besiedelung des Dickdarms.

Beim Kaninchen befinden sich 50% des gesamten lymphatischen Gewebes im Bereich des Blinddarms sowie des oberen Grimmdarms. Dies erklärt unter anderem, warum beim Kaninchen die ebenfalls zum lymphatischen System gehörende **Milz** im Vergleich zu anderen Tierarten so **klein** ist. Sie liegt unmittelbar hinter und etwas seitlich des Magens im linken mittleren Bauchbereich. Ca. 7 cm lang und knapp 1 cm breit schmiegt sie sich der großen Magenkrümmung eng an.

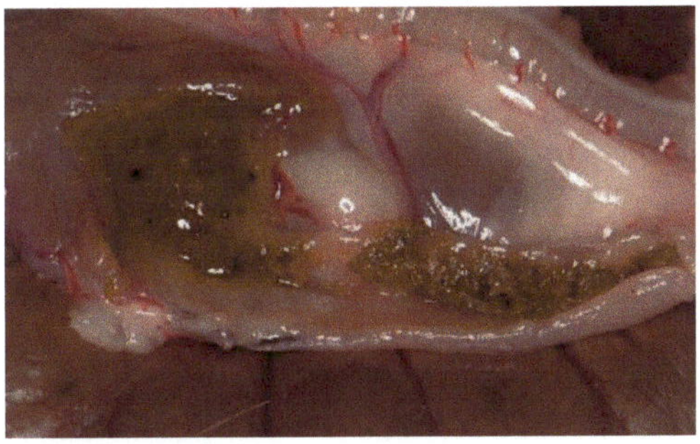

Abbildung 75: Übergang des Hüftdarms (strukturierterer Darminhalt rechts) in den Blinddarmkopf (dünnflüssigerer Darminhalt links).

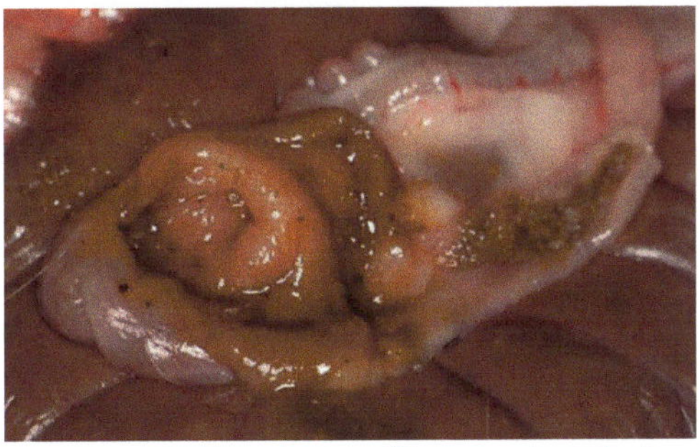

Abbildung 76: Tunnelartiger Übergang des Blinddarmkopfes zum oberen Abschnitt des vorderen Grimmdarms.

◆ Verdauung im Blinddarm

Der Nahrungsbrei erreicht im Anschluss an die enzymatische Verdauung im Magen und Dünndarm knapp eine Stunde nach der Futteraufnahme die Ileozäkalklappe und wird von dort über die Ampulla caecalis coli in den Anfangsteil des Grimmdarms befördert. Hier werden die bisher unverdauten Futterteilchen ihrer Größe nach in zwei Fraktionen getrennt (Abb.83-84): in größere, unverdauliche Partikel (> 0,5 mm), die als Hartkot rasch ausgeschieden werden, und in **kleinere, verdauliche Futterteilchen (< 0,5 mm)**, die als **Nahrung für die Blinddarmbakterien** dienen sollen. Diese fermentierbaren Komponenten wandern zusammen mit der im Darm enthaltenen Flüssigkeit vom Anfangsteil des Grimmdarms aus – in entgegengesetzter Richtung – zurück in den Blinddarm. Dort verbleiben sie so lange, bis die hier lebenden Bakterien die verdaulichen Faserteilchen weitgehend zersetzt haben. Man nennt diesen Vorgang **bakterielle Fermentation** (mitunter auch **„Fibrolyse"**). Dieser „sekundäre" Strukturfaserabbau erfolgt durch die zellulolytische Wirkung des Enzyms **Beta-Glukosidase**, das diverse Darmbakterien ausscheiden. Diese sog. Zellulase zerlegt Zellulose in ihre Grundbausteine (einzelne Glukosemoleküle). Bedingt durch das Fehlen dieses Enzyms kann der Mensch Zellulose nicht verdauen und scheidet sie daher als reinen „Ballaststoff" unverdaut aus. Beim Kaninchen dauert diese **Fermentationsphase** durchschnittlich **8–10 Stunden**.

Im Rahmen der bakteriellen Fermentation kommt es zur **Bildung flüchtiger Fettsäuren** und hochwertiger **Aminosäuren** sowie zur Synthese lebenswichtiger **B-Vitamine** (insbesondere Pantothensäure und Riboflavin). Diese Substanzen werden zu einem Großteil über die Blinddarmschleimhaut aufgenommen und stehen dem Organismus über die Blutbahn direkt zur Verfügung. Ein immer noch recht hoher Prozentsatz an Aminosäuren, Vitaminen und Mineralstoffen verbleibt in der dunklen, weichen Blinddarmpaste, die besonders reich an Mikroorganismen ist. Diese wird zu bestimmten Tageszeiten durch eine kräftigere Blinddarmkontraktion in den Grimmdarm befördert, dort zu weichen, mit Schleim ummantelten Bällchen geformt, die als Weichkot ausgeschieden und von den Kaninchen direkt wieder aufgenommen werden. Diesen Vorgang nennt man **Zäkotrophie** und den nahrhaften Weichkot **Zäkotrophe** (Abb.77). Mit Hilfe der Blinddarmfermentation und der Zäkotrophie sind die Tiere in der Lage, Futter mit einer relativ niedrigen Nährstoffkonzentration optimal zu verwerten. Dies erklärt auch, weshalb Kaninchen besonders anfällig für Magen-Darm-Erkrankungen sind, wenn sie sehr nährstoffreiche, insbesondere stärke- und proteinreiche Nahrung erhalten. Denn beim längerfristigen Verzehr dieses reichhaltigen Futters verändert sich infolge eines absinkenden pH-Werts (Säuregrad) sekundär sehr rasch die komplexe bakterielle Besiedelung des Blinddarms und dies schafft gute Voraussetzungen für eine massive Vermehrung schädlicher Darmkeime (siehe Dysbakterie).

Der Anteil an unverdaulicher Raufaser im Futter hat ebenfalls Auswirkungen auf den Appetit. Und dieser wiederum beeinflusst nicht nur die „normale" Nahrungsaufnahme, sondern auch das Fressen des Weichkots. **Raufaserreiches Futter** wirkt generell **appetitstimulierend**, während Nahrung mit einem hohen Eiweißanteil die Futteraufnahme und die Zäkotrophie reduziert.

Abbildung 77: Aus mehreren Weichkotkügelchen bestehende traubenartige Zäkotrophe.

Werden die **unverdaulichen Pflanzenfasern sehr klein zermahlen** (z. B. bei Futtermehl-Pellets), wandern sie mit den fermentierbaren, kleineren Faserpartikeln ebenfalls in den Blinddarm (statt rasch ausgeschieden zu werden) und hemmen auf diese Weise sowohl den Appetit als auch die Darmmotorik. Das Futter verweilt insgesamt länger im Zäkum und eine krankhafte Ingesta- oder **Futteranschoppung** kann die Folge sein (sog. Stasis). Eine verlängerte Nahrungsretention tritt ebenfalls auf, wenn die Nahrung sehr leicht verdaulich ist, also einen **hohen Energiegehalt** in Form von Stärke hat. Ebenso verlangsamt sich der Futtertransport, wenn die Tiere **keine Zäkotrophe aufnehmen** (können), da die Zäkotrophie die Darmperistaltik fördert. Des Weiteren verbleiben Pektine (Teil der pflanzlichen Gerüstsubstanzen) stets länger im Blinddarm als z. B. Zellulose. Eine verlängerte Futterretention oder Blinddarmanschoppung geht häufig mit Durchfall einher. Ursache dafür ist die sekundäre Dysbakterie, bei der es zu einer massiven Vermehrung pathogener Keime kommt.

Grimmdarm (Kolon)

Der Grimmdarm stellt den obersten Abschnitt des gesamten Dickdarms dar und schließt sich der ampullenartigen Blinddarmerweiterung (Ampulla caecalis coli) an. Der hier beginnende aufsteigende Abschnitt des Grimmdarms (latein.: Colon ascendens, eingedeutschte Schreibweise „Kolon") wird anatomisch und funktionell in vier verschiedene Bereiche unterteilt (Abb.34 und Abb.72):

Der **erste Abschnitt** ist ca. **10 cm** lang und hat drei längliche, flache Muskelstränge (Tänien) mit mehreren dazwischen liegenden Aussackungen. Bei den Tänien handelt es sich eigentlich um Verstärkungen der längs verlaufenden Dickdarmmuskulatur. Da sie kürzer sind als die entsprechende Darmwand, wird diese sozusagen „gerafft". Hierdurch bilden sich die dazwischen liegenden bauchigen Aussackungen (Poschen oder **Haustren**). Deren koordinierte Kontraktionen halten den Darminhalt kontinuierlich in Bewegung. Die Schleimhaut im Bereich der Haustren zeigt viele kleine Vorwölbungen, sog. **Warzen**, mit einem Durchmesser von ca. 0,5 mm. Diese blumenkohlartigen Strukturen finden sich lediglich beim Kaninchen und sind somit tierartspezifisch. Sie vergrößern die Oberfläche des Grimmdarms, wodurch die Absorption von Nährstoffen über die Darmwand verbessert wird. Sie scheinen aber auch bei der mechanischen Trennung des Darminhalts nach der Größe der Futterpartikel mitzuwirken.

Der **zweite Abschnitt** des aufsteigenden Grimmdarms ist ca. **20 cm** lang und besitzt nur **eine Tänie** und wenige, deutlich erkennbar **kleinere Haustren**.

Der **dritte Abschnitt** umfasst einen ca. **4 cm** langen, sehr stark bemuskelten Darmteil ohne Haustren, der gut durchblutet und mit zahlreichen Nerven versorgt ist. Er wird als Kolonspindel (latein.: **Fusus coli**) bezeichnet (Abb.78-80). Die Darmwand bildet hier einige sich leicht vorwölbende Längsfalten und in der Schleimhaut finden sich zahlreiche **Becherzellen**. Dies sind einzellige Drüsen, die Schleimstoffe (**Muzin**) produzieren. Der Schleim sorgt dafür, dass der Darminhalt den weiteren Enddarm problemlos passieren kann.

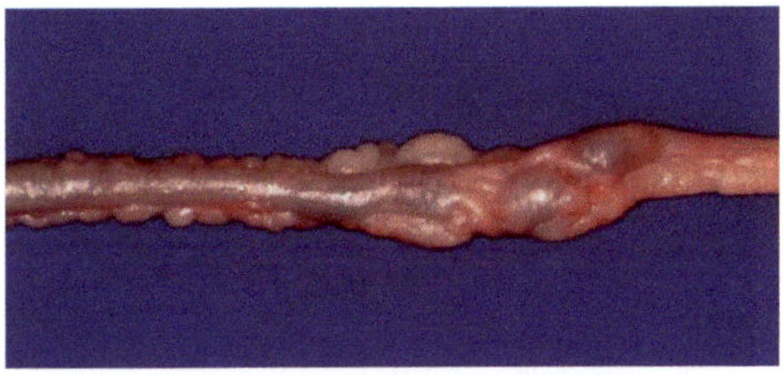

Abbildung 78: Kolonspindel (Fusus coli).

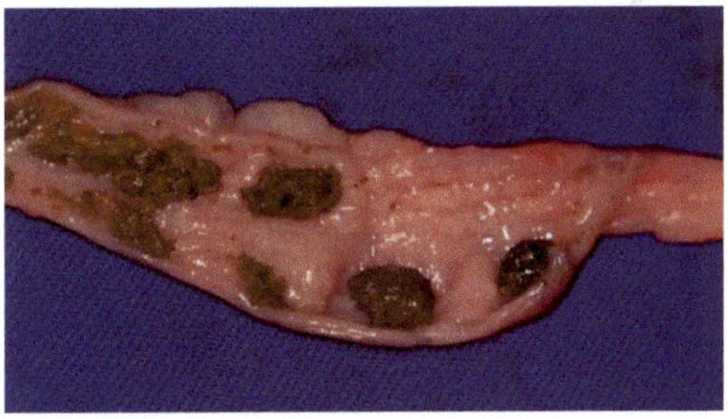

Abbildung 79: Kolonspindel mit ungeformtem Darminhalt (links) sowie kleinen geformten Hartkotkügelchen (rechts).

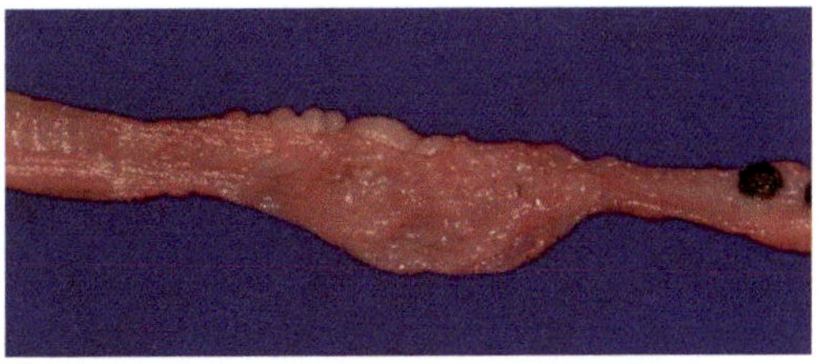

Abbildung 80: Deutlich längsgeriffelte Schleimhaut im Bereich der Kolonspindel (Fusus coli).

Der **vierte Abschnitt** des aufsteigenden Grimmdarms lässt sich sowohl optisch als auch feingeweblich kaum vom weiteren Dickdarm, d. h. dem querverlaufenden Anteil des Grimmdarms (latein.: Colon transversum) unterscheiden. Diesem schließt sich der absteigende Grimmdarm an (latein.: Colon descendens). Im Bereich dieser hinteren, glattwandigen Grimmdarmabschnitte werden durch kontinuierlichen Wasserentzug die kaninchentypischen, festen, grobstrukturierten runden Hartkotballen gebildet. Während der pH-Wert im oberen Grimmdarmbereich bei 6,1–6,5 liegt, hat der Hartkot meist einen leicht alkalischen Wert (pH 6,0–7,5).

Eine Besonderheit des oberen Grimmdarms sind dessen besondere **Muskelkontraktionen**. Man unterscheidet **drei verschiedene Arten:**

- Sich häufig wiederholende **haustrale Kontraktionen** von 3 Sekunden Dauer, die den Darminhalt durch flache ringförmige (annuläre) Muskelkonstriktionen rückwärts befördern in Richtung Blinddarm.
- **Segmentale Darmkontraktionen**, die nicht so frequent auftreten wie die haustralen Kontraktionen, ca. 14 Sekunden dauern und sich durch eine tiefere ringförmige Darmwandkonstriktion auszeichnen. Sie befördern die Ingesta nach hinten in Richtung Enddarm.
- **Monophasische progressive peristaltische Wellenbewegung** des Darms, die in der Hartkotphase ca. 5 Sekunden und in der Weichkotphase 1,5 Sekunden dauern.

♦ Funktionen des Grimmdarms (Hartkot- und Weichkotphase)

Der **obere Grimmdarmbereich** (Colon ascendens) hat **zwei Funktionen**: Den größten Teil des Tages **durchmischt** er den Nahrungsbrei sehr kräftig und sortiert ihn dabei nach der Größe der Partikel in zwei Fraktionen, die dann in unterschiedliche Richtungen transportiert werden. Diese **Separation** erfolgt durch wiederholte kräftige Muskelkontraktionen der länglichen Muskelbänder (Tänien) und rhythmische Bewegungen der Darmausbuchtungen (Haustren) des Kolons. Größere, unverdauliche Nahrungspartikel (> 0,5 mm) werden nach hinten zum Darmausgang transportiert (**Hartkotphase**), kleinere, fermentierbare Teilchen (< 0,5 mm) entgegen der normalen Richtung der Darmbewegung zurück in den Blinddarm, wo ihre bakterielle Fermentierung erfolgt (Abb.81). Zu bestimmten Zeiten, die einem gewissen Tag-Nacht-Rhythmus unterworfen sind, ändern sich die Motilität und Funktion des oberen Grimmdarms vollständig. Während dieser **Weichkotphase** wird die Zäkotrophe gebildet, die danach sofort abgesetzt wird (Zäkotrophie) (Abb.82).

Erstmals beschrieben wurden diese zwei unterschiedlichen Kotabsatzphasen **1182** vom französischen Veterinär **Charles Morot.** Danach berichtete erst wieder **1939 Madsen** über diesen kaninchentypischen, recht komplizierten Trennungsmechanismus im Bereich des Grimmdarms. Entsprechend der jeweiligen Phase verändert sich im Bereich des Dickdarms der Wasser-, Elektrolyt- und Nährstoffaustausch über die Darmwand.

Die Produktion und Ausscheidung beider Kotarten folgt einem gewissen Tagesrhythmus, wobei im Verlauf von **24 Stunden** die **Hartkotphase überwiegt**. Diese findet meist während der Nahrungsaufnahme statt und führt zu einem häufigen Absetzen harten Kotes. In dieser Phase sind die rhythmischen Muskelkontraktionen des Blinddarms besonders stark. Sie halten den Zäkuminhalt in ständiger Bewegung. In kleinen Portionen gelangt der nährstoffreiche Nahrungsbrei aus dem Blinddarm immer wieder in den oberen Grimmdarmbereich, ebenso wie neue Ingesta aus dem Hüftdarm. Hier wird dem Darminhalt relativ viel Wasser beigemengt, damit der Nahrungsbrei besser vermischt und somit leichter in seine Bestandteile separiert werden kann.

Während des **Separationsprozesses** bleiben die **größeren Faserteilchen**, die vorwiegend aus stärker verholztem Material (Lignozellulose) bestehen, bevorzugt in der **Darmmitte**, während der Rest in die Darmperipherie wandert. Hat sich zentral im Darmlumen ein gewisser Anteil an grober Raufaser angesammelt, wird diese rasch weiter zur Kolonspindel befördert, wo dem Futterbrei beträchtliche Mengen an Wasser, aber auch Kalium- sowie Natrium-Ionen entzogen werden. Durch starke peristaltische Muskelkontraktionen wird das Wasser teilweise regelrecht aus dem raufaserreichen Material herausgepresst. Etwas weiter hinten werden aus dem eingedickten Brei die Kotbällchen geformt. Im unteren Grimmdarm erfolgt eine weitere Absorption von Wasser sowie von flüchtigen Fettsäuren und Elektrolyten. Zurück bleibt eine unverdauliche, trockene Masse, die anschließend in Form der kaninchentypischen festen und sehr **trockenen Kotbällchen** über den Mastdarm abgesetzt wird (Abb.81 und Abb.38). Dieser **Hartkot** wird über den ganzen Tag hinweg produziert. Die gleichmäßig runden, festen Kotkügelchen haben – abhängig von der Größe des Kaninchens – einen Durchmesser von ca. 5–10 mm. Schon mit bloßem Auge kann man darin unverdaute, grobfaserige Futterpartikel erkennen. Veränderte Hartkotbällchen kranker Kaninchen sind meist kleiner, härter und unregelmäßig rund bis oval geformt (Abb.89 und Abb.148).

Obwohl die **größeren, unverdaulichen Nahrungspartikel (> 0,5 mm)** rasch aus dem Darm eliminiert werden, stellen sie äußerst wichtige Bestandteile des Futters dar, denn sie **stimulieren die Darmmotorik**. Diese sorgt dafür, dass kontinuierlich Flüssigkeit sowie Nährstoffe in den Blinddarm gelangen, so dass eine ungestörte bakterielle Fermentation stattfinden kann. Ein geringes Angebot an grobstrukturierter Raufaser im Futter kann die Magen-Darm-Peristaltik hemmen und dies wiederum begünstigt schwerwiegendere Magen-Darm-Erkrankungen.

Beim Separationsprozess innerhalb des oberen Grimmdarmbereiches wandern die **kleinen, fermentierbaren Nahrungspartikel (< 0,5 mm)** zur **Peripherie des Darmlumens**. Sie sammeln sich in den bauchigen Darmausbuchtungen (**Haustren**), liegen also unmittelbar der Schleimhaut auf. Von hier aus werden sie zusammen mit Darmflüssigkeit sowie diversen wasserlöslichen Komponenten der Ingesta durch die Darmmotorik im Bereich der Colon-Haustren in den **Blinddarm zurücktransportiert** (Abb.83). Diese rückwärts gerichtete Darmbewegung, die mit einer Geschwindigkeit von ca. **1 mm pro Sekunde** abläuft, nennt man **Antiperistaltik**.

Diese periphere Antiperistaltik sowie die zentrale „normale" Darmpassage der gröberen Faserpartikel laufen den größten Teil des Tages parallel zueinander ab. In gewissen Abständen **ändert sich die Darmmotorik** des Blind- sowie oberen Grimmdarms jedoch vollständig. Die antiperistaltischen Muskelkontraktionen im Bereich der Haustren stoppen und der Blinddarm zieht sich als Ganzes fest zusammen, wobei der darin befindliche teigige Darminhalt (die sog. Blinddarmpaste) in den Grimmdarm transportiert wird (Abb.82 und Abb.83). Im Bereich der **Kolonspindel** (Fusus coli) wird dieser weiche, nährstoffreiche Futterbrei zu **weichen Kotbällchen geformt** (Abb.77). Gleichzeitig wird in ihr Lumen ein spezielles Enzym inkorporiert, das sog. **Lysozym**. Es hat eine bakteriolytische Wirkung und zersetzt somit langsam die mikrobiellen Eiweißstoffe in der Zäkotrophe. Die in den Weichkotkügelchen eingeschlossenen Darmbakterien produzieren zusätzlich **Amylase**, ein Enzym, das Mehrfachzucker (Polysaccharide) aufspaltet und abbaut.

Parallel zur speziellen Formgebung werden die Weichkotbällchen im Fusus-coli-Bereich mit einer gelatineartigen, feuchten **Muzinschicht** bedeckt, die aus Mukoproteinen besteht. Diese klebrige Schleimhülle lässt die einzelnen Weichkotbällchen beim weiteren Transport durch den Grimmdarm fest aneinander haften und verhindert gleichzeitig einen Verlust an Elektrolyten oder anderen Inhaltsstoffen. Zudem schützt sie den Weichkot vor der zerstörerischen Wirkung der Magensäure. Die Weichkotkügelchen passieren anschließend durch starke Darmbewegungen sehr rasch (1,5-2,5 Mal schneller als Hartkot) den restlichen Teil des Enddarms und werden als relativ große, traubenartige Masse über den Mastdarm abgesetzt (Zäkotrophe). Dieser ganze Prozess entspricht der **Weichkotphase** (Abb.82). Sie erfolgt ca. ein- bis zweimal täglich, mindestens **4 Stunden nach der Nahrungsaufnahme** und somit in einer **Ruhephase**.

Während dieser Zeit ist die reguläre Blinddarmmotorik vorübergehend stark reduziert und auch die rhythmischen Muskelkontraktionen im Bereich des oberen Grimmdarms sistieren weitgehend. Umgekehrt erhöht sich während der Austreibung des Weichkots die Darmmotorik des unteren Grimmdarmabschnitts. Auch wenn kein Nahrungsbrei nachkommt, bleibt der sich abwechselnde Rhythmus der Dickdarmkontraktionen prinzipiell erhalten. Die Peristaltik im oberen Verdauungstrakt wird von der Hart- oder Weichkotphase nicht beeinflusst.

Der **Fusus coli** ist somit ein hoch spezialisierter, besonders gut mit Nerven versorgter und von verschiedenen Hormonen beeinflusster Darmabschnitt. Er fungiert sozusagen als **Schrittmacher für die Darmperistaltik** im oberen und unteren Grimmdarm, die sich abhängig von der jeweiligen Kotbildungsphase ständig ändert. Seine Tätigkeit wird unter anderem durch Nebennierenrindenhormone reguliert (u.a. durch das Stresshormon Kortisol). Daher kann Stress jeglicher Art Verdauungsstörungen auslösen; z. B. Zusetzen eines dominanten Kaninchens oder der Anblick eines potentiellen Fressfeindes (Hund, Katze), wesentliche Änderungen im Tagesablauf, Transport, Krankheit, aber auch extreme Wetterveränderungen.

Charakteristika von Hartkot und Weichkot (Zäkotrophe)

Hartkot

- Eigentlich nährstofffrei, härter, relativ trocken, fast geruchsfrei, einzelne Kotballen
- Hauptsächlich aus unverdaulicher Raufaser bestehend
- Zur raschen Ausscheidung grober, unverdaulicher Futterbestandteile

Weichkot

- Nährstoffreich, weich, feucht, typischer Geruch
- Regulär geformte, rundlich Kotballen, verbunden zu einer traubenartigen Form
- Partiell fermentierter Zäkuminhalt
- Zur besseren Nahrungsverwertung
- Zur Überbrückung von Nahrungsengpässen
- Versorgung des Organismus mit Energie, essentiellen Aminosäuren und Vitaminen

Ileozäkokolischer Komplex

Der **obere Grimmdarmabschnitt** (proximales Kolon) bildet zusammen mit dem **Krumm-** sowie dem **Blinddarm** ein kaninchenspezifisches Darmkonstrukt, den sog. **ileozäkokolischen Komplex**, zu welchem auch noch ein Teil des **hinteren Grimmdarms** und ein Abschnitt des **absteigenden Zwölffingerdarms** gehören. Alle Elemente dieses spiralförmigen Gebildes sind über breitflächige, zum Teil recht dünne Bänder fest miteinander verbunden (Abb.71). Der ileozäkokolische Komplex ist darauf spezialisiert, große Mengen an Nahrungsbrei beständig in Bewegung zu halten. In Abhängigkeit von seinem Füllungszustand nimmt er dabei oft mehr als die Hälfte des gesamten Bauchraums ein, wobei sich das dreidimensionale Darmgebilde vorwiegend auf der rechten Seite befindet. Gut gefüllt reicht es vom hinteren Ende der Leber bis an die vordere Harnblasenwand.

Mastdarm (Rektum)

Der letzte Abschnitt des Enddarms ist der Mastdarm (Rektum). Seine Wand ist ebenfalls sehr dünn und er ist meist mit **Hartkot** gefüllt, der sich hier sammelt, bevor er schließlich in mehreren Portionen über den Tag verteilt abgesetzt wird.

Stichpunkte der Verdauung

- Kaninchen sind strikte Pflanzenfresser.
- Ihre natürliche Nahrung ist pflanzliches Frischfutter mit einem hohen Raufaseranteil.
- Der Verdauungstrakt ist darauf spezialisiert, große Mengen faserreicher Nahrung zu verarbeiten.
- Der Weitertransport des Futters erfolgt primär passiv (sog. „Stopfdarm").
- Die Verdauung im Dünndarm entspricht derjenigen anderer Tierarten sowie des Menschen.
- Die Hauptverdauung findet im Blinddarm statt (sog. „Blinddarmgärer").
- Kaninchen besitzen zur mikrobiellen Nahrungsfermentation eine spezifische Darmflora.
- Im oberen Dickdarm erfolgt eine Trennung von unverdaulichen und verdaulichen Futterkompo-nenten, die anschließend in unterschiedliche Richtungen transportiert werden.
- Die unverdaulichen Pflanzenfasern werden rasch als Hartkot ausgeschieden. Daher stimulieren unverdauliche Faserbestandteile der Nahrung die Darmmotorik.
- Verdauliche Nahrungsbestandteile (Größe < 5 mm) werden in den Blinddarm befördert und dort durch spezielle Bakterien fermentiert.
- Bei der Fermentation entstehen flüchtige Fettsäuren, Aminosäuren und Vitamine, die über die Darmwand absorbiert werden.
- Die flüchtigen Fettsäuren sind die wichtigste Energiequelle der Kaninchen.
- Ein Teil der Nährstoffe wird mit den Blinddarmbakterien schubweise als Weichkot abgesetzt.
- Der Weichkot wird direkt vom Anus aufgenommen (Zäkotrophie) und unzerkaut abgeschluckt. Bei seiner Verdauung im Dünndarm werden wichtige Aminosäuren und Vitamine freigesetzt.
- Die Zäkotrophie ermöglicht die Verwertung dieser zusätzlichen Nahrungsstoffe.
- Die Hart- und Weichkotphasen wechseln periodisch und somit die entsprechende Darmperistaltik. Dies wird von einem besonderen Darmabschnitt (dem Fusus coli) koordiniert.

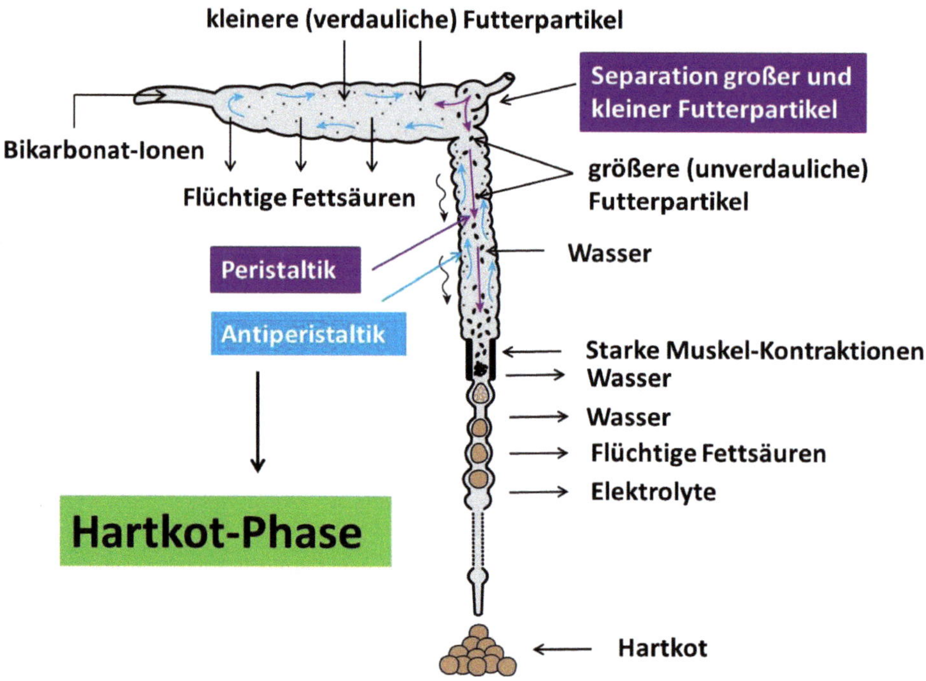

Abbildung 81: Hartkotphase (nach Harcourt-Brown 2002 - Zeichnung: Dr. Christine Böhmer)

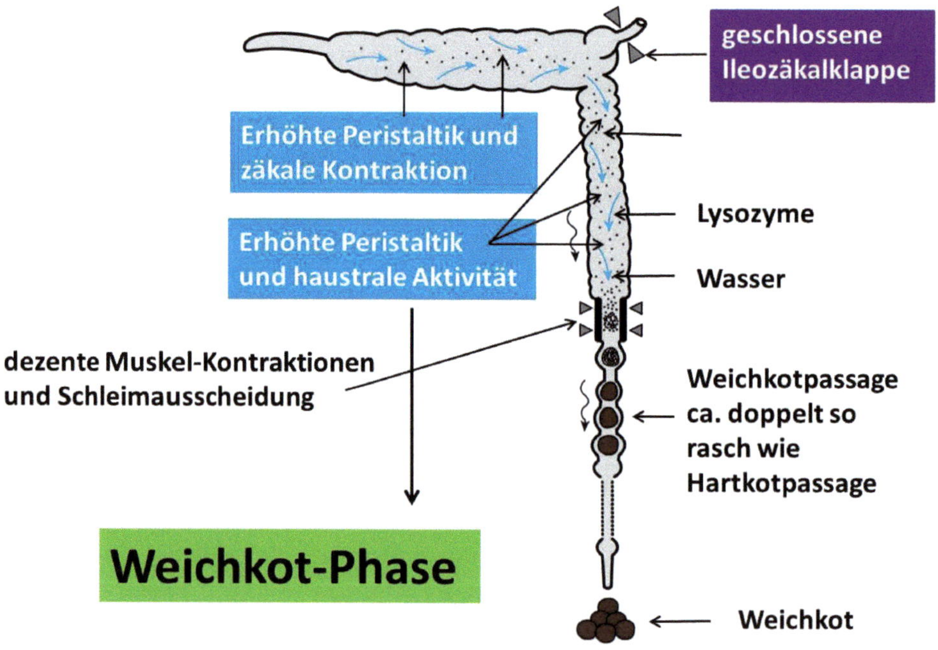

Abbildung 82: Weichkotphase (nach Harcourt-Brown 2002 - Zeichnung: Dr. Christine Böhmer)

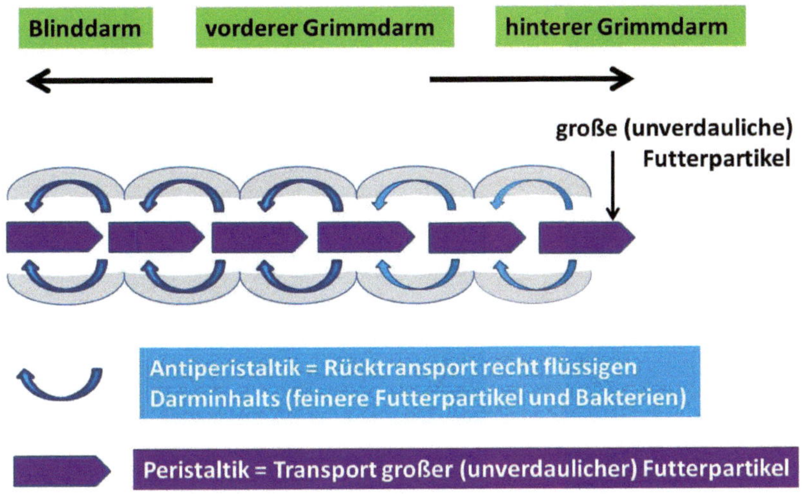

Abbildung 83: Separationsprozess = Peristaltik und Antiperistaltik im Bereich des vorderen Grimmdarms (Graphik: Dr. Christine Böhmer)

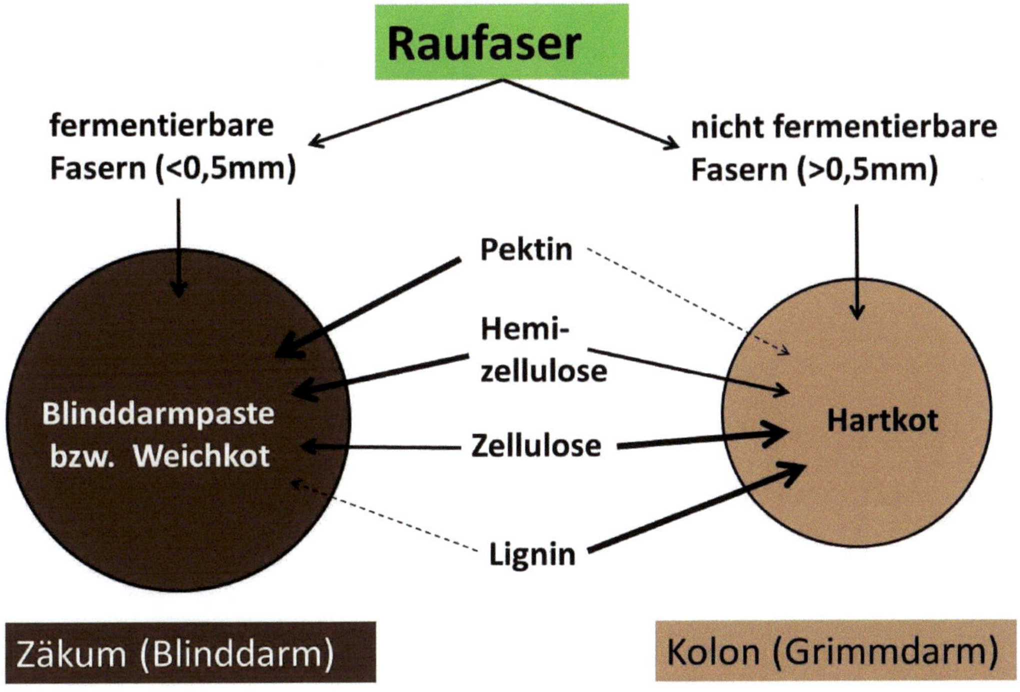

Abbildung 84: Separation der Raufaser nach Partikelgröße und Zusammensetzung (nach Harcourt-Brown 2002) (Graphik: Dr. Christine Böhmer)

Details und Bedeutung von Blinddarmfermentation und Zäkotrophie

Für eine gesunde Verdauung des Kaninchens sind sowohl eine ungestörte bakterielle Fermentation im Blinddarm als auch die Zäkotrophie die entscheidendsten Parameter.

Bakterielle Fermentation im Blinddarm

Wie bereits erwähnt werden feinere Nahrungsbestandteile vom oberen Grimmdarmabschnitt aus aktiv zurück in den **Blinddarm** befördert, der als **riesige bakterielle Fermentationskammer** fungiert. Auf diese Weise werden die zur Gärung beständig benötigten Nährstoffe und das ebenfalls erforderliche Wasser bereitgestellt. Nur bei einer kontinuierlichen Nährstoffzufuhr können die zahlreichen Keime im Zäkum überleben und somit über ein entsprechendes „Mikroklima" eine optimale Verdauung aufrechterhalten. Ist genügend Nahrungssubstrat vorhanden, finden im Blinddarm **diverse enzymatische Reaktionen** zu dessen Aufspaltung statt. Im Vordergrund steht dabei die mikrobielle Zersetzung **komplexer Kohlenhydrate** wie Zellulose, Hemizellulose und Pektin. Diese primär nicht verdaulichen Nahrungspartikel haben eine verhältnismäßig große Oberfläche, an der sich Bakterien gut festsetzen können. Aber auch **Mukopolysaccharide**, die von becherartigen Zellen der Darmschleimhaut ausgeschieden werden, dienen als weitere wichtige Kohlenhydratquelle für die Blinddarmbakterien.

Neben Kohlenhydraten werden im Zäkum ebenfalls **Pflanzenproteine** zersetzt, die fest in der **pflanzlichen Zellwand gebunden** sind. Zunächst zu Ammoniak abgebaut werden sie mit Hilfe der Darmbakterien erneut zu Aminosäuren verstoffwechselt, die als Ausgangsmaterial für die **Produktion diverser „neuer" Proteine** dienen. Zusätzlich erfolgt innerhalb der Blinddarmwand die Synthese einiger Eiweißstoffe. Daher enthält die Zäkotrophe stets einen besonders hohen Anteil an Proteinen, durch den sich entsprechende Defizite der Nahrung ausgleichen lassen.

Über die mikrobielle Fermentation können Kaninchen auch Stickstoff zur **Proteinsynthese** verwenden, der nicht aus Proteinen stammt, sondern aus anderen Substanzen wie z. B. **Harnstoff**. So diffundiert bei Eiweißmangel Harnstoff aus dem Blut über die Darmwand in den Blinddarm und wird dort zu Ammoniak und Kohlendioxid verstoffwechselt. Den Ammoniak nutzen die Bakterien dann zur Herstellung von Proteinen. Dieser Prozess soll sicherstellen, dass stets genügend Stickstoff zur mikrobiellen Aminosäuresynthese zur Verfügung steht. Andererseits kann aber auch ein langfristig sehr hoher Eiweißgehalt des Futters zu erhöhter Harnstoffkonzentration im Blut führen. Parallel dazu nimmt dann ebenfalls rasch der Ammoniakgehalt im Blinddarm zu, was den pH-Wert ansteigen lässt. Häufigste Folge ist eine Vermehrung pathogener Darmbakterien (Dysbakterie), aus der eine sekundäre Darmentzündung (Enteritis) resultiert. Neben Ammoniak stellen **abgestoßene Darmzellen** und diverse **Verdauungsenzyme** weitere geeignete Stickstoffquellen für die Eiweißbildung dar.

Endprodukte der mikrobiellen Blinddarmfermentation sind neben hochwertigen **Proteinen** und **Aminosäuren** sowie diversen

B- und K-Vitaminen vorwiegend **flüchtige Fettsäuren.** Diese werden zum Großteil direkt über die Blinddarmwand absorbiert. Ein kleinerer Anteil wird in den Weichkot inkorporiert und zunächst ausgeschieden. Nimmt das Kaninchen die Zäkotrophe wieder auf, gelangen diese Fettsäuren über die Dünndarmwand in die Blutbahn und stehen somit dem Organismus ebenfalls zur Verfügung.

Flüchtige Fettsäuren sind die wichtigsten Stoffwechselprodukte der zäkalen Mikroflora und stellen für Kaninchen die **primäre Energiequelle** dar. So decken gesunde Tiere ca. 20–30% (bis 40%) ihres täglichen Energiebedarfs durch die bakterielle Fermentation (hemi-)zellulosehaltigen Futters. Dabei enthält der Blinddarmbrei normalerweise **60–70% Azetat** (Essigsäure), **15–20% Butyrat** (Buttersäure) sowie **10–15% Propionat** (Propionsäure). Das **Verhältnis** der flüchtigen Fettsäuren zueinander **(7:2:1)** hängt stark von der Zusammensetzung der Mikroflora ab. Damit die Gärungsprozesse möglichst ungestört ablaufen und hierdurch genügend flüchtige Fettsäuren produziert werden, muss der Bakteriengehalt im Blinddarm weitgehend konstant bleiben. Entscheidend ist nicht nur die Gesamtzahl der Keime, sondern auch die Zusammensetzung der Bakterienflora. Ebenso darf sich der pH-Wert nicht stark verändern. Der **optimale pH-Wert** beträgt **5,7–6,1** (Abb.85). Hiervon abweichende Werte gehen stets mit einer sekundären Veränderung der Darmflora einher.

Die Aufrechterhaltung einer physiologischen Darmflora, eines optimalen Fettsäurenverhältnisses von 7:2:1 und eines adäquaten zäkalen pH-Werts ist primär **vom Rohfasergehalt des Futters abhängig**. Deshalb spielt eine korrekte, d. h. artgerechte Fütterung der Kaninchen eine derart wichtige Rolle. Nur wenn die Dickdarmbakterien ihrem Bedarf entsprechend optimal versorgt werden, und dies möglichst langfristig gleichbleibend, lassen sich die angeführten Parameter einhalten. Daher sind auch plötzliche Futterumstellungen zu vermeiden, denn die Darmbakterien können sich nicht ad hoc auf die neue Situation einstellen. Wird dies nicht beachtet, resultieren oft schwere Verdauungsstörungen. Jegliche Veränderung in der Ernährung der Tiere darf daher nur allmählich erfolgen, am besten über einen Zeitraum von mehreren Wochen.

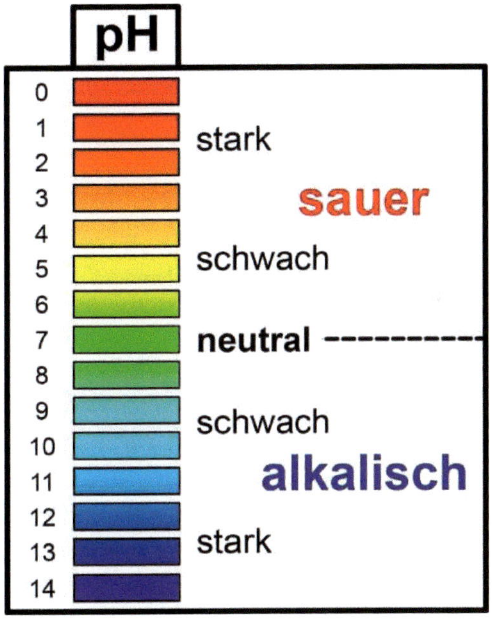

Abbildung 85: pH-Wert-Skala. Der pH-Wert ist ein Maß für den sauren oder basischen Charakter einer Lösung (Graphik: Dr. Christine Böhmer).

Gleichzeitig besteht jedoch auch eine gewisse Flexibilität der Darmflora. So kann sie sich in **Abhängigkeit vom Fasergehalt des Futters** durchaus vorübergehend leicht ändern. Entsprechend variiert dann auch die **Zusammensetzung der flüchtigen Fettsäuren**, wobei jedoch die Azetatbildung stets überwiegt. Ein erhöhter Raufaseranteil der Nahrung verstärkt die Azetatproduktion, während sich die Butyrat- und Propionatanteile reduzieren. Bei ca. 6% Rohfaser in der Nahrung (optimaler Gehalt >16%) steigt hingegen die Konzentration an Butyrat sowie Propionat und der Azetatgehalt sinkt ab. Eine erhöhte Butyratkonzentration hemmt die Darmperistaltik, der Futtertransport sistiert. Enthält das Futter viel Stärke, steigt der Butyratwert ebenfalls an und partiell erhöht sich auch der Anteil des Propionats. Deshalb verringert sich auch in diesem Fall die Darmmotorik. Bei einer **Futterverweigerung** kommt es zum **Konzentrationsabfall aller flüchtigen Fettsäuren** im Blut, vor allem der Butter- und Propionsäure. Da die Konzentration der flüchtigen Fettsäuren im Blut weitgehend den Werten im Blinddarm entspricht, nimmt man an, dass diese über die Blinddarmwand mehr oder weniger unverändert in die Blutbahn aufgenommen werden. Infolgedessen haben Kaninchen – wie Wiederkäuer – stets einen relativ hohen Anteil freier Fettsäuren im Blut.

Zusammenfassend heißt das, dass die **strukturelle und inhaltliche Zusammensetzung des Futterbreis** die **Darmflora beeinflusst** und somit die **Produktion der flüchtigen Fettsäuren**. Deren gegenseitiges Verhältnis im Blinddarm wie auch im Blut hat wiederum Auswirkungen auf die **Darmmotorik** und den **Appetit** der Tiere. Im Gefolge einer reduzierten Futteraufnahme sowie eines durch erhöhte Butyratkonzentration verzögerten Nahrungstransports (stärkereiches und raufaserarmes Futter) verlängert sich die Verweildauer der Ingesta im Blinddarm. Dies prädisponiert zu Fehlgärungen und anderen Magen-Darm-Problemen. Ein Teufelskreis beginnt. Nur wenn das Futter derart beschaffen ist, dass über eine physiologische Mikroflora ein korrektes Verhältnis der flüchtigen Fettsäuren erhalten bleibt, kann eine effiziente und stabile Verdauung stattfinden. Diese wiederum ist entscheidend für die langfristige Gesundheit des Tieres.

♦ Zusammensetzung der Blinddarmflora

Die mikrobiellen **Fermentationsprozesse** im Blinddarm finden mit Hilfe überwiegend **grampositiver** sowie **anaerober Darmbakterien** statt. Letzteres sind Keime, die in einem sauerstofffreien Milieu leben können oder müssen. Alle Bakterien zusammen bilden ein kompliziertes, lebensnotwendiges **Mikroökosystem,** das auf Störungen jeglicher Art sehr empfindlich reagiert. Bleiben die Lebensbedingungen hingegen konstant (u. a. Nahrung), verändert sich die Darmflora kaum. Bisher wurden über **74 verschiedene Bakterienstämme** isoliert, die zum Teil noch nicht genauer klassifiziert werden konnten (Tab.2). Die Gesamtzahl der Keime liegt dabei bei durchschnittlich ca. 10^{11}–10^{12} pro Gramm Darminhalt.

Bakterien werden infolge eines unterschiedlichen Aufbaus ihrer Zellwände prinzipiell in grampositive sowie gramnegative Keime unterteilt (spezielle Färbung zur mikroskopischen Untersuchung). Als gramnegativ bezeichnet man Bakterien, die sich bei der „Gram"-Färbung rot darstellen, wohingegen grampositive Bakterien blau erscheinen. In der Darmflora gesunder Kaninchen dominieren nichtpathogene, strikt anaerobe, **gramnegative Bacteroides-Arten** (Bacteroides spp.) (10^9–10^{10}/g Darminhalt). Sie produzieren vorwiegend Butyrat, die essentielle Energiequelle der Blinddarmschleimhaut (Stabilisierung der epithelialen Barrierefunktion). Hinzu kommt eine Vielzahl grampositiver und gramnegativer Stäbchen, Kokken, Kokkobazillen und Spirochäten. Es wurden auch „exotischere" Keime wie Bifidobacterium, Endophorus, Clostridium, Streptococcus und Acuformis identifiziert. Des Weiteren enthält die Darmflora viele nichtpathogene Einzeller wie **Protozoen** (Isotrichia, Eutrichomastix, Enteromonas, und Retortamonas-Arten) (10^6/g Darminhalt) und **Amöben** (darunter die relativ große Amöbe Entamoeba cuniculi, die in verhältnismäßig hoher Anzahl auch im Dickdarm vorkommt). Als weitere zäkale Mitbewohner finden sich kaninchenspezifische **Hefen** (Saccharomyces bzw. Cyniclomyces guttulatus). **Kein Bestandteil** der Blinddarmflora sind hingegen **Laktobazillen** (siehe Probiotika).

Die **Gesamtkeimzahl des Weichkots entspricht** in etwa derjenigen des **Blind-**

darminhalts; sie beträgt daher ebenfalls ca. 10^9–10^{10} Bakterien pro Gramm. Etwas geringer ist die Anzahl der Bakterien im Grimmdarm (10^8/g) und besonders wenig Keime befinden sich im Leerdarm (10^4–10^5/g). Der obere Dünndarm ist fast bakterienfrei. Hier leben jedoch einige kleine Einzeller, sog. **Giardien** (Giardia duodenalis), die bei gesunden Kaninchen normalerweise keine klinischen Symptome verursachen.

Clostridien und **E.-coli-Arten**, pathogene Darmkeime, lassen sich bei ausgewachsenen Kaninchen mit einer gesunden Darmflora normalerweise nicht oder nur in einer sehr geringen Anzahl im Blinddarm nachweisen. Die Tiere nehmen diese Keime meist mit dem Grünfutter auf. Daher fehlen sie im Darm junger noch Milch saugender Kaninchen gänzlich. Hierzu gibt es jedoch auch abweichende Untersuchungen, in denen insbesondere bei 2–3 Wochen alten Kaninchen Streptokokken und E. coli im Darm nachweisbar waren, vermutlich bedingt durch den zu diesem Zeitpunkt noch höheren pH-Wert im Magen (siehe Besonderheiten bei Jungtieren). Alle Autoren sind sich hingegen darin einig, dass nach dem Absetzen der Tiere (Ende der Säugezeit) diese Keime normalerweise wieder aus dem Dickdarm verschwinden. Eine Ausnahme stellen jedoch ausgewachsene Kaninchen dar, die sehr energie- oder kohlenhydratreiches und gleichzeitig raufaserarmes Futter aufnehmen. Bei diesen Tieren sind die erwähnten pathogenen Darmkeime relativ häufig ein mehr oder weniger konstanter Bestandteil der Mikroflora. Insbesondere Clostridien können sich dann bei Stress oder anderen Belastungen des Organismus explosionsartig vermehren und zur Erkrankung führen. Dasselbe geschieht, wenn Kaninchen ein ungeeignetes, primär gegen grampositive Keime wirkendes Antibiotikum erhalten (z. B. Penicillin, Ampicillin, Clindamycin). In diesem Fall stirbt ein Großteil der normalen grampositiven Darmflora ab und die pathogenen Bakterien nehmen deren Platz ein. Sie vermehren sich sehr stark und eine sog. **Dysbakterie** ist die Folge. Die radikale Zunahme der gramnegativen Keime kann eine lebensbedrohliche Vergiftung des Organismus zur Folge haben, da diese Bakterien **Giftstoffe produzieren** (sog. **Enterotoxine**), die über die Darmwand in die Blutbahn aufgenommen werden. Dies kann zum **Multiorganversagen** und letztendlich auch zum **Tod** des Tieres führen.

Tab. 2: Zusammensetzung der Blinddarmflora

Bakterien	**Andere Organismen**
• Bacteroides spp. • Bifidobacterium spp. • Endophorus spp. • Enterococcus faecium • Streptococcus spp. • Acuformis spp. • Peptococcus • Peptostreptococcus • Fusobacterium • (Clostridium spp.)	• nichtpathogene Protozoen (Isotricha, Eutrichomastix spp., Enteromonas spp., Retortamonas spp.) • Amöben (Entamoeba cuniculi) • kaninchenspezifische Hefen (Saccharomyces bzw. Cyniclomyces guttulatus)

Bei Kaninchen, die tierartgerecht ernährt werden und daher eine physiologische Keimbesiedelung aufweisen, bleibt die **Blinddarmflora weitgehend konstant**, ebenso wie der pH-Wert des Darminhalts **(pH 5,7–6,1).** Kleinere Veränderungen sind jedoch durchaus möglich. So werden die Zusammensetzung der Keime und der pH-Wert des zäkalen Futterbreis nicht nur von der Art der Nahrung beeinflusst, sondern auch von der Tageszeit sowie dem Alter des Tieres. Den höchsten alkalischen Wert weist der Zäkuminhalt am Morgen auf und den sauersten am Nachmittag. Verantwortlich hierfür sind variierende Konzentrationen des bakteriell gebildeten Ammoniaks sowie der flüchtigen Fettsäuren. Diese intervallartigen pH-Wert-Änderungen haben sekundär gewisse Auswirkungen auf die Zusammensetzung der Darmflora, die hierdurch im Lauf des Tages geringgradig variiert. Ein extremes Absinken des zäkalen pH-Werts hat jedoch stets schwere Darmerkrankungen zur Folge. Ist zum Beispiel die **Nahrung sehr kohlenhydratreich** (Stärke), sammelt sich im Darm viel „Zucker" und der pH-Wert fällt stark unter den Normalwert ab **(pH < 6)**. Hierdurch sterben die grampositiven Darmbakterien ab, da sie infolge der meist zusätzlich raufaserarmen Fütterung keine oder zu wenig (Hemi-)Zellulose zum Aufspalten und somit Überleben vorfinden. Demgegenüber vermehren sich die gramnegativen Darmkeime exponentiell, denn sie können den Zucker direkt verwerten.

Damit Kaninchen langfristig gesund bleiben, dürfen diese speziellen grampositiven Blinddarmbakterien nicht absterben – zumal sie auch essentielle, also lebensnotwendige Vitamine synthetisieren. Um dies zu verhindern, benötigen die Tiere kontinuierlich **ausreichend Raufaser** (Hemizellulose und Zellulose) im Futter, auf deren Verarbeitung die Keime spezialisiert sind. Die hierbei entstehenden leicht verdaulichen freien Fettsäuren stellen einen wichtigen und natürlichen Energielieferanten für Kaninchen dar. Daher benötigen Kaninchen auch kein erhöhtes Kohlenhydratangebot in der Nahrung. Es führt neben den erwähnten Veränderungen der Darmflora nur zu einer meist generellen Verfettung der Tiere.

♦ Besonderheiten bei Jungtieren

Da **neugeborene Kaninchen ohne spezielle Blinddarmflora** zur Welt kommen, ist es für sie überlebenswichtig, die tierartspezifischen Keime über die Zäkotrophie zu erhalten. Junge Kaninchen, die ab dem 17. Lebenstag vermehrt feste Nahrung zu sich nehmen, bauen sich über die **Aufnahme des Weichkots** ihrer Mutter kontinuierlich eine eigene Mikroflora auf. Dieser Prozess setzt sich schrittweise fort, bis sich eine stabile Darmflora für eine bakterielle Fermentation entwickelt hat. Damit die Keime den Magen leichter unbeschadet passieren und sich danach im Blinddarm ansiedeln können, ist der **pH-Wert im Magen** von Jungtieren deutlich höher (**pH 5–6,5**) (Abb.87). Dies macht junge, noch milchsaugende Kaninchen aber auch extrem empfindlich für bakterielle Darmentzündungen (Abb.86). Als Folge der Zäkotrophie, die bei Jungtieren insbesondere zwischen dem 22. und 27. Tag sehr ausgeprägt ist, können ab dem 30. Lebenstag bereits 10^4 Keime pro Gramm Darminhalt nachgewiesen werden. Spätestens kurz nach dem Absetzen (Ende der Säugezeit am 28.–35. Lebenstag) werden dann physiologische Keimzahlen erreicht. Erst nach der erfolgreichen Ansiedelung einer physiologischen Mikroflora sind die Tiere in der Lage, Zellulose zu verdauen und hierbei kurzkettige Fettsäuren zu bilden.

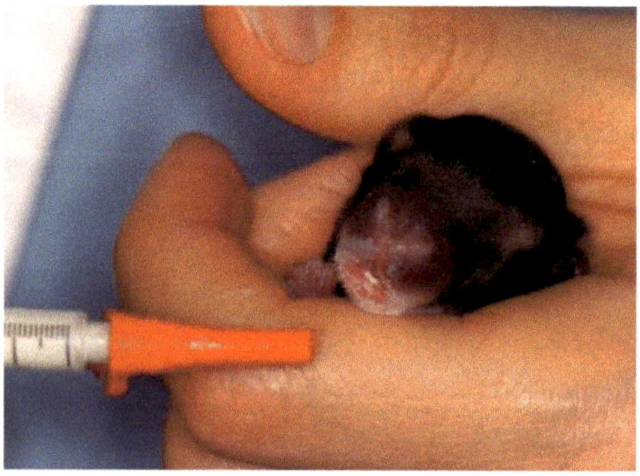

Abbildung 86: Fütterung eines Kaninchen-Säuglings mit der Spritze (Handaufzucht).

Bei Wild- und Hauskaninchen, die im **Anschluss an die Muttermilch natürliches Futter** wie Gras und Heu fressen, entwickelt sich eine äußerst **stabile, gesunde Mikroflora**, so dass kleinere Variationen im Futterangebot in der Regel keine negativen Auswirkungen auf die Verdauung haben. Erhalten die Tiere hingegen von klein auf zu protein- sowie stärkereiche und gleichzeitig raufaserarme Nahrung, kann sich von Anfang an keine belastbare Darmflora ausbilden. Das gesamte Dickdarmsystem bleibt infolgedessen meist lebenslang sehr labil und störungsanfällig (Neigung zu Verdauungsproblemen).

Dies ist häufig bei Zucht- und Masttieren der Fall. Die kommerziellen Züchter versuchen die Situation etwas zu entschärfen, indem sie Jungtieren ein deutlich energieärmeres Alleinfutter (meist Pellets) anbieten und zusätzlich etwas Heu. Denn junge Kaninchen können erst ab dem Alter von ca. 7 Wochen die für ein schnelles Wachstum eingesetzten größeren Mengen leicht verdaulicher Kohlenhydrate (vor allem Stärke) verwerten. Ansonsten dient die unverdaute Stärke lediglich pathogenen Darmbakterien (E. coli und Clostridium perfringens) als willkommener Nährstoff. Die Folge sind schwere Durchfallerkrankungen, die zu massiven Ausfällen im Bestand führen.

Abbildung 87: Ca. 5 Tage alte Kaninchen.

Zäkotrophe und Zäkotrophie

Die Zäkotrophe hat mehrere Namen. Aufgrund ihrer Herkunft heißt diese spezielle Darmausscheidung „**Blinddarmkot**" und ihrer Konsistenz entsprechend auch „**Weichkot**". Da sie sehr vitaminreich ist, bezeichnet man sie alternativ auch als „**Vitaminkot**". Der Ausdruck „**Nachtkot**" weist darauf hin, dass die Zäkotrophe bevorzugt nachts abgesetzt wird, während der Ruhephase. In aller Regel sieht man diesen speziellen Kot nicht, da er von gesunden Tieren komplett mit den Lippen direkt vom Anus aufgenommen und anschließend meist unzerkaut abgeschluckt wird (Abb.88). Für Kaninchen ist diese pastöse Masse besonders gut riechend und daher anziehend.

Die Zäkotrophe macht mehr als **30% des Gesamtkots** aus. Sie enthält nur halb so viel Raufaser wie normaler Hartkot, jedoch wesentlich mehr Proteine sowie essentielle Aminosäuren. Der **Proteingehalt** liegt bei **24–42%** der Trockensubstanz; dies entspricht dem zwei- bis dreifachen Wert normaler Hartkotballen (Tab.3). Die recht weiche, pastöse Darmausscheidung besteht aus mehreren zusammenhängenden, annähernd runden Strukturen, die kleiner als Hartkotballen sind und traubenförmig zusammenkleben (Abb.77). Diese kaninchentypischen **Weichkotanhäufungen** glänzen leicht, sind deutlich dunkler gefärbt als Hartkot und haben einen dezenten grünlichen Schimmer. Ihr Geruch ist im Vergleich zu Hartkot etwas „strenger". Dieses sehr charakteristische, leicht säuerliche Aroma ist die Folge der darin enthaltenen flüchtigen Fettsäuren. Der pH-Wert der Zäkotrophe variiert; er liegt zwischen **pH 5 und 6,5** und ähnelt somit den Werten im Blinddarm.

Die kleinen Weichkotkügelchen enthalten neben **Darmbakterien, Protozoen** und **Hefen** Produkte der mikrobiellen Fermentation. Hierzu gehören diverse **Aminosäuren** und **Eiweiße**, **flüchtige Fettsäuren, Mineralstoffe** sowie **B- und K-Vitamine**. Hinzu kommen **Elektrolyte** (Kalium und Natrium) sowie **Enzyme** (u. a. Amylase und Lysozym). So können innerhalb der Zäkotrophe gewisse Fermentationsprozesse weiterlaufen. Die in den einzelnen Kotkügelchen eingeschlossenen Darmbakterien, die ca. 56% der Trockensubstanz ausmachen, fermentieren dabei Stärke und Glukose zu Milchsäure (**Laktat**). Dies erfolgt insbesondere während sich die Zäkotrophe im Magen befindet. Anschließend kann die Milchsäure im Dünndarm absorbiert werden.

Tab. 3: Zusammensetzung von Weichkot (Zäkotrophe) und Hartkot (nach Fekete 1993)

Komponenten	**Zäkotrophe**	**Hartkot**
Trockensubstanz (TS) (%)	39% (34%)	53% (47%)
Rohprotein (% in TS)	34,0 (30%)	15% (17%)
Rohfett (% in TS)	5%	3,0%
Rohfaser (% in TS)	18%	30%
Rohasche (% in TS)	15%	14%
Stickstofffreie Extraktstoffe (% in TS)	28%	37%
Bruttoenergie (MJ/kg TS)	19%	18%
Kalium (mmol/kg)	260	84
Bakterien (10^{10}/g)	142	31

Durch die Aufnahme des Weichkots, die sog. Zäkotrophie, kann das Kaninchen die darin enthaltenen Nähr- und Baustoffe nutzen – Substanzen, die ohne die fermentative Wirkung der Darmbakterien für den Organismus primär nicht zur Verfügung stünden. Somit fungiert der Blinddarmkot als sehr **effektive Nährstoffquelle** und seine regelmäßige Aufnahme ist für Kaninchen essentiell und somit im Prinzip überlebenswichtig. Denn Kaninchen haben als relativ kleine Organismen einen recht hohen Energieverbrauch (hohe Stoffwechselrate). Sie benötigen daher viel Energie, müssen aber gleichzeitig agil bleiben, damit sie vor Feinden flüchten können. Hierzu hat sich dieser „etwas spezielle“ Verdauungsmechanismus mit der Notwendigkeit der Weichkotaufnahme sehr bewährt.

Obwohl die Zäkotrophie bei Kaninchen und Hasen weit verbreitet ist, finden sich zwischen den einzelnen Arten deutliche Unterschiede. So soll bei Feldhasen die Aufnahme des Weichkots schwächer ausgeprägt sein, während die **japanischen Pikas** (Ochotona hyperborea) den Weichkot in ihrem Bau sogar in Form von größeren „Kothaufen“ ablegen und als energie- und nährstoffreichen **Wintervorrat** nutzen. Und in Notzeiten wird von den Tieren einiger Kaninchenrassen sogar der normale Hartkot als „Nahrungsersatz“ aufgenommen.

Die **Zäkotrophe** ist für Kaninchen besonders **wichtig**, wenn das Futter zu wenig Kohlenhydrate und Proteine enthält. Denn über die Aufnahme des Blinddarmkots können die Tiere entsprechende **Energie- und Aminosäuredefizite ausgleichen**. Dabei reicht das im Blinddarmkot enthaltene Bakterienprotein allein langfristig nicht aus, um den Tagesbedarf eines Kaninchens an essentiellen Aminosäuren zu decken. Ohne Aufnahme des Weichkots können die Tiere zwar längere Zeit überleben, doch treten als unvermeidbare Folgen eine gewisse Schwächung des Immunsystems, diverse Mangelzustände (u. a. Unterversorgung mit essentiellen Vitaminen und Aminosäuren) sowie häufig Verdauungsprobleme auf. Wann mit diesen Problemen gerechnet werden muss, ist individuell sehr unterschiedlich und hängt von vielen Faktoren ab. So können Wildtiere bei vollständiger Aufnahme der Zäkotrophe eine Phase allgemeiner Nahrungsknappheit (z. B. Winter) gut überstehen und sich somit – zumindest vorübergehend – ausreichend mit Energie, lebensnotwenigen Proteinen als auch Vitaminen versorgen.

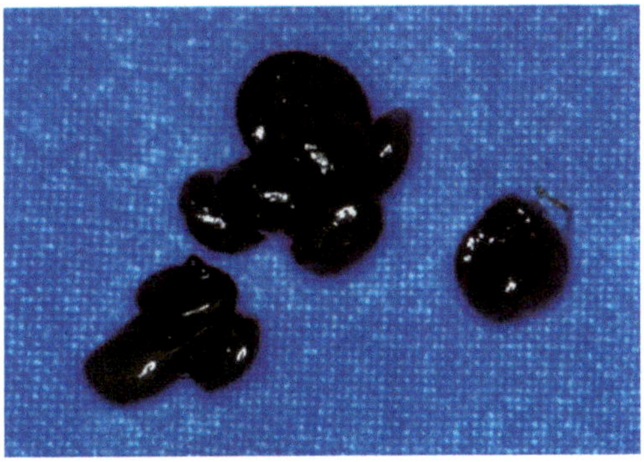

Abbildung 88: Mit einer Schleimschicht umhüllte Weichkotkügelchen (Zäkotrophe).

Die Zäkotrophie (Aufnahme des Weichkots) wird sehr stark von der Zusammensetzung des Futters beeinflusst. Wenig energiereiches Futter mit einem **niedrigen Protein- und Kohlenhydratanteil** und einem **hohen Raufasergehalt fördert die Zäkotrophie**. Der täglich produzierte Weichkot wird dann vollständig aufgenommen. **Energie- und proteinreiches Futter**, das gleichzeitig faserarm ist, **reduziert** hingegen die **Aufnahme des Weichkots**; ein Großteil der Zäkotrophe bleibt folglich im Käfig liegen. Eine zu geringe oder gänzlich ausbleibende Weichkotaufnahme kann – neben den beschriebenen Mangelerscheinungen – eine generell geringere Ausnutzung aller im Futter enthaltenen Nährstoffe zur Folge haben und die Tiere können langfristig sogar an Gewicht verlieren (was im Prinzip paradox erscheint). Vor allem im Rekonvaleszenzstadium (z. B. nach belastenden Operationen) sowie in Phasen eines generell veränderten oder erhöhten Stoffwechsels (z. B. Krankheiten oder Stress) ist daher die Aufnahme des Weichkots extrem wichtig für eine optimale Versorgung des Organismus mit allen erforderlichen Nährstoffen sowie Vitaminen.

Abbildung 89: Nicht aufgenommene und daher eingetrocknete Zäkotrophe (Stallboden).

Stichpunkte der Zäkotrophie

- Aufnahme des nährstoff- und vitaminreichen Weichkots direkt vom Anus
- Weitere Fermentationsprozesse innerhalb der Kotbällchen im Magen
- Allmähliche Zerstörung der schützenden Schleimschicht durch die Magensäure
- Freisetzung der im Weichkot enthaltenen Mikroorganismen und deren Fermentationsprodukte (ungesättigte Fettsäuren, diverse Aminosäuren, Mineralstoffe und Vitamine)
- Somit Aufnahme und Verfügbarkeit von Nährstoffen, die ohne bakterielle Blinddarmfermentation dem Kaninchen nicht zur Verfügung stünden

♦ Zeitpunkt und Steuerung der Weichkotaufnahme

Die Produktion von Weich- und Hartkot ist einem gewissen Tag-Nacht-Rhythmus unterworfen. So wird während der Nahrungsaufnahme ausschließlich Hartkot gebildet, unabhängig davon, wann genau die Tiere fressen. Der **Blinddarmkot** wird erst durchschnittlich **4 Stunden nach der Futteraufnahme** produziert und abgesetzt, wenn die Tiere entspannt sind (Ruhephase). Bei **Wildkaninchen** findet die Zäkotrophie daher stets tagsüber statt, zwischen **6 Uhr** und **14 Uhr.** In dieser „Verdauungsphase" befinden sich die Tiere geschützt im Bau und nehmen keine weitere Nahrung zu sich. Abends bzw. nachts dominiert bei ihnen hingegen die Hartkotphase.

Während Wildkaninchen vorwiegend dämmerungs- und nachtaktiv sind, haben viele **Hauskaninchen** ihre Aktivitäts- und Fressphasen als Folge der Domestikation dem sie versorgenden Menschen angepasst und somit in den Tag hinein verlegt (**geänderter Biorhythmus**). Mitursache hierfür ist der Mangel an natürlichen Feinden. Bei vielen Hauskaninchen erfolgt die Futteraufnahme normalerweise bevorzugt am frühen Morgen (6–8 Uhr) sowie spät am Abend oder nachts. Andere Kaninchen wiederum fressen bevorzugt zwischen 15 und 18 Uhr und setzen die Nahrungsaufnahme in kleineren Portionen kontinuierlich bis Mitternacht fort. Bei Labortieren, die freien Zugang zum Futter haben, wurde festgestellt, dass sie zwischen 6 Uhr morgens und 12 Uhr mittags nur wenig Futter aufnehmen. Zwischen 17 Uhr und Mitternacht erhöht sich die Nahrungsaufnahme hingegen, wobei das meiste Futter nachts gefressen wird. Ebenso wie sich die Fresszeiten von Tier zu Tier recht stark unterscheiden, variieren dementsprechend auch die Ruhephasen, die die Zäkotrophie erst ermöglichen. Da die Aufnahme des Blinddarmkots bei in Gefangenschaft gehaltenen Kaninchen auch tagsüber stattfinden kann, ist die Bezeichnung „Nachtkot" eigentlich irreführend, obgleich knapp ein Viertel der Tiere den Weichkot zusätzlich nachts frisst. Somit ist der **Zeitpunkt der Zäkotrophie** stark von der **Haltungsform** sowie den **Fütterungszeiten** der Kaninchen abhängig. Die starken individuellen Unterschiede haben dabei jedoch keine weitere Bedeutung, denn es ist nur wichtig, dass die Tiere über den Tag verteilt genügend (am besten den gesamten) Weichkot aufnehmen. Allerdings können sich Kaninchen, die an parasitären Infektionen leiden, durch die Zäkotrophie beständig neu infizieren. Daher empfehlen sich prophylaktische Kotuntersuchungen in regelmäßigen Abständen.

Die Aufnahme des Weichkots wird auch dadurch gesteuert, dass bestimmte **Rezeptoren im Mastdarmbereich** (Mechanorezeptoren) das Kaninchen dazu „veranlassen", den Vitaminkot sofort aufzunehmen. Das heißt, allein die Anwesenheit der Zäkotrophe im Analbereich löst direkt den Reflex der unmittelbaren Weichkotaufnahme aus. Hinzu kommt der spezifische, für Kaninchen sehr **aromatische Geruch** der Kotbällchen, der durch die flüchtigen Fettsäuren beeinflusst wird (Abb.90). Eine wichtige Rolle spielt auch die **Sättigung** der Tiere, die durch die Konzentration diverser Stoffwechselprodukte im Blut (**flüchtige Fettsäuren**) beeinflusst wird. Bei Hunger oder Nahrungsknappheit und somit einem niedrigen Gehalt an flüchtigen Fettsäuren im Blut nehmen die Tiere den Blinddarmkot als zusätzliche wertvolle Quelle für lebenswichtige Nährstoffe vollständig auf. Wenn dagegen permanent Futter zur Verfügung steht, wird die Menge der aufgenommenen Zäkotrophe durch den **Protein**- und **Raufasergehalt des Futters** beeinflusst. Ist die Nahrung proteinarm und raufaserreich, wird besonders viel Weichkot produziert und aufgenommen. Ein hohes Strukturfaserangebot fördert nicht nur die Produktion des Weichkots, sondern lässt die einzelnen Weichkotbällchen auch etwas fester und weniger klebrig werden. Umgekehrt führt proteinreiches Futter zu einer weicheren Zäkotrophe. Aber auch die einzelnen Komponenten der Nahrung nehmen Einfluss auf die Zäkotrophie. So führen vor allem Bestandteile von **Hülsenfrüchten** und **Getreideprodukte** dazu, dass der Weichkot für die Kaninchen weniger attraktiv wird und sie daher Teile davon nicht mehr aufnehmen.

Zusammenfassend lässt sich feststellen, dass für eine stabile Verdauung längere Ruhephasen ohne jegliche Aufregung oder Stress äußerst wichtig sind, damit die Kaninchen den Weichkot ungestört aufnehmen und verarbeiten können. Da die **Zäkotrophie** häufig **morgens** stattfindet, sollte man zu dieser Zeit **Störungen vermeiden**. Somit ist auch ein Tierarztbesuch am Nachmittag günstiger. Halten Stresssituationen länger an oder hat die Nahrung eine ungeeignete Zusammensetzung, produzieren die Tiere keinen normalen Weichkot mehr. Die Zäkotrophe wird folglich klebriger und haftet, wenn sie nicht vollständig aufgenommen wird, mitunter am Fell des Afterbereichs statt in die Käfigeinstreu zu fallen (Abb.1). Auch riecht sie meist sehr unangenehm. Dies lockt im Sommer rasch Fliegen an, die im nunmehr feuchten Milieu des Anogenitalbereichs ihre Eier ablegen. Innerhalb weniger Tage schlüpfen hieraus kleine **Maden**, die die gereizte Haut weiter schädigen und in die Körperöffnungen einwandern (Abb.117 und Abb.118). Das Anfangsstadium einer veränderten Weichkotproduktion bleibt oft unerkannt, da die Tiere ihr Futter zu diesem Zeitpunkt noch ganz normal fressen und auch größere Mengen physiologischen Hartkots produzieren. Der einzige Hinweis ist der weichere oder gänzlich fehlende Vitaminkot, ein Indiz, das sich teilweise schlecht oder gar nicht erkennen lässt.

Reduzierte Zäkotrophie

verminderter Appetit auf Weichkot

- proteinreiches Futter
- rauhfaserarmes Futter
- Krankheit
- kohlenhydratreiches Futter

Schmerzen im Rahmen der Zäkotrophie

- Hautreizung durch Urinverlust
- Fellverschmutzung im Analbereich
- anal verfilztes Fell
- Entzündung der Inguinaldrüsen
- Skelett- bzw. Muskelerkrankungen
- schmerzhafte Zahnerkrankungen

physiologische Faktoren

- plötzlicher Futterwechsel
- Stress-Situationen (Tierarztbesuch, Partnertier)
- geänderter Tagesablauf
- langes Fell (Angorakaninchen)
- Halskragen (Hauterkrankungen)

Analbereich nicht erreichbar

- große Wamme
- viel Bauchfett („dicker Bauch“)
- allgemeine Verfettung (Adipositas)
- Wirbelsäulenerkrankungen
- neurologische Erkrankungen (z.B. Nosematose)
- zu kleiner Käfig

Abbildung 90: Die Zäkotrophie beeinflussende Faktoren (nach Harcourt-Brown 2002).

Obwohl die **Zäkotrophe** weicher ist als der Hartkot, sollte sie stets relativ **festpastös** sein. Dies kann man durch entsprechende diätetische Maßnahmen erzielen, da – wie bereits erwähnt – der Raufasergehalt der Nahrung deren Konsistenz und Menge beeinflusst. Dabei ist ein erhöhtes Angebot an unverdaulicher Raufaser **(Lignozellulose) ohne größere Bedeutung**, denn diese unverdaulichen Faserpartikel werden rasch durch den Blinddarm geschleust und direkt als Hartkot ausgeschieden (Abb.84). Wird hingegen der Anteil fermentierbarer Fasern gesteigert (**Zellulose sowie Hemizellulose**), führt dies zu einer **gesteigerten Weichkotproduktion** sowie zu einer **festeren Konsistenz der Zäkotrophe**, da diese kleineren Partikel in das Zäkum transportiert und dort durch die Bakterien fermentiert werden. Die dabei produzierten flüchtigen Fettsäuren machen den Vitaminkot für die Kaninchen darüber hinaus attraktiver, was wiederum die Aufnahme fördert. Seine Konsistenz wird aber auch von der **Verweildauer des Weichkots im Grimmdarm** beeinflusst, wo ein **Wasserentzug** stattfindet. Erfolgt die Passage durch diesen Darmabschnitt sehr rasch, bleibt die Zäkotrophe ebenfalls weicher und somit klebriger. Hierzu kommt es häufiger nach relativ plötzlichen Futterumstellungen, die mit einer Dysbakterie einhergehen oder im Gefolge parasitärer Infektionen.

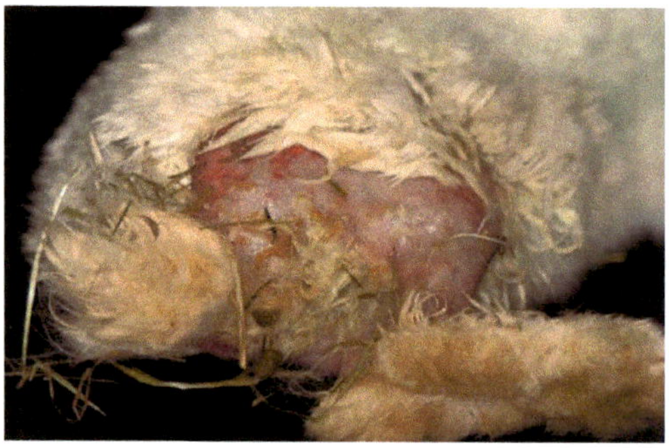

Abbildung 91: Schmerzhafte schwere Hautentzündung im Ano-Genitalbereich mit einigen im Fell hängenden Hartkotbällchen (Gefahr des Fliegenmadenbefalls).

Tab. 4: Faktoren mit Einfluss auf die Magen-Darm-Motorik

Fördernde Faktoren	Hemmende Faktoren
• hoher Raufasergehalt (unverdauliche Pflanzenfasern) der Nahrung • Motilin (Hormon) stimuliert die glatten Darmmuskeln • Fett (durch Stimulierung der Motilinfreisetzung)	• raufaserarmes Futter • Kohlenhydrate (durch Hemmung der Motilinfreisetzung) • Schmerzen und Stress (Stresshormone) • diverse Erkrankungen • Medikamente
Die Kolonspindel (Fusus coli) fungiert als „Schrittmacher“ der Hart- und Weichkotphase (siehe Kapitel Anatomie).	

◆ Ursachen einer reduzierten oder fehlenden Weichkotaufnahme

Bei Vorliegen diverser **Magen-Darm-Erkrankungen** wird die Zäkotrophe weicher und verliert ihre traubenartige Form sowie ihr typisches Aroma. Werden die feuchten Kotbällchen vom Kaninchen nicht mehr vollständig aufgenommen, verkleben sie das Fell im Anogenitalbereich. Die in der Zäkotrophe enthaltenen flüchtigen Fettsäuren wirken reizend, so dass sich sekundär häufig **schwere Hautentzündungen** entwickeln. Dadurch haben die Tiere Schmerzen bei der Zäkotrophie und stellen diese oft vollständig ein (Abb.91). Häufig wird in derartigen Fällen die Fehldiagnose „Durchfall“ gestellt. Bei langhaarigen Kaninchen kann auch eine lokale **Fellverfilzung** die direkte Aufnahme des Weichkots vom Anus verhindern. Beeinträchtigend wirken ferner **Zahnerkrankungen** oder Veränderungen, die die Beweglichkeit der Kaninchen einschränken wie **schmerzhafte Wirbelsäulen**- und **Gelenkveränderungen** bei älteren Tieren oder eine allgemeine **Fettleibigkeit** (insbesondere, wenn diese mit einer sog. **„Wamme“**, einer stark ausgeprägten Fettansammlung im Kinnbereich einhergeht). Probleme können ebenfalls auftreten bei allgemeinen Bewegungsstörungen infolge diverser **Erkrankungen des zentralen Nervensystems** (z. B. Nosematose syn. Enzephalitozoonose) oder bei **verändertem Geschmacks-** bzw. **Geruchssinn** (z. B. Nasenhöhlenentzündungen) (Abb.92). In all diesen Fällen nehmen die Tiere den Weichkot überhaupt nicht mehr auf, oder sie fressen ihn später, meist nur einen Teil davon, vom Käfigboden. Prinzipiell reduziert **jede** Erkrankung, die zur **Appetitlosigkeit** führt, sekundär auch die Zäkotrophie.

Abbildung 92: Kaninchen mit Kopfschiefhaltung (nach links) als Folge einer Nosematose.

♦ Probiotika

Probiotika sind Präparate, die **bestimmte, lebensfähige Mikroorganismen** enthalten, die peroral verabreicht einen **positiven Effekt auf die Gesundheit des Organismus** ausüben (sofern deren Anzahl und ihre Zusammensetzung ausreichen und sie auch wirklich den Darm erreichen). Diese gesundheitsfördernde Wirkung erzielen Probiotika unter anderem dadurch, dass sie **stabilisierend auf die Blinddarmflora** wirken und hierdurch eine normale **Verdauung unterstützen**. Des Weiteren **stärken** sie das **Immunsystem** und sorgen somit für eine robuste Gesundheit. Im Gegensatz zu Antibiotika zerstören Probiotika die pathogenen Bakterien nicht, sondern stärken ganz allgemein die Widerstandskräfte des Körpers gegen die krankmachenden Keime, indem sie deren Entwicklung, Vermehrung sowie Ansiedlung verhindern oder zumindest erschweren. Um dies erreichen zu können, müssen sich die probiotischen Mikroorganismen zunächst im Darm ansiedeln und danach stark vermehren. Hierdurch treten sie in Konkurrenz zu den pathogenen Bakterien und sorgen hierdurch für eine stabile sowie optimal funktionsfähige Mikroflora. Durch eine parallel hierzu verstärkte Milchsäureproduktion fällt der pH-Wert im Blinddarm ab. Dies fördert die Verdauung sowie die Produktion von Enzymen und Vitaminen, wodurch das körpereigene, unspezifische Immunsystem gestärkt wird. Darüber hinaus hemmen Probiotika die Bildung von Ammoniak sowie Harnstoff, senken die Cholesterinkonzentration im Blut, fördern die Mineralstoffabsorption und reduzieren die Bildung von Indolen als auch Phenolen im Darminhalt, die verantwortlich sind für einen üblen Geruch des Kots. Es gibt **probiotische Keime**, die schon von Natur aus im Darm vorkommen (z. B. **Enterococcus faecium**), aber auch spezielle probiotische **Hefen** (z. B. **Saccharomyces cerevisiae**), die primär nicht im Darm leben (siehe Prebiotika).

Beim Menschen werden als Probiotikum vorwiegend Milchsäurebakterien (Laktobazillen) verwendet. Nach Verabreichung an Kaninchen überleben Laktobazillen (**Lacto-**

bacillus acidophilus oder **Streptococcus faecium**) das saure Magenmilieu und können sich daher theoretisch im Darm ansiedeln, wo sie aus Kohlenhydraten Milchsäure produzieren (Senkung des pH-Werts). Allerdings ist fraglich, welchen tatsächlichen Nutzen sie bringen, da diese Keime kein Bestandteil der physiologischen Darmflora von Kaninchen sind. Werden sie in hoher Dosierung bei Jungtieren eingesetzt, scheinen sie jedoch einen positiven Effekt bei Darmentzündungen aufzuweisen. Auch fakultativ anaerobe Enterokokken (z. B. **Enterococcus faecium**) können in einem sauren Millieu und bei einer hohen Gallensalzkonzentration überleben. Da sie – im Gegensatz zu den Laktobazillen – zur physiologischen Darmflora von Kaninchen gehören, ist ihre Verwendung als Probiotikum für erwachsene Tiere deutlich sinnvoller. So können im Kot gesunder Tiere Enterokokken (E. faecium und E. faecalis) in einer Anzahl von 10^3–10^5 CFU/ml/g (Colony-forming unit) nachgewiesen werden.

Probiotische Keime müssen möglichst viele der folgenden Bedingungen erfüllen:

- „Normaler“ Bestandteil der physiologischen Darmflora
- Toleranz gegenüber Salzsäure (saures Magenmillieu)
- Toleranz gegenüber Galleflüssigkeit
- Gute Haftung an den Darmzellen und hierdurch Behinderung der Ansiedlung pathogener Keime
- Fähigkeit sich im Darm anzusiedeln und zu vermehren
- Reduzierung pathogener Keime durch Produktion antimikrobieller Substanzen (z. B. Bacteriocin)

♦ Prebiotika

Prebiotika sind bestimmte Kohlenhydrate (spezielle Mehrfachzucker oder **Oligosaccharide)**, die nicht im Dünndarm der Tiere verdaut und absorbiert werden. Ihre Fermentation oder bakterielle Zersetzung findet erst im Blinddarm statt. Hierdurch wird die **Mikroflora positiv beeinflusst**, da sich die physiologischen, gewünschten Mikroorganismen stärker vermehren können, während die pathogenen Keime unterdrückt werden. Bei Kaninchen wirken **Mannan-, Frukto-** und **Gluko-Oligosaccharide** prebiotisch. Sie sind vorwiegend Bestandteil von **Hefen (Saccharomyces cerivisiae)**. Aus der äußeren Zellwand spezieller Bier- sowie Bäckerhefen stammende Mannan-Oligosaccharide gelangen beim Kaninchen unverändert in den hinteren Darmabschnitt. Hier **verhindern** sie die **Anhaftung pathogener Keime** an der Darmwand, indem sie deren Fasern (Fimbrien) blockieren (u. a. von Salmonella spp. und E. coli) bzw. diese binden. Denn Mannan-Oligosaccharide ähneln den Kohlenhydraten der Darmwand und deshalb heften sich die pathogenen Bakterien bevorzugt an die Prebiotika. Ohne entsprechende Fixierung an die Darmwand können sie leichter und rascher aus dem Darm „ausgeschwemmt“ werden.

Gleichzeitig dienen prebiotische Mehrfachzucker der physiologischen Darmflora auch als **zusätzliche Nahrungsquelle**. Darüber hinaus **verbrauchen die Hefen Sauerstoff** und schaffen hierdurch im Darm ein **ungünstiges Milieu für die Vermehrung pathogener aerober Bakterien**. Auch dies fördert indirekt die physiologische anaerobe Flora. Leider sind nicht alle probiotischen Hefen resistent gegenüber der Magensäure, wenngleich die am häufigsten verwendeten Stämme die Passage lebend überstehen.

Basiswissen zur Ernährung

Nährstoffe und Nährstoffbedarf

Jeder Organismus benötigt zum (Über-) Leben gewisse Nährstoffe. Dies sind diverse **organische** und **anorganische Substanzen**. Man unterscheidet zwischen sog. **Makronährstoffen** (Proteine, Kohlenhydrate und Fette) sowie **Mikronährstoffen** (Vitamine, Mineralstoffe und Spurenelemente). Hinsichtlich des individuellen Bedarfs an Nährstoffen erfolgt eine Differenzierung zwischen dem **Erhaltungsbedarf** oder dem Grundumsatz eines Organismus, der das reine Überleben bei guter Gesundheit gewährleistet, und dem zusätzlichen Bedarf an Nährstoffen für eine bestimmte erbrachte Leistung (z. B. normales Wachstum, Mast, Fellproduktion, Laktation oder Zucht) (sog. **Leistungsbedarf**). Somit variiert der individuelle Bedarf an Nährstoffen sehr stark, denn er hängt nicht allein vom Gewicht der Kaninchen ab, sondern von vielen weiteren Faktoren, die bei der korrekten Fütterung der Tiere weitgehend berücksichtigt werden müssen:

- Körpergröße (höherer Energiebedarf bezogen auf 1 kg Körpergewicht bei kleineren Individuen)
- Alter und Geschlecht (unterschiedliche Stoffwechselrate)
- Rangstellung in der Gruppe
- Erhaltungsbedarf bzw. individuelle Stoffwechselleistung (aktives oder eher ruhiges Tier?)
- Leistung (Zucht, Laktation, Mast etc.)
- Gesundheit bzw. allgemeine körperliche Konstitution
- Stress
- Haltungsbedingungen (Bewegungsmöglichkeit in Garten oder Wohnung, Käfighaltung)
- Umweltbedingungen (z. B. Temperatur)

Einteilung der Nährstoffe

Makronährstoffe:

- Kohlenhydrate (Energielieferant)
- Proteine (Eiweiß)
- Fette (überwiegend Energielieferant, fettlösliche Vitamine etc.)

Mikronährstoffe:

- Mineralstoffe (z. B. Kalzium, Phosphor, Kalium, Natrium)
- Spurenelemente (z. B. Eisen, Zink)
- Vitamine

Die in Futtermitteln enthaltenen Nährstoffe können mit speziellen Analyseverfahren exakt bestimmt werden. Die **Weender-Futtermittelanalyse** gilt weltweit als Standard (Abb.93). Mit deren Hilfe werden nicht einzelne, chemisch unterschiedliche Nährstoffe bestimmt, sondern Gruppen von Inhaltsstoffen mit ähnlichen Eigenschaften.

Die Gruppe der sog. stickstofffreien Extraktstoffe lässt bei diesem Analyseverfahren auf die im Futter enthaltenen leicht verdaulichen, da vorwiegend löslichen Kohlenhydrate schließen (verschiedene Zucker, Stärke sowie Hemizellulose). Um diese von den schwer bzw. nicht verdaulichen Kohlenhydraten (sog. Rohfaser oder Lignozellulose) besser und genauer zu differenzieren, kann zusätzlich das **Analyseverfahren nach Van Soest** eingesetzt werden. Mit dieser Methode lässt sich der Anteil an **Hemizellulose** sowie **Zellulose** im Futter weitgehend exakt bestimmen. Denn diese beiden Strukturkohlenhydrate spielen bei der Verdauung des Kaninchens eine zentrale Rolle und sind somit entscheidende Inhaltsstoffe, die die Qualität eines Futters bestimmen. Ein gewisser Nachteil ist, dass beide Analysemethoden keine Angaben dazu machen, welcher Anteil der einzelnen Nährstoffe für den Organismus tatsächlich verfügbar ist und wie somit deren Verdaulichkeit eingestuft werden kann. Bevor der Nährstoffbedarf des Kaninchens und die Nährstoffzusammensetzung einzelner Futtermittel diskutiert werden können, ist es erforderlich, die einzelnen Nährstoffe etwas näher kennenzulernen.

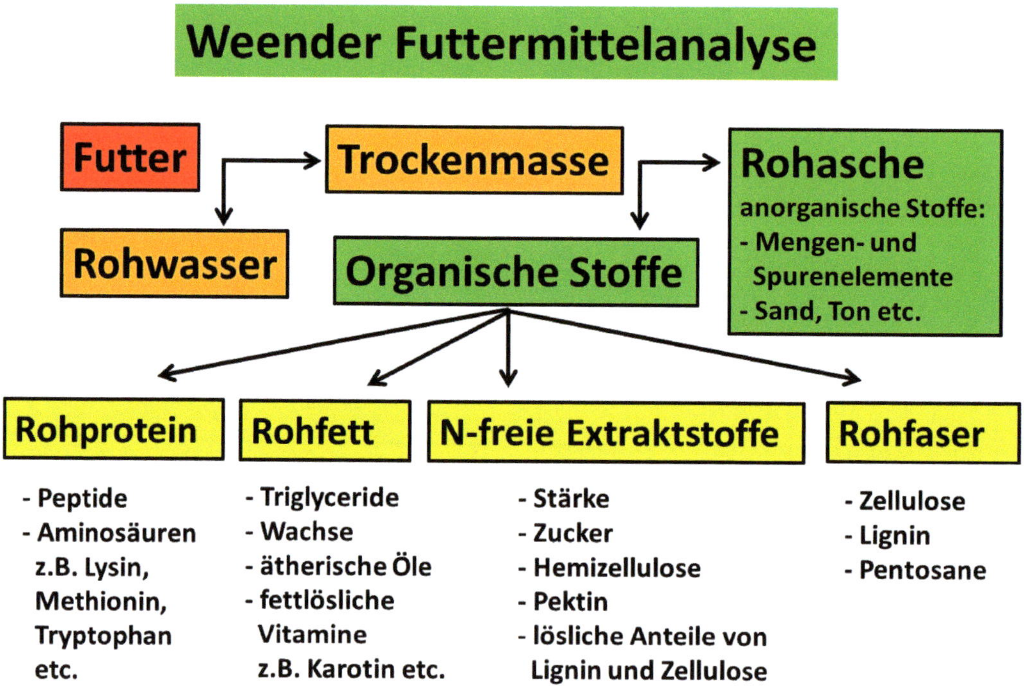

Abbildung 93: Weender-Futtermittelanalyse

Kohlenhydrate

Kohlenhydrate oder Saccharide, zu denen insbesondere diverse Zucker und die Stärke zählen, bestehen aus Kohlenstoff, Sauerstoff sowie Wasserstoff. Sie sind vorwiegend in pflanzlichen Produkten enthalten. Es handelt sich um **Polymere**, also Moleküle, die sich aus vielen Monomeren (Einzelmolekülen) zusammensetzen. So bestehen die Polysaccharide (Mehrfachzucker) aus mehreren miteinander verbundenen Monosaccharidbausteinen (Einzelzuckern). Die **Homopolysaccharide** oder **Homoglykane** sind linearförmig aus Monosacchariden einer Art zusammengesetzt. Hierzu gehören Stärke und Zellulose. Die **Heteropolysaccharide** oder **Heteroglykane** bestehen hingegen aus verschiedenen Monosacchariden, die auch Seitenketten bilden. Somit liegt in dieser Gruppe eine große strukturelle Vielfalt (Heterogenität) mit unterschiedlichsten physikalisch-chemischen Eigenschaften vor.

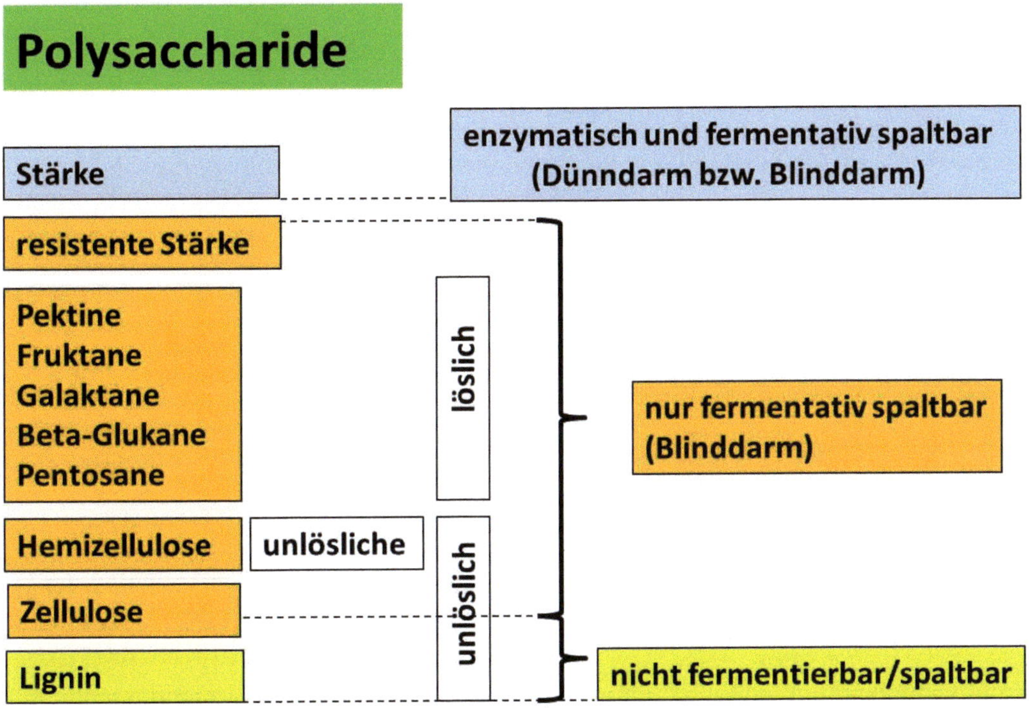

Abbildung 94: Verdaulichkeit sowie Löslichkeit der einzelnen Polysaccharidfraktionen.

Bei der Ernährung der Kaninchen muss differenziert werden zwischen **Nicht-Strukturkohlenhydraten**, die aufgrund ihrer leichten Verfügbarkeit der raschen Energiegewinnung dienen (Monosaccharide wie Glukose, Fruktose und Galaktose; leicht fermentierbare Stärke) sowie den komplexeren **Strukturkohlenhydraten**, die das Stützgerüst der Pflanzen bilden (Zellwand) und nur sekundär oder nicht verdaulich (fermentierbar) sind (Abb.94-97). Da diese Gerüstkohlenhydrate durch körpereigene Enzyme primär nicht gespalten werden können, erreichen sie unverdaut den Blind- bzw. Dickdarm (Abb.84). Man nennt sie auch **„Nicht-Stärke-Polysaccharide“ (NSP)**. Zu den Nicht-Stärke-Polysacchariden zählen: Zellulose, Hemizellulose, Fruktane, Galaktane, Beta-Glukane, Pektine und Pentosane. Sie beeinflussen den Transport des Nahrungsbreis, die Nährstoffabsorption im Dünndarm, den Fettstoffwechsel, das Immunsystem sowie die Aktivität der Darmflora.

Die einzelnen Fraktionen der Strukturkohlenhydrate besitzen unterschiedliche chemische und physikalische Eigenschaften. So wird diese Gruppe unterteilt in lösliche und nichtlösliche Fasern. Zu Letzteren gehört neben der (Hemi-)Zellulose das Lignin, das zwar kein Polysaccharid ist, jedoch auch einen Bestandteil der Zellwand darstellt. Zusätzlich unterscheidet man zwischen (schwer oder leicht) **fermentierbaren Faserstoffen** (Zellulose, Hemizellulose, Pektin) und **unverdaulichen Strukturkohlenhydraten** (Lignin).

Aber auch ein gewisser Anteil der Stärke wird nicht primär verdaut; dieser Part wird als

„resistente“ Stärke bezeichnet. Hierzu zählt z. B. Stärke, die fest in intakten Zellen eingeschlossen ist, oder Stärke, die aufgrund ihrer Struktur für Verdauungsenzyme primär nicht zugänglich ist. Erst eine Erhitzung macht sie entsprechend fermentierbar.

Kaninchen benötigen eine art- und bedarfsgerechte, ausgewogene und abwechslungsreiche Ernährung, die an die jeweilige Wachstums- oder Lebensphase angepasst sein muss. Dabei können die Tiere infolge der anatomischen und funktionellen Besonderheiten ihres Magen-Darm-Trakts Nahrung mit einer **niedrigeren Nährstoffkonzentration** gut verwerten. Voraussetzung hierfür ist jedoch – wie im Kapitel Verdauung erläutert wurde – ein Mindestgehalt des Futters an primär nicht verdaulicher **Raufaser** (sog. strukturierte, komplexe Kohlenhydrate oder „Faserstoffe“ NSP). Zu diesen Faserstoffen zählen folgende pflanzliche Gerüstkohlenhydrate, die insbesondere in den Zellwänden der Blätter, Stängel sowie Samenschalen enthalten sind:

- **Pektin** (gut verdaulich, löslich)
- **Hemizellulose** (gut verdaulich, unlöslich)
- **Zellulose** (schwerer verdaulich, unlöslich)
- **Lignin** (sehr niedrige bis fehlende Verdaulichkeit, unlöslich)

Dabei können Hemizellulose und Pektin von den Blinddarmbakterien leichter aufgeschlossen werden als z. B. Zellulose, während Lignin fast unverdaulich, also nicht fermentierbar ist. Faserteilchen mit einer Größe von mehr als 0,5 mm bestehen meist aus Ligninpartikeln. **Futterpflanzen mit einem hohen Gehalt an Zellulose und Lignin** (z. B. Alfalfa) haben im Allgemeinen eine **Rohfaserverdaulichkeit von weniger als 15%.** Demgegenüber beträgt die Verdaulichkeit nichtlignifizierter (unverholzter) Pflanzen wie z. B. Rübenschnitzel weit über 60–80%. Die Verdaulichkeit der Rohfaser ist jedoch sehr speziesabhängig. Kaninchen sind hier insgesamt weniger effektiv als z. B. Wiederkäuer. Auch soll die Rohfaserverdaulichkeit bei Kaninchen größerer Rassen höher sein als bei Zwergkaninchen.

Bei der **Blinddarmfermentation** der Kaninchen geht es **vorwiegend** um die **Spaltung von (Hemi-)Zellulose**, da diese den Hauptteil der Strukturkohlenhydrate bildet. Die genaue Zusammensetzung der Faserstoffe ist von Pflanze zu Pflanze sehr unterschiedlich. Im Prinzip bildet die Zellulose das Skelett, das von der Hemizellulose und dem Lignin umschlossen wird. Am meisten Energie lässt sich jedoch durch den Abbau der Pektine gewinnen. Bei stärkerer Verholzung der Pflanzen steigt der Ligningehalt und die Verdaulichkeit der Rohfaser sinkt. Besonders **rohfaserreich** sind die **Nebenprodukte der Getreideverarbeitung** (Weizenkleie, Weizengrießkleie und Haferschälkleie). Weizen, Roggen und Mais enthalten besonders wenig Rohfaser, mehr davon findet sich in Hafer und Gerste.

Kohlenhydrate stellen für die meisten Organismen die **wichtigste Energiequelle** dar. Sie entstehen bei der **Photosynthese der Pflanzen**, als Produkt der Assimilation von Kohlenstoffdioxid und Wasser. Das Licht liefert die hierzu benötigte Energie und das Chlorophyll (der grüne Farbstoff der Pflanzen) fungiert als Katalysator (ein Stoff, der eine chemische Reaktion ermöglicht). Bei diesem Prozess wird Sauerstoff abgegeben. Die Formel lautet: **Kohlendioxid + Wasser + Energie = Zucker + Sauerstoff**. Endprodukt ist primär das einfache Kohlenhydrat Glukose (Traubenzucker), ein Einfachzucker (**Monosaccharid**). Durch die Verknüpfung unterschiedlicher Monosaccharide entstehen Zweifachzucker (**Disaccharide**), „normale“ Mehrfachzucker (**Oligosaccharide**) oder „komplexere“ Mehrfachzucker (**Polysaccharide**). Komplizierter aufgebaute Kohlenhydrate sind **Glykoproteine**. Diese Makromoleküle, die aus einem Protein und einem oder mehreren Zuckern bestehen, finden sich vor allem in Zellwänden und in Schleimstoffen. Ferner dienen sie als Bausteine vieler Hormon- und Abwehrstoffe.

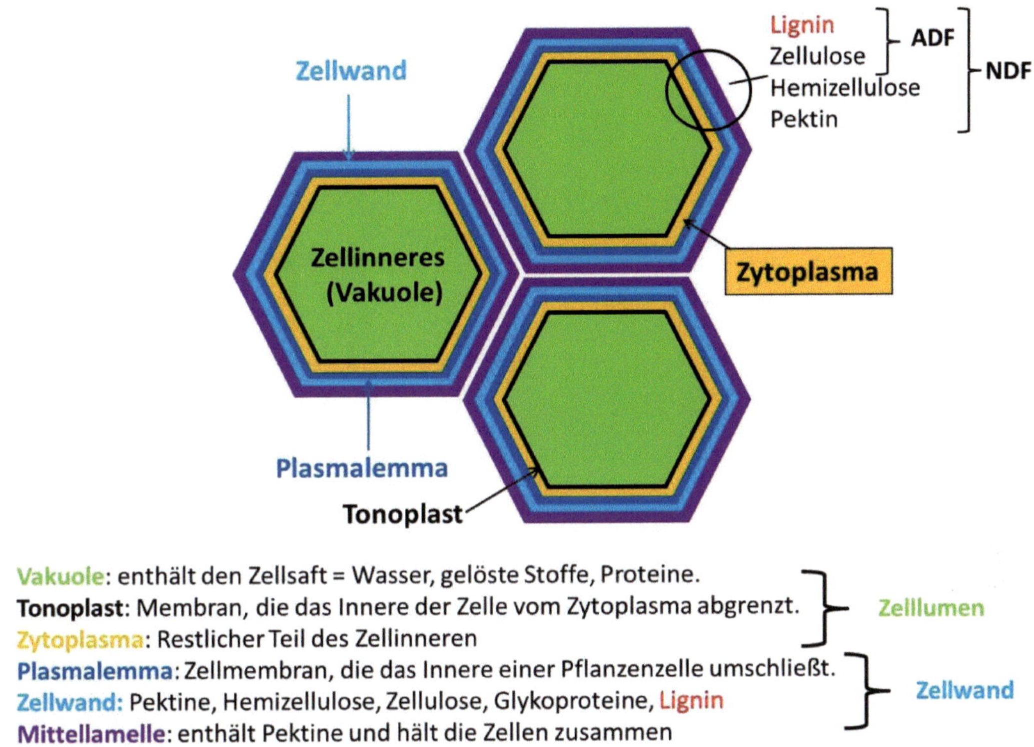

Abbildung 95: Aufbau einer Pflanzenzelle. Schichten von außen nach innen: Mittellamelle, eigentliche Zellwand bestehend aus Zellulose-Mikrofibrillen in einer Matrix aus Hemizellulose und Pektin als Kittsubstanz, dünne Zellmembran (Tonoplast), Zelllumen (Zytoplasma und Vakuole) (Graphik: Dr. Christine Böhmer).

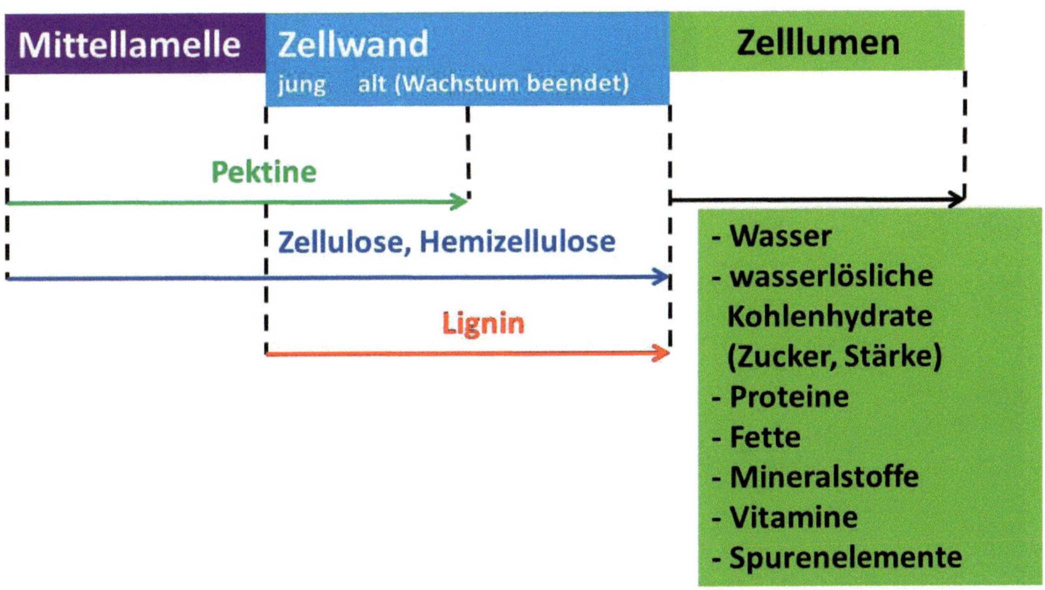

Abbildung 96:Bestandteile einer pflanzlichen Zellwand (z.B. Gras).

Nicht benötigte, **überschüssige Energie** wird von den Pflanzen in Form von **Stärke** gespeichert, und dies in so hohem Ausmaß, dass Pflanzenstärke das häufigste Polysaccharid in der Natur darstellt. Als wichtiger energetischer Reservestoff wird Stärke in Form kleiner, rundlicher „**Stärkekörnchen**" in der Pflanze gelagert. Ihre Größe und Struktur variiert je nach Pflanzenart. Stärke besteht aus einer Kette einzelner Glukosemoleküle und ist somit ein Polysaccharid. Sie setzt sich zusammen aus dem leichter löslichen **Amylopektin**, dem Hauptbestandteil der Stärke (70–80%), sowie der schwer löslichen **Amylose**, dem sog. Stärkemehl (20–30%). Während Pflanzen als Energiereservoir Stärke speichern, ist der entsprechende Reservestoff bei Mensch und Tier das **Glykogen**. Es wird bei einem Überangebot an Kohlenhydraten in Leber- bzw. Muskelzellen produziert und gespeichert. Bei erhöhtem Energiebedarf kann es rasch wieder zu Glukose aufgespalten (sog. Glykogenolyse) und als „Energie" in die Blutbahn abgegeben werden.

Anstelle oder zusätzlich zur Stärke findet sich in einigen Pflanzen ein weiterer energetischer Speicherstoff, das **Fruktan**. Fruktane sind wasserlösliche Oligo- und Polysaccharide, die erst seit kurzem näher untersucht werden, da sie – insbesondere bei Pferden – zu Verdauungsproblemen und Hufentzündungen führen sollen. Die Fruktane werden in zwei Stoffklassen eingeteilt: den **leichtverdaulichen Inulin-Typ**, der vorwiegend in Korbblütlern, in Chicoree und in den Wurzeln verschiedener Kräuter vorkommt, sowie den **schwerverdaulichen Phleum-Typ**, der bisher nur im Gras nachgewiesen wurde. Phleum ist der botanische Name des Lieschgrases. Insgesamt weiß man bisher erst relativ wenig über diese Kohlenhydrate. Fruktane bestehen aus einem Saccharosemolekül, an das ein oder mehrere Fruktosemoleküle gebunden sind. Die kurzkettigen Inulin-Fruktane können durch Bakterien leicht fermentiert werden. Die langkettigen Phleum-Fruktane sind dagegen schlechter verdaulich und nur wenige Bakterien scheinen zu deren Zersetzung in der Lage zu sein. Fehlen diese, führt dies häufig zu Verdauungsproblemen – unter Umständen auch beim Kaninchen.

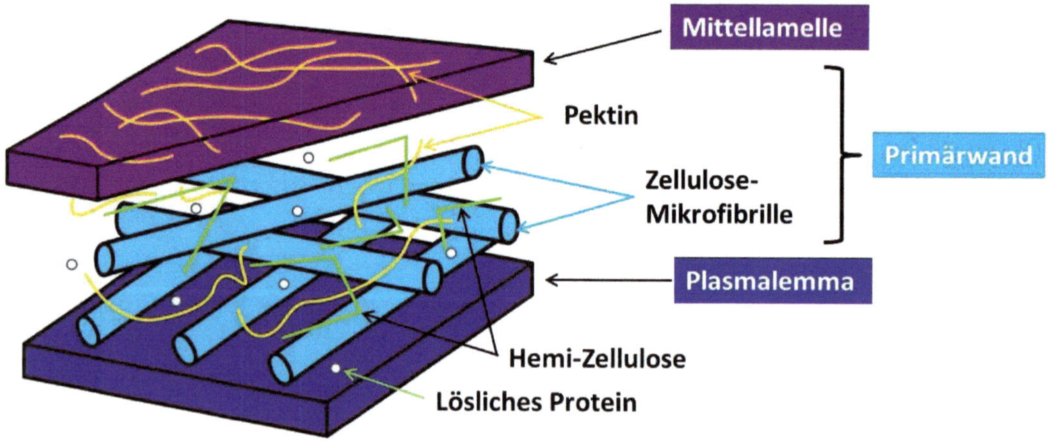

Abbildung 97: Aufbau der Zellwand einer Pflanzenzelle (nach Sticklen 2008 – Graphik: Dr. Christine Böhmer).

Einteilung der Kohlenhydrate

Monosaccharide (Einfachzucker)

- Glukose (Traubenzucker)
- Fruktose (Fruchtzucker)
- Galaktose (Schleimzucker)
- Ribose

Oligosaccharide (aus wenigen Zuckern bestehend)

- Mehrere gleiche oder verschiedene Monosaccharide
- Di- und Trisaccharide (siehe unten)

Disaccharide (Zweifachzucker)

- Maltose (Malzzucker = 2x Glukose)
- Saccharose (Rohr- oder Rübenzucker = Glukose und Fruktose)
- Laktose (Milchzucker = Glukose und Galaktose)

Trisaccharide (Dreifachzucker)

- Maltotriose (ein Abbauprodukt der Stärke)
- Raffinose (Zuckerrüben und Zuckerrohr)

Polysaccharide (Vielfachzucker oder Mehrfachzucker)

- Stärke (Amylopektin und Amylose)
- Zellulose
- Pektin
- Glykogen (Energiespeicher in Leber und Muskeln)
- Fruktan (Speicherkohlenhydrat einiger Pflanzen - Saccharosemolekül mit Fruktoseketten)

Glykoproteine (komplexe Kohlenhydrate mit einem Protein)

Tab.5: Vorkommen und Funktion wichtiger Kohlenhydrate

Kohlenhydrat	Vorkommen	Funktion
Glukose (Zucker)	(Trocken-)Früchte, Obst, Gemüse, Honig	Energielieferant
Fruktose (Zucker)	(Trocken-)Früchte, Gemüse, Getreide, grüne Blätter, Honig	Energielieferant
Saccharose (Zucker)	Zuckerrübe, Zuckerrohr – Melasse (dunkelbrauner Sirup als Rest der Zuckerherstellung)	Energielieferant
Stärke	Samen, Wurzeln, Früchte, Getreide	Energiespeicher
Fruktan	Wurzeln, Blätter, Gräser	Energiespeicher
Pektin	Stängel, Blätter, Blüten, Knollen, Wurzeln	Gerüst/Struktur
Zellulose	häufigstes Polysaccharid der Pflanzen	Gerüst/Struktur
Lignin	schwer verdauliche Faser in verholzten (verholzenden) Pflanzen	Gerüst/Struktur

♦ Stärke

Stärke ist ein Mehrfachzucker (**Polysaccharid**), der aus **mehreren tausend** miteinander verknüpften **Glukoseeinheiten** besteht, die spiralförmig angeordnet sind (Helixstruktur). Stärke kommt als wichtigster Reservestoff der Pflanzen insbesondere in Sämereien, Getreide, Früchten, Knollen, Zwiebeln sowie Wurzeln, Wurzelgemüse, Süßgräsern und Getreideprodukten (wie z. B. Brot) vor. Stärke aus Getreidekörnern und Mais ist leichter fermentierbar als Stärke aus Knollen und Wurzeln. Bei der Verdauung wird sie zu Glukose, einem Einfachzucker, abgebaut. Diesen Prozess nennt man **Hydrolyse**. Initiiert wird die Zersetzung der Stärke durch die **Speichel-Amylase**. Hinzu kommen die **Bauchspeicheldrüsen-Amylase** und die **Maltase**, die in einigen Zellen der Dünndarmwand produziert wird. Das Endprodukt Glukose gelangt nach Aufnahme über die Darmwand ins Blut und dient als Energielieferant für den Zellstoffwechsel. Beim Kaninchen erreicht der Anteil der Stärke, der nicht im oberen Verdauungstrakt zersetzt und absorbiert werden kann (bei sehr stärkereichem Futter), unverändert den Blinddarm. Da hier nur bestimmte Bakterien zur Bildung von Amylase in der Lage sind (**Blinddarm-Amylase**), kann ein hoher Stärkegehalt des Futters zu Fehlgärungen führen.

♦ Pektin

Pektine bilden die Hauptmasse der Interzellularsubstanz von Pflanzen. Diese linearen Polysaccharide bestehen **zu ca. 65%** aus einzelnen **Galakturonsäure-Einheiten**. Hinzu kommen Galaktose sowie Arabinose. Pektine liegen vorwiegend in der Mittellamelle der Pflanzenwand, der Schicht zwischen benachbarten Pflanzenzellen. Die pektinhaltige Mittellamelle hält die pflanzlichen Zellen zusammen. Als sog. Kittsubstanz sind sie aber auch zwischen die Zelluloseschichten eingelagert. Sie weisen ein extremes Quellungsvermögen auf. Pektine lassen sich relativ leicht aus der Zellwand lösen.

♦ Hemizellulose

Die Hemizellulose stellt den zweithäufigsten Bestandteil der Pflanzenzellwand dar, die primär aus den Fibrillen (Fasern) der Zellulose besteht. Somit ist sie ebenfalls **Teil des pflanzlichen Stützgerüstes**. Sie umhüllt die Zelluloseketten (Mikrofibrillen) und erhöht damit die mechanische Festigkeit der Zellwand, zusammen mit den Pektinen. Der Name Hemizellulose beruht darauf, dass man früher fälschlicherweise annahm, es handele sich bei dieser Substanz um eine Vorstufe der Zellulose. Die Hemizellulose macht ca. **25–33% der Pflanzenmasse** aus. Im nativen Zustand ist sie unlöslich, kann jedoch im Rahmen einer Futtermittelanalyse der Pflanzenmasse durch verdünnte Laugen entzogen werden. Kleie beinhaltet viel Hemizellulose (ca. 40%).

Die Hemizellulose ist chemisch kein fest definiertes Molekül, sondern besteht vorwiegend aus vielen verschiedenen Zuckerbausteinen, **langkettigen Polysacchariden** (Vielfachzuckern), die entsprechend miteinander verbunden sind. Hierdurch ergibt sich eine **enorme Strukturvielfalt**, während die Zellulose lediglich aus Glukosemolekülen gebildet wird. Die genaue Zusammensetzung der Hemizellulose hängt sowohl von der Pflanzenart als auch von den einzelnen Pflanzenteilen (z. B. Stängel oder Blatt) ab. So finden sich in **Getreide** überwiegend

Homoglukane bzw. homopolymere Hexosane sowie Pentosane.

Die primären Einheiten der nicht aus Getreide stammenden Hemizellulose umfassen hingegen **Heteropolysaccharide** oder **Heteroglukane** (z. B. **Xylane, Xyloglukane, Mannane, Arabinogalaktane, Glukomannane, Rhamnogalakturonane** sowie **Beta-Glukane**) sowie einfache **Monosacchariden** wie Xylose, Arabinose, Mannose, Glukose und Galaktose. Hinzu kommen einige Seitenketten aus Glukuronsäure, Rhamnose und Arabinose. Somit bildet die Hemizellulose ein sehr **unregelmäßiges Makromolekül** (heterogenes Polymer).

Zwei besondere Gruppen der Hemizellulose sind die **Hexosane** und die **Pentosane**. Erstere bestehen aus den Hexosen (6 Kohlenstoffatome) Mannose und Galaktose, während Pentosane (5 Kohlestoffatome) aus Arabinose sowie Xylose (Arabinoxylan) gebildet werden und eine sehr hohe Wasserbindekraft aufweisen. **Pentosane** sind pflanzliche Schleimstoffe, die sich vor allem in den Randschichten des Getreidekorns finden. Sie kommen überwiegend in **Hafer** und **Roggen** vor. So enthält Roggen ca. 6–8% Pentosane, Weizen nur knapp 2–3%. Da Pentosane für Kaninchen gut fermentierbar sind, ist pentosanreiche Hafer- sowie Roggenkleie für deren Ernährung günstiger als Weizenkleie. **Weizen** und **Gerste** enthalten überwiegend **Hexosane**.

♦ Zellulose

Zellulose ist mit ca. **50%** Masseanteil **der Hauptbestandteil der pflanzlichen Zellwand**, insbesondere bei Pflanzen jüngerer Wachstumsstadien. Dieses Makromolekül, ein gerades, **langkettiges Polysaccharid** (Vielfachzucker), besteht **aus mehreren hundert bis zehntausend** miteinander verbundenen Zuckermolekülen. Wie bei der Stärke ist der Grundbaustein **Glukose**. Zwei Glukosemoleküle vereinigen sich zu einem Disaccharid, der sog. **Zellobiose**. Mehrere dieser Disaccharide verbinden sich über glykosidische Bindungen zu langen, dünnen **Zelluloseketten**, die wiederum **Elementarfibrillen** bilden, indem sich ca. 100 dieser Zelluloseketten parallel aneinander lagern. Durchschnittlich 20 dieser Elementarfibrillen bilden je eine Zellulose-**Mikrofibrille**, die einer zarten faserigen Struktur entspricht (Durchmesser ca. 10–25 nm). Mehrere dieser feinen Fasern verbinden sich über Wasserstoffbrücken weiter zu größeren reißfesten Fasern, den sog. **Makrofibrillen** (Durchmesser ca. 400 nm). Durch deren Verflechtung entsteht ein sehr widerstandsfähiges dreidimensionales Netzwerk, das in eine Matrix aus Hemizellulose und Lignin eingebettet ist und eine hohe Zugfestigkeit aufweist. Zellulose ist wasserunlöslich.

♦ Lignin

Auch Lignin, der sog. „**Holzstoff**", gehört zu den Bestandteilen der pflanzlichen Zellwand (**ca. 10–25%**). Chemisch ist es **kein Kohlenhydrat**, sondern eine **komplexe aromatische Verbindung**, die aus einem dreidimensionalen Netz verschiedener phenolischer Grundbausteine besteht (**phenolisches Makromolekül**). Dieses Biopolymer ist sehr widerstandsfähig gegen eine bakterielle Zersetzung und auch gegen Säuren (siehe Van Soest-Analyse). In der Natur schützen sich hierdurch viele Pflanzen vor Schädlingen (Pilzen und Bakterien) und vor Austrocknung.

Mit zunehmendem Alter der Pflanzen steigt der Grad der Verholzung oder Lignifizierung. Dieser Prozess ist wichtig für die Stabilität der Gewächse und für eine ungestörte Wasserleitung innerhalb der Gefäßbahnen. Nur so kann die Pflanze in die Höhe wachsen und sich gegenüber ihren Konkurrenten behaupten. Im Rahmen dieses Verholzungsprozesses wird immer mehr Lignin in die fibrilläre Zellulosematrix (Zellwand) eingelagert, wodurch **Lignozellulose** entsteht. Diese ist dann Hauptbestandteil der dickeren und steiferen Zellwände älterer Pflanzen. Der **Ligninanteil verholzter Pflanzen** liegt meist bei ca. **20–30% der Trockenmasse**. Die dichte Struktur der Lignozellulose macht diese für die enzymatische Fermentation schlecht zugänglich. Werden schwer- oder unverdauliche Fasern, wie Zellulose und Lignin, bei der Futterherstellung so stark zerkleinert, dass sie infolge der Teilchengröße in das Zäkum transportiert werden (statt dieses rasch zu passieren und direkt als Hartkot ausgeschieden zu werden - siehe Abb.81-84), wirkt sich das negativ auf die Darmmotorik aus und reduziert sekundär auch die Futteraufnahme.

◆ Rohfaser (Lignozellulose)

Kaninchen benötigen für eine stabile Verdauung einen gewissen Rohfaseranteil im Futter. Dies ist der in Säuren und Laugen unlösliche, fett-, stickstoff- und aschefreie organische Rest einer Nahrung (Futtermittelanalyse). Untersuchungen an Laborkaninchen sowie wirtschaftlich genutzten Tieren ergaben, dass der **Rohfasergehalt der Nahrung** bei ca. **14–16%** liegen sollte. Darüber hinaus ist das Verhältnis von **verdaulichen Faserkohlenhydraten zur Lignozellulose** wichtig; es sollte **kleiner 1,3** sein. Bei niedrigeren Rohfaserwerten oder zu kleinen Faserpartikeln neigen die Tiere zu Verdauungsstörungen.

Tab. 6: Wirkungen der Kohlenhydrate (Raufaser)

Gröber strukturierte „unverdauliche" Kohlenhydrate	Kleiner strukturierte „verdauliche" Kohlenhydrate
• gezielte Stimulation der Blinddarm- und Dickdarmmotorik (wichtigste Bedeutung) • Aufrechterhaltung einer physiologischen Peristaltik • Unterstützung einer physiologischen zäkalen Fermentationsdauer (rel. kurze Futterretention) • Aufrechterhaltung einer stabilen, belastbaren Darmflora • Verhinderung einer übermäßigen Vermehrung pathogener Blinddarmbakterien • Prophylaxe vieler Magen-Darm-Erkrankungen (Stasis, Überladung etc.) • Vorbeugung zu weichen Hartkots • Vorbeugung der Entstehung von Magenbezoaren • Sicherstellung eines optimalen Zahnabriebs (bei primär entsprechend großen Pflanzenteilen) • appetitanregende Wirkung • Vorbeugung von Verhaltensstörungen (Fellbeißen, übermäßiges Putzverhalten) • Erhöhung des Fasergehalts der Zäkotrophe (etwas festere Konsistenz) • Förderung der Weichkotaufnahme	• gutes Nahrungssubstrat für die bakterielle Fermentation im Blinddarm, hierdurch Aufrechterhaltung der speziellen Blinddarmflora • Aufrechterhaltung des physiologischen pH-Werts im Blinddarm • optimale Produktion flüchtiger Fettsäuren (Menge und Verhältnis) • wichtiger Energielieferant • Verhinderung einer übermäßigen Vermehrung pathogener Blinddarmbakterien

Futterproteine (Eiweiße) sind ein wichtiger, lebensnotwendiger Bestandteil der Kaninchennahrung. Sie fungieren vorwiegend als **Baustoffe** für die Produktion körpereigener Eiweißsubstanzen. Diese bilden grundlegende Elemente fast aller Körperzellen, so dass Proteine für viele Organsysteme Bedeutung haben: Haut, Haare (Fell), Krallen, Muskeln, Bindegewebe (Kollagen) sowie Skelettsystem (Knochen- und Knorpelgewebe). Daher wirkt sich ein längerfristiger Eiweißmangel meist negativ auf diese Körperstrukturen aus. Auch bei der Produktion von **Botenstoffen** (Hormone) sowie als **Katalysatoren** diverser Stoffwechselvorgänge haben Proteine entscheidende Funktionen. Ebenso handelt es sich bei fast allen **Enzymen** um Proteine. Darüber hinaus sind Eiweiße Bestandteile der **Antikörper**, sog. Immunglobuline, und somit wichtig für den Schutz vor Infektionen. Sie fungieren als **„Carrier"** für bestimmte Stoffe, die nur an Eiweiß gebunden im Blut transportiert werden können. Des Weiteren sind Proteine – neben den Kohlenhydraten und Fetten – **Energiespender**, wenn auch von eher untergeordneter Rolle.

Weder Kohlenhydrate noch Fette sind in der Lage, den für den Eiweißstoffwechsel wichtigen Stickstoff zu liefern. Da Proteine und Aminosäuren nicht gespeichert werden können, müssen sie dem Organismus beständig über die Nahrung zugeführt werden. Dabei ist nicht nur der **Proteingehalt des Futters** wichtig, sondern auch die **Zusammensetzung** der nutritiven Eiweiße.

Proteine bestehen aus Aminosäuren. Im Rahmen der Verdauung werden diese Makromoleküle im Zwölffingerdarm mit Hilfe enteraler Verdauungsenzyme sowie im Blinddarm durch die Aktivität der Mikroflora in ihre einzelnen Bestandteile zerlegt und die diversen Aminosäuren über die Darmwand in die Blutbahn aufgenommen. Man unterscheidet zwischen **essentiellen** und **nicht-essentiellen Aminosäuren**. Essentielle Aminosäuren können vom Körper selbst nicht synthetisiert werden, so dass eine konstante Versorgung über die Nahrung erfolgen muss. Beim Kaninchen werden die meisten Aminosäuren im Blinddarm von der speziellen Mikroflora gebildet und nach Aufnahme der Zäkotrophe im Dünndarm absorbiert (wobei jedoch Art und Prozentsatz der im Weichkot enthaltenen Proteine stark von der Zusammensetzung der Darmflora abhängen). So können die Tiere einen kurzfristigen nutritiven Proteinmangel über die **bakterielle Aminosäuresynthese** recht gut kompensieren. Infolgedessen ist bei Hauskaninchen ein hoher Eiweißgehalt des Futters nicht nötig, sondern eher schädlich.

Im Gegensatz zu erwachsenen Tieren sind **junge Kaninchen** infolge ihrer „unreifen", noch nicht voll funktionstüchtigen Blinddarmflora darauf angewiesen, bestimmte Aminosäuren über das Futter zu erhalten.(Abb.98). Zu diesen **essentiellen Aminosäuren** zählen: Methionin, Cystin, Histidin, Arginin, Glycin, Isoleucin, Leucin, Lysin, Threonin, Tryptophan, Valin und Phenylalanin. Mit fortschreitendem Alter der Tiere übernehmen die Blinddarmbakterien die entsprechende Eiweißsynthese, wodurch die Kaninchen zunehmend unabhängiger von der Proteinzufuhr über die Nahrung werden.

Abbildung 98: Jungtier (ca. 3 Wochen alt).

Das im Futter enthaltene Eiweiß, das zu 16% aus Stickstoff besteht, sowie alle stickstoffhaltigen Substanzen (u. a. Nitrite und Nitrate) werden mit dem Begriff Rohprotein definiert. Ein **Rohproteingehalt** der Nahrung von **ca. 12–13%** reicht für den Erhaltungsbedarf völlig aus. Bei **gestressten** oder **rekonvaleszenten Tieren** kann es kurzfristig erforderlich werden, Nahrung mit einem geringfügig **höheren Eiweißgehalt** anzubieten. Im Hinblick auf eine stabile Gesundheit der Tiere sollte das Futtereiweiß generell ein möglichst **breites Spektrum an essentiellen Aminosäuren** aufweisen, um eventuelle Defizite der bakteriellen Synthese effektiv auszugleichen. Für erwachsene Kaninchen essentiell sind die schwefelhaltigen Aminosäuren **Methionin** und **Cystin**. Sie werden unter anderem für ein normales Haarwachstum benötigt, so dass eine verminderte Fellqualität auf eine Unterversorgung hinweisen kann. Einen hohen und für Kaninchen gleichzeitig wertvollen Eiweißgehalt haben insbesondere verschiedene **Kleesorten** sowie die **Luzerne (Alfalfa).**

Für eine **wirtschaftliche Kaninchenhaltung** (Fell- und Fleischproduktion, Labortiere) ist ein **höherer Rohproteingehalt** des Futters erforderlich. Der empfohlene Richtwert liegt zwischen **14% und 18%** (ca. 16% Eiweiß für ein maximales Wachstum [Mast] sowie bis zu 18% für eine optimale Laktation im Rahmen der Zucht). Extrem eiweißreich sind alle Nebenprodukte der Ölgewinnung aus Pflanzen (z. B. Soja- und Sonnenblumenextraktionsschrot). Als sehr beliebte Proteinlieferanten dienen ferner Nebenprodukte der Sojaverarbeitung (Sojamehl aus entfetteten Bohnen oder Sojavollschrot) sowie Maiskleber. Dieser enthält ca. 64% Rohprotein und ist somit ein besonders hochwertiger Eiweißträger. Er bleibt als Abfallprodukt übrig, nachdem Mais sowohl Stärke als auch Fett entzogen wurden.

Im Gegensatz zu Hauskaninchen decken Wildkaninchen ihren Eiweißbedarf ausschließlich durch die Aufnahme von Pflanzen. Hierbei ist **Gras** die **Hauptquelle für Proteine und Aminosäuren**. Der Eiweißgehalt des Grases nimmt mit dem Alter der Pflanze ab, wobei aber das relative Verhältnis der Proteine zueinander gleich bleibt. Gras ist reich an Arginin, Glutamin und Lysin, enthält aber wenig Methionin und Isoleucin. Getreideproteinen, die zur Herstellung von Kaninchenfutter verwendet werden, mangelt es vor allem an Lysin und Methionin. Hülsenfrüchte (Bohnen und Erbsen) sind ebenfalls eine beliebte Eiweißquelle, da sie viel Protein enthalten, insbesondere einen hohen Gehalt an Lysin. Sie werden gerne zum Ausgleich etwaiger Imbalancen in Fertigfuttermischungen genutzt.

Wichtig ist auch eine **hohe Verdaulichkeit der Proteine** (hohe biologische Wertigkeit). Hiermit wird definiert, welcher Anteil des Nahrungsproteins in körpereigenes Eiweiß umgewandelt werden kann. Eine Verdaulichkeit von 70% besagt, dass von 100 g Rohprotein des Futters 70% verdaut und 30% ungenutzt mit dem Kot ausgeschieden werden. Ein Beispiel: Zwei Futtermittel mit einem Proteingehalt von 12% haben eine Eiweißverdaulichkeit von 80% bzw. 60%. Das heißt, dass dem Organismus im ersten Fall 9,6% des Eiweißes zur Verfügung stehen und im zweiten Fall 7,2%. Als Faustregel gilt, dass ein Gehalt von **16% Rohprotein** im Futter in etwa **12% verdaulichem Rohprotein** entspricht. Das verdauliche Rohprotein definiert die Eiweißmenge, die vom Tier im Rahmen der Verdauung somit wirklich aufgeschlossen und verwertet wird.

Pflanzenproteine werden in **zwei Gruppen** unterteilt: das sog. **Körnerprotein**, das im Endosperm und in der äußeren Kleieschicht enthalten ist, sowie das **Blattprotein**, das sich in den Blättern der Futterpflanzen konzentriert. Das Eiweiß ist hier fest an die Zellulose in der Zellwand gebunden. Somit hängt die Verdaulichkeit des Proteins auch von dessen Ursprung ab. Zusätzlich wird sie vom Alter der Pflanze beeinflusst. Besonders gut verdaulich sind Proteine in frischem Wiesenfutter, während die Verdaulichkeit mit zunehmendem Rohfasergehalt (Lignozellulose) abnimmt. Die Kaninchen versuchen dies durch eine vermehrte Weichkotaufnahme zu kompensieren, da ihnen hierdurch zusätzlich das darin enthaltene Bakterienprotein und die mikrobiell gebildeten Aminosäuren zur Verfügung stehen.

Fette (Lipide)

Ein gewisser Rohfettanteil im Futter ist lebensnotwendig, da er zur Auflösung und **Resorption fettlöslicher Vitamine** benötigt wird. Darüber hinaus versorgt Fett den Organismus mit **fettlöslichen Proteinen** (Eiweiße mit lipophilen = fettlöslichen Seitenketten). Die Stoffgruppe der Lipide besteht aus Fetten und fettähnlichen Substanzen. Diese sind in Wasser nicht oder nur schwach löslich, zeigen aber eine gute Löslichkeit in organischen Lösungsmitteln (z. B. Äther – siehe Futtermittelanalyse). Den größten Anteil der Lipide bilden die sog. Neutralfette oder **Triglyzeride**, die aus dem dreiwertigen Alkohol Glyzerin und drei langkettigen Fettsäuren (sog. Monokarbonsäuren) bestehen. Dieses Molekül nennt man Triacylglycerin. Hinzu kommen komplexe Lipide wie Phospholipide, Sulfolipide, Isoprenoidlipide (Vitamin K, Vitamin E und Provitamin A) sowie Galaktolipide (Galaktose und Diacylglycerol) als wichtige Bestandteile der Zellmembran sowie Phytosterine, die vorwiegend in fettreichen Pflanzenteilen (Samen) vorkommen.

Es wird zwischen kurzen, mittel- und langkettigen Fettsäuren sowie **gesättigten** und **ungesättigten Fettsäuren** unterschieden. Einfach ungesättigte Fettsäuren haben mindestens eine Doppelbindung, mehrfach ungesättigte mehrere Doppelbindungen zwischen den Kohlenstoffatomen. Mehrfach ungesättigte Fettsäuren sind meist pflanzlicher Herkunft. Hierzu zählen die **Omega-3-Fettsäuren** (z. B. die dreifach ungesättigte Alpha-Linolensäure) sowie die **Omega-6-Fettsäuren** (z. B. die zweifach ungesättigte Linolsäure). In fetthaltigen Samen kommt Linolsäure in einer verhältnismäßig hohen Konzentration vor. So enthalten Sonnenblumen, Disteln, Sojaprodukte und Maiskeime besonders viel Linolsäure, ebenso Löwenzahn, Spitz- und Breitwegerich, Weiße Taubnessel und Brennnessel. Omega-3-Fettsäuren, also die Alpha-Linolensäure, findet sich hingegen vorwiegend in Leinsamen, Walnuss und Raps.

Während die gesättigten Fettsäuren primär Energielieferanten sind, haben die **ungesättigten Fettsäuren** wichtige Stoffwechselfunktionen (**Immunsystem** und **zentrales Nervensystem**). Da mehrfach ungesättigte Fettsäuren leicht mit Sauerstoff reagieren, reduziert sich deren Gehalt im Heu sowie in Fertigfuttermitteln kontinuierlich; abhängig von der Lichteinstrahlung, der Lagertemperatur sowie der Anwesenheit diverser Mikroorganismen. Bei diesem Zerfall der Fettsäuren bilden sich toxische Radikale. Um dies zu vermeiden, werden Futtermischungen sog. Antioxidanzien beigemengt, die deklariert werden müssen. Eine kühle und dunkle Lagerung der Futtermittel kann diesem unerwünschten chemischen Fettabbau ebenfalls vorbeugen.

Das im Futter enthaltene Fett versorgt den Organismus mit wichtigen **Fettsäuren** und ist – wie die Kohlenhydrate – primär ein **Energielieferant.** Der Körper benötigt Lipide für die **Bewegung**, diverse **Organfunktionen** sowie die Aufrechterhaltung einer normalen **Körpertemperatur**. Die Energiefreisetzung ist im Vergleich zu Stärke mehr als doppelt so hoch. Angereichert im Körper verhindert Fett auch einen zu hohen **Wärmeverlust** und dient in Form des Depotfetts als **Energiespeicher**. Des Weiteren **stimulieren** Lipide (in nicht zu hoher Konzentration) die **Darmmotorik** und verbessern die **Akzeptanz des Futters.** Unter gewissen Umständen können Fette zu einer **Reduzierung der Kalziumabsorption** im Darm führen, da unverdaute Fettsäuren zusammen mit Kalzium im Darm schwerlösliche „**Kalkseifen**“ bilden. Dadurch geht dem Organismus ein Großteil des wichtigen Kalziums verloren.

Vitamine

Ein weiterer wichtiger Bestandteil der Nahrung sind diverse Vitamine. Man unterscheidet zwischen **wasserlöslichen Vitaminen (B und C)** sowie **fettlöslichen Vitaminen (A, D, E, K).** Letztere sind relativ empfindlich gegenüber Sauerstoff und Licht. Da mit Ausnahme von Vitamin A praktisch keine Vitaminspeicherung stattfindet und der Organismus die meisten Vitamine primär auch nicht synthetisieren kann, müssen sie regelmäßig mit der Nahrung aufgenommen werden. Eine gewisse Ausnahme bilden beim Kaninchen die B-Vitamine (B_1, B_2, B_6, B_{12}), die von den Blinddarmbakterien produziert werden, sowie das Vitamin C, das der Körper über den Glukosestoffwechsel in der Leber selbst herstellen kann.

Vitamine sind lebensnotwendig. Sie regulieren den **Stoffwechsel**, das **Wachstum** und die **Fruchtbarkeit**. Der tägliche Bedarf ist abhängig vom allgemeinen Gesundheitszustand sowie den auf das Tier einwirkenden Stressfaktoren. Werden Kaninchen abwechslungsreich gefüttert, besteht in der Regel kein Mangel an Vitaminen, so dass diese nicht über Vitaminpräparate zugeführt werden müssen. Eine Überversorgung mit Vitaminen kann sogar schädlich sein. Dies gilt insbesondere für Vitamin D, das die Aufnahme von Kalzium und Phosphor fördert und somit das Risiko für Gefäß- und Organverkalkungen deutlich erhöht.

Da bei der Produktion gewisser kommerzieller Nahrungsmittel (z. B. extrudiertes Futter) durch den Verarbeitungsprozess ein Großteil der natürlichen Vitamine zerstört wird, fügt man der Ausgangsmischung gerne gewisse Vitamine in entsprechend höherer Konzentration bei oder besprüht das Endprodukt mit einem geeigneten „Vitamincocktail“ (sog. coating). Hierbei werden jedoch bevorzugt „künstliche“ Vitamine eingesetzt, z. B. Vitamin A als Ersatz für seine Vorstufe, das Provitamin Beta-Karotin. Die natürliche Nahrung enthält jedoch kein „fertiges„ Vitamin A. Es bedarf darüber hinaus großer Erfahrung, um die Balance zwischen der Deckung des tatsächlichen Vitaminbedarfs und einer eventuell schädigenden Überdosierung zu halten.

Einige Vitamine sind **temperatur-** und **lichtempfindlich** (Vitamin A, E, K, B_2 und B_{12}). Daher reduziert sich der Vitamingehalt in Gemüse, Obst oder Heu nach einiger Zeit ganz beträchtlich, abhängig davon, wie lange das Futter bearbeitet (putzen, waschen, zerkleinern) und vor der Verfütterung gelagert wird. So kommt es bei Kaninchen, die (vor allem im Winter) ausschließlich mit Heu und Gemüse ernährt werden, unter Umständen zu einer Vitaminunterversorgung. Außer bei stark reduzierter oder fehlender Zäkotrophie betrifft dies jedoch meist nicht die im Weichkot enthaltenen wasserlöslichen B-Vitamine und das fettlösliche Vitamin K.

Vitamin-B-Komplex

Die wasserlöslichen B-Vitamine werden im Körper kaum gespeichert (mit Ausnahme des Vitamin B_{12} in der Leber). Dies ist bei Kaninchen auch nicht unbedingt nötig, da diese Vitamine kontinuierlich von den Blinddarmbakterien synthetisiert werden. Zudem enthalten die meisten natürlichen Futtermittel der Kaninchen ausreichende Mengen an Vitamin B. Insofern ist ein Vitaminmangel bei artgerechter Fütterung sehr unwahrscheinlich. Erhalten Kaninchen jedoch zu wenig strukturierte Kohlenhydrate und ist das Futter zusätzlich zucker- sowie stärkereich, nimmt infolge der sekundären Dysbakterie die bakterielle Vitaminsynthese im Blinddarm stark ab, was zu einem Vitamin-B-Mangel führen kann. Betroffen sind vor allem Vitamin B_3 (Niacin) und Vitamin B_1 (Thiamin).

♦ Vitamin B_1 (Thiamin)

Thiamin ist wichtig für das Nervensystem, die Leber, das Herz sowie die Schilddrüse. Es beeinflusst den gesamten Kohlenhydratstoffwechsel und wirkt protektiv auf den Magen-Darm-Kanal. Häufigste Symptome eines Thiaminmangels sind neurologische Störungen (Erkrankungen des zentralen oder peripheren Nervensystems), Appetitlosigkeit und bei Jungtieren ein vermindertes Wachstum. Eine Unterversorgung kann insbesondere bei zucker- und stärkereicher Fütterung auftreten, da die mikrobielle Synthese als Folge der Dysbakterie abnimmt. Auch gibt es Pflanzen sowie Mikroben, die das Enzym Thiaminase produzieren und somit das Vitamin inaktivieren. Thiamin ist vor allem in Getreide und Mühlennachprodukten sowie Ölsaatextraktionsschroten enthalten.

♦ Vitamin B_2 (Riboflavin)

Riboflavin wird zum Transport innerhalb des Körpers sowie zur kurzfristigen Speicherung an spezifische Eiweißstoffe gebunden. Das Vitamin hat Bedeutung für die Gesundheit der Augen, der Haut sowie der Krallen. Es unterstützt den Sauerstofftransport und ist am Fett-, Eiweiß- als auch Kohlenhydratstroffwechsel beteiligt. Einen besonders hohen Riboflavingehalt besitzt das Leber-, Nieren- sowie Herzgewebe. Ein Mangel an Vitamin B_2 kann zur Blutarmut führen und eine Unterversorgung mit Vitamin B_6 zur Folge haben. Weitere mögliche Folgen sind Entzündungen der Haut und der Schleimhäute.

♦ Vitamin B_3 (Niacin)

Vitamin B_3 ist ein Sammelbegriff für Nikotinsäure und Nikotinamid. Beide Vitamine haben die gleiche biologische Wirksamkeit und spielen bei zahlreichen Stoffwechselvorgängen eine wichtige Rolle. Des Weiteren sind sie essentiell für eine gesunde Haut. Auch wirken sie protektiv auf den gesamten Magen-Darm-Trakt. Ein Vitaminmangel geht mit Störungen des zentralen Nervensystems einher. Viel Vitamin B_3 ist im Grünfutter und in pflanzlichen Eiweißfuttermitteln enthalten.

♦ Vitamin B_5 (Pantothensäure)

Pantothensäure wirkt im Fett-, Eiweiß- und Kohlenhydratstoffwechsel. Sie ist ebenfalls wichtig für eine normale Funktion der Haut sowie der Schleimhäute. Darüber hinaus stärkt Vitamin B_5 das Immunsystem. Hohe Konzentrationen des Vitamins finden sich im Herz, in den Nebennieren, den Nieren als auch in der Leber. Da Pantothensäure eine zentrale Rolle in vielen Stoffwechselreaktionen spielt, sind Mangelerscheinungen durch vielfältige Symptome gekennzeichnet. Diese betreffen insbesondere die Schleimhäute sowie die Haut und das Fell. Zudem kommt es häufig zu Erkrankungen des Nervensystems.

♦ Vitamin B_6 (Pyridoxin)

Vitamin B_6 ist ein Sammelbegriff für Pyridoxin, Pyridoxal und Pyridoxamin. Der Körper benötigt es insbesondere für den Eiweißstoffwechsel und für ein gut funktionierendes Immunsystem. Auch für eine ungestörte Funktion des Nervensystems sowie der Leber ist es sehr wichtig. Da Vitamin B_6 die Oxalatausscheidung über die Nieren reduziert, kann ein Mangel diese steigern und somit zur Oxalatsteinbildung im Harn prädisponieren (Abb.99). Zu den potentiellen Folgen einer Unterversorgung gehören weiterhin Blutarmut (Anämie) als auch diverse neurologische Ausfallerscheinungen. Viel Vitamin B_6 ist in Getreide, Mühlennachprodukten, Ölsaatextraktionsschroten und Luzernegrünmehl enthalten.

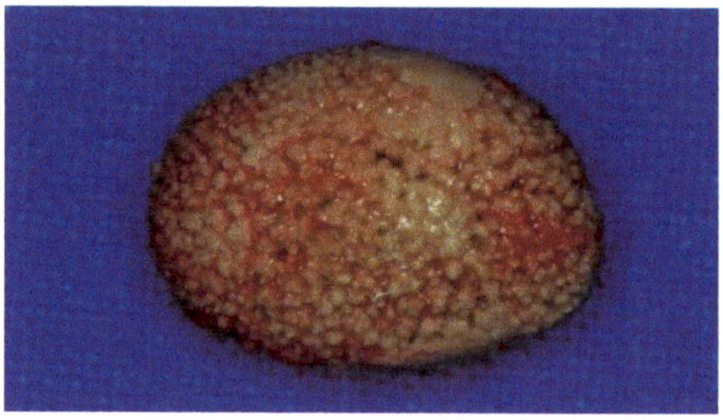

Abbildung 99: Kalzium-Oxalat-Harnstein.

♦ Vitamin B_7 (Biotin oder Vitamin H)

Biotin spielt eine wichtige Rolle für die Haut, die Schleimhaut und die Krallen. Ferner ist es für ein optimales Fellwachstum (Haarbildung) sowie eine ungestörte Blutgerinnung erforderlich. Es unterstützt diverse Stoffwechselvorgänge, insbesondere den Kohlenhydrat- als auch Fettsäurestoffwechsel, und stärkt die normale Leberfunktion. Ein Vitaminmangel führt häufig zu Hauterkrankungen sowie Fellproblemen mit oder ohne Haarausfall.

♦ Vitamin B_9 (Folsäure)

Folsäure ist entscheidend an der allgemeinen Zellteilung beteiligt und damit am Aufbau diverser Gewebe (z. B. Haare, Knochen, Knorpel). Auch wird es zur Blutbildung benötigt. Darüber hinaus unterstützt Folsäure das Muskelwachstum und somit die Heilung, fördert die Leberfunktion und hat Anteil am Eiweißstoffwechsel. Relativ viel Vitamin B_9 ist in Lauch, Endivien- sowie Feldsalat, Spinat, Petersilie und Brokkoli enthalten. Da zusätzlich eine bakterielle Produktion des Vitamins stattfindet, treten Mangelerscheinungen selten auf.

Abbildung 100: Vitamine sind soooo...........langweilig......... aber wichtig!!!! (von V.Sellhorst)

♦ Vitamin B_{12} (Cobalamin)

Vitamin B_{12} kann nur von Bakterien produziert werden, die dazu eine gewisse Menge an Kobalt benötigen. Ursache eines Vitaminmangels ist daher unter anderem ein zu geringer Kobaltgehalt des Futters. Im Gegensatz zu anderen Vitaminen kann Cobalamin gut im Körper gespeichert werden (Leber). Es beugt Haut- und Schleimhauterkrankungen vor und unterstützt eine normale Leber- sowie Nervenfunktion. Des Weiteren ist es für die Blutbildung erforderlich. Ein Vitaminmangel kann sich daher durch eine Blutarmut (Anämie) bemerkbar machen oder aber er führt zu einem reduzierten Appetit mit resultierender Abmagerung. Bei einer Unterversorgung mit Cobalamin mangelt es auch an biologisch aktiver Folsäure, da deren Aufnahme in die Zellen cobalaminabhängig ist.

Vitamin C (Ascorbinsäure)

Kaninchen können – im Gegensatz zum Menschen – Vitamin C in der Leber aus Glukose synthetisieren, so dass eine Zufuhr mit dem Futter nicht erforderlich ist. Ascorbinsäure wird in den metabolisch sehr aktiven Geweben gespeichert (Nebenniere, Hypophyse und weiße Blutkörperchen). In Stresssituationen scheint sich der Bedarf an Ascorbinsäure deutlich zu erhöhen, zumindest sinkt in derartigen Belastungsphasen der Vitamin-C-Gehalt im Blut drastisch ab. Dies kann auch bei schweren Erkrankungen der Fall sein.

Vitamin C ist an vielen enzymatischen Reaktionen beteiligt. Es steigert die allgemeinen Abwehrkräfte des Organismus (**Unterstützung des Immunsystems**) und schützt die Tiere somit vor Infektionen. Darüber hinaus wirkt Ascorbinsäure als wichtiges **Antioxidans** bzw. Radikalfänger (Ausschaltung aggressiver freier Radikale), da sie Elektronen aufnehmen als auch abgeben kann. In dieser Funktion regeneriert sie auch inaktives, verbrauchtes Tocopherol (Vitamin E) und hilft dem Organismus so, mit weniger Vitamin E auszukommen. Vitamin C wird des Weiteren benötigt zum Aufbau sowie zur Regeneration von **Bindegewebe**, **Knochen**, **Zahnschmelz**, zur Produktion diverser **Hormone** (der Schilddrüse und Nebenniere), **Gallensäuren** als auch bestimmter **Botenstoffe** des Gehirns und der Nerven. Es ist an der **Blutgerinnung** und der Aktivierung einiger **Enzyme** beteiligt, wirkt **entzündungshemmend** und fördert die **Wundheilung**. Ferner unterstützt Vitamin C die Entgiftungsreaktionen der Leber. Darüber hinaus unterstützt es den **Fettstoffwechsel**, wodurch es insbesondere für übergewichtige Tiere vorteilhaft ist.

Hagebutte, Petersilie, Grünkohl, Paprika, Spinat, Mango, Kiwi sowie Erdbeere enthalten verhältnismäßig viel Vitamin C. Eine Überversorgung ist im Prinzip nicht schädlich, da der nicht benötigte Teil des wasserlöslichen Vitamins über die Nieren und somit über den Urin ausgeschieden wird. Bei besonders hoher Vitamin-C-Zufuhr kann jedoch Durchfall auftreten.

Vitamin A (Retinol)

In der natürlichen Nahrung der Kaninchen ist kein Vitamin A vorhanden. Pflanzen enthalten lediglich **Provitamin A**, aus dem der Körper zu einem gewissen Anteil Vitamin A bilden kann (Abb.101). Bislang wurden in grünen Pflanzenbestandteilen mehrere hundert verschiedene Provitamine (Karotinoide) identifiziert. Den Hauptanteil bildet das **Beta-Karotin**. Der im Körper stattfindende **Umbau von Beta-Karotin zu Retinol** kann mit Hilfe spezieller Enzyme in fast allen Zellen des Körpers stattfinden (u. a. in den Nieren und der Leber), erfolgt aber primär in der **Dünndarmschleimhaut**. Für diese Synthese ist genügend Vitamin E, Phosphor und Eiweiß erforderlich. Das gebildete Vitamin A wird über die Blut- und Lymphbahn zur Leber transportiert und dort gespeichert, jedoch nur in relativ geringen Mengen. Von hier wird es an Proteine gebunden zu den Zellen transportiert, die es benötigen. Erkranken Kaninchen an einer Leberkokzidiose (Infektionskrankheit durch den Einzeller Eimeria stiedae), ist die Vitamin-A-Synthese beeinträchtigt und der Vitamin-A-Bedarf steigt.

Vitamin A ist ein wichtiges **Antioxidans** bzw. ein Fänger freier Radikale. Bei Radikalen handelt es sich um sehr reaktive Sauerstoffverbindungen, die – im Übermaß vorhanden – Zellschäden verursachen. Der Organismus schützt sich vor dieser Stoffgruppe mit Hilfe antioxidativ wirkender Radikalfänger. Diese Oxidationshemmer werden entweder mit der Nahrung aufgenommen (exogene Antioxidanzien) oder im Körper selbst gebildet (endogene Antioxidanzien).

Kaninchen sind sehr empfindlich für eine Überdosierung mit Vitamin A. Der normale **Tagesbedarf** liegt bei **10.000–15.000 IE/kg** Körpergewicht und bereits bei 40.000 IE/Tag sollen Fortpflanzungsstörungen auftreten. Eine **chronische Hypervitaminose** führt meist zu **Appetitlosigkeit** und **Gewichtsverlust.** Auch können diffuse **Gewebeverkalkungen** und **Knochenveränderungen** auftreten und die Fortpflanzung wird langfristig beeinträchtigt (häufige **Aborte**). Reproduktionsstörungen verursacht jedoch auch ein Vitamin-A-Mangel. In diesem Fall häufen sich embryonale Missbildungen und ebenfalls Fehlgeburten. Bei Jungtieren können Wachstumsstörungen auftreten und bei erwachsenen Kaninchen Sehstörungen bis hin zur Erblindung. Häufige Befunde sind zudem Hornhautentzündungen, die bisweilen in einer eitrigen Einschmelzung des Augapfels enden. Eine schwere Vitaminunterversorgung hat bei jungen Kaninchen des Öfteren neurologische Ausfälle zur Folge. Hinzu kommen Schleimhautveränderungen und eine beeinträchtigte Knochen- sowie Zahnbildung (Abb.102). Die Tiere sind somit empfänglicher für Infektionen, da die Schleimhäute und die Haut ihre Barrierefunktion verlieren. Folglich leiden viele Kaninchen sekundär an Durchfallerkrankungen. Ein **Vitamin-A-Mangel** lässt sich nur schwer von einer Überversorgung mit Vitamin A unterscheiden, da die **Symptome fast identisch** sind.

Abbildung 101 Vitamin-A-reicher Löwenzahn.

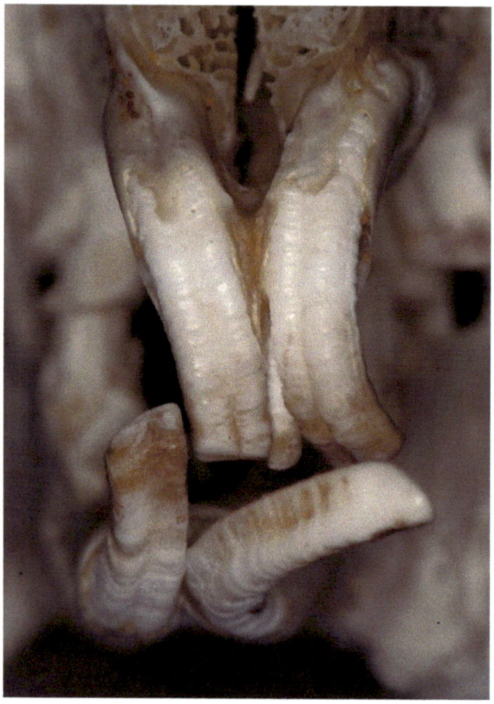

Abbildung 102: Schwerwiegende Zahnhartsubstanz-Veränderung als mögliche Folge eines Mineralstoff- und/oder Vitaminmangels.

Vitamin A ist insbesondere wichtig für die Gesunderhaltung als auch Regeneration und Heilung der Haut sowie Schleimhaut. Es wird daher auch **„Haut- und Schleimhautschutz“**-Vitamin genannt. Bei einem Mangel trocknen die Schleimhäute aus, was Krankheitskeimen das Eindringen erleichtert. Dies macht die Tiere empfänglich für Infektionen der Haut, des Magen-Darm-Trakts, der Atemwege und des Harntrakts. Bei einem längeren Retinolmangel kann es sogar zur Verhornung der Haut oder gar Schleimhaut kommen. Da Vitamin A ganz entscheidend am **Wachstumsprozess** vieler Körperzellen beteiligt ist, benötigt es der Organismus dringend für eine normale Entwicklung. So wird auch die **Knochen**- und **Zahnbildung** durch Retinol beeinflusst und die **Infektabwehr** ganz allgemein. Des Weiteren ist es am Sehvorgang beteiligt und dabei vor allem für das Dämmerungs- und Nachtsehen essentiell, denn das aus Vitamin A (Retinol) synthetisierte Retinal wird für die Bildung des Sehfarbstoffs Rhodopsin benötigt. Der Körper braucht Vitamin A aber auch für andere **Sinneswahrnehmungen** (Hören, Riechen) und für die **Fortpflanzung** (siehe oben).

Da **grüne Futterpflanzen viel Beta-Karotin** enthalten, sind Kaninchen, die frisches Wiesenfutter erhalten, bestens mit Vitamin A versorgt und eine kurzfristige Unterversorgung lässt sich durch die **Leberreserven** gut kompensieren (im Herbst). Da es sich bei Vitamin A um ein fettlösliches Vitamin handelt, kann es vom Organismus leichter aufgenommen werden, wenn das Futter einen geringen Fettanteil enthält (z. B. Samen). Verhältnismäßig viel Provitamin A ist in **dunkler gefärbten Gemüsesorten** enthalten (z. B. Spinat, Endivien- und Feldsalat, Brokkoli, Mangold, Grünkohl, Rucola, Salat-Löwenzahn sowie Wiesen-Sauerampfer) (Abb.103). Aber auch im „helleren" Chicoree sowie Fenchel und in diversen **roten oder gelben** Früchten und Gemüsearten (z. B. Karotte, Paprika, Tomate und Kürbis).

Abbildung 103: Diverse Blattgemüse, Küchenkräuter, Salate und rote Paprika.

Heu hat im Gegensatz zu Frischfutter, das besonders viel Beta-Karotin enthält (frisches Gras 200–300 mg/kg Trockensubstanz [TS], Karotten 80–110 mg/kg TS) einen deutlich geringeren Provitamin-A-Gehalt (20 mg/kg TS). Ursache hierfür ist, dass das **Beta-Karotin** bei der **Heugewinnung** durch die Lichteinstrahlung **teilweise zerstört** wird. Die höchsten Vitaminverluste treten bei der Bodentrocknung auf (bis 70%), da das Futter hierbei am längsten **Sonnenlicht** und Wärme ausgesetzt ist. Der Abbauprozess setzt sich nach der Einlagerung des Heus durch Einwirkung von **Sauerstoff** (Oxidation) fort. Je länger das Heu also lagert, desto geringer wird sein Beta-Karotin-Gehalt und am Ende des Winters enthält Heu kaum noch Provitamin A. Bei der künstlichen Trocknung von Wiesenfutter liegen die Vitaminverluste hingegen lediglich bei ca. 10%, doch vermindert sich der Karotingehalt in heißluftgetrockneten Grünmehlen im Verlauf von 4–6 Monaten ebenfalls um ca. 50%. Die Oxidation des Vitamins wird nicht nur durch Hitze, Licht und Feuchtigkeit eingeleitet, sondern auch durch Kontakt mit Schwermetallen (z. B. Eisen, Kupfer, Nickel, Zinn und Zink). Hierauf ist bei der Lagerung von Futtermitteln zu achten.

Auch **Getreidekörner enthalten kaum Provitamin A** (mit Ausnahme von Mais). Daher kann sich bei Kaninchen, die über einen längeren Zeitraum Vitamin-A-arme Nahrung (getreidehaltige Mischfutter, **„überlagertes" Trockengrün, Wurzelfrüchte**, **„altes" Heu** schlechter Qualität) fressen, rasch ein ernst zu nehmender Vitamin-A-Mangel entwickeln. Kritisch ist eine Unterversorgung insbesondere bei Jungtieren, da diese einen sehr hohen Vitamin-A-Bedarf haben. So sind viele Darmentzündungen bei Jungtieren die primäre Folge einer unzureichenden Vitaminversorgung.

Zum Ausgleich eines Provitamin-A-Defizits der Nahrung verwendet die Futtermittelindustrie meist reines Vitamin A, das in internationalen Einheiten (IE) gemessen wird, während das in den Pflanzen enthaltene Beta-Karotin in Gewichtseinheiten (Milligramm, mg) erfasst wird. Beim Rind entspricht 1 mg Beta-Karotin ca. 400 IE Vitamin A, während beim Kaninchen **1 mg Beta-Karotin ca. 333 IE Vitamin A** gleichgesetzt wird. Kaninchenfutter soll daher ca. 10.000 IE/kg Vitamin A enthalten oder dementsprechend ca. 30 mg/kg Beta-Karotin. Während Vitamin A in sehr hohen Dosen schädlich sein kann (siehe oben), ist eine Überversorgung mit Karotin meist unbedenklich. Es wird jedoch vermutet, dass sich **Beta-Karotin** aus der natürlichen Nahrung und dem Futter beigefügtes **Vitamin A** in ihrer **Wirkung potenzieren**. Deshalb sollte das besonders viel Provitamin A enthaltende Alfalfamehl nicht mit Vitamin-A-reichen Futtermitteln kombiniert werden.

Vitamin D (Calciferol)

Vitamin D ist gleichzeitig ein **Vitamin** und ein **Hormon**, da es in Körperzellen produziert und von dort über die Blutbahn in andere Teile des Körpers transportiert wird, wo die Zellen spezielle Rezeptoren für Vitamin D besitzen (u. a. Magen, Gehirn, Hypophyse, Keimdrüsen, Nebenschilddrüse, Haut, gewisse Blutzellen).

Vitamin D stellt eigentlich eine Substanzfamilie dar, deren wichtigste Vertreter das **Vitamin D_2 (Ergocalciferol)** sowie das **Vitamin D_3 (Cholecalciferol)** sind. Bei Ergocalciferol handelt es sich um eine Vorstufe des aktiven Vitamin D. Es wird in der lebenden Pflanze unter Einfluss von UV-Strahlung aus Ergosterol hergestellt, das vorwiegend grüne Pflanzen enthalten. Die Umwandlung in Vitamin D_2 (Ergocalciferol) findet verstärkt statt, sobald geschnittenes Frischgut der Sonnenbestrahlung ausgesetzt ist (Heugewinnung). Daher hat Heu stets einen sehr hohen Gehalt an Vitamin D_2. **Exogenes Vitamin D_2** wird in besonders hohem Maße nach einem späteren Schnitt des Frischguts gebildet. Je länger der Trocknungsprozess dauert, desto höher ist die Vitamin-D-Produktion. Ergocalciferol wird nach der Aufnahme mit dem Futter an Proteine gebunden vom Darm in die Leber transportiert, wo es hydroxiliert wird. Danach erfolgt – wie beim Cholecalciferol – in der Niere die Umwandlung in das aktive Vitamin D_2. Diesen Prozess stimuliert das Parathormon aus der Nebenschilddrüse, das bei einem niedrigen Kalziumblutspiegel ausgeschieden wird. Sind Darm, Leber oder Nieren geschädigt, kann dies die Absorption der Calciferole aus dem Darmlumen beeinträchtigen (Darmentzündungen) oder aber deren Umwandlung in das aktive Vitamin (diverse Lebererkrankungen oder Nierenleiden).

Das Cholecalciferol oder **Vitamin D_3** wird aus **Cholesterin** (Dehydrocholesterol) gebildet und ist somit ein **endogenes Vitamin**. Die Synthese beginnt in der Haut, wozu UV-Licht (insbesondere UV-B) als auch Wärme benötigt werden. Danach finden in den Nieren sowie in der Leber Hydroxylierungen statt und das Endprodukt ist das biologisch aktive Vitamin D_3 (Dihydroxycholecalciferol).

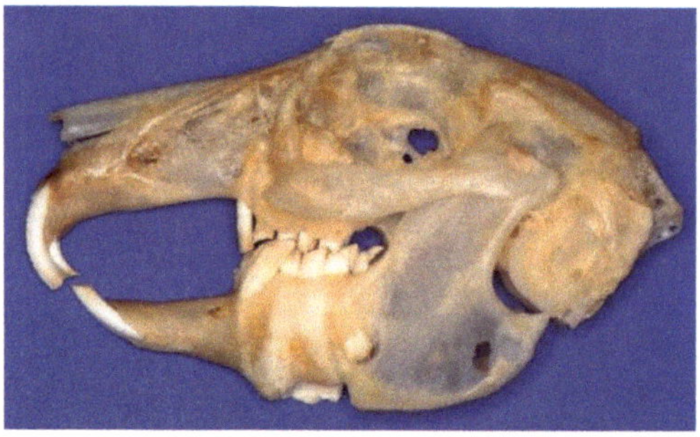

Abbildung 104: Schlechte Mineralisation des gesamten Kopfskeletts sowie aller Zähne als Folge eines Mineralstoff- bzw. Vitamin-D-Mangels (transparente Knochenstruktur).

Vitamin D_2 und Vitamin D_3 besitzen die gleiche Wirksamkeit und werden vorwiegend in der Leber gespeichert. Beide Vorstufen des Vitamin D werden durch UV-Licht (Sonnenlicht) aktiviert. Daher funktioniert die Vitaminsynthese insbesondere im Sommer problemlos. Im Winter hingegen erreichen die ultravioletten Strahlen die Erdoberfläche durch den niedrigen Sonnenstand nur noch teilweise, weshalb die Tiere zu dieser Zeit meist zu wenig Vitamin D bilden. Die Reserven in der Leber können den Vitaminmangel vorübergehend ausgleichen. Bei überwiegender Haltung in der Wohnung haben Kaninchen durch die unzureichende UV-Bestrahlung nur begrenzte Möglichkeiten, Cholecalciferol herzustellen. **Futtermitteln** wird häufig **Vitamin D_3 beigemischt**, das in **der natürlichen Nahrung der Tiere primär nicht enthalten** ist. Ob hierdurch eine Prädisposition zur Harnsteinbildung gefördert wird, ist bislang unklar.

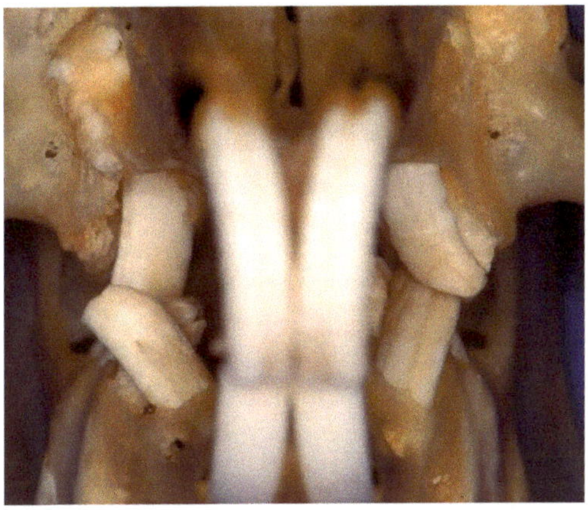

Abbildung 105: Hochgradige Zahnschmelz- sowie Zahnbein-Veränderung (sog. Hypoplasie) aller Backenzähne mit deutlicher Zahnkippung; poröse Knochenstruktur.

Vitamin D wird vor allem zum **Aufbau des Knochengewebes** benötigt und ist somit wichtig für die **Belastbarkeit** des **Skeletts** bzw. das **Wachstum** ganz allgemein. Darüber hinaus beeinflusst es die Bildung einer gesunden, **belastbaren Zahnsubstanz**. Dies ist eine bedeutende Funktion, da die Zähne bei Kaninchen lebenslang wachsen und somit konstant neue Zahnhartsubstanz gebildet werden muss. Nur mit einem ausreichenden Vitamin-D-Gehalt können die Zähne ihre volle Funktionsfähigkeit erhalten. Darüber hinaus regulieren Calciferole den **Kalzium-** sowie **Phosphorstoffwechsel** und sorgen somit (zusammen mit dem Parathormon aus der Nebenschilddrüse) für die Aufrechterhaltung physiologischer Kalziumwerte im Blut. Hierzu beeinflussen sie die Absorption von Kalzium aus dem Darm als auch die Kalzium- und Phosphorausscheidung über die Nieren, wodurch sie wiederum die Mobilisierung von Kalzium aus den Knochen oder seine Einlagerung in das Skelett steuern. Das biologisch aktive **Vitamin D fördert** die **Kalziumabsorption** aus dem Darm und **stimuliert knochenabbauende Zellen** (die Osteoklasten) zur Freisetzung von Kalzium aus dem Knochengewebe. Daher wird bei hohen Vitamindosen die Knochenstruktur schlechter und der Kalziumwert im Blut steigt an (Abb.104-106).

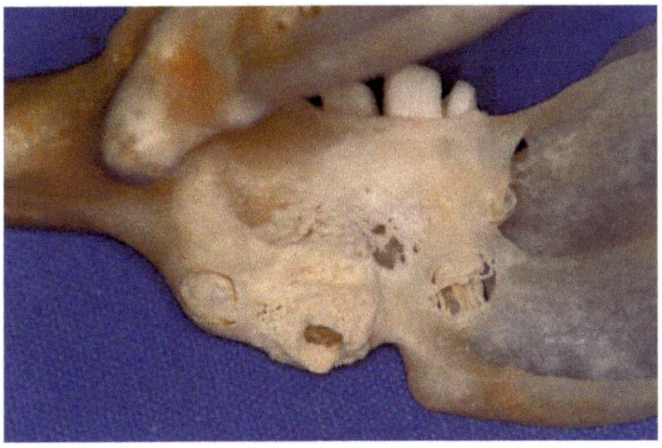

Abbildung 106: Schlechte Mineralisation des Unterkiefers mit „Durchbruch" mehrerer Backenzahnwurzeln und hiermit einhergehender Knochenentzündung bzw. Abszessbildung (Blick auf die Innenseite des rechten Unterkiefers).

Vitamin D darf im Futter daher weder in zu hoher noch in zu niedriger Konzentration vorhanden sein, da beides zu krankhaften Veränderungen führen kann. Dies korrekt einzuschätzen ist bei Kaninchen sehr schwierig. Eine **Überversorgung mit Vitamin D** (> 2300 IE/kg Körpergewicht) ergibt sich meist infolge eines zu hohen Vitamin-D-Gehalts der Nahrung. Hierdurch werden die Kalziumabsorption aus dem Darm und die Kalziummobilisierung aus den Knochen verstärkt. Es resultiert eine erhöhte Kalziumkonzentration im Blut und die Nieren können nicht mehr genügend Kalzium ausscheiden. Der Mineralstoff „staut" sich sozusagen im Blut an. Dies führt dazu, dass Kalzium in diversen Geweben abgelagert wird. Die Folge sind multiple **Organverkalkungen** (u. a. Leber, Nieren, Muskeln) sowie Kalkeinlagerungen in die Wand der großen Blutgefäße (Bauchschlagader) sowie der Herzklappen (Abb.107 und Abb.108).

Der Einfluss des aktiven Vitamin D auf die Regulation des Kalziumstoffwechsels unterscheidet sich beim Kaninchen vom entsprechenden Mechanismus anderer Tierarten. So scheint die Absorption von Kalzium aus dem Darm bei Hasenartigen durch das Vitamin weniger stark beeinflusst zu werden, da die Mineralstoffaufnahme auch ohne zusätzliches Vitamin D durch primär passive Prozesse in recht ausgeprägtem und effizientem Maße stattfindet. Wenn mit dem **Futter** jedoch **zu wenig Kalzium** zugeführt wird, ist **Vitamin D** für eine Steigerung der Kalziumabsorption über die Darmwand **unverzichtbar**.

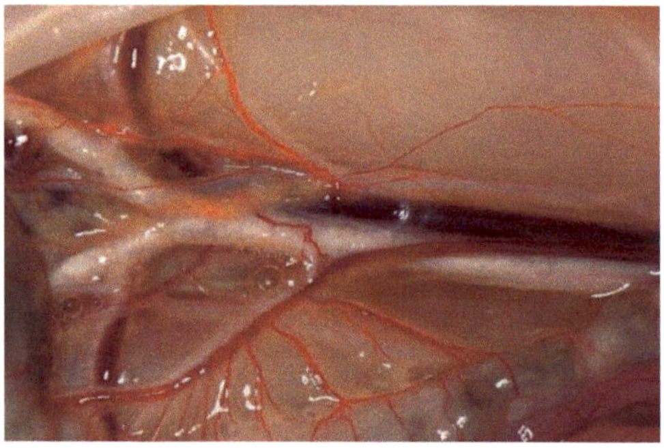

Abbildung 107: Massiv verkalkte Bauchschlagader (Aorta - weiß).

Eine **Vitamin-D-Unterversorgung** kann durch eine **unzureichende Zufuhr des pflanzlichen Provitamins** über das Futter entstehen oder durch **unzureichende Sonnenexposition** (UV-Licht). Bei einer derartigen Hypovitaminose wird die Aufnahme von Kalzium über die Darmwand reduziert und die Nieren halten weniger Kalzium zurück, scheiden also mehr aus. Folglich **sinkt der Blutkalziumspiegel**, wodurch die **Freisetzung von Parathormon** angeregt wird. Dieses Hormon führt zu einem **Knochenabbau** bzw. zu einer verminderten Mineralisation des Skeletts, da Kalzium kompensatorisch aus den Knochen mobilisiert wird. Die gesamte Knochensubstanz wird hierdurch weicher und weniger belastbar. Über diese skelettale Kalziumfreisetzung soll die Konzentration im Blut wieder normalisiert werden. Bei jungen Tieren resultiert hieraus eine **Rachitis** und bei älteren Tieren eine ähnliche „Knochenerweichung", die sog. **Osteomalazie**. Rachitis lässt sich bei Jungtieren experimentell auslösen, indem die Tiere im Dunkeln gehalten werden. Ein derartiger Provitamin-D-Mangel scheint auch bei der Entstehung von Zahnerkrankungen eine sehr wichtige Rolle zu spielen.

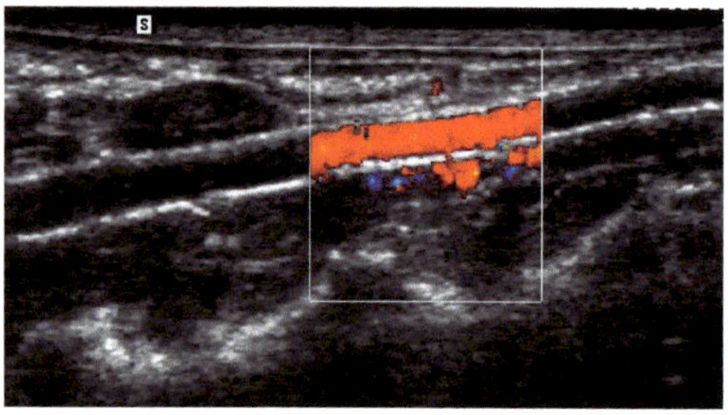

Abbildung 108: Ultraschallbild einer verkalkten Bauchschlagader (rot = Blutfluss).

Bedeutung hat Vitamin D auch bei der **Regulierung des Phosphorstoffwechsels**. Bei einem Vitaminmangel wird weniger Phosphor über die Darmwand absorbiert und die Konzentration im Blut sinkt. Hält die Vitaminunterversorgung länger an, kommt es sekundär zu einem Knochenabbau.

Kaninchen sollten die Möglichkeit haben, sich über **sonnengetrocknetes Futter** ausreichend mit Ergocalciferol zu versorgen oder Cholecalciferol endogen selbst zu synthetisieren (**Lichtexposition**). Andernfalls bleibt nur die Vitaminzufuhr mit entsprechenden **Vitamin-D-Präparaten** im Futter (800–1200 IE/kg TM). Da jedoch eine Vitaminüberdosierung rasch zu krankhaften Veränderungen führt, ist Sonnenlicht die bessere Alternative. Heu, das mit modernen Methoden getrocknet wurde (Heißluft- oder Unterdachtrocknung) stellt dem Organismus nicht genügend Vitamin D zur Verfügung, während bodengetrocknetes Heu und welke Blätter viel Vitamin D enthalten. Da erst beim Trocknen durch die Sonnenlichteinstrahlung das Provitamin Ergosterol in Vitamin D_2 umgewandelt wird, hat auch frisches Pflanzengut einen eigentlich zu geringen Vitamin-D-Gehalt. Daher reicht es nicht aus, Kaninchen mit Wiesenfutter zu ernähren; die Tiere benötigen zusätzlich Sonne oder bodengetrocknetes Heu. Berücksichtigt werden muss jedoch, dass die Sonnentrocknung des Heus seinen Gehalt an Beta-

Karotin und Vitamin E reduziert. Darüber hinaus scheinen sich Vitamin D und Vitamin A gegenseitig zu beeinflussen. So verstärkt Vitamin A die Demineralisationsprozesse des Knochens (Rachitis) und hindert Vitamin D daran, diese wieder zu normalisieren.

Vitamin E (Tocopherol)

Vitamin E wird ausschließlich **von Pflanzen synthetisiert** und ist primär in Pflanzenölen enthalten (Keimen). Es ist ein Sammelbegriff für acht natürlich vorkommende Chroman-Verbindungen mit einer unterschiedlichen biologischen Aktivität. Das wichtigste, das **Alpha-Tocopherol**, weist die höchste biologische Aktivität auf. Es findet sich in hoher Konzentration in jungen Grünpflanzen (vor allem in Gras und Klee). Die Pflanzen enthalten aber auch gewisse Mengen an Beta-, Gamma- und Delta-Tocopherolen sowie Tocotrienole.

Vitamin E gilt als natürliches **Antioxidans** (sog. „**Radikalfänger**"), das in seiner Funktion von Selen unterstützt wird. Indem es freie Radikale neutralisiert, bewahrt Tocopherol die Körperzellen vor einer Schädigung durch aggressive Sauerstoffverbindungen. Man bezeichnet es daher auch als „**Zellschutzvitamin**". Mit Hilfe von Lipoproteinen im Blut gelangt Vitamin E zu allen Zellen des Körpers. Durch seine Fettlöslichkeit wirkt es insbesondere auf die Lipide in allen biologischen Membranen sowie auf die Fettsäuren in den Fettdepots. Durch diesen Zellmembranschutz ist Vitamin E essentiell für eine **ungestörte Funktion der Muskulatur** und der **Blutgefäße.** Des Weiteren spielt es eine wichtige Rolle im Kohlenhydrat-, Glykogen- als auch Fettstoffwechsel. Es **stärkt das Immunsystem**, indem es die Antikörperbildung anregt und die Funktion der weißen Blutkörperchen (Abwehrzellen) unterstützt. Ferner wirkt Vitamin E **entzündungshemmend**, fördert die Zellerneuerung und sorgt für eine gute Fruchtbarkeit („**Fruchtbarkeitsvitamin**").

Ein Vitamin-E-Mangel kann generalisierte **Zellmembranschäden** hervorrufen. Blutgefäße werden hierdurch durchlässiger und rote Blutkörperchen platzen. Weitere potentielle Folgen sind eine **beeinträchtigte Reproduktion** sowie häufig krankhafte Veränderungen der Herz- sowie Skelettmuskulatur. Als Hauptsymptom eines Vitamin-E-Mangels tritt beim Kaninchen eine **Muskeldystrophie** mit progressiver Lähmung beider Hintergliedmaßen auf. Die Tiere versterben letztendlich an einem **Herzmuskelversagen**. Da Vitamin E in der Leber gespeichert wird, kann auch eine **Leberkokzidiose** (Infektionskrankheit durch den Einzeller Eimeria stiedae) zur **Vitaminunterversorgung** mit entsprechenden Muskelveränderungen führen (Abb.109). In diesem Fall sollte das Vitamin sicherheitshalber in einer etwas höheren Dosierung verabreicht werden. Ebenso erhöht sich der Bedarf an Vitamin E, wenn das Futter einen **hohen Anteil mehrfach ungesättigter Fettsäuren** (Pflanzenöle) oder **oxidierte Fette** enthält, da hierdurch eine größere Menge an Vitamin für antioxidative Prozesse verbraucht wird.

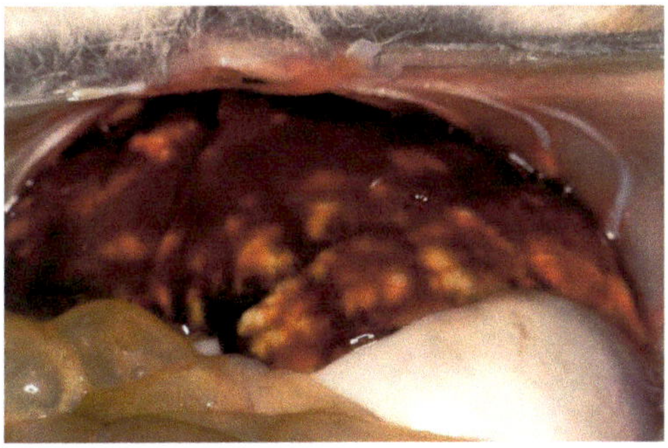

Abbildung 109: Leberveränderung bei chronischer Leberkokzidiose (parasitäre Infektion).

Kaninchenfutter sollte 40–70 IE/kg TM Vitamin E enthalten. **Viel Vitamin E** ist in grünen Pflanzen, Pastinaken, Kürbis, Spinat, Weißkohl, Rotkohl, Wirsing und Paprika sowie in Getreidekörnern (Keime), vor allem **Mais** und **Weizen**. **Junges Gras** ist reichhaltiger an Vitamin E als ältere Pflanzen und **Blätter** enthalten 20–30 Mal mehr Vitamin E als die Pflanzenstiele. Bis zu 90% des

Vitamingehalts geht bei der Trocknung des Grases zu Heu verloren, da das Vitamin mit Luftsauerstoff reagiert. Hingegen bleibt ein Großteil der ursprünglichen Vitamin-E-Menge erhalten, wenn **Trockengrün** hergestellt wird (Heißlufttrocknung). Auch bei Feuchtigkeit sowie langer Lagerung reduziert sich der Vitamin-E-Gehalt des Futters.

Vitamin K

Vitamin K ist ein Sammelbegriff für Vitamin **K_1 (Phyllochinon)**, **K_2 (Menachinon)** sowie **K_3 (Menadion)**. Vitamin K_1 wird von Pflanzen hergestellt und kommt daher im Grünfutter in ausreichender Menge vor. Vitamin K_2 entsteht durch Synthese von Mikroorganismen und bei Vitamin K_3 handelt es sich um ein industriell hergestelltes Vitamin, das Futtermitteln als wasserlöslicher Vitaminersatz beigemengt wird.

Vitamin K wird erst in der Leber in die biologisch aktive Form umgewandelt. Es ist unentbehrlich für die Bildung eines Faktors, der an der **Blutgerinnung** beteiligt ist. Des Weiteren spielt das Vitamin eine wichtige Rolle bei der physiologischen **Knochenmineralisation**. Kaninchen sind auf eine Zufuhr von Vitamin K mit der Nahrung eigentlich nicht angewiesen, da das Vitamin vorwiegend von den Blinddarmbakterien synthetisiert wird und somit durch die Zäkotrophie in ausreichendem Maße zur Verfügung steht. Mangelerscheinungen können auftreten, wenn die Tiere den Weichkot nicht mehr vollständig fressen. Da auch Gras Vitamin K enthält, ist ein Vitaminmangel bei Kaninchen, die im Sommer Zugang zu Wiesenfutter haben, generell kaum zu erwarten. Ein Vitamin-K-Mangel kann jedoch entstehen, wenn die Tiere Vitamin-K-Antagonisten aufnehmen. Hierzu zählen z. B. Kokzidiostatika (Medikamente zur Bekämpfung der Kokzidiose) und das Dicumarol, das sich im Steinklee sowie in einigen anderen Kräutern findet. Die Folgen eines Vitaminmangels sind sekundäre Blutgerinnungsstörungen.

Tab. 7: Richtwerte für den Vitamingehalt von Kaninchennahrung

Vitamine	**Gehalt pro Kilogramm Trockenmasse Futter bzw. %**
Vitamin B_1 (Thiamin)	1–10 mg
Vitamin B_2 (Riboflavin)	3–10 mg
Vitamin B_3 (Niacin)	30–60 mg
Vitamin B_5 (Pantothensäure)	3–20 mg
Vitamin B_6 (Pyridoxin)	2–15 mg
Vitamin B_7 (Biotin)	0,05–0,20 mg
Vitamin B_9 (Folsäure)	0,2–1 mg
Vitamin B_{12} (Cobalamin)	0,01–0,02 mg
Vitamin C	---- (0mg)
Vitamin A	10.000–18.000 IE
Vitamin D	800–1200 IE
Vitamin E	40–70 IE
Vitamin K	1–2 mg
Lysin	0,9%
Methionin + Cystin	0,5%

Mineralstoffe und Spurenelemente

Mineralstoffe und Spurenelemente sind wichtig für den Knochenstoffwechsel sowie die Blut- und Enzymbildung. Beeinflusst wird der Mineralstoff- sowie Spurenelementgehalt des Futters primär durch die jeweiligen **Futterpflanzen** und deren Wachstumsbedingungen (**Boden**, **Düngung**, **Witterung**). Bei der Heugewinnung spielt auch die Art der **Trocknung** eine wichtige Rolle (siehe dort). Normalerweise werden im Übermaß aufgenommene Mineralstoffe mit dem Urin einfach wieder ausgeschieden. Beim Zusatz von Mineralstoffen zu Futtermischungen muss beachtet werden, dass sie sich unter Umständen hinsichtlich ihrer Resorption gegenseitig beeinflussen. So kann ein Überangebot an Kalzium die Aufnahme von Zink und Kupfer aus dem Darm hemmen.

Mineralstoffe und Spurenelemente bleiben bei der Futtermittelanalyse nach der Verbrennung einer Probe als Asche (sog. Rohasche) übrig. Der **Mineralstoffgehalt** der Kaninchennahrung sollte ca. **0,1–2,0% TS** (Trockensubstanz) betragen. Dabei ist nicht nur der ausreichende Anteil der einzelnen Mineralstoffe im Futter wichtig, sondern auch deren **gegenseitiges Verhältnis**. Nur wenn dieses optimal ist, kann der Organismus langfristig gesund bleiben. Als wichtigste Mineralstoffe des Körpers spielen **Kalzium** und **Phosphor** hierbei eine herausragende Rolle. Beide kommen vorwiegend im Skelett und in der Zahnsubstanz vor und ihr Stoffwechsel ist eng miteinander verbunden (siehe unten). Im Gegensatz zu anderen Säugern weisen Kaninchen **Besonderheiten im Kalziumstoffwechsel** auf, der bei der Fütterung der Tiere unbedingt berücksichtigt werden muss.

Von eher untergeordneter Bedeutung für Kaninchen sind **Natrium** und **Kalium**, da sowohl Wiesenfutter als auch Gemüse ausreichende Mengen dieser Mineralstoffe enthalten. Obwohl die Nahrung von Kaninchen grundsätzlich nicht gesalzen werden darf, wird darüber berichtet, dass sehr geringe Mengen von **Kochsalz** (NaCl) appetitanregend wirken sollen.

Der erforderliche Mindestgehalt des Futters an Spurenelementen ist für Kaninchen extrem gering; er beträgt weniger als **0,1% TS.** Zu den wichtigeren **Spurenelementen** zählen **Eisen**, das eine entscheidende Rolle bei der Blutbildung spielt, und **Kupfer**, ein wichtiger Bestandteil vieler Stoffwechselprozesse. Darüber hinaus benötigt der Organismus **Zink** für die Haut- sowie Fellbildung. Bei abwechslungsreicher Ernährung ist ein Spurenelementmangel bei Kaninchen nicht zu erwarten.

Kaninchen, die artgerecht und vielfältig ernährt werden, brauchen keine Salz- oder Mineralsteine, auch wenn manche Tiere deren Geschmack mögen. Oft werden die Steine nur aus Langeweile benagt und somit die enthaltenen Mineralstoffe im Übermaß aufgenommen. Da anteilsmäßig häufig zu viel Kalzium inkorporiert ist, kann dies zu einer entsprechenden Überversorgung führen, die unter Umständen die Bildung von Harnsteinen begünstigt (siehe unten).

Kalzium und Phosphor

Kalzium und Phosphor sind die wichtigsten Mineralstoffe für Kaninchen, wobei Kalzium zum größten Teil im Skelett (Knochen) gebunden ist. Beide Substanzen werden in der Wachstumsphase für eine normale Knochen- sowie Zahnbildung benötigt, aber auch für die Aufrechterhaltung **gesunder Knochen** (im Rahmen des ständigen Skelettumbaus) und **belastbarer Zähne** bei ausgewachsenen Tieren sind sie unentbehrlich. Die Zähne der Kaninchen wachsen durchschnittlich ca. 2 mm pro Woche und für eine gute Mineralisation dieser sich beständig erneuernden Zahnsubstanz muss ausreichend Kalzium zur Verfügung stehen. Besonders wichtig ist hierbei die Einhaltung eines optimalen Verhältnisses beider Substanzen im Blut. Dieses liegt bei ca. 1,5 bis maximal 2 Teilen Kalzium zu 1 Teil Phosphor (Ca : P = 1,5–2:1). Gesteuert wird dieses Verhältnis unter anderem durch Vitamin D. Somit sind **Kalzium, Phosphor** und **Vitamin D untrennbar** miteinander verbunden.

Außer im Knochenstoffwechsel spielt **Kalzium** ebenfalls eine wichtige Rolle bei der **Blutgerinnung**, der **Muskelkontraktion**, der **Hormonregulation** sowie der **Nervenzell-** und **Zellmembranfunktion**. **Phosphor** hingegen ist wichtiger Bestandteil der **Nukleinsäuren** (Träger der Erbinformation) sowie **Phospholipide** und ist ganz wesentlich am **Energiestoffwechsel** beteiligt. Seine Absorption und Ausscheidung wird ebenfalls von Vitamin D reguliert. Da Phosphor im Darm mit Kalzium unlösliche Kalzium-Phosphat-Komplexe bildet, beeinflusst es die Kalziumaufnahme über die Darmwand. So enthalten Phytate, die vor allem in Getreide vorkommen, viel Phosphor. Sie verbinden sich (wie Oxalate) im Darm mit Kalzium und beeinflussen so das Kalzium-Phosphor-Verhältnis. Auf diese Weise ist auch der in Alfalfa enthaltene Phosphor für Kaninchen kaum verfügbar.

Phosphor gelangt wie Kalzium über ein **aktives Transportsystem** aus dem Darm in die Blutbahn. Dabei können Kaninchen Phosphor besonders gut absorbieren, da die Blinddarmbakterien einen Großteil des gebundenen Phosphors aus entsprechenden Komplexen herauslösen. Der Phosphorgehalt des Futters sollte maximal ca. 5 g/kg TS betragen. Höhere Konzentrationen können sekundär Knochenveränderungen hervorrufen und wirken sich stets auch negativ auf den Appetit der Tiere aus (Futterverweigerung). Günstig ist der Phosphorgehalt von Gras und Heu; er liegt unter 0,4%. Im Körper ist der größte Anteil des Phosphors im Knochen und in der Zahnsubstanz gebunden. Ein länger andauernder alimentärer (durch die Nahrung bedingter) **Phosphormangel** führt bei Kaninchen in der Wachstumsphase zu **Rachitis** und bei erwachsenen Tieren zu **Osteomalazie** (Abb.110-112). Als häufige primäre Ursache kommen bei älteren Kaninchen Nierenerkrankungen in Frage, die eine vermehrte Phosphorausscheidung über die Nieren zur Folge haben. Junge Pflanzen sind relativ reich an Phosphor, doch hängt der Phosphorgehalt stark von der Qualität des Bodens ab. Enthält das Futter wenig Phosphor, sinkt die Phosphorkonzentration im Blut (Hypophosphatämie), was entsprechende Auswirkungen auf den Blutkalziumspiegel hat. Sekundär wird viel Kalzium mit dem Urin ausgeschieden.

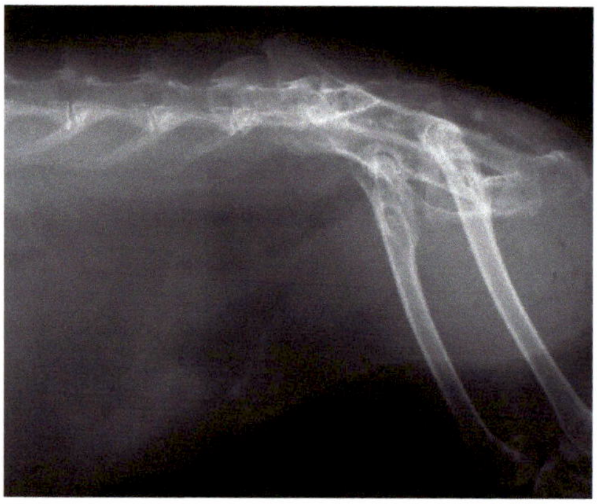

Abbildung 110: Schlechte Mineralisation des Skeletts (sog. „Glasknochen").

Für Kaninchenfutter wird ein **Kalziumgehalt** von ca. **0,4–1,0%** empfohlen. Gleichzeitig darf der **Phosphorwert 0,5%** keinesfalls überschreiten. Im günstigsten Fall liegt das **Kalzium-Phosphor-Verhältnis bei 2:1** (2 Teile Kalzium zu 1 Teil Phosphor). Zur Deckung des Kalziumbedarfs eignet sich unter anderem gutes Heu, das pro 100g zwischen 0,4 und 1,6g Kalzium enthält (abhängig von seiner botanischen Zusammensetzung). Ein niedriges Kalzium-Phosphor-Verhältnis von 1:2 oder 1:3 hat keine Auswirkungen auf die Knochenmineralisation, sofern der Phosphorwert nicht hoch ist. Steigt dieser hingegen auf über 1% an und das Kalzium-Phosphor-Verhältnis unterschreitet den Wert von 1:1, kommt es zur knochenschädigenden Kalziummobilisierung aus dem Skelett. Dies ist bei vielen Getreidesorten der Fall und daher reduziert sich bei einem hohen Anteil an Getreide in der Nahrung langfristig die Knochendichte, während ein hohes Kalzium-Phosphor-Verhältnis gut toleriert wird. So traten selbst bei Werten von 12:1 keine Knochenveränderungen auf.

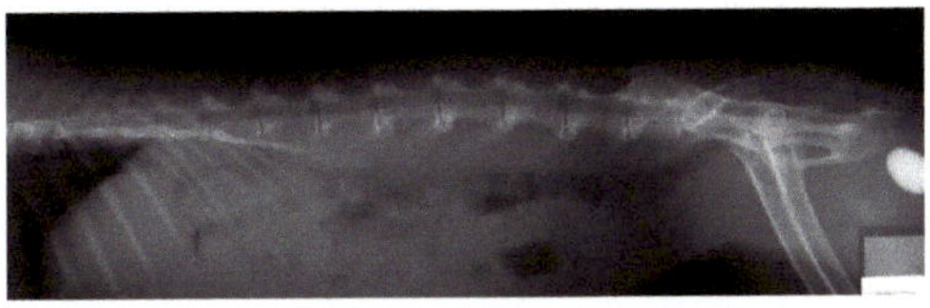

Abbildung 111: Schlechte Mineralisation des Skeletts (bei gleichzeitig vorliegendem Harnröhrenstein).

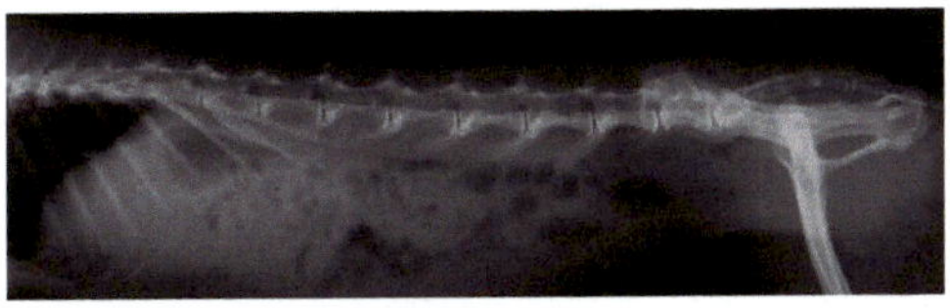

Abbildung 112: Normale Mineralisation des Skeletts (zum Vergleich).

Enthält die Nahrung von Kaninchen viel **Alfalfa**-Mehl oder Alfalfa-Heu, besteht die **Gefahr einer Kalziumüberdosierung**, da die Luzerne von Natur aus einen besonders hohen Kalziumgehalt aufweist. Dasselbe gilt für eine übermäßige Aufnahme von Petersilie, Löwenzahn oder Dill (Abb.121). Ursache hierfür ist der **besondere Kalziumstoffwechsel** der Kaninchen. Ihre Kalziumresorption richtet sich nicht nach dem Bedarf (wie bei anderen Tierarten und dem Menschen), sondern danach, wie viel Kalzium im Futter verfügbar ist; d. h. die **Kalziumaufnahme ist nahrungsabhängig**. Je mehr Kalzium also die Nahrung enthält, desto mehr wird über den Darm (vorwiegend Blinddarm) absorbiert. Zusätzlich **gefördert** wird dies durch einen hohen **Vitamin-D-Gehalt des Futters**. Der im Übermaß aufgenommene, nicht benötigte Teil des Mineralstoffs wird anschließend über die Nieren (nicht über die Galle wie bei anderen Tierarten und dem Menschen) ausgeschieden. Dies wiederum prädisponiert zur Harnsteinbildung.

Abhängig vom Angebot des Kalziums im Futter sowie von dessen Absorption sind die **Blutkalziumwerte** beim Kaninchen **sehr variabel**. Sie können bis zu 50% über den Werten anderer Tierarten liegen. Eine hohe Kalziumkonzentration im Blut kann infolgedessen auf eine hohe Zufuhr des Mineralstoffs über die Nahrung hinweisen. Ein zu geringer Blutkalziumwert tritt bei Kaninchen hingegen selten auf, so dass es in der Regel keiner zusätzlichen Gaben des Mineralstoffs bedarf. Sie sind mitunter eher schädlich, da sie die Bildung kalziumhaltiger Harnsteine fördern können. Wird mit der Nahrung über einen längeren Zeitraum viel Kalzium zugeführt, so dass sich der **Blutkalziumspiegel längerfristig stark erhöht**, besteht ein sehr hohes Risiko für **Gewebeverkalkungen**. Betroffen davon sind insbesondere die Bauchschlagader, die Herzgefäße sowie das Nierengewebe (Abb.107 und Abb.113). Ein erhöhter Gehalt des Futters an Vitamin D verstärkt diesen Prozess. Dies gilt jedoch nur für **ältere Tiere**, **nicht** für **junge Kaninchen**.

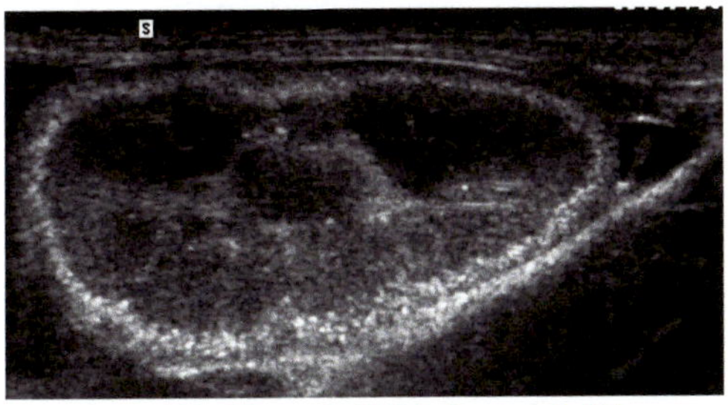

Abbildung 113: Ultraschallbild einer verkalkten Niere. Kalziumkristalle finden sich insbesondere im Bereich der äußeren Nierenrinde.

Die Löslichkeit und somit die **Absorptionsfähigkeit** der im Nahrungsbrei enthaltenen Mineralstoffe hängt auch vom **pH-Wert im Verdauungstrakt** ab. Bestimmte Nahrungssubstanzen bilden mit Kalzium oder anderen Mineralstoffen feste Komplexe, die deren **Aufnahme behindern** oder sogar verhindern können. Hierzu gehören neben **Oxalaten** und **Azetaten** insbesondere **Phytate**. Oxalate sind in größerer Menge in Sauerampfer, Spinat, Alfalfa, Mangold,

Petersilie, Steckrübe, Heidelbeere und in den meisten Nüssen enthalten. Höhere Konzentrationen an Phytaten finden sich in Getreide (Weizen-, Gersten- und Roggenkleie), Mais sowie Soja. Des Weiteren kann sich Kalzium im Darm an lange **ungesättigte Fettsäuren** binden, wobei ebenfalls **unlösliche Kalziumseifen** entstehen. Die Kalziumaufnahme kann aber auch gefördert werden. So bildet Kalzium mit gewissen Aminosäuren (z. B. **Lysin** und **Arginin**) als auch Antibiotika (z. B. **Chloramphenicol**) lösliche Komplexe. Diese Bindungen verhindern die Bildung unlöslicher Komplexe und **erhöhen** somit die **Kalziumabsorption**. Auch **Laktose** soll die Aufnahme von Kalzium aus dem Darm fördern.

Ebenso weist die **Art der Kalziumabsorption** aus dem Darm, die beim Kaninchen äußerst effektiv ist, Besonderheiten auf. Sie erfolgt zum überwiegenden Teil durch **passive Diffusion** über die Darmschleimhaut und zum geringeren Teil durch einen **aktiven transzellulären Transport**, der von Vitamin D gesteuert wird. Für den aktiven Transport ist ein spezielles, in der Darmwand synthetisiertes Protein erforderlich. Sinkt die Kalziumkonzentration im Blut, wird dieser aktive Transport durch Vitamin D aktiviert, da das Vitamin die Synthese dieses Eiweißstoffs induziert. Ist die Nahrung also kalziumarm, wird Vitamin D zur Kalziumabsorption benötigt, während es bei einem normalen Kalziumgehalt des Futters verzichtbar ist.

Da beim Kaninchen der Großteil des **Kalziums passiv absorbiert** wird, gibt es hierfür **keinen Regulationsmechanismus**. Enthält das Futter viel Kalzium, wird viel über die Darmwand aufgenommen, ist wenig Kalzium im Nahrungsbrei, wird weniger absorbiert. So verändern sich abhängig vom Kalziumgehalt des Futters auch die Blutkalziumwerte. Die passive Kalziumdiffusion über die Darmwand geht darüber hinaus in **beide Richtungen**; abhängig vom Unterschied der Kalziumkonzentration im Blut und im Darmlumen. Das kann problematisch werden, wenn das Futter besonders wenig Kalzium enthält, da in diesem Fall Kalzium aus dem Blut in den Darm diffundiert. Mangelt es gleichzeitig an Vitamin D, das ausgleichend den aktiven Kalziumtransport ankurbeln würde, entwickeln sich die typischen Symptome eines Kalziummangels (schlecht mineralisierte Zähne und weiche Knochensubstanz). Dies geschieht insbesondere bei hohem Anteil an Hülsenfrüchten und Getreide im Futter.

Die **Kalziumausscheidung** erfolgt nicht nur über die **Darmschleimhaut**, sondern auch über die **Nieren**, je nach Bedarf. Bei einem hohen Kalziumgehalt der Nahrung wird der Mineralstoff vermehrt über die Nieren ausgeschieden, während bei wenig nutritivem Kalzium dessen Ausscheidung über den Urin reduziert und die Rückresorption erhöht wird. All dies erfolgt abhängig vom Parathormon sowie der Verfügbarkeit an Vitamin D.

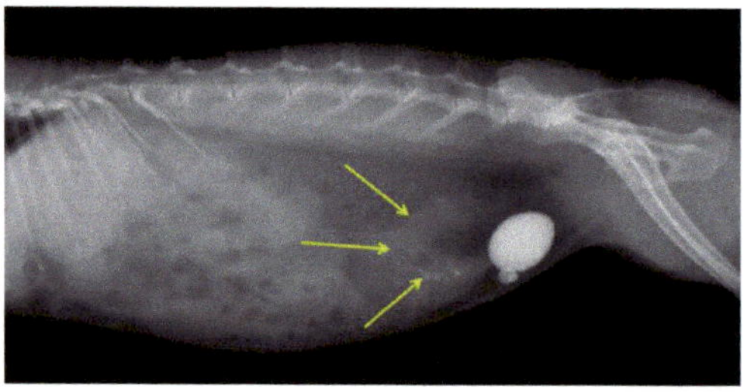

Abbildung 114: Weibliches Kaninchen mit mehreren Harnblasensteinen und zentral verkalktem Gebärmuttertumor (halbmondförmige Struktur mit weißen „Pünktchen" links der Blasensteine).

Da der **Regulationsmechanismus**, der den **Blutkalziumspiegel** annähernd konstant halten soll, beim Kaninchen **nicht so effizient** wie bei anderen Tierarten funktioniert, weisen die Tiere als Folge der erhöhten Kalziumabsorption (kalziumreiches Futter) häufig eine typische Trübung des Harns auf, deren Ausmaß vom Gehalt an **Kalziumkarbonatkristallen** abhängt (Abb.115 und Abb.116). In Extremfällen wird der Urin cremig-sandig bis fast dickflüssig. Die vermehrte Kalziumausscheidung **prädisponiert zur Harngrieß- und Harnsteinbildung** (Abb.114). Somit steigt das Harnsteinrisiko, wenn Kaninchen langfristig Futter mit einem sehr hohen Gehalt an Luzerne aufnehmen.

Neben einer kalziumreichen Fütterung können **genetische Prädispositionen** sowie bakterielle **Harntraktinfektionen** für eine Steinbildung verantwortlich sein. Des Weiteren beeinträchtigen **Nierenerkrankungen** den Kalziumhaushalt ganz massiv, da das Kalzium primär über die Nieren ausgeschieden wird.

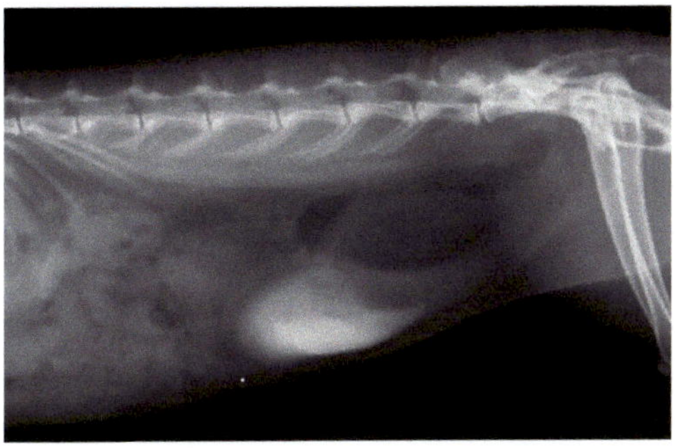

Abbildung 115: Stark überdehnte Harnblase mit massiver Ansammlung von Kalziumkarbonat-Kristallen im Urin (sog. „Kristallurie").

Bei Kaninchen, die zur **Harnsteinbildung neigen** oder zumindest zur Ansammlung von Harnblasengrieß, sollte man grundsätzlich sehr **kalziumreiche Futtermittel meiden**. Hierzu gehören kalziumreiche Frischpflanzen sowie kommerzielle Futtermittel, die viel Luzerne oder andere sehr kalziumhaltige Nahrungsbestandteile enthalten. Dies ist jedoch nur möglich, wenn die jeweiligen Inhaltsstoffe auch exakt deklariert werden. Harnblasengrieß in geringen Maßen ist normal, da Kaninchen als Pflanzenfresser immer etwas Kalziumkarbonat über den Urin ausscheiden. Sammelt sich jedoch langfristig zu viel Blasenschlamm an, kann dies zu einer fortschreitenden **Überdehnung der Harnblase** führen. Das von der Konsistenz her oft „tonartige" Blasensediment lässt sich durch eine aktive Kontraktion der Harnblase nicht mehr ausscheiden. Es entleert sich nurmehr lediglich der darüber befindliche „klare" Urin. Der in der Blase verbleibende Grieß dehnt die Blase immer weiter aus, bis kein normaler, aktiver Urinabsatz mehr möglich ist. Dann läuft der Urin ab einer gewissen (Über-)Füllung der Harnblase eher passiv ab (sog. „**Überlaufblase**"). In diesem Stadium zeigen die Tiere oft Symptome einer **Harninkontinenz** (unkontrollierter Harnverlust). Harnblasenspülungen und eine entsprechende Ernährungsumstellung können im Anfangsstadium der Erkrankung helfen, sind aber ab einer gewissen Überdehnung der Harnblasenwand nicht mehr effektiv und somit ist die „Harninkontinenz" nicht mehr heilbar (Abb.116).

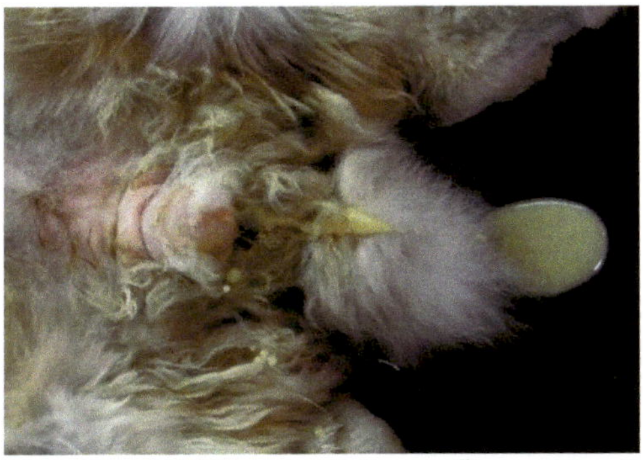

Abbildung 116: Kaninchen mit sog. „Überlaufblase" und trübem Urin (Harninkontinenz).

Im Internet finden sich **Nährwerttabellen**, die den Kalzium- sowie Phosphorgehalt diverser Pflanzen sowie der unterschiedlichsten Obst- und Gemüsesorten exakt angeben und somit eine Kontrolle des Futters hinsichtlich eines geeigneten Kalzium-Phosphor-Verhältnisses ermöglichen. Beispielsweise weisen Äpfel und Karotten einen recht geringen Kalziumgehalt auf. Sie eignen sich daher als Belohnungsfutter für Tiere mit einem erhöhten Harnsteinrisiko. Junge Pflanzentriebe hingegen enthalten besonders viel Phosphor, was für einen ausgewogenen Mineralstoffhaushalt sehr ungünstig ist, ebenso wie die Verfütterung von Heu schlechter Qualität, dessen Kalzium- und Vitamin-D-Gehalt absolut zu niedrig liegen. In diesem Zusammenhang ist auch wichtig, dass die Tiere stets ausreichend **Flüssigkeit zu sich nehmen**. Wasserflaschen sind ungeeignet; aus Wasserschüsseln trinken Kaninchen deutlich mehr. Des Weiteren sind sehr wasserhaltige Futtermittel von Vorteil (z. B. Gurke, Tomate, Paprika, Kürbis, Salate, Chicoree, Melone und vor allem diverse frische Wiesenpflanzen).

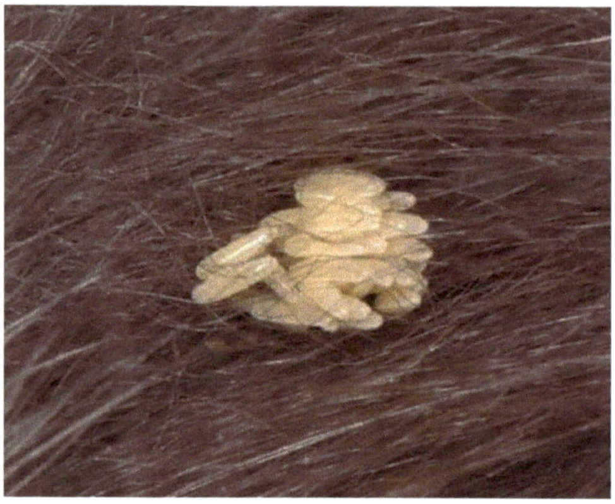

Abbildung 117: Im Fell eines Kaninchens abgelegte Fliegeneier (miteinander verklebten Reiskörnchen ähnelnd).

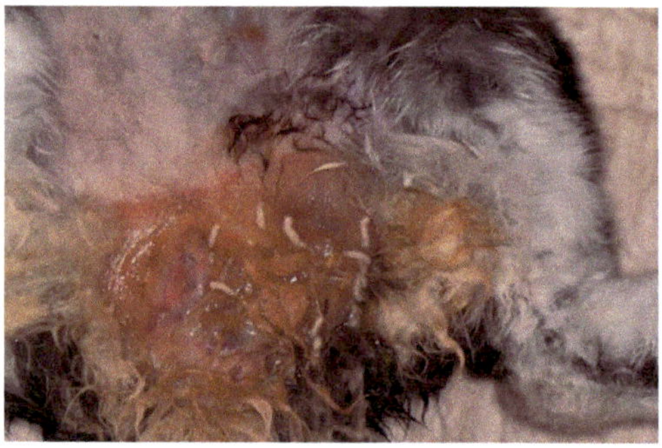

Abbildung 118: Fliegenmadenbefall (sog. „Myiasis") bei einem Kaninchen mit Überlaufblase. Nach ca. 3 Tagen schlüpfen aus den Eiern Maden, die die Haut verletzen und auch in Körperöffnungen eindringen.

Beim Ziel, das Risiko einer Harnsteinbildung so gering wie möglich zu halten, darf jedoch keinesfalls **zu wenig Kalzium** mit der Nahrung zugeführt werden. Relativ **klarer Urin** kann hierauf hinweisen. Wird mit dem Futter zu wenig Kalzium aufgenommen (oder enthält das Futter langfristig zu wenig Vitamin D, was bei einer natürlichen Ernährung praktisch nicht vorkommt), scheidet die Nebenniere **Parathormon** aus, das die **Rückabsorption von Kalzium** in der Niere fördert. Besteht jedoch durch eine Fehlernährung gleichzeitig zum **Kalziummangel** ein **Phosphorüberschuss** (ernährungsbedingter Hyperparathyroidismus), kommt es zu einer schweren fortschreitenden **Entkalkung der Knochen** (Osteoporose oder Osteomalazie) sowie **der Zähne** (Dentin- und Schmelzhypoplasie), da das benötigte Kalzium dem Skelett und der beständig neu gebildeten Zahnsubstanz (lebenslang wachsende Zähne) entzogen wird. Die Knochen demineralisieren und werden hierdurch weicher sowie folglich röntgenologisch transparenter (Abb.119 und Abb.120). Sie sind nicht mehr normal belastbar und die betroffenen Kaninchen zeigen zunehmende Bewegungsunlust. Auch die Zähne verändern ihre Struktur; sie werden glasartig spröde und verlieren ebenfalls ihre natürliche Härte. Die Zahnhartsubstanzen (Zahnbein sowie Zahnschmelz) sind als Folge ihrer verminderten Qualität weniger belastbar und verformen sich hierdurch zunehmend. Die Zähne verlieren ihren Halt im stetig dünner als auch weicher werdenden Kieferknochen. Damit die Zahnsubstanz in einer optimalen Qualität kontinuierlich nachgebildet werden kann, ist eine konstante Kalziumzufuhr über das Blut unverzichtbare Voraussetzung. Bei zu geringem Kalziumangebot und zu hoher Phosphorzufuhr, führt die mangelhafte Mineralisation von Zähnen und Kieferknochen zu **schweren Zahnerkrankungen**, die letztendlich nicht mehr behandelbar sind.

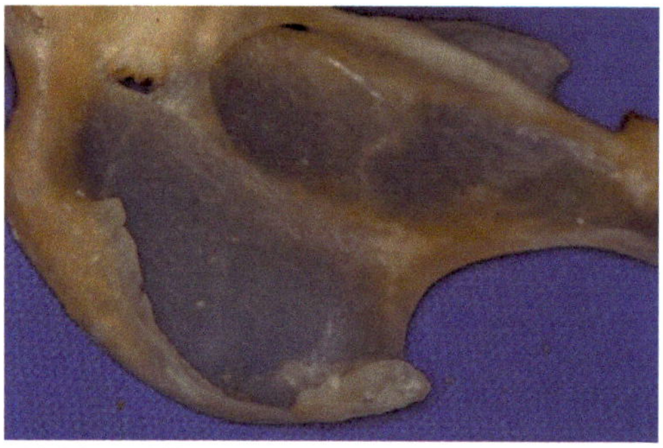

Abbildung 119: Unzureichende Mineralisation des Unterkieferastes (transparente Knochenstruktur).

An **Mineralisationsstörungen** des Knochens und der Zahnhartsubstanz erkranken besonders häufig Kaninchen, die **Getreidekörner** sowie **Hülsenfrüchte** aus Futtermischungen selektieren **(Ca:P < 1).** Daher sind Wiesenheu-Pellets und pelletiertes Mischfutter als Alleinnahrung grundsätzlich geeigneter als körnerreiche Futtermischungen, da die einzelnen Pellets entsprechend mineralisiert werden („Coating") und die Tiere nicht selektiv fressen können. Pellets haben aber stets den Nachteil, dass langfristig die Gefahr von Zahnerkrankungen steigt, da bei deren Aufnahme ein unzureichender Zahnabrieb stattfindet.

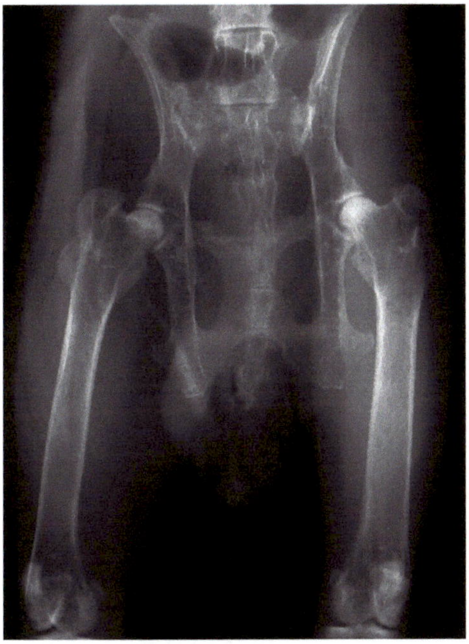

Abbildung 120: Schlechte Mineralisation des Beckens („Glasknochen").

Ein für Kaninchen **ungünstiges Kalzium-Phosphor-Verhältnis** haben viele **frischen Wiesen- und Küchenkräuter** (Abb.121). Aufgrund ihres hohen Wassergehalts können sie dennoch verfüttert werden. Man sollte allerdings bedenken, dass bei vielen **getrockneten Kräutern** der **Mineralstoffgehalt** insgesamt **höher** ist als bei frischen Pflanzen und dies zur Harnsteinbildung prädisponieren kann. Somit sollte ihr Anteil an der Gesamt-Tagesration nicht zu hoch sein oder die getrockneten Pflanzen müssen ein optimales Mineralstoffverhältnis aufweisen. Getrocknete Kräuter eignen sich daher nur als Belohnungsfutter oder in kleinen Mengen zur Verbesserung des Heus bei Tieren, die weniger gern Heu aufnehmen. Kaninchen, die zu einer Harnsteinbildung neigen, sollten jedoch nur Heu erhalten, das möglichst wenig Wiesenkräuter enthält (z. B. Timothee-Heu).

Abbildung 121: Petersilie enthält viel Kalzium. Daher ist eine übermäßige Verfütterung zu vermeiden.

An dieser Stelle sei erwähnt, dass der Urin von Kaninchen **rot gefärbt** sein kann (sog. **Porphyrie**). Die Verfärbung ist auf purpurfarbene **Pigmente** (griech. Porphyrine) in gewissen **Pflanzen** zurückzuführen (u. a. Löwenzahn, Brokkoli, rote Beete, Karotten, Rosenkohl) (Abb.122). Aber auch **endogene Stoffwechselprodukte** können hierfür verantwortlich sein (sog. **Urochrome**), z. B. Abbauprodukte des Blutfarbstoffs Hämoglobin. Da es sich bei der Verfärbung auch um Blut handeln kann, sollte im Zweifelsfall eine Urinuntersuchung durchgeführt werden.

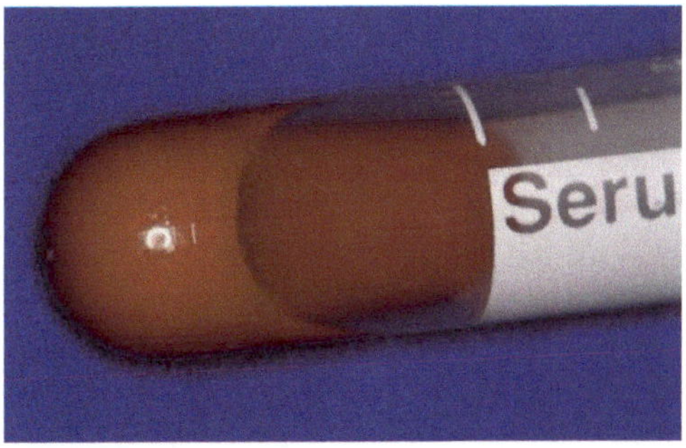

Abbildung 122: Rötlicher Urin als Folge pflanzlicher Farbstoffe (Porphyrine).

Besonderer Kalziumstoffwechsel der Kaninchen

- Nicht bedarfsorientierte Resorption
- Vollständige Aufnahme der im Futter enthaltenen Kalziummenge
- Ausscheidung überschüssigen Kalziums über den Harntrakt (Nieren),
- hierdurch Neigung zur Harngrieß- und Harnsteinbildung
- Begünstigung der Ausfällung von Kalziumkristallen durch basischen Harn (pH 7,6–8,8)

Tab. 8: Mineralstoffgehalt einiger Futtermittel (Milligramm pro 100 g ursprüngliche Substanz [uS])

Futtermittel	Kalzium	Phosphor	Magnesium	Kalium	Natrium
Hirseflocken	20	**310**	170	43	3
Maisflocken	13	**59**	14	120	938
Haferflocken	80	**390**	170	360	5
Weizenkleie	**160**	**1100**	460	1000	50
Leinsamen	**250**	**480**	495	710	80
Karotten	50	35	20	340	30
Salat	30	20	10	170	9
Apfel	9	10	3	240	2

Vorbeugung eines Kalziumüberschusses in der Nahrung

- Vermeidung kalziumreicher kommerzieller Futtermittel (oft hoher Luzernemehl-Anteil)
- Seltene Gabe von reinem Luzerneheu
- Anteil der Luzerne im „normalen“ Heu überprüfen
- Vermeidung phosphorhaltiger Futtermittel (z. B. Getreide), da negative Beeinflussung des Ca:P-Verhältnisses
- Vermeidung einer übermäßigen Verfütterung kalziumreicher Pflanzen oder Gemüsesorten (z. B. Bohnenkraut, Fenchelknolle, Grünkohl, Spinat, Mangold, Kerbel, Kresse, Malve, Melisse, Majoran, Oregano, Thymian, Dill, Petersiliengrün, Giersch, Schafgarbe, Löwenzahn, Luzerne, Wiesenbärenklau, Johannisbrot)
- Verzicht auf Nagesteine (sind absolut nicht erforderlich!)
- Förderung der Wasseraufnahme (hierdurch erhöhte Harnproduktion – „Spüleffekt“)
- Bevorzugte Verfütterung von Frischfutter (hoher Wasseranteil)
- Viel Bewegung/Auslauf

Kalium und Natrium

Die Mineralstoffe Kalium und Natrium regulieren den **Wasser- sowie Elektrolythaushalt** des Organismus, sind Bestandteil vieler **Körperflüssigkeiten** und wichtig für die Funktion des **Nervensystems** (Impulsübertragung) sowie der **Muskeln** (Natrium-Kalium-Pumpe), auch des Herzmuskels. Der Bedarf an **Kalium** wird normalerweise über die Aufnahme pflanzlicher Nahrung gedeckt, wobei der tägliche Bedarf bei **0,5–0,8%** liegt. Der **Natrium**gehalt des Futters hingegen sollte **0,3%** nicht **überschreiten**.

Natrium- und **Kaliumimbalancen** können bei chronischen **Nierenerkrankungen** auftreten oder diese verursachen. Das Risiko hierfür ist besonders groß, wenn Pflanzen verfüttert werden, die intensiv mit Kalium gedüngt wurden. Einen übermäßig hohen

Mineralstoff- und Kaliumgehalt hat Rote Beete, deren Blätter Kaninchen gerne fressen. Die erhöhte Kaliumkonzentration kann zu Verdauungsproblemen führen. Ein relativ hoher Prozentsatz an Kalium findet sich auch in allen Gräsern sowie in Grünkohl, Fenchel, Spinat, Brokkoli, Petersilie, Feldsalat sowie in der Luzerne (Alfalfa). Des Weiteren sind auch Weizenkleie sowie Weizenkeime besonders kaliumreich und deren übermäßige Verfütterung an Kaninchen daher bedenklich.

Tab. 9: Futterempfehlung – Nährstoffbedarf für Kaninchen

Nährstoff (% des Futters oder Menge/kg Futter)	Wachstum (bis 12 Wochen)	Erhaltungsbedarf
Rohprotein	14-15%	13%
Verdauliches Rohprotein	12%	8-11%
Rohfaser	14%	15-16%
unverdauliche Faser	k.A.	13%
verdauliche Energie	2500 kcal/kg	2200 kcal/kg
Rohfett	4%	**3%**
Kalzium	0,5%	0,6%
Phosphor	0,3%	0,3%
Magnesium	0,2%	0,2%
Kalium	0,5%	0,5%
Natrium	0,2%	0,2%

Wasserbedarf

Wildkaninchen decken ihren Wasserbedarf überwiegend durch die Aufnahme von Tau und viel Frischfutter. Unsere Haustiere benötigen hingegen stets ausreichend frisches Wasser. Abhängig vom Wassergehalt der Grundnahrung sowie den klimatischen Bedingungen nimmt ein erwachsenes mittelgroßes Hauskaninchen pro Tag ca. **250 ml** Wasser zu sich, doch sind hiervon abweichend große individuelle Variationen möglich. Als grober Richtwert für die tägliche Wasseraufnahme gilt **10 ml Wasser pro 100 g Körpergewicht** oder **3 ml Wasser pro 1 g aufgenommener Trockenmasse**. Die in der Fachliteratur angegebenen Werte schwanken sehr stark (6–14 ml pro 100 g Körpergewicht), da die aufgenommene Wassermenge sehr stark vom Angebot an Grün- und Saftfutter sowie von der Außentemperatur abhängt. Bei über 20 °C trinken Kaninchen deutlich mehr. Erhalten sie vorwiegend Frischfutter, ist die Wasseraufnahme deutlich geringer. Das ist völlig normal. Zusätzlich spielt der Stoffwechsel wie auch die Qualität sowie Struktur des Fells (z. B. sehr dichte Unterwolle) eine nicht zu unterschätzende Rolle hinsichtlich des individuellen Trinkverhaltens.

Können Kaninchen nicht ausreichend Wasser zu sich nehmen (**Wassermangel** oder schmerzhafte Zahnerkrankungen), reduziert sich auch ihre Futteraufnahme. Ohne entsprechenden Nachschub an Nahrung kann es rasch zu einer Eintrocknung des gesamten Darminhalts sowie einer sekundären **Dickdarmanschoppung** kommen (Abb.123 und Abb.124). Sie entsteht einerseits als Folge der reduzierten Magen-Darm-Motorik und andererseits dadurch, dass dem Futterbrei im Blinddarm als auch im oberen

Grimmdarmabschnitt nicht mehr genügend Wasser beigemengt werden kann. Dies wird schnell lebensbedrohlich. Darüber hinaus prädisponiert der bei reduzierter Wasseraufnahme stark **konzentrierte Urin** zur Harnsteinbildung.

Für eine ausreichende Wasseraufnahme sind schwere, **standstabile Wasserschalen** aus Keramik oder Ton geeigneter als Tränkflaschen (sog. Nippeltränken). Vor allem im Sommer kann aus ihnen leichter ausreichend Wasser aufgenommen werden. Insbesondere bei Tieren, die viel Heu und Trockenfutter fressen, ist dies zur Prophylaxe von Harnsteinen sehr wichtig. Ein oft empfohlenes Mischen des Wassers mit verschiedenen Säften steigert die Wasseraufnahme erfahrungsgemäß nicht.

Wissenschaftliche Untersuchungen haben bewiesen, dass Kaninchen bei offenen Tränksystemen bis zu **30% mehr Wasser trinken** als bei Verwendung von Nippeltränken, die die Wasseraufnahme nicht nur reduzieren, sondern auch verlangsamen. Dies ist besonders problematisch, wenn die Tiere an Gebissproblemen mit einer Zahnspitzenbildung und sekundären schmerzhaften Schleimhautverletzungen leiden. Zudem ist die Trinkwasserqualität offener Systeme deutlich besser, da die Tränkflaschen meist rasch verkeimen bzw. veralgen. Wichtig ist jedoch, durch einen geeigneten Standort der Wasserschale zu verhindern, dass diese mit Kot, Urin oder Futter verunreinigt wird. Um die Qualität des Wassers möglichst optimal zu halten und im Sommer einer raschen Algenbildung entgegenzuwirken, sollten Wasserschalen täglich (oder zumindest alle 2–3 Tage) gereinigt und frisch befüllt werden. Im Hinblick auf die Wasserqualität ist auch ein **schattiger Standort** von großem Vorteil.

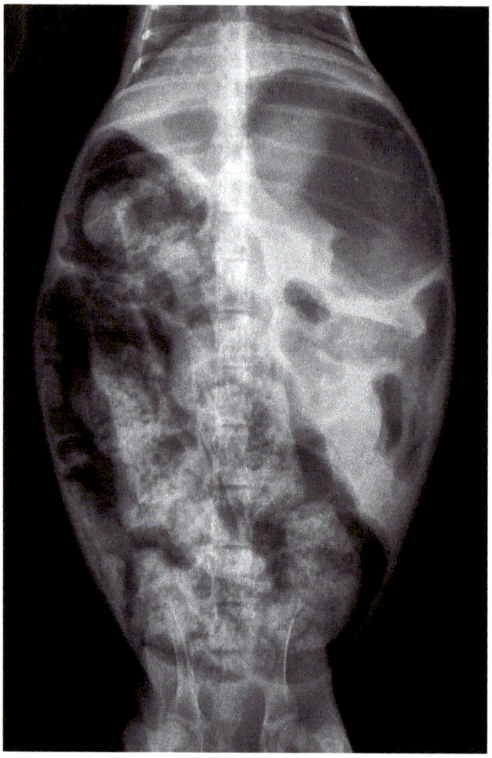

Abbildung 123: Kaninchen mit massiver Eindickung des Blinddarminhaltes (Zäkum-Obstipation).

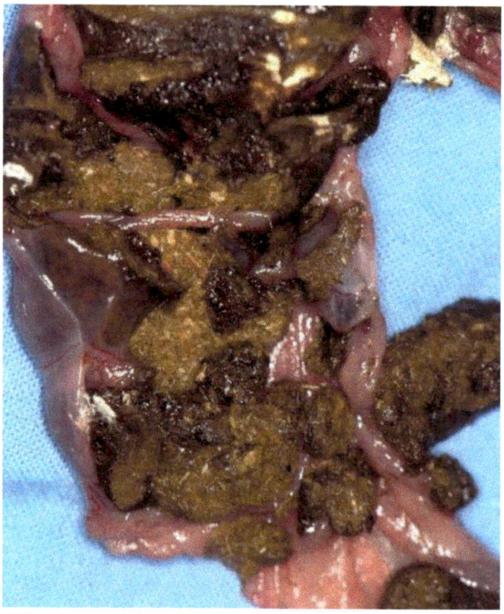

Abbildung 124: Stark eingedickter Blinddarminhalt.

Energiebedarf

Der Energiebedarf eines Kaninchens hängt primär von seiner **Größe** sowie seiner **Leistung** (z. B. Wachstum, Trächtigkeit) ab. Da Kaninchen relativ kleine Tiere sind, haben sie durch die Korrelation zwischen Körpergröße und Stoffwechselrate einen relativ hohen Grundumsatz. Der durchschnittliche **Energiebedarf** im **Erhaltungsstoffwechsel** beträgt ca. **440 kJ/kg** metabolischer Körpermasse (= kg KM hoch 0,75). Ein 4 kg schweres Kaninchen benötigt somit pro Tag ca. 280 kcal = 1172 kJ (siehe Tab.10). Bei kleineren Rassen ist der Bedarf etwas höher. Zur Energieversorgung werden vorwiegend die in der Nahrung enthaltenen Kohlenhydrate und Fette verwendet, während die Futterproteine hauptsächlich als Baustoffe für Körpergewebe bzw. jegliche Art von Zellen dienen.

Tab. 10: Durchschnittlicher Energiebedarf pro Tag (1 kcal = 4,186 kJ)

Körpergewicht (g)	Erhaltung (kcal)	Wachstum (kcal)
1400	129	258
1600	142	284
1800	156	312
2000	168	336
2300	187	374
2500	199	398
2700	211	422
3000	228	456
3200	239	478
3400	250	500
3600	261	522
4100	288	576
4500	309	618

Bestimmung der Rohnährstoffe im Futter

Weender-Futtermittelanalyse

Mit Hilfe der Weender-Futtermittelanalyse lassen sich die **einzelnen „Rohnährstoffe“** (Rohprotein, Rohfaser, Rohfett und Rohasche) des Futters analytisch **bestimmen** (Abb.125 und Tab.11). Diese werden in der Deklaration von Fertigfuttermischungen entsprechend angegeben, was einen Vergleich der unterschiedlichen Produkte ermöglicht. Die Analyse zeigt, dass ca. **75% der organischen Masse** pflanzlicher Futtermittel aus **Kohlenhydraten** besteht. Diese werden bei der Weender-Analyse in zwei Fraktionen aufgeteilt: **Rohfaser** sowie **stickstofffreie Extraktstoffe** (NfE). Eine weitere Spezifizierung der Kohlenhydrate erfolgt nicht. Infolgedessen erfasst die Fraktion „Rohfaser“ nicht alle Faserbestandteile der Zellwand, denn ein Teil der Fasern verbirgt sich in der Fraktion der stickstofffreien Extraktstoffe.

Die Durchführung der Weender-Futtermittelanalyse beginnt mit einem **Trocknungsverfahren**. Hierbei wird eine zerkleinerte Futterprobe unter ganz genau definierten Bedingungen getrocknet (103–105°C über 4 Stunden). Die danach verbleibende **Trockensubstanz (TS)** umfasst alle organischen (Rohprotein, Rohfaser, Rohfett und stickstofffreie Extraktstoffe) und anorganischen Substanzen (Rohasche), die bei der genannten Temperatur nicht flüchtig sind. Im Prinzip handelt es sich um die Masse, die nach Verdunstung des Wassers übrig bleibt. Die Gewichtsdifferenz zum Frischfutter wird als **Rohwasser** (RW) bezeichnet. **Trockensubstanz = Frischmasse – Rohwasser**

Die **organische Substanz (OS)** bezeichnet die Trockensubstanz abzüglich der Rohasche. Sie umfasst primär Kohlenhydrate, Eiweiße und Fette. **Organische Substanz = Trockensubstanz – Rohasche**

Die **Rohasche (Ra)** ist die Summe aller **anorganischen Bestandteile**, die nach einer 3-

bis 6-stündigen Verbrennung bei 550°C zurückbleiben. Dies sind unter anderem Mineralstoffe, Spurenelemente und erdige Verunreinigungen wie z. B. Silikate.

Das **Rohprotein (Rp)** umfasst alle **stickstoffhaltigen Verbindungen**. Da der Stickstoffgehalt der meisten Eiweißmoleküle 16% beträgt, berechnet man den **Proteingehalt** im Futter dadurch, dass man die nachgewiesene **Stickstoffmenge mit 6,25 multipliziert.** Erfasst wird außer dem Stickstoff (N) der eigentlichen Proteine (Reineiweiß) auch der Stickstoff aus **Nicht-Protein-Verbindungen** (NPN), also Substanzen ohne Eiweißcharakter. Zu diesen stickstoffhaltigen Nichteiweißen zählen freie Aminosäuren, einfache Peptide, Alkaloide, Säureamide wie Glutamin und Asparagin sowie N-haltige Glykoside und Nitrat. Die wichtigste Gruppe stellen die Säureamide dar (Asparagin und Glutamin). Hierbei handelt es sich um Zwischenprodukte des Proteinauf- bzw. Proteinabbaus innerhalb der Pflanzen. Amide sind vor allem in jungen, noch wachsenden Pflanzen enthalten sowie in Silagenfutter. Nitrat reichert sich hingegen im Gras bei übermäßiger Stickstoffdüngung an; ein Wert von 0,5% in der Trockenmasse sollte keinesfalls überschritten werden. Der mittels Weender-Analyse ermittelte Rohproteingehalt gibt jedoch keine Information über die biologische Wertigkeit der errechneten Proteine, d. h. die Möglichkeit des Organismus, aus ihnen tatsächlich körpereigene Eiweißstoffe bilden zu können (siehe bei Proteine).

Tab. 11: Nährstoffgruppen der Weender Futtermittelanalyse

Nährstoffgruppe	**Enthaltene Substanzen**
Rohasche (**Ra** oder **XA**) oder „crude ash" (CA)	Mineralstoffe und Spurenelemente, Silikate (Verschmutzung durch Erde)
Rohprotein (**Rp** oder **XP**) oder „crude protein" (CP)	stickstoffhaltige Verbindungen = Eiweiß, freie Aminosäuren, Peptide, Amide, Alkaloide
Rohfett (**Rfe** oder **XL**) oder „ether extract" (EE)	Fette (Triglyzeride), Fettsäuren, fettlösliche Vitamine, Lipoide, Wachse
Rohfaser (**Rfa** oder **XF**)	Zellulose, Lignin
Stickstofffreie Extraktstoffe (**NfE**) oder „nitrogen free extractives"	leicht verdauliche Kohlenhydrate (Zucker, Stärke, Pektin), Hemizellulose

Mit **Rohfaser (Rfa)** bezeichnet man diverse, in schwachen Laugen (Kalilauge) und schwachen Säuren (Schwefelsäure) unlösliche fett-, stickstoff- sowie aschefreie organische Rückstände der Trockenmasse, ohne Berücksichtigung deren individueller Verdaulichkeit. Die Rohfaser umfasst im Wesentlichen die unlöslichen (unverdaulichen) Polysaccharide, d. h. die pflanzlichen Gerüstsubstanzen **Zellulose**, in geringerem Umfang auch Hemizellulose, **Pentosane** und **Lignin**. Daher bestimmt der Rohfasergehalt im Prinzip den unverdaulichen Anteil des Futters an **Lignozellulose**. Die restlichen Fasern sind in der Fraktion NfE enthalten (siehe unten), da ein Teil der Gerüstsubstanzen beim Kochen mit verdünnter Säure und Lauge in Lösung geht und daher in der Fraktion Rohfaser nicht erfasst wird. Das ist einer der Schwachpunkte dieses Analyseverfahrens.

Das **Rohfett (Rf)** bilden alle Bestandteile, die durch eine 8-stündige Extraktion mit Petrolether im Soxhlet-Apparat löslich sind. Dies sind die eigentlichen Futterfette (Triglyzeride), Phosphatide, Sterine, Harze, Wachse, Chlorophyll, Carotinoide, Xanthophyll, Fettsäuren und fettlösliche Vitamine sowie ätherische Öle. Die Triglyzeride stellen dabei mindestens zwei Drittel der Gesamtmenge dar.

Die **stickstofffreien Extraktstoffe (NfE)** umfassen alle in verdünnten Laugen oder Säuren löslichen Bestandteile. Hierbei handelt es sich um leicht lösliche (leicht verdauliche) Kohlenhydrate wie **diverse Zucker**, **Stärke** sowie Inulin, lösliche Anteile pflanzlicher Gerüstsubstanzen, wie **Pektine**, lösliche Anteile der Zellulose, **Hemizellulose**, Pentosane und Lignin. Also enthält diese Fraktion alle Kohlenhydrate in einem Futtermittel mit Ausnahme der unlöslichen Rohfaser (Lignozellulose). Dieser Wert wird meist rechnerisch bestimmt, indem von der organischen Masse Rohprotein, Rohfett und Rohfaser abgezogen werden: **NfE = TS – Ra (= organische Substanz) – Rp – Rfe – Rfa**

Faser-Fraktionierung nach van Soest

Die rein rechnerische Ermittlung der stickstofffreien Extraktstoffe ist ein oft kritisierter Schwachpunkt der Weender-Analyse. Hinzu kommt die etwas vage Bestimmung des Rohproteingehalts des Futters, indem man annimmt, dass Eiweiß ca. 16% Stickstoff enthält. Da dies nicht immer zutrifft, resultieren bisweilen falsche Werte. Darüber hinaus ermöglicht dieses Messverfahren keine genauere Differenzierung der Kohlenhydrate. Die **Analyse erfasst alle stickstofffreien Stoffe als Kohlenhydrate** und unterscheidet somit nicht zwischen **Stärke** und anderen **Zuckern**, die keine Strukturwirksamkeit haben, sowie komplexen **Strukturkohlenhydraten (Hemizellulose, Zellulose)**. Hierdurch kann es jedoch zu einer Fehleinschätzung der Nährstoffverwertbarkeit eines geprüften Futtermittels kommen sowie zu einer falschen Interpretation der Verdaulichkeit der einzelnen Komponenten. So kann z. B. Zellulose 30% oder gar 100% der Rohfaserfraktion ausmachen und der Ligninanteil kann ebenso zwischen 16% und 90% liegen – abhängig von der Art der Pflanzen und ihrem Alter.

Eine genauere Aufschlüsselung der stickstofffreien Extraktstoffe bzw. der Strukturkohlenhydrate ist mit der **Faser-Fraktionierung nach Peter J. van Soest** möglich. Die Fraktion Rohfaser wird hierbei weiter differenziert und in sog. Van-Soest-Fraktionen („Faserfraktionen") unterteilt. Zu diesen zählen die **Lignozellulose (ADF)**, die kaum bzw. nicht verdaulich ist, sowie die verdaulichen Fasern **(Hemizellulose)** und **Pektin**. Dieses Verfahren wird als **erweiterte Weender-Analyse (EWA)** bezeichnet (Abb.125). Diese Messmethode definiert also exakt den Anteil der Kohlenhydrate im Futter, die das Kaninchen im Prinzip nicht verwerten kann (Lignin + Zellulose = Lignozellulose = ADF), während diese beiden Stoffe bei ausschließlichem Einsatz der Weender-Analyse auf zwei Fraktionen verteilt sind (Rohfaser sowie NfE).

Wie im Kapitel Anatomie aufgezeigt wurde, ist der Verdauungstrakt des Kaninchens darauf ausgerichtet und somit angewiesen, relativ große Mengen einer eigentlich gering verdaulichen pflanzlichen Nahrung aufzunehmen und sie energetisch entsprechend zu nutzen – also Futter mit einer niedrigen Nährstoffkonzentration sowie einem recht hohem Rohfaseranteil. Für eine stabile Verdauung ist es dabei wichtig, dass das Futter einen **Mindestgehalt** an **unverdaulichen Strukturkohlenhydraten** enthält (> **15% ADF = Lignozellulose**) und gleichzeitig der Gehalt an **leicht löslichen Kohlenhydraten** (insbesondere **Stärke**) möglichst **niedrig** ist. Bei zu geringem Angebot an Lignozellulose und gleichzeitig höherer Aufnahme von Stärke neigen Kaninchen zu Durchfallerkrankungen. Die Stabilität der Verdauung hängt somit stark von dieser Faserfraktion ab. Daher darf geeignetes Kaninchenfutter nicht weniger als 15% ADF enthalten. Besser ist sogar ein knapp darüber liegender Wert. Dabei sollte das Verhältnis von **„verdaulicher Faser" (NFC = nichtfaserige Kohlenhydratfraktion) zu „Lignozellulose" (ADF) weniger als 1,3** betragen. Überschreitet der Gehalt der Lignozellulose jedoch 25%, erhalten die Kaninchen mit dem Futter zu wenig Energie und Nährstoffe. Um alle diese Forderungen auch in der Praxis bestmöglichst einhalten zu können, benötigt man eine entsprechend detaillierte Analyse der Futtermittel. Daher wurde bereits 2003 in der Fachliteratur empfohlen, zumindest kommerzielles Kaninchenzuchtfutter entsprechend zu analysieren und zu deklarieren.

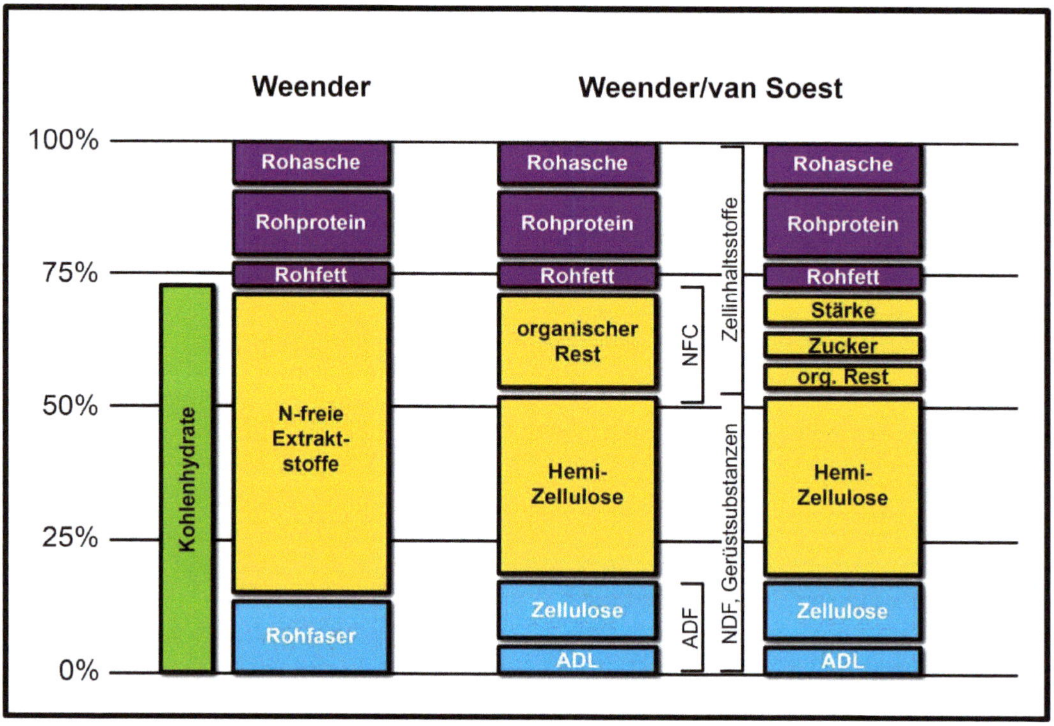

Abbildung 125: Weender-Analyse und Faserfraktionierung nach Van Soest (modifiziert nach Kirchgessner 2008 - Graphik: Dr. Christine Böhmer)

Die wichtigsten Bestandteile der pflanzlichen Zellwand sind langkettige Kohlenhydrate wie Zellulose, Hemizellulose sowie Pektin (sog. Zellwandpolysaccharide). Die Zellulosefibrillen (Abb.96 und Abb.97) sind in eine Matrix aus Hemizellulose und Lignin eingebettet. Wie die Abb.125 zeigt, werden bei der Van-Soest-Analyse die pflanzlichen Kohlenhydrate weitgehend diesen **Gerüstsubstanzen der Zellwand** zugeteilt (**Hemizellulose + Zellulose + Lignin = NDF**) sowie dem **Zellinhalt**, der aus leicht löslichen Stoffen besteht (**Zucker + Stärke + Pektine = NFC**).

NDF = Neutral-Detergenzien-Faser (Neutral Detergent Fibre). NDF repräsentiert im Wesentlichen die gesamte pflanzliche Zellwand und somit die **Gerüstsubstanzen**. Der Wert setzt sich zusammen aus der Summe der faserigen Strukturkohlenhydrate, bestehend aus **Zellulose + Hemizellulose + Pektin + Lignin.** Diese Faserfraktion wird als Rückstand nach dem Kochen in einer neutralen Detergenzienlösung gewonnen. Je höher der Wert ist, desto geringer ist die Verdaulichkeit des Futters, wobei Hemizellulose und Pektin verdaulicher sind als Zellulose.

NFC = nichtfaserige Kohlenhydratfraktion (Non Fibrous Carbohydrates). NFC definiert leicht lösliche Kohlenhydrate, wie **Zucker**, **Stärke** und **Pektin**, also Nicht-Struktur-Kohlenhydrate. Dieser Wert ergibt sich ebenfalls als Differenz (wie das NfE bei der Weender-Analyse). NFC sind also in erster Linie **Zellinhaltsstoffe**. Sie dienen primär der Energiegewinnung und haben eine hohe Verdaulichkeit. Diese liegt für Pektine bei 70–76%.

ADF = Säure-Detergenzien-Faser (Acid Detergent Fibre). Der Rückstand nach dem Kochen mit schwefelsaurer Detergenzienlösung enthält ebenfalls Gerüstsubstanzen der pflanzlichen Zellwand, jedoch vorwiegend den **schwer bis nicht verdaulichen Teil der Zellwände**, d. h. die Zellulose und das Lignin **(Lignozellulose)**. Der ADF-Gehalt beeinflusst die Menge des Futters, die ein Kaninchen fressen kann. Steigt der Gehalt der Lignozellulose über 25% an, können die Tiere nicht genügend Nahrung zu sich nehmen, um sich ausreichend mit Energie und Nährstoffen zu versorgen. Mangelerscheinungen sind die Folge. Der Unterschied zu NDF besteht darin, dass hier die **Hemizellulose fehlt**.

ADL = Säure-Detergenzien-Lignin (Acid Detergent Lignin). Mit dieser Fraktion wird das **Lignin** erfasst. Der bei der ADF-Bestimmung verbliebene Rückstand, der im wesentlichen Zellulose und Lignin enthält, wird über 3 Stunden mit 72%iger Schwefelsäure behandelt. Die Zellulose hydrolisiert und zurück bleibt Lignin, ebenfalls ein Teil der Gerüstsubstanzen pflanzlicher Zellwände. Die Verdaulichkeit von Lignin beträgt nur 10–15%. Der Ligningehalt von Kaninchenfutter sollte ca. 5% betragen bei einem Verhältnis von Lignin zu Zellulose von ca. 1:2 (> 0,4). **Zellulose** = ADF – ADL.

Die Differenz zwischen ADF und ADL ergibt den Gehalt des Futters an schwer verdaulicher Zellulose. Deren Verdaulichkeit liegt beim Kaninchen zwischen 15% und 18%. **Hemizellulose** = NDF – ADF.

Die Differenz zwischen NDF und ADF derselben Probe bestimmt den Gehalt des Futters an Hemizellulose, die für Kaninchen besser verdaulich ist (Verdaulichkeit von ca. 25–35%). Bei geringen Unterschieden zwischen NDF und ADF ist das Futter also schwer verdaulich.

DF = verdauliche Faser (Digestible Fibre). DF ist die Summe der beiden Fraktionen **Hemizellulose** (NDF – ADF) und wasserunlösliches **Pektin (WIP)**. Die verdauliche Faser wirkt positiv auf die Fermentationsprozesse im Blinddarm und steigert die Geschwindigkeit der Passage des Nahrungsbreis durch den Magen-Darm-Trakt.

Tab. 12: Anteil der komplexen Kohlenhydrate in diversen Futtermitteln

Futter	Gemüse	Getreide	Obst	Gras	Alfalfa
Zellulose	40%	20%	25%	37%	27%
Hemizellulose	38%	**65%**	35%	29%	12%
Lignin	21%	6%	20%	19%	
Pektin	1%	9%	20%		

Tab. 13: Gehalt an Strukturkohlenhydraten (Kleine Klausing Kaninchenzeitung 2004) (g/kg Originalsubstanz). Abkürzungen siehe Text.

Futtermittel	NDF	ADF	ADL	DF	Stärke
Gerste	175	55	9	126	**527**
Weizen	105	31	9	79	**583**
Triticale	125	31	9	100	**563**
Hafer	280	**135**	22	156	400
Mais	100	25	5	82	**611**
Weizenkleie	428	**128**	35	330	196
Weizengrießkleie	326	100	27	249	131
Haferschälkleie	630	**370**	50	282	75
Maiskleberfutter	312	94	12	268	180
Weizenkleberfutter	271	77	24	209	170
Palmkernexpeller	520	**317**	90	233	8
Raps-Extraktionsschrot	277	**189**	86	188	55
Sojabohne dampferhitzt	117	73	8	104	50
Soja-Extraktionsschrot erhitzt	104	65	5	94	48
Sojaschalen	588	**426**	21	254	60
Sonnenblumen-Extraktionsschrot	383	**270**	90	178	29
Erbse	130	70	4	110	**424**
Ackerbohne	123	89	8	55	370
Süßlupine	210	**155**	15	160	85
Zuckerrübenschnitzel	428	**212**	18	466	0
Zuckerrübenmelasse	0	0	0	0	0
Maniok	95	68	20	42	**630**
Malzkeime	378	**139**	18	294	105
Luzernegrünmehl	418	**326**	73	160	25
Grasgrünmehl	460	**250**	50	255	15

Konservierung von frischem Wiesenfutter

Frisch geerntetes Wiesenfutter kann mit unterschiedlichen Methoden haltbar gemacht werden: einerseits durch **Silierung** und andererseits über die **Heugewinnung**, bei der das Grüngut mit Hilfe diverser Verfahren getrocknet und somit über Monate hinweg konserviert wird. Heu ist jedoch nur dann länger lagerfähig, wenn die **Restfeuchte ca. 15%** (oder besser noch weniger) beträgt. Da frisch gemähtes Wiesenfutter einen Feuchtigkeitsgehalt von durchschnittlich 75–80% aufweist, muss stets in irgendeiner Form Energie aufgewendet werden, um dem Frischgut entsprechend viel Wasser entziehen zu können (sofern es nicht ausschließlich mit Hilfe der Sonne sowie des Windes auf dem Feld getrocknet wird). Aus rein energetischen Günden wird das Wiesenfutter daher gern mit Hilfe der Sonne vorgetrocknet (bis zu einem Restfeuchtegehalt von ca. 30–40%), bevor der Wassergehalt – durch recht unterschiedliche Verfahrenstechniken – weiter gesenkt wird.

Abbildung 126: Wiese mit vielfältigen Kräutern und Gräsern.

Eine gute Silage oder hochwertiges Heu lässt sich nur dann erzeugen, wenn bereits das Frischgut eine entsprechende Qualität aufweist (Abb.126), d. h. eine vielfältige sowie für die jeweilige Tierart geeignete botanische Zusammensetzung hat und zum optimalen Schnittzeitpunkt gewonnen wurde. Darüber hinaus beeinflusst das jeweilige Verarbeitungs- oder Trocknungsverfahren die Hochwertigkeit des Endprodukts. Fakt ist, dass unabhängig vom Konservierungsverfahren das **Endprodukt nie besser** sein kann **als das Ausgangsmaterial**, denn bei jedem Konservierungsverfahren treten unterschiedlich hohe **Nährstoffverluste** auf (Abb.128 und Tab.14).

Allein durch die Trocknung des Frischfutters kommt es zu einer deutlichen Reduktion der Nährstoffe. Hierbei dominiert der Verlust leicht verdaulicher Proteine sowie einiger Vitamine. Dessen Ausmaß hängt sehr stark vom gewählten Verfahren und der weiteren Verarbeitung des Futters ab. So liegen bei der künstlichen **Heißlufttrocknung** (sog. Trockengrün) die **Nährstoffverluste** bei lediglich **ca. 5%**, während die Einbußen bei der **Unterdachtrocknung ca. 20–25%** und bei der **Reutertrocknung ca. 25–35%** betragen. Kommt die **Bodentrocknung** zum Einsatz, so beträgt der Nährstoffverlust durchschnittlich **30–40%**. Verantwortlich hierfür sind primär sog. „**Bröckelverluste**“ beim wiederholten Wenden, Ernten (Einfahren) sowie Lagern des Heus. Hierunter versteht man den mechanischen Verlust eines Großteils der trockenen Blüten und Blätter, die sich im Verlauf des Heugewinnungsprozesses zunehmend von den robusteren Stängeln lösen und bei der Heuernte am Boden verbleiben (Abb.127).

Abbildung 127: Sog. "Bröckelverluste".

Bei der Trocknung entsteht auch ein **Vitaminverlust** des Futters. Während in frischem „Grün" ca. 250 mg Beta-Karotin (**Provitamin A**) pro Kilogramm Pflanzenmasse enthalten sind, reduziert sich die Vitaminmenge im Heu auf knapp ein Zehntel. Besonders hoch ist die Qualitätseinbuße und somit der gesamte **Werbungsverlust** (Gewinnungsverlust) bei der Bodentrocknung. Denn je länger das Schnittgut auf dem Feld verbleibt, je langsamer es also trocknet oder je niedriger der Feuchtigkeitsgehalt beim Einfahren ist, desto höher sind die **Atmungs-** oder **Fermentationsverluste**. Diese entstehen solange noch nicht alle Pflanzenzellen abgestorben sind. Daher ist die Nährstoffreduktion umso geringer, je schneller das Frischgut trocknet. Zu weiteren Verlusten kommt es nach dem Einfahren des Heus (sog. **Lagerungsverluste**), die die Folge mikrobieller Fermentationspozesse im getrockneten Futter sind.

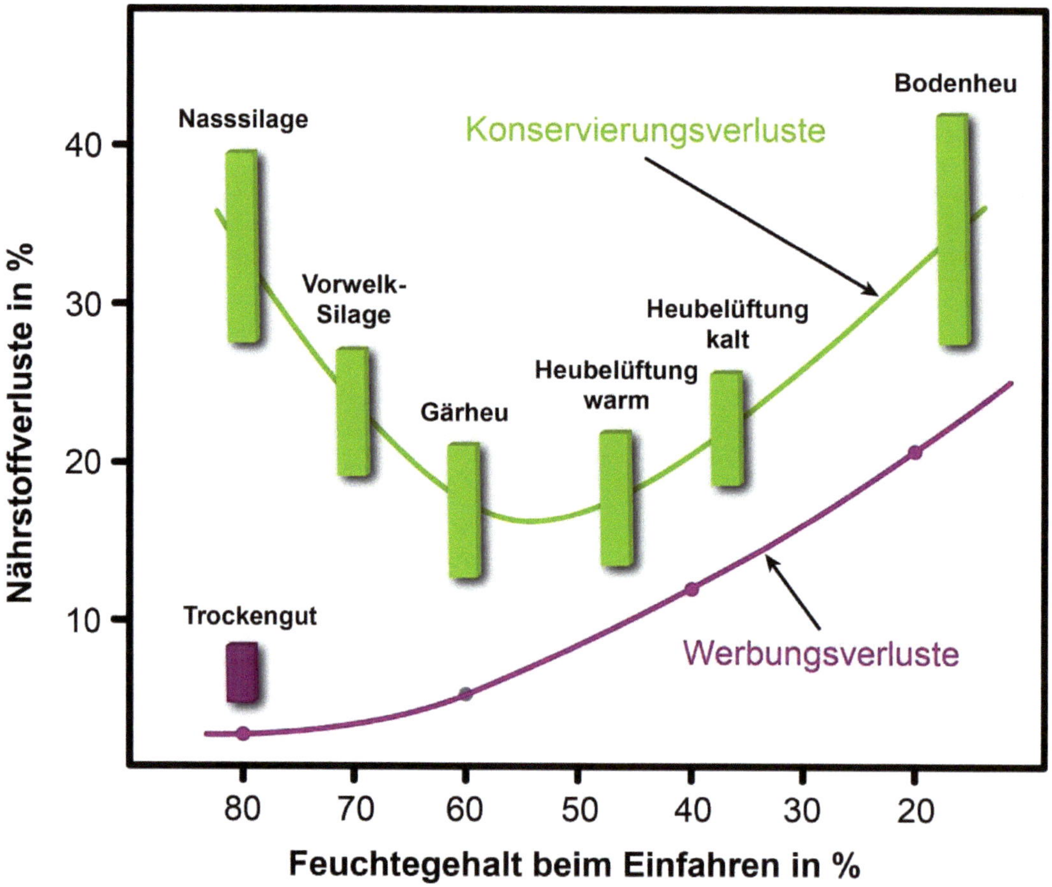

Abbildung 128: Nährstoffverluste im Rahmen diverser Konservierungsverfahren (nach Zimmer 1986).

Wird Frischfutter unmittelbar nach dem Schnitt siliert (Herstellung von **Silage**), ergeben sich logischerweise die **geringsten Bröckel- sowie Fermentationsverluste**, doch sind die **Lagerungsverluste verhältnismäßig hoch** (ca. **35%**). Besser als die Silierung und Bodentrocknung schneidet die Heubelüftung mit Kalt- oder Warmluft ab. Hier liegen die **durchschnittlichen Nährstoffverluste** unabhängig vom Konservierungsverfahren zwischen **15 und 40%**.

Konservierungsverfahren für Frischfutter

- **Silierung** (spontane Milchsäuregärung unter Luftabschluss)
- **Trocknung**
  - natürliche Trocknung
  - künstliche Trocknung
  - sog. Antrocknung (Gärheu oder Heulage)
  - Bodentrocknung
  - Reuter- oder Gerüsttrocknung
  - Belüftungstrocknung (Kaltluft, angewärmte Luft, Luftentfeuchtung nach Anwelkung)
  - Heißlufttrocknung (Trockengrün) - ökologisch nicht sinnvoll

Tab. 14: Verluste bei der Trocknung von Grünfutter (aus Supplements der Ernährung)

	Energie-verluste (%)	Atmungs-verluste	Bröckel-verluste	Auswasch-verluste	Fermentations-verluste
Bodentrocknung					
– gut	**30–40**	+	++	–	+
– schlecht	**50–100**	+	+++	+++	++
Reutertrocknung	25–35	+	+	+	+
Unterdach-trocknung	20–25	+	–	–	+/–
Heißlufttrocknung	**5**	–	–	–	–

Silage

Die Silierung von gehäckselten Maispflanzen (**Maissilage**) oder frischem bzw. angetrocknetem jungem Gras (**Grassilage**) ist insbesondere in der Großtierhaltung zur Konservierung von Frischfutter sehr beliebt, da man die Pflanzen unabhängig vom Wetter ernten kann und die Silageballen bis zur Verfütterung in Folien verpackt im Freien liegen bleiben können. Abhängig vom gewählten Verfahren wird Grünfutter mit einem recht hohen Wassergehalt eingefahren. Der **Feuchtigkeitsgehalt** beträgt bei der **Nasssilage 70–80%**, während er bei der **Vorwelksilierung** bei ca. **65–75%** liegt, da das frisch geschnittene Gras vor dem Einfahren durchschnittlich einen Tag auf dem Feld trocknet. Danach werden die angewelkten Pflanzen mit einer Ballenpresse aufgewickelt, gepresst und luftdicht verpackt. Daraufhin kommt es zu einer **Vergärung des Futters unter Luftabschluss**. Das heißt, gewisse Bakterien entziehen dem Futtergemisch Sauerstoff, bis ein anaerobes Milieu entsteht und Bakterien sowie Hefen, die Sauerstoff benötigen, absterben. In diesem sauerstofffreien Milieu wird die Stärke bzw. Glukose der Pflanzen zu Milchsäure umgewandelt (sog. **Milchsäuregärung**) (Abb.129). Diese gibt der Silage den typisch sauren, aromatischen Geruch. Der ganze Silierprozess dauert mehrere Wochen. Die Gärung stoppt, sobald alle Kohlenhydrate verstoffwechselt wurden. Durch das stark saure Millieu **(pH < 3–4)** sterben fäulniserregende Keime, Hefen und Pilze ab, wodurch die Silage knapp **ein Jahr lang haltbar** ist. Das saure Gärfutter darf allerdings erst ca. 8 Wochen nach Beginn der Silierung verfüttert werden. Bei der Umwandlung der Glukose zu Milchsäure kommt es zu einem Energieverlust von ca. 5%.

Abhängig von der Zusammensetzung der Bakterien (Milchsäure-, Buttersäure- und Essigsäurebakterien) sowie der Geschwindigkeit des einsetzenden Gärungsprozesses entstehen beim Silieren neben Milchsäure auch Essig- und Buttersäure. Ist das Futter beispielsweise zu feucht, vergärt es schlecht und die Essigsäure überwiegt (Geruch nach Essig). Bei der Umwandlung der Glukose zu Essigsäure betragen die Energieverluste bis zu 40%. Ähnlich sieht es aus, wenn Buttersäure gebildet wird. Ist das Grüngut hingegen zu trocken, kann es nicht optimal verdichtet werden, wodurch mehr Luft im Futter verbleibt und das Siliergut gerne schimmelt.

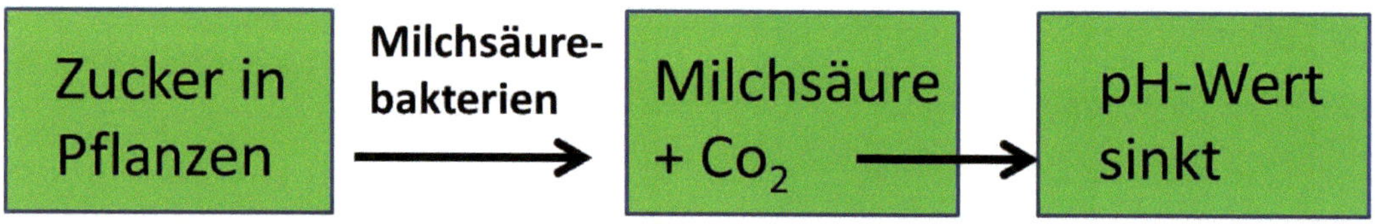

Abbildung 129: Gärverlauf bei der Silagebereitung

Manche Kaninchenzüchter bzw. -mäster verfüttern **Grassilage** in geringen Mengen zusätzlich zum Hauptfutter. Insbesondere bei Mastkaninchen ist dies durchaus sinnvoll, da die Tiere einen besonders hohen Anteil an Proteinen im Futter benötigen. Dabei dient die Silage primär als **Grünfutterersatz im Winter**, da sie normalerweise **mehr Nährstoffe** enthält **als Heu** (keine oder sehr geringe Bröckelverluste) und von den Tieren gut angenommen wird. Man muss jedoch berücksichtigen, dass Grassilage besonders **viel Eiweiß** enthält; denn sie besteht primär aus jüngeren Gräsern (früherer Schnittzeitpunkt). Infolgedessen ist sie auch **relativ rohfaserarm**. Daher darf sie nur in geringen Mengen verfüttert werden. Für die Hobbyheimtierhaltung eignet sich deshalb Heulage (Gärheu) prinzipiell besser.

Heulage (Gärheu)

Heulage oder Gärheu steht zwischen Silage und Heu, da sie/es trockener als Siliergut ist und feuchter als Heu. Im Prinzip handelt es sich um **angetrocknetes Grüngut** mit einem relativ hohen Stängelanteil. Dieses Material enthält **mehr Rohfaser als Silage**, da das Gras meist kurz vor oder nach der Blüte geschnitten wird, fast wie zur Heugewinnung (zur Silierung dient dagegen junges Gras). Im Anschluss an eine teilweise Trocknung wird das Gras mit speziellen Maschinen in Ballen gewickelt, gepresst und anschließend ebenfalls luftdicht verpackt. Um die auch bei diesem Konservierungsprozess stattfindende Futtergärung zu fördern, erfolgt bisweilen eine **Beimengung von Melasse**. Da die **Milchsäuregärung nur teilweise** einsetzt, ist auch der pH-Wert von Gärheu (**pH 4,5**) nicht so niedrig wie der von Silage (pH < 3–4). Hierdurch werden manche Bakterien, Hefen und Pilze nicht abgetötet, was Heulage unter Umständen schneller verderben lässt und eine potentielle Gefahr für Infektionen darstellt. Durch ein extrem starkes Pressen des Grases und einen Zusatz spezieller Bakterien versucht man dem entgegenzuwirken. Der **Feuchtigkeitsgehalt** der Heulage beträgt **30–50%.** Die **Nährstoff-**

verluste sind bei dieser Konservierungsform **recht gering** (Abb.128). Ein Vorteil des Gärheus ist, dass es nicht staubt, was bei Erkrankungen der Atemwege einen Vorteil darstellt. Frisch angeboten wird Heulage von Kaninchen sehr gerne gefressen (aromatischer Milchsäuregeruch). Die Akzeptanz reduziert sich jedoch, wenn das Gärheu länger im Käfig liegt. Eine Gewöhnung an dieses Zusatzfutter sollte auf jeden Fall langsam erfolgen.

Heu

Einfluss des Schnittzeitpunkts auf die Heuqualität

Das Mähen der Wiesen zur Futtergewinnung findet zu unterschiedlichen Zeitpunkten statt:

- Ernte des 1. Aufwuchses: ca. 15. Mai bis Anfang Juni
- Ernte des 2. Aufwuchses: ca. 25. Juni
- Ernte des 3. Aufwuchses: ca. 10. August
- Ernte des 4. Aufwuchses: ca. 25. September

Der Nährstoffgehalt des Heus hängt nicht nur von der Gräser- und Pflanzenvielfalt ab, sondern auch vom Erntezeitpunkt, den dabei herrschenden Witterungsbedingungen sowie der Art der Trocknung. Dabei hat der **Schnittzeitpunkt** einen äußerst **großen Einfluss auf den Nährstoffgehalt**; in erster Linie den **Rohfaser- und Proteingehalt** des Heus, denn beide Werte hängen vom Vegetationsstadium der Pflanzen ab. Junge Pflanzen weisen einen geringen Rohfasergehalt (ca. 30 g/kg Frischmasse [FM]) und einen hohen Proteingehalt (ca. 45 g/kg FM) auf, während bei älteren Gräsern der Rohfaseranteil auf das Vierfache ansteigt (ca. 120 g/kg FM) und der Eiweißgehalt entsprechend um etwa 50% sinkt (ca. 15 g/kg FM). Somit enthält der sehr junge 2. Schnitt am meisten Eiweiß und leicht verdauliche Energie (Abb.130). Ferner ist Heu von klee- und kräuterreichen Wiesen deutlich nährstoff- und eiweißreicher (bis zu 20% höherer Proteingehalt, zum Teil unabhängig vom Schnittzeitpunkt) als reines Grasheu. Dieses sehr energiereiche Futter wird von Kaninchen besonders gern gefressen (z. B. Rotkleeheu), eignet sich jedoch nicht als Hauptfutter.

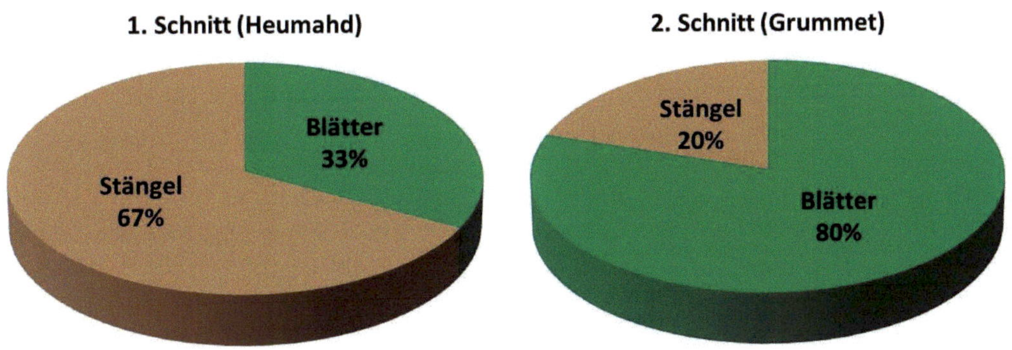

Abbildung 130: Stängel/Blattverhältnis beim ersten und zweiten Schnitt (nach Holzer 2009).

Da die **einzelnen Schnitte deutliche Qualitätsunterschiede** aufweisen und dies beim Heukauf berücksichtigt werden muss, sollte man als Kaninchenhalter diesbezüglich über Basiswissen verfügen. Grundsätzlich gilt, dass der **beste Zeitpunkt für den Schnitt** des Frischgutes und somit die Heugewinnung die Zeit des Rispen- bzw. Ährenschiebens ist; dies entspricht der Zeit **kurz vor Beginn der Blüte der Hauptgräser** (sog. „Bierflaschenhöhe"). Dieser **1. Schnitt (Heumahd)** wird somit im Frühsommer geerntet, während des Schossens (Ende Mai/Anfang Juni), wenn die Blätter der Pflanzen verhältnismäßig viele Nährstoffe (Kohlenhydrate und Proteine) enthalten. Mit Beginn der Gräserblüte reduzieren sich diese dann ganz drastisch. Die Heumahd umfasst also die kohlenhydrat-, protein- sowie faserreichen Gräser bis zur ersten Blüte und einige typischen Frühlings-Wiesenblumen (wie z. B. Schafgarbe). Da die Pflanzen zu diesem Schnittzeitpunkt viele Strukturkohlenhydrate enthalten (**hoher Rohfasergehalt**), ist die Heutrocknung deutlich verkürzt und es kommt durch den überwiegenden Stängelanteil zu geringeren Bröckelverlusten bei der Heugewinnung (Abb.133). Das Heu hat einen durchschnittlichen Rohfasergehalt von ca. 22–25%, einen meist optimalen Kalzium- und Phosphorgehalt und ist gleichzeitig **verhältnismäßig proteinreich** (ca. 12–15%). Dieser **erste Schnitt wird in der Regel** nicht zu Heu, sondern überwiegend **zu Silage verarbeitet**, da die Bauern hiermit einen höheren Gesamtertrag erzielen können. Der Anteil an Blumen und Kräutern in der Heumahd muss in diesem Fall jedoch relativ gering sein, denn diese Bestandteile neigen beim Silieren zum Schimmeln. Nachdem im Frühling Wiesengräser jedoch in der Regel deutlich schneller wachsen als Blumen sowie Kräuter, gibt es in dieser Hinsicht meist keine Probleme.

Wird Heu zur **Blütezeit geerntet**, **sinkt der Eiweißanteil** auf ca. 7% und der Anteil der **Strukturkohlenhydrate steigt** auf bis zu 35%. Blätter und Stängel blühender oder verblühter Pflanzen sind stärker mit Pilzen und Bakterien behaftet, so dass die mikrobielle Belastung des Futters zunimmt. Dies kann sich negativ auf die Lagerung(sverluste) auswirken bis hin zum raschen Verschimmeln des Futters.

Die Ernte zur eigentlichen Heugewinnung erfolgt ca. 3–4 Wochen nach dem 1. Schnitt. Dieser **2. Schnitt** (**Grummet** oder Nachmahd, Öhmd, Grünmahd, Emd) findet somit im Hochsommer statt (Ende Juni/Juli). Die Gräser sind kürzer, feiner und haben somit einen **geringeren Raufasergehalt**, also einen niedrigeren Anteil an schwer oder nicht verdaulichen Strukturkohlenhydraten. Daher muss das Frischgut länger getrocknet werden als die Heumahd. Das Grummet ist aufgrund des relativ frühen Schnittzeitpunkts der Wiesenpflanzen, die damit kleiner und jünger sind, besonders nährstoffreich (**höherer Rohprotein- und Energiegehalt**). Dies gilt insbesondere für Heu, das vorwiegend niedrig wachsende Gräser enthält. Diesen 2. Schnitt mögen Kaninchen wegen seiner „zarten" Struktur besonders gern. Das Heu ist deutlich „grüner" als die Heumahd und da Blumen sowie diverse Kräuter nach dem 1. Schnitt rascher wachsen als die Gräser, enthält das Grummet meist auch relativ viele Blüten. Folglich ist der 2. Schnitt von guten Futterwiesen besonders reich an Blättern, Kräutern, Kräutersamen sowie Blüten, während er einen nur geringen Anteil an gröberen Grasstängeln enthält. Infolge des hohen Eiweiß- und geringen Rohfasergehalts ist Grummet jedoch **als Hauptfutter für Kaninchen nicht geeignet** (Gefahr von Verdauungsstörungen). Es wird vorwiegend an Kühe verfüttert, da es auch bei Pferden Koliken auslösen kann. Beim Kaninchen mischt man den 2. Schnitt am besten vor der Verfütterung 1:1 mit Heumahd oder rohfaserreicherem Heu (wie z. B. Timothee-Heu).

Weitere Schnitte (3. oder 4. Schnitt), die man oft ebenfalls als Grummet bezeichnet, sind **minderwertig** und werden meist nicht genutzt. Stattdessen verwenden die Landwirte die Wiesen lieber zum Nachgrasen.

Mähverfahren

Heutzutage werden Wiesen- und Graspflanzen nicht einfach nur gemäht und getrocknet, sondern mit unterschiedlichen Verfahren und Geräten vor der endgültigen Trocknung „aufbereitet“. Ziel ist, die Phase zu verkürzen, in der das Frischfutter auf dem Feldboden liegt. Dies **verringert Nährstoffverluste**, steigert somit die Qualität des Heus und macht auch etwas unabhängiger von den Witterungsverhältnissen. Das Frischgut wird sofort nach dem Schneiden mit Hilfe sog. **Mäh**- oder **Heuaufbereiter** mechanisch bearbeitet (sog. **„Spleißen“ der Halme**) und danach gleichmäßig auf der Wiese verteilt (sog. „Zetten“). Dieses Verfahren beschleunigt die Trocknung, da das mechanische Knicken oder Quetschen die verdunstungshemmende Wachsschicht der Pflanzen partiell zerstört. Hierdurch werden nach dem Schnitt normalerweise rasch einsetzende Fermentationsprozesse innerhalb der Pflanzen vermieden. Auch sinkt der Anteil an Bröckelverlusten, da das Heu schneller trocknet. Nach durchschnittlich **1–1,5 Tagen der Bodentrocknung** wird das „**Welkfutter**“ in spezielle Heuboxen einer Unterdachtrocknungsanlage verbracht (siehe dort). Hier lässt sich ohne größere weitere Verluste die Feuchtigkeit des Frischfutters auf optimal weniger als 14% reduzieren.

Trocknungsverfahren

♦ Bodentrocknung

Die Bodentrocknung war lange das Standardverfahren für die Heugewinnung. Hierbei bleibt das frisch geschnittene Pflanzenmaterial bis zur fast vollständigen Trocknung im Freien (Abb.131). Der Wasserentzug erfolgt sozusagen „kostenlos“ und damit am billigsten mit Hilfe von **Sonne** und **Wind**. Der Wassergehalt der Pflanzen wird bei häufigem Wenden der Pflanzen im Verlauf von 3–4 Tagen auf ca. **20% Restfeuchtigkeit** gesenkt (Abb.132). Nach der anschließenden Reifung des Heus im Heustock („Heuschwitzen“) beträgt sein Feuchtigkeitsgehalt letztlich unter 16%. Gelingt es bei entsprechend heißem Wetter, den Feuchtigkeitsgehalt bereits auf dem Feld auf ca. 15% zu senken, „schwitzt“ das Heu danach nicht mehr nach und hat somit sofort seine volle Lagerfähigkeit erreicht. Das getrocknete Heu wird entweder lose oder verdichtet (Klein- oder Großballen) eingefahren.

Ein Vorteil der Bodentrocknung ist die unter UV-Strahlung stattfindende **Bildung von Vitamin D** aus dem pflanzlichen Provitamin Ergosterol. Einen deutlichen Nachteil stellt jedoch der verhältnismäßig hohe Verlust an Nährstoffen dar. Auch kommt es zu einem **Abbau der Karotinoide** (Beta-Karotin als bekanntestes pflanzliches Provitamin A). Bei der Bodentrocknung beträgt der **Gesamtnährstoff- und Energieverlust** ca. **20–30%** (–40%) im Vergleich zum frischen Grünfutter. Dies ist zu einem Großteil auf die sog. **„Bröckelverluste“** zurückzuführen, die bei der mechanischen Bearbeitung des Futters entstehen (häufiges Wenden des Pflanzengutes auf dem Feld sowie Einfahren). Hierbei „bröckelt“ ein Großteil der dürren Blätter und Blüten ab und somit geht dieser sehr proteinreiche Anteil des Futters verloren. Dies betrifft insbesondere blätterreiche **Kräuter- und Kleeheu-Mischungen**, da dieses Wiesenfutter weniger Stängel und mehr Blüten sowie Blätter enthält. Um die Bröckelverluste so gering wie möglich zu halten, sollte Heu ab einem Trockensubstanzgehalt von ca. 70% nur noch wenig mechanisch bewegt werden. Dies ist der Zeitpunkt, zu dem das Heu in typischer Weise „raschelt“ und sich die Blätter zwischen den Fingern leicht „zerbröseln“ lassen, während die Stängel innen noch feucht sind. Hält man sich daran, lässt sich die Heuqualität etwas verbessern. Schließlich sind gerade die blättrigen Pflanzenteile die schmackhaftesten Komponenten des Wiesenheus.

Abbildung 131: Bodentrocknung (Anfang Juni).

Abbildung 132: Gras- und Leguminosen-Heu nach Bodentrocknung.

Um die Nährstoffverluste geringer zu halten, hat sich die Nachtrocknung angewelkter Pflanzen auf speziellen Gerüsten (sog. Reutern) als sinnvoll erwiesen (siehe dort). Am besten schneidet hinsichtlich der **Bröckelverluste** jedoch die **Silierung** des Frischfutters ab. Da das vorgewelkte Futter einen durchschnittlichen Feuchtigkeitsgehalt von 65% hat, liegen die letztendlichen Verluste bei der Herstellung der Silage bei lediglich ca. **2,5%**. Hingegen betragen sie bei **Belüftungsheu 7,5%** (ca. 40% Feuchtigkeitsgehalt der vorgewelkten Wiesenpflanzen) und bei mit **Bodentrocknung** gewonnenem Heu durchschnittlich **11%** (15% Feuchtigkeitsgehalt beim Einfahren).

Neben den Bröckelverlusten gibt es bei der Heugewinnung sog. **Atmungsverluste**, die innerhalb der Pflanzen kurz nach dem Schnitt einsetzen. Diese Fermentationsprozesse gehen von Pflanzenenzymen aus und dauern an, bis alle Pflanzenzellen abgestorben sind. Daher sind die hierbei stattfindenden Nährstoffverluste umso geringer, je schneller das Heu auf dem Feld trocknet.

Abbildung 133: Stängelreiches Grasheu (Heumahd).

Besteht während der Heugewinnung eine ungünstige Wetterlage, können sog. **Auswaschungsverluste** auftreten. Hierbei schwemmt der Regen nach dem Absterben der Pflanzenzellen insbesondere Mineralstoffe aus den Zellen heraus. Nach mehreren verregneten Tagen kann der Nährstoff- bzw. Energieverlust **bis zu 60%** (maximal bis zu 100%) betragen. Betroffen sind in erster Linie leicht lösliche und somit auch leicht verdauliche Nährstoffe, deren Gehalt im Raufutter dementsprechend stark reduziert wird. Dies mindert die Qualität und die Verdaulichkeit des Heus, doch lässt sich das adspektorisch in der Regel nicht erkennen. Eine entsprechende Reduzierung des Energiewerts kann meist nur durch aufwendige Analysen festgestellt werden.

Nachdem das Grüngut geschnitten und auf dem Feld getrocknet wurde, wird das Heu mit sog. Heupressen aufgesammelt. Bei diesen unterscheidet man zwischen kolbenlosen **Rundballenpressen** (die das Raufutter primär „aufwickeln") und Kolbenpressen, sog. **Quaderballenpressen**, die die typischen rechteckigen Heuballen formen. Hierbei gibt es ein **Niederdruck**- und ein **Hochdruckverfahren** und somit Pressheu in Form von Niederdruck- bzw. Hochdruck-Heuballen. Letztere können kaum nachgetrocknet werden, so dass die Atmungsverluste höher sind.

♦ Reuter- oder Gerüsttrocknung

Bei der Reuter- oder Gerüsttrocknung wird „Welkfutter" bis zum vollständigen Trocknen auf sog. **„Reuter"** gelegt. Abhängig von der Gegend sowie deren regionaler Geschichte, verwendet man hierzu **unterschiedlichste Holzgerüste** oder einfachere Vorrichtungen aus **Drähten**, die zwischen Pflöcken aufgespannt sind. Die Futterpflanzen bleiben bis zu einem adäquaten Feuchtigkeitsentzug auf den Gerüsten liegen. Sie müssen nicht mehrfach gewendet werden, da die spezielle Konstruktion der Reuter Sonne und Wind eine ausreichend große Angriffsfläche bietet, um das Heu gut zu trocknen. Hierdurch sind die Nährstoff- bzw. **Bröckelverluste deutlich geringer** als bei der einfachen Bodentrocknung. Dies gilt insbesondere für kräuter- und leguminosenreiches Wiesenfutter mit einem hohen Anteil an Blättern sowie Blüten, das daher auch oftmals bevorzugt auf Reutern getrocknet wird.

Diese Art der Heuherstellung ist sehr arbeitsintensiv (Zeitfaktor) und in gewissem Maße auch wetterabhängig, denn das Heu wird erst nach mehreren Wochen eingefahren. Andererseits verhindert dieses Verfahren bei ungünstiger Witterung ein völliges Verderben des zu trocknenden Frischgutes, da die Auswaschungsverluste geringer sind.

♦ Unterdachtrocknung oder Heubelüftung (Warm- oder Kaltluft)

Soll frisch gemähtes Wiesenfutter ohne vorheriges Anwelken bis zur endgültigen Lagerfähigkeit getrocknet werden, erfordert dies spezielle Anlagen und sehr viel Energie (siehe Trocknungsverfahren). Das ist teuer und eigentlich unwirtschaftlich. Daher wird das Frischfutter meist auf dem Feld auf ca. **25–40% Restfeuchtigkeit vorgetrocknet** und dieses **Eintagsheu** dann „unter Dach" aufgestapelt und anschließend über ca. 7 Tage mit **Kaltluft** auf ca. **15% Feuchtigkeit nachgetrocknet**. Diese **Unterdachtrocknung** oder **Heubelüftung** führt zu einer besseren Heuqualität, da die Atmungsverluste auf dem Feld und die Bröckelverluste beim Einfahren des Welkfutters relativ gering bleiben. Die **Nährstoffverluste** betragen ca. **15–20%**.

Es gibt **verschiedene Heubelüftungssysteme** mit unterschiedlich hohen Investitions- und Betriebskosten, die sich entsprechend im Preis des Produkts niederschlagen. Auch differenziert man zwischen **Heuturm-Belüftungsanlagen** mit horizontaler Luftführung sowie **Flachrost-Belüftungsanlagen** mit vertikaler Luftführung. Trotz des zunehmenden Belüftungswiderstandes durch die Dicke der Frischfutterlage sind Letztere weiter verbreitet. Mit den unterschiedlichen Systemen lässt sich nicht nur loses Wiesenfutter trocknen, sondern auch in normale Heuballen gepresstes Heu oder gar große Heu-Rundballen.

Bei der sog. **„Boxen-Heutrocknung"** wird das angewelkte, lose Frischfutter mit Hilfe eines Teleskopverteilers locker und gleichmäßig auf dem Heuboden einer speziellen Anlage verteilt. Die Trocknungsluft soll überall möglichst gleiche Strömungsbedingungen vorfinden. Um den Belüftungswiderstand nicht zu stark ansteigen zu lassen, beträgt die Schichthöhe bei jungem, blattreichem Heu mit ca. 40% Feuchtigkeitsgehalt etwa. 0,75 m. Bei weniger als 30% Wassergehalt lässt sich das Futter hingegen bis zu 3,0 m hoch stapeln. Die Trocknung erfolgt mittels geeigneter **Luftzufuhr** über einen Zeitraum von ca. **2 Tagen**. Hierbei wird das Pflanzengut durch den Entzug von Wärme nicht nur weiter getrocknet, sondern es wird auch die Heuatmung (siehe „Heuschwitzen") und der hiermit verbundene Nährstoffverlust deutlich reduziert.

Die Heutrocknung kann bei diesem Verfahren mit **Kaltluft** oder mit **angewärmter Trocknungsluft** (Solaranlagen) erfolgen. Die sog. Kaltbelüftung ist das technisch einfachste und auch billigste Verfahren. Sie kann jedoch nur für das Nachtrocknen zu feucht eingefahrenen Bodenheus eingesetzt werden, nicht aber bei Pflanzengut mit einem höheren Feuchtigkeitsgehalt.

Das energiesparendste Verfahren stellt die Unterdachtrocknung **mit solarer Luftanwärmung** und einer zusätzlichen **„Luftentfeuchtungstrocknung“** dar. Diese Systeme arbeiten nach dem Prinzip der Wärmepumpe (sog. „Kühlschrank“ oder „Wärmeaustauschprinzip“). Über große Lüfter wird trockene, mäßig warme Luft von unten in das Heu geblasen. Durch die zügige Trocknung des Heus ist die Phase des „Heuschwitzens“ im Vergleich zu anderen Verfahren deutlich verkürzt und hierdurch der Vitamin- und Aminosäureverlust reduziert. Auch riecht dieses Heu besonders aromatisch und frisch. Ein Nachteil der Methode sind die relativ hohen Investitionskosten, so dass dieses Heu meist teurer verkauft wird. Es lohnt sich jedoch, diese ökologisch sinnvolle Technik durch einen etwas höheren Einkaufspreis zu unterstützen.

Unabhängig vom gewählten Verfahren muss während des Trocknungsprozesses die Temperatur des Heus ständig überwacht werden, um eine Selbstentzündung zu vermeiden. Wird das Heu zu hoch gestapelt oder wegen eines **erhöhten Feuchtigkeitsgehalts** zu stark „zusammengepresst“ eingelagert, hat dies eine übermäßige Nacherwärmung des Materials zur Folge. Hiermit verbunden sind Nährstoffverluste und **Fehlgärungen**, die im Extremfall zu einer **Selbstentzündung des Heus** führen können. Daher laufen diese Anlagen immer vollautomatisch und unter ganz besonderen Sicherheitsvorkehrungen.

♦ Heißlufttrocknung (Produktion von „Trockengrün“ und „Grünmehl“)

Bei dieser Technik kann das Wiesenfutter im optimalen Vegetationsstadium geerntet werden, da man hierbei weitgehend witterungsunabhängig ist. Als Endprodukt entsteht Heu besonders **guter Qualität**, mit einem recht **hohen Beta-Karotin-Gehalt** sowie insgesamt kaum veränderten Nährstoff- und Energiewerten im Vergleich zum Frischfutter. Die **Nährstoffverluste** liegen bei lediglich **5%.** Sinnvoll ist dieses Trocknungsverfahren nur für sehr junges, **blatt-** und somit **eiweißreiches Wiesenfutter** (Luzerne, Klee), das **weniger als ca. 24% Rohfaser** enthält. Für die Herstellung ganz „normalen“ Raufutters ist diese Technik viel zu teuer.

Das Verfahren erfordert eine recht hohe Energiezufuhr und verursacht daher hohe Kosten. Für 100 kg Trockengrün werden 30–40 Liter Heizöl benötigt. Eine kostensparende Vortrocknung der Biomasse (Welkfutter) kommt nicht in Betracht, da hierdurch die Nährstoffkonzentration sinken würde. Hinzu kämen nicht erwünschte Verluste an Beta-Karotin. Schon allein wegen des hohen Energieverbrauchs sollte man als Kaninchenhalter auf die Verfütterung heißluftgetrockneten Heus verzichten und lieber ökologisch sinnvollere Trocknungsverfahren unterstützen, zumal für eine gesunde Ernährung der Tiere – außer vielleicht im Winter – kein besonders nährstoff- und vitaminreiches Heu benötigt wird.

Bei der Heuaufbereitung mit Heißluft wird das Frischfutter sofort nach dem Mähen in ca. 4–5 cm lange Stücke **zerhäckselt** und danach in speziellen **Trocknungstrommeln** mit ca. **120 °C heißer Luft** getrocknet. Hierdurch reduziert sich die Gefahr einer Schimmelbildung und der Anteil an Keimen wird sehr stark verringert. Gleichzeitig werden durch die Wärme gewisse Nährstoffe partiell aufgespalten und das Heu damit besser verdaulich. Bei Überschreitung der normalen Arbeitstemperatur können jedoch auch sog. Trocknungsschäden auftreten, durch die die Verdaulichkeit wiederum deutlich abnimmt.

Heißluftgetrocknetes Heu wird als „**Trockengrün**" bezeichnet, während „normales" Heu eigentlich „Dürrfutter" darstellt. Nach dem Trocknungsvorgang wird das gehäckselte Gut in größere Ballen gepresst oder in handlicheren Portionen abgepackt. Alternativ erfolgt die Herstellung spezieller Presslinge (**Heu**- oder reine **Grascobs** bzw. **Briketts**) (siehe bei Heupresslingen).

In einem besonderen Verfahren der Heißlufttrocknung wird das frisch gehäckselte Grüngut (**zumeist Luzerne** sowie **Leguminosen,** seltener auch junges, weiches Gras) mit noch höheren Temperaturen „schockgetrocknet" (**4–5 Minuten** bei **500–800 °C**). Trotz der hohen Temperaturen bleiben durch die rasche Trocknung des Frischguts die Nährstoffe weitgehend erhalten, da durch die Verdunstungskälte des Wassers die Temperatur im Substrat auf höchstens 60 °C ansteigt. Erhöht sich die Temperatur innerhalb des Futters hingegen auf 80 °C oder mehr, kommt es zur **Eiweißschädigung** (sog. „**Rösteffekte**") und der Nährwert sinkt erheblich.

Das mit der „**Schocktrocknung**" gewonnene **Luzerne-** oder **Leguminosen-Trockengrün** wird anschließend meist sofort zu feinem sog. „**Grünmehl**" zermahlen und zu sog. **Grünmehlpresslingen** verdichtet (siehe bei Pellets).

Heureifung („Heuschwitzen")

Frisch getrocknetes Heu (insbesondere nach der Boden- sowie Reutertrocknung) muss nach dem Einfahren anschließend normalerweise noch ca. **6–8 Wochen lagern**, bevor es verfüttert werden kann. In diesem Zeitraum erfolgt das sog. „**Heuschwitzen**" oder die „**Heunachreifung**". Hierbei verringert sich der anfangs sehr intensive Heugeruch und auch der zunächst recht strenge Geschmack wird deutlich milder. Gleichzeitig steigen das Aroma des Futters und seine Verdaulichkeit, da die Pflanzenzellen durch gewisse **Fermentationsprozesse** partiell aufgebrochen werden. Diese Gärung findet während der ersten Tage vor allem im Inneren des Heustapels statt. Auf den Pflanzen natürlich vorkommende Bakterien und Pilze (u. a. Milch- sowie Essigsäurebakterien, Hefen) vermehren sich während der Heunachreifung sehr stark, wodurch das Futter zu „gären" beginnt. Eingeleitet wird dieser Prozess durch pflanzeneigene Enzyme. Diese **bakterielle Fermentation** geschieht sowohl im Heuballen als auch im locker geschichteten Heuhaufen, doch sind die Prozesse in Pressheu deutlich ausgeprägter und somit die Nährstoffverluste höher. Das Heu erwärmt sich im Inneren auf ca. **35–40 °C**. Hierdurch verdunstet ein Teil des im getrockneten Pflanzengut noch befindlichen Wassers. Anschließend kondensiert dieses an den kühleren Außenschichten des Heuhaufens oder Heuballens. Das Wasser wird sozusagen „ausgeschwitzt". Bei einem **Wassergehalt** von **weniger als 15%** tritt **„Keimruhe"** ein, da sich nunmehr die im Heu stets vorhandenen Bakterien und Pilze nicht weiter vermehren können. Ideal wäre es daher, getrocknete Pflanzen mit einer Restfeuchte von unter 15% einzufahren. Dies ist mit der Boden- sowie Reutertrocknung jedoch leider meist nicht möglich.

Entscheidend für eine optimale Nachreifung ist stets eine möglichst **kühle und trockene Aufbewahrung** des Heus. Ebenso wichtig für einen ungestörten Gärprozess ist der Wassergehalt der Pflanzen. Ist der **Feuchtigkeitsgehalt** des „getrockneten" Heus **zu hoch (>25%)**, so findet **keine normale Heu-Fermentation** statt und somit keine „Sterilisierung" des Futters. Das Heu beginnt durch die Vermehrung der anhaftenden Pilze häufig zu **schimmeln.**

Durch die Gärprozesse wird das **Gift der Hahnenfußgewächse** (das Glykosid Ranunculin) **zerstört**. Hingegen **bleiben Giftstoffe anderer Pflanzen erhalten**, wie z. B. des

Sumpfschachtelhalms oder der Herbstzeitlose.
In Heu-Kleinballen dauert diese „Nachschwitzphase“ ca. 6–8 Wochen, in locker aufgehäuftem Heu (z. B. Unterdachtrocknung) läuft sie etwas rascher ab (ca. 5–6 Wochen). Längere Zeit nimmt die Heureifung bei großen Rollballen in Anspruch, da das Schwitzwasser nicht so schnell entweichen kann, weil die Ballen im Verhältnis zur Heumenge eine zu kleine Oberfläche aufweisen. Ist hierdurch die Wasserabgabe bei **hochdruckgepressten Heuballen** nur eingeschränkt möglich, steigt das Risiko, dass das Heu im Balleninneren rasch verdirbt. Derartiges Raufutter ist deutlich stärker mit **Milben, Bakterien** (Clostridium), **Hefen** und **Schimmelpilzen** (Aspergillus, Penicillium, Mucor oder Oidium) belastet. Deren Wachstum führt nicht nur zu Nährstoffverlusten, sondern unter Umständen auch zur Bildung **toxischer Substanzen**. Daher ist die Verfütterung von Großballen-Heu für Kaninchen nicht empfehlenswert, sofern das Heu nicht mittels eines speziellen Heutrockungsverfahrens nachbehandelt wurde.

Eigene Herstellung von Heu

◆ Kleine Mengen

Heu kann man relativ einfach selbst herstellen. Die Frischfutterpflanzen dürfen jedoch nicht mit dem Rasenmäher geschnitten werden. Am besten **mäht** man sie **mit der Sense**. Für den „Hobbybauern“ gibt es auch kleine Handsensen (sog. Handsicheln) im Fachhandel (Baumarkt) (Abb.134 und Abb.135). Nach dem Schnitt wird das Gras möglichst weitflächig und locker in einem trockenen Raum mit einer glatten, weitgehend staubfreien Unterlage (z. B. Bodenbelag eines unbewohnten Dachbodens oder Betonboden einer Garage) ausgelegt und täglich zweimal gewendet. Zuvor kann man das Gras auch „konventionell“ einen Tag lang in der Sonne trocknen lassen (höherer Vitamin-D_2-Gehalt). Alternativ legt man das frisch geschnittene Grün auf **hölzerne Rahmen**, die mit möglichst feinem **Maschendraht bespannt** sind oder andere einfache Gerüste (Abb.137 und Abb.138). Die Trocknung sollte dann bevorzugt im Halbschatten und unter sicherem Schutz vor Regen erfolgen. Um Platz zu sparen können hierbei durchaus mehrere Rahmen übereinander gestapelt werden. Der Trocknungsprozess dauert ca. 2-3 Tage (abhängig von den Witterungsverhältnissen bzw. der Umgebungstemperatur sowie der Vortrocknung des Grünfutters).

Abbildung 134: Einsatz der Handsichel im Garten.

Abbildung 135: Frisch geerntetes Wiesenfutter.

Im Vergleich zu kommerziellem Heu (Bodentrocknung) bleiben insbesondere bei der „Maschendrahttrocknung“ die qualitativ hochwertigen, proteinreichen Blätter fast vollständig erhalten (geringe „Bröckelverluste“). Wird zur Trocknung jedoch ein besonders grob strukturiertes Drahtgeflecht verwendet, so gehen auch bei dieser Technik relativ viele feine Blätter verloren. Ob es sinnvoll ist diese abschließend zusammenzurechen und zumindest die größeren Partikel aufzunehmen, hängt von der Beschaffenheit als auch Sauberkeit des Bodens sowie der Zusammensetzung des verwendeten Schnittguts ab.

Die anschließende Lagerung des Heus erfolgt am einfachsten in luftigen **Stoffsäcken**, die in kleineren Mengen in der Speisekammer oder in größeren Mengen im kühlen Keller aufbewahrt werden können. So lässt sich das Heu problemlos über einige Monate lagern. Verfüttert werden darf es jedoch erst nach einigen Wochen „Nachreifungszeit“, da es ansonsten zu ernsthaften akuten Verdauungsstörungen kommen kann (siehe Heuschwitzen).

Abbildung 136: Frisches Wiesenfutter: Gras, Klee, Löwenzahn, Gänseblümchen, Ehrenpreis.

Abbildung 137: Holzrahmen mit Drahtgeflecht zur Trocknung von Frischfutter.

Abbildung 138: Bröckelverluste bei der Heugewinnung.

Abbildung 139: Stängeliges Grasheu (links) im Vergleich zu frischem („Garten“)-Wiesenheu (rechts).

♦ Größere Mengen

Um gutes Heu in etwas größerem Stil selbst herstellen zu können, benötigt man eine entsprechend große, mit geeigneten Süßgräsern sowie diversen Wiesenpflanzen bewachsene „Futterwiese“ oder ein adäquates Gartengrundstück. Giftpflanzen dürfen nicht enthalten sein oder müssen zuvor entfernt werden. Obwohl primär für Heimtiere giftig, können Hahnenfußgewächse belassen werden, da sie bei der Heureifung ihre Toxizität verlieren. Die Heugewinnung erfolgt vor dem Blühen der Gräser (ca. Ende Mai – Anfang Juni) bei schönem, möglichst windigem

Wetter, das mindestens 2–3 Tage anhalten sollte.

Nach dem Mähen des Grases mit der Sense wird der Schnitt zunächst liegengelassen und nach ca**. 3–4 Stunden gewendet**. Das kann im Laufe des Tages **zwei- bis dreimal wiederholt** werden. Am Abend recht man das Gras in lange, möglichst schmale Reihen zusammen (sog. **„Aufzeilen"** oder **„Einschwaden"**), damit es über Nacht nicht wieder feucht wird (Minimierung der nächtlichen Feuchtigkeitsaufnahme durch Tau). Am nächsten Morgen wird das partiell getrocknete Schnittgut wieder ausgebreitet („gestreut") und erneut regelmäßig gewendet. Abhängig von der Witterung und seinem Feuchtigkeitsgehalt kann das Heu **nach ca. 3 Tagen** zur weiteren Lagerung „unter Dach" **eingesammelt** werden. Der Feuchtigkeitsgehalt darf dabei nicht mehr als 20% betragen (Bestimmung mit speziellen Feuchtemessgeräten bzw. Sinnenprüfung = typisches „Rascheln" und „Bröckeln") (Abb.140).

Das Heu wird dunkel, **trocken, sauber** und **luftig gelagert**. Keinesfalls darf es unmittelbar auf einem Betonboden liegen, da hier keine Luftzirkulation stattfinden kann. Idealerweise erfolgt die Lagerung auf leicht auseinanderliegenden **Holzbohlen oder -latten** (wie in der Scheune). Hat man ein Gartenhäuschen oder einen kleinen Schuppen, kann man sich mit Holzlatten leicht eine passende Lagerungsstätte basteln. Ein mittelgroßes Hauskaninchen benötigt ca. 20–35 kg Heu pro Jahr. Bei **zweimaligem Schnitt** lässt sich **pro Quadratmeter Wiese ca. 1 kg Heu** gewinnen.

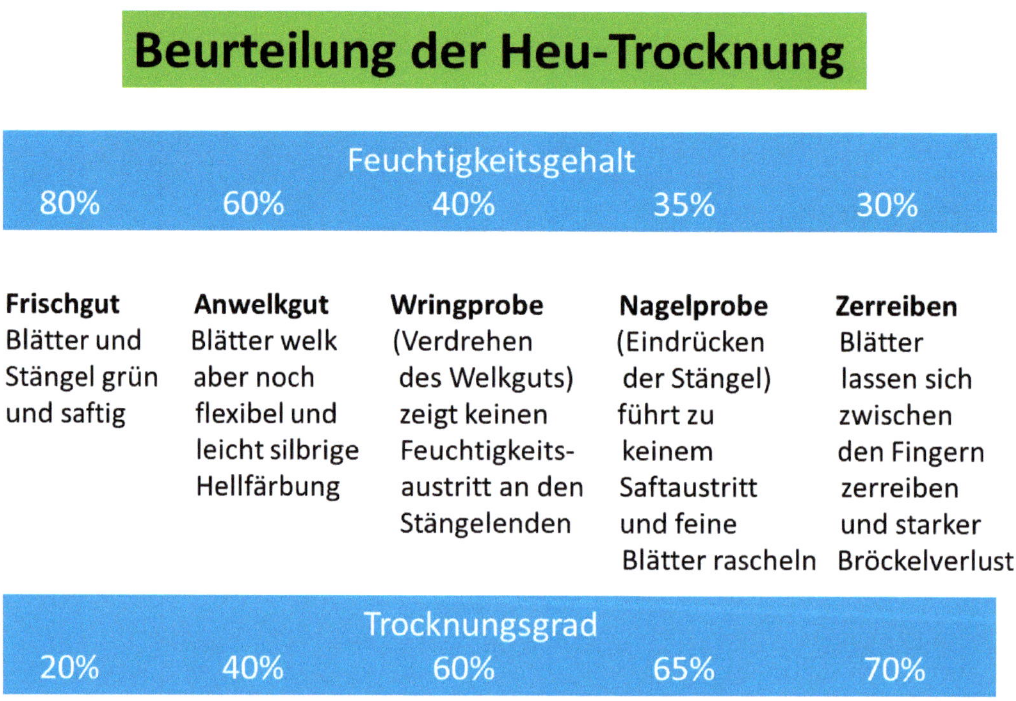

Abbildung 140: Beurteilung der Feuchtigkeit von „Welkheu" (Welkgut).

Industrielle Produktion von Futtermitteln

Bestandteile kommerzieller Futtermittel

Die Futtermittelindustrie ist verständlicherweise primär daran interessiert, die für ein spezielles Nahrungsmittel (Mischfutter oder Pellets) benötigten Zutaten auf dem Weltmarkt billig einzukaufen und über spezielle Herstellungsverfahren ein hochwertiges Futter herzustellen, das dann entsprechend teurer verkauft werden kann. Somit wird der Preis einer Tiernahrung stark von den Kosten der Einzelkomponenten auf den **Rohwarenmärkten** beeinflusst. Hierzu gehören der **Getreidemarkt**, der **Eiweißfuttermarkt** sowie der **Mineral**- und **Zusatzstoffmarkt.** Der wichtigste Rohstoff für die Herstellung von Tiermischfuttern ist immer noch kostengünstiges **Getreide** (vorwiegend Weizen). Verwendung finden weiterhin **industrielle Nebenprodukte der Lebensmittelherstellung**. Hierunter fallen alle pflanzlichen Bestandteile, die durch die Bearbeitung von Pflanzen oder Pflanzenteilen entstehen, wie beispielsweise: Kleie und Schrote, die als Nebenprodukte in Getreide- sowie Ölmühlen anfallen, Maiskleber aus der Stärkeindustrie, Melasse und Trockenschnitzel als Restprodukte der Zuckerherstellung als auch Zitrus- bzw. Obsttrester als Pressrückstände aus der Fruchtsaftindustrie. Hinzu kommen Abfallprodukte aus der Bäckerei, Brauerei und Destillation. Zu den pflanzlichen Nebenerzeugnissen zählen auch **pflanzliche Eiweißextrakte.** Dies sind Produkte pflanzlichen Ursprungs, die einen Eiweißgehalt von mindestens 50% (in der Trockenmasse) aufweisen. Durch geeignete Verfahren werden die Proteine angereichert und hierbei zum Teil auch umstrukturiert. Es handelt sich meist um Rückstände aus der Ölherstellung sowie Sojaverarbeitung, ferner gehören dazu Kartoffeleiweiß, Weizenprotein und Erbsenproteinkonzentrat.

Folgende Inhaltsstoffe finden sich in vielen kommerziellen Futtermitteln:

Getreide und Nebenprodukte der Getreideverarbeitung sowie Stärkeherstellung

- ganze Getreidekörner oder deren Mehl (Triticale = Kreuzung zwischen Weizen und Roggen; 66% Stärke), Körnermais (61% Stärke), Futterweizen (60% Stärke), Dinkel (56% Stärke), Roggen (55% Stärke), Futtergerste (52% Stärke), Futterhafer (45% Stärke)
- Gerstenflocken (gedämpft und gewalzt)
- Gerstenkleie (ein Mühlennachprodukt, Herstellung von Mehl aus gereinigter Gerste)
- Haferflocken (entspelzter Hafer wird gewalzt und hydrothermisch behandelt, sehr stärkereich)
- Haferschälkleie (Nebenprodukt der Gewinnung von Haferflocken, hoher Rohfasergehalt)
- Hirse (gepufft)
- Kartoffeleiweiß (Nebenprodukt der Stärkegewinnung aus Kartoffeln, sehr eiweißreich)
- trockene Kartoffelpülpe (Nebenprodukt der Stärkegewinnung aus Kartoffeln, 16% Rohfaser)
- Mais (gepufft bzw. gepoppt)

- Maisextrudate
- Maisflocken (Dämpfen und Walzen von Mais, enthält viel Stärke)
- Maiskeime (Nebenprodukt der Stärkegewinnung aus Maiskörnern)
- Maiskeimextraktionsschrot (Nebenprodukt der Maisstärke- und Maiskeimölgewinnung)
- Malzkeime (Nebenprodukt der Malzherstellung – Bierbrauerei, Braugerste bzw. Brauweizen)
- Maiskleberfutter (Nebenprodukt der Maisstärke- und Maiskeimölgewinnung, eiweißreich)
- Reis (gepufft)
- Roggenkleie (Nebenerzeugnis der Mehlherstellung, besteht vor allem aus Teilen der Schale)
- Weizenflocken (gedämpft und gewalzt oder gepoppt, hierdurch hydrothermischer Stärkeaufschluss)
- Weizengrießkleie (Nebenprodukt der Weizenmehlgewinnung, ca. 10% Rohfaser)
- Weizenkeime (Nebenprodukte der Mehl- und Stärkegewinnung, gewalzte Weizenkeime)
- Weizenkleie (Nebenprodukt der Weizenmehlgewinnung, ca. 12% Rohfaser und 15% Stärke)
- Weizenkleber (Nebenprodukt der Stärkegewinnung aus Weizenkörnern, hoher Proteingehalt)

Leguminosen und deren Produkte (Luzerne, Klee, Wicke, Ackerbohne, Erbse, Lupine, Soja)

- ganze Hülsenfrüchte (Erbsen)
- Ackerbohnenflocken (gewalzt)
- Erbsenflocken (gewalzt, enthalten 23% Eiweiß und 41% Stärke)
- Grünmehl (gemahlenes und getrocknetes Futter aus Gras, Klee oder Luzerne, Pellets, Grascobs)
- Luzernegrünmehl (enthält ca. 30% Rohfaser und 15% Rohprotein)
- Sojaflocken (glutenfrei, eiweißreich)
- dampferhitzte Sojabohne
- Süßlupine

Nebenprodukte der Ölherstellung

- Ölschrote (nach mechanischer Zerkleinerung der Körner)
- Ölkuchen (Rückstand nach Auspressen)
- Leinexpeller (Nebenprodukt der Leinölgewinnung, hoher Proteingehalt und viel Hemizellulose)
- Leinextraktionsschrot (Nebenprodukt der Leinölgewinnung, proteinreich und viel Hemizellulose)
- Leinkuchen (Rückstand aus der Leinölgewinnung)
- Palmkernexpeller (Nebenprodukt der Ölgewinnung aus Ölpalmen, ca. 16% Rohfaser, viel Fett)
- Palmkernkuchen (Nebenprodukt der Ölgewinnung aus Ölpalmen)
- Rapsextraktionsschrot (Nebenprodukt der Rapsölgewinnung durch Extraktion, 35% Rohprotein)
- Rapskuchen (Nebenprodukt der Rapsölgewinnung durch Abpressen, ca. 33% Rohprotein)
- Sojaextraktionsschrot (Nebenprodukt der Sojaölgewinnung, essentielle Aminosäuren)
- Sojaschalen (Nebenprodukt der Öl- und Eiweißgewinnung aus der Sojabohne, 34% Rohfaser)
- Sonnenblumenextraktionsschrot (Nebenprodukt der Sonnenblumenölgewinnung, 11% Rohfaser)

Nebenprodukte der Zuckerherstellung

- Melasseschnitzel (Nebenprodukt der Zuckergewinnung aus der Zuckerrübe)
- Zuckerrübenmelasse (aus Zuckerrüben, sehr zuckerhaltig, überwiegend Saccharose)

Nebenprodukte der Fruchtsaftindustrie (Obst- und Zitrustrester)

- Apfeltrester (enthält viel Hemizellulose, Zellulose und Pektin)
- Zitrustrester (Saftgewinnung aus Zitrusfrüchten, viel Hemizellulose, Zellulose und Pektin)
- Möhrentrester (Abfallprodukt bei der Karottensaftherstellung)

Nebenprodukte der Bierbrauerei und Brennerei

- Bierhefe (sehr hoher Proteingehalt und hohe Verdaulichkeit)
- Biertreber (hoher Rohfasergehalt von ca. 15%, Hemizellulose und Rohprotein von ca. 27%)
- Malzkeime (hoher Zucker-, Protein- und Rohfasergehalt)
- Schlempe (sehr hoher Proteingehalt mit hoher Verdaulichkeit)

Milch- und Molkereierzeugnisse

- Magermilch
- Molkepulver (Abfallprodukt der Käseherstellung, getrocknete Molke, 68% Laktose)

Früchte

- getrocknete Bananen
- getrocknete Birnen

Gemüse und Diverses

- getrocknete Karotten
- Karottenflocken
- getrockneter Lauch
- getrocknete Rote Beete
- Rote-Beete-Flocken
- getrocknete Petersilie
- Bohnenflocken
- Kartoffelpülpe
- Kartoffelschlempe
- Maniokschrot
- Johannisbrot (getrocknete Früchte bzw. Hülsen des Johannisbrotbaums, hoher Zuckergehalt)
- Erdnussschalen (Zellulose)

Ferner werden kommerziell hergestellten Futtermitteln sog. **Futtermittelzusatzstoffe** beigemischt, um deren Eigenschaften zu verbessern (Qualität, Haltbarkeit, Geschmack oder Verdaulichkeit). So sollen **Konservierungsstoffe** das Wachstum von Schimmelpilzen und Hefen verhindern. Es handelt sich hierbei vorwiegend um Salze diverser Säuren (z. B. Sorbate). Bei den **Farbstoffen** unterscheidet man zwischen natürlich färbenden Zusätzen, z. B. Carotinoiden und Xanthophyllen, sowie synthetisch hergestellten Farben (bunt eingefärbte Futterkomponenten). **Antioxidanzien** sollen die Ranzigkeit von Fetten und die Entstehung toxischer Radikale verhindern, wodurch die Haltbarkeit der Futtermittel verbessert wird. Fette neigen dazu, in Verbindung mit

Sauerstoff zu zerfallen, ein Prozess, der von der Umgebungstemperatur und der Lichteinstrahlung (UV-Licht) abhängt. Antioxidanzien beugen dieser Reaktion vor, da sie mit Sauerstoff leichter reagieren als die im Futter enthaltenen Fettsäuren, wodurch sie unerwünschte Radikale abfangen. Verwendung finden synthetische und natürliche Antioxidanzien. Zu Letzteren zählen **Vitamin E**, das in höherer Konzentration in Getreidekeimen vorkommt, sowie **Vitamin C**.

Da bei der kommerziellen Herstellung von Fertigfutter ein Teil der enthaltenen Vitamine zerstört wird, erfolgt häufig ein Zusatz von **Vitaminen** in recht hoher Konzentration oder eine Ummantelung der fertigen Pellets (sog. **Coating**, siehe Abschnitt „Herstellungsverfahren"). Weitere Futtermittelzusätze sind die ungesättigten **Omega-3-** und **Omega-6-Fettsäuren**, die auch für Kaninchen lebensnotwendig sein sollen. Sie wirken entzündungshemmend, unterstützen das Herz-Kreislauf-System und haben Bedeutung für eine gesunde Haut sowie ein glänzendes Fell. Infolgedessen können ein struppiges Fell oder trockene Haut auf einen eventuellen Mangel hinweisen. Der Körper des Menschen kann Omega-3-Fettsäuren nicht selbst herstellen und muss diese deshalb über die Nahrung aufnehmen. Dies trifft jedoch nicht für das Kaninchen zu. Erhalten Schlachtkaninchen ausschließlich raufaserreiche Nahrung (reine Raufuttermast), weist ihr Fleisch einen besonders hohen Anteil an Omega-3- und Omega-6-Fettsäuren auf. Schon allein aus diesem Grund ist die Ernährung von Kaninchen mit einem hohen Raufutteranteil empfehlenswert und ein Zusatz dieser Fettsäuren im Fertigfutter verzichtbar. Denn getrocknete und frische Grasähren enthalten für die Gesundheit der Tiere ausreichende Mengen dieser Substanzen.

Zusätzlich werden Futtermitteln heute gerne weitere Stoffe beigemischt, die „gesund" klingen oder „nützlich" sind (z. B. Antigeruchs-Komplex, Algen, Aloe vera, Yucca-Extrakt).

Herstellungsverfahren

Bei der Produktion von „normalen" Pellets oder anders geformten, zum Teil auch gröber strukturierten Presslingen gibt es **unterschiedliche Herstellungsverfahren**, die sich in Bezug auf die Prozesstemperatur und die verwendeten Presshilfsmittel unterscheiden.

Pelletpressung („einfache Pelletierung")

♦ Kaltpressverfahren

Das **Kaltpressverfahren** dient zur Herstellung von **Gras-** und **Wiesenheu-Pellets** sowie entsprechender **Cobs** oder **Briketts**. Hierbei wird das frisch geerntete Grünfutter nach einer gröberen Zerkleinerung in rotierenden Trocknungstrommeln getrocknet, eventuell mit weiteren Kräutern oder Blüten vermischt und danach in Pelletpressen geformt. Diese Art der **Pelletierung** ist ein primär **mechanisches Verdichtungsverfahren** (Abb.141). Die für die Herstellung dieser Presslinge benötigte Temperatur kann recht niedrig sein (**ca. 40 °C**). Ebenso wie für Heu gilt für diese Pellets, dass allein infolge des Verarbeitungsprozesses das Endprodukt nie so hochwertig sein kann wie das Ausgangsprodukt (frisches Wiesenfutter). Das Verfahren ist jedoch eine gute Methode, das Futter möglichst „frisch" zu konservieren.

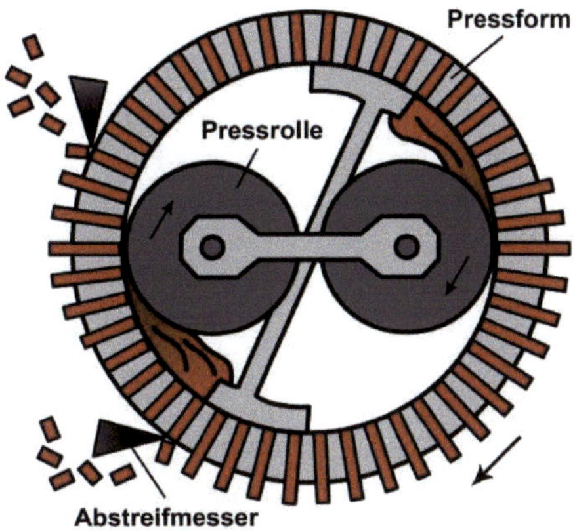

Abbildung 141: Pelletherstellung im Kaltpressverfahren (nach Bühler - Zeichnung: Dr. Christine Böhmer).

♦ Heißpressverfahren

Bei der Herstellung von **Alleinfuttermittel-Pellets** verwendet man hingegen deutlich höhere Temperaturen (sog. **Heißpressverfahren**). Das primäre Rohstoffmaterial – meist Luzerne- oder Gras-Grünmehl oder eine Mischung diverser Futtermehle – wird bei dieser Technik zunächst mit unterschiedlichen Zusatzstoffen vermischt; u. a. Medikamente gegen Kokzidien (bei Zucht- und Mastfutter), diverse pflanzliche Nebenerzeugnisse sowie Eiweißextrakte, Spurenelemente, Geschmacksverbesserer, Mineralstoffe, Aminosäuren, Aromen, eventuell Vitamine und Konservierungsmittel. Dies erfolgt in größeren **Mischfutterwerken**, die die einzelnen Bestandteile ihrem Nährstoffgehalt entsprechend in einem optimalen Verhältnis vermengen und gleichzeitig fein zermahlen. In der letztendlich äußerst homogenen Futtermischung muss auch ein gewisser Anteil an **Stärke** enthalten sein (bis zu **15%**), da diese unter der Einwirkung von Dampf und mechanischem Druck als „**Kleister**" (Kleber) für die Pelletherstellung fungiert. Dies ist meist der Fall, wenn Nebenprodukte aus der Verarbeitung pflanzlicher Rohstoffe zugemischt wurden. Schon allein deshalb sind Alleinfuttermittel-Pellets im Prinzip „**Kraftfuttermittel**". Bei Bedarf kann alternativ zu Stärke **Melasse** als geeignetes Bindemittel genutzt werden.

Nach der homogenen Vermischung der fein zermahlenen Futterbestandteile wird das Futtermehl im sog. **Konditionierer** (oder „Aufbereiter") mit **Dampf** behandelt (**hydrothermale Konditionierung**). Danach wird der Nahrungsbrei nach einer gewissen **Verdichtung** innerhalb einer Presse sowie einer gleichzeitigen **Erhitzung auf ca. 60–80 °C** mit **Druck** durch eine meist kreisrunde **Pressform** (Matrize) gedrückt, die multiple Bohrungen enthält. Am Ende der Matritzenkanälchen werden die nunmehr glatten „Futterwürstchen" mit Hilfe eines rotierenden Abstreifmessers auf die gewünschte Länge gekürzt und erhalten so ihre typische zylindrische Form. Der optimale Durchmesser von Presslingen für Kaninchen liegt bei 2,5–5 mm und ihre Länge bei 1–4 cm (in Abhängigkeit von der Dicke der Produkte) (Abb.142).

Nach der Formgebung erfolgt die Abkühlung der Presslinge auf Raumtemperatur, wobei sie gleichzeitig trocknen. Hierbei entweicht die Dampffeuchte und der **Feuchtigkeitsgehalt** beträgt danach nur noch ca. **12–13%**. Beim gesamten Herstellungsprozess der Pellets steigt die auf das Futtermehl einwirkende Temperatur nicht über ca. **80 °C** an (über maximal **30 Sekunden**), inklusive der Reibungswärme beim Pressvorgang. Hierdurch wird zwar die Keimzahl des Futters reduziert, aber die Temperatur reicht nicht aus, um sporenbildende Keime sowie pathogene Darmbakterien (z. B. Salmonellen und E. coli) sicher abzutöten. Alternativ gibt es das sog. **Niederpasteurisierverfahren**, bei dem die Temperatur über maximal **120 Sekunden** auf ca. **95 °C** erhöht werden kann, wodurch pathogene Keime etwas effizienter abgetötet werden. Eine massive Druck- und Temperaturerhöhung – wie beim Extrusionsverfahren (siehe dort) – findet bei der Herstellung von Pellets jedoch nicht statt.

Abbildung 142: Verschiedene Presslinge (glänzende Oberfläche typisch für Heißpressverfahren).

Da bei diesen **thermomechanischen Pressvorgängen** eine Vielzahl der ursprünglich vorhandenen Nährstoffe und **Vitamine** verloren geht, werden diese im Anschluss in konzentrierter Form auf die Pellets aufgesprüht (sog. **Ummantelung** oder **„Coating“**). Weil folglich alle Pellets die gleiche Menge an Vitaminen und Mineralstoffen enthalten und Kaninchen diese ihrer individuellen Vorliebe entsprechend nicht selektiv aufnehmen können, kann es jedoch zu einer Überversorgung mit bestimmten Vitaminen kommen, wenn die Tiere neben den Pellets besonders gutes Heu sowie zusätzlich Frischfutter erhalten. Auch werden beim „Coating“ in der Regel nicht die in der natürlichen Nahrung enthaltenen Provitamine (die der Organismus in die wirksame Form der Vitamine umwandelt) verwendet, sondern die „aktiven“ Vitaminsubstanzen.

So entstehen beim Pelletieren aus sehr fein zerkleinerten Rohstoffen kleine, feste, **völlig identische Presslinge**, die stets von **gleichbleibender Qualität** sind, d. h. ein konstantes und in aller Regel optimales Nährstoffverhältnis aufweisen. Gleichzeitig hat das Futter durch die Pelletierung ein kleineres Volumen, wodurch es sich bei recht geringen „Abbröselungsverlusten“ leicht transportieren und aufbewahren lässt. Bei korrekter Lagerung (kühl und trocken) sind Pellets bis zu **12 Monate haltbar**, da durch die Erhitzung des Nahrungsbreis bei der Herstellung die enthaltene Keimzahl zumindest reduziert wird. Dies senkt das Risiko des Futterverderbs durch bakterielle Besiedelung oder Pilzbefall.

Extrusionsverfahren

Im Gegensatz zur Pelletierung, einem thermomechanischen Verfahren, stellt die Extrusion eine **thermohydraulische Produktionstechnik** dar, bei der ein breiartiges Material unter sehr **hohem Druck** durch eine „enge“ formgebende Düse (Matrize) gepresst wird. Das Verfahren ähnelt prinzipiell dem Pelletieren, ist jedoch viel energieaufwendiger, da die benötigten Temperaturen bei **100–130 °C** liegen. Für die Extrusion wird ebenfalls ein gewisser Anteil an Stärke im fein zermahlenen Futtergemisch benötigt, durch die die einzelnen Rohstoffbestandteile zu einer kompakten Masse „verkleistert“ werden. Bei der Produktion extrudierter Presslinge erfolgt in einem ersten Schritt eine homogene Vermischung unterschiedlicher Nahrungsbestandteile (vorwiegend Luzernemehl und Nebenprodukte der Lebensmittelindustrie). Danach wird das Futtermehl mit **heißem Dampf** bearbeitet und in ein spezielles Fördergerät verbracht, das nach dem Prinzip eines Fleischwolfs arbeitet. Dieser sog. Extruder besteht aus einem druckfesten, meist beheizten Zylinder, der eine oder mehre Transportschnecken enthält (**Ein- oder Zweiwellenextruder**). Diesen liegt das Gehäuse sehr eng an, so dass während des beständigen Weitertransports kein Futterbrei zur Seite entweichen kann. Hierdurch kommt es innerhalb des Zylinders zu einem kontinuierlichen Druckanstieg, der am Ende der Verdichtungsschnecke durch eine starke Verjüngung des Zylinderlumens weiter erhöht wird. Parallel hierzu erhitzt sich die Biomasse sehr stark infolge der Reibungswärme, die durch die mechanische Bearbeitung des Futters entsteht. Der gesamte Prozess findet unter konstanter Zuleitung von Wasserdampf statt.

Am Ende des Extruders wird der stark verdichtete, heiße und dickflüssige Futterbrei unter kurzfristig extrem **hohem Druck** sowie gleichzeitig recht **hoher Temperatur** gleichmäßig durch kleine Öffnungen einer Matrize gepresst. Hierbei wirken auf den Futterbrei über **5–10 Sekunden** Temperaturen von **130–160 C**, wobei der Auspressdruck auf ca. **50–60 bar** ansteigt. Dieses Verfahren bezeichnet man als **Extrusion**. Im Gegensatz zu diesem **Ultra-Hochtemperatur-Verfahren** (HTST = high temperature, short time) steigt beim **Niedrigtemperaturverfahren** der Druck nicht über **4 bar** und die Temperatur bleibt unter ca. **60 °C.** Die einzelnen Extrudatstränge werden hinter der formgebenden Matrize durch eine Schneidevorrichtung (meist ein rotierendes Messer) auf die gewünschte Länge gekürzt. Die indirekte Erhitzung des Futters, die von der Reibungswärme und der Druckerhöhung kurz vor der Extrusion abhängt, lässt sich innerhalb gewisser Grenzen variieren. Sie wird beeinflusst von der Konsistenz des Futters, der Form als auch der Drehzahl der Schneckenwellen, dem Ausmaß der Querschnittsverengung des Zylinders sowie der Größe der Matrizenöffnungen.

Das Extrusionsverfahren führt durch die thermische Energie zu einer chemischen und durch die mechanische Bearbeitung zu einer physikalischen Veränderung des Ausgangsmaterials. Als Folge der Hitzeeinwirkung wird die im Futtergemisch enthaltene **Stärke aufgeschlossen** und somit als Energielieferant rascher verfügbar. Der Haupteffekt besteht hierbei in einer deutlichen Vergrößerung der Stärkeoberfläche und einer Zerstörung ihrer organisierten Struktur aus Amylopektin bzw. Amylose. Hierdurch wird sie für den enzymatischen Abbau im Dünndarm zugänglicher und somit besser verdaulich. Dies steigert gleichzeitig die Akzeptanz des Futters. Parallel hierzu kommt es aber auch zu einer gewissen **Proteinschädigung**, da das Futtereiweiß unter der Dampfeinwirkung „quillt". Ebenso erfolgt ein recht massiver **Vitaminabbau** (hitzesensible pflanzliche Provitamine und Vitamine). Zur Kompensation dieses Verlusts erfolgt ein Ummanteln der Extrudate mit vitaminhaltigen Flüssigkeiten oder Ölen (sog. „Coating") oder der Vitamingehalt des Ausgangsprodukts wird entsprechend erhöht (dies kann jedoch zu einer übermäßigen Vitaminisierung des Futtermehls führen). Ein Vorteil der Extrusionstechnik ist jedoch die sehr **starke Keimreduzierung**, die auch pathogene Keime erfasst.

Das Extrusionsverfahren ermöglicht die Herstellung unterschiedlichster Produkte. Bei der **Pellet-Extrusion** liegen die Verarbeitungstemperaturen unter 100 °C und es findet nach der Formgebung der Presslinge keine Expansion statt (Abb.144). Diese Futterpellets bestehen ausschließlich aus mehligen Substanzen, während bei der „einfachen" Pelletierung oder Pelletpressung auch gröbere Futterpartikel (gehäckseltes Material) verarbeitet werden können.

Bei der sog. **Collet-Extrusion** liegen die Verarbeitungstemperaturen hingegen über 100 °C. Dies führt unmittelbar nach der Herstellung der Presslinge zu deren **Expansion** des gepressten Futterbreis (Abb.143). Ursächlich hierfür ist, dass am Matrizen- bzw. Düsenaustritt des Extruders (beim Schneiden der Extrusionsstränge in kleinere Stücke) der hohe Verarbeitungsdruck urplötzlich auf den normalen Umgebungsdruck absinkt. Dieser rapide **Druckabfall** innerhalb der Formlinge bedingt eine **schlagartige Verdampfung von Wasser** und hierdurch die Expansion der Presslinge. Daher haben Extrudate – im Vergleich zu Pellets – eine geringere Dichte. Zudem ist ihre Innen- und Oberflächenstruktur eher porös, während im Pressverfahren hergestellte Pellets eine sehr glatte und glänzende Oberfläche aufweisen. Diese Unterschiede ermöglichen einen Rückschluss auf das Herstellungsverfahren der Presslinge. Erst nach der Expansion werden die Extrudate abgekühlt. Eine separate Trocknung ist in der Regel nicht erforderlich, sofern nicht eine „feuchte" Extrusion zum Einsatz kam. Bei dieser wird das Ausgangsmaterial über einen vorgeschalteten Konditionierer durch Wasser- und Dampfzusatz bis auf 30% Feuchtigkeit gebracht. Dieses Verfahren ist durch die erforderliche Trocknung der Extrudate sehr energieaufwendig und damit teuer.

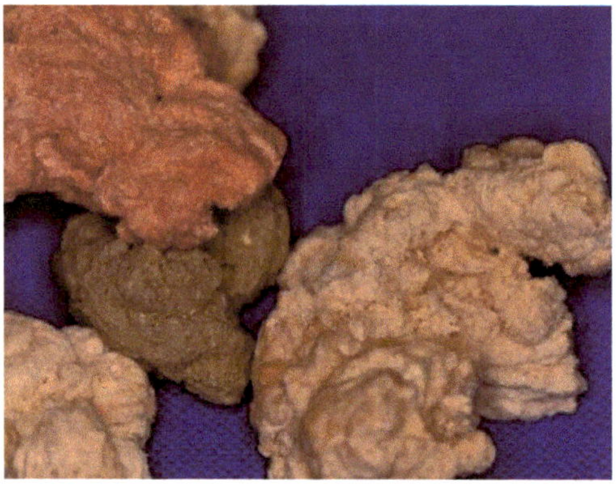

Abbildung 143: Extrudierte Futterbestandteile.

Abbildung 144: Bunte Bestandteile von Fertigfuttermischungen oder entsprechender Zusatznahrung (nicht empfehlenswert).

Mit dem **Extrusions- und Expansionsverfahren** wird die Mehrzahl aller **bunten Futtermittelbestandteile** in Fertigfuttermischungen hergestellt, die im Prinzip alle aus ein und denselben Rohstoffen bestehen: den primären miteinander vermischten Futtermehlen (Abb.144). Hierzu kommt lediglich eine **unterschiedliche Einfärbung** oder **Marmorierung** der einzelnen Komponenten mit Hilfe spezieller Farbstoffe (Farbtanks). Durch rote Farbe wird die Beigabe von Karottenprodukten impliziert und grüne Farbe steht für Gemüse. Hinzu kommen gelbe und braune Partikel, wodurch eine gesunde „Vielfalt" des Mischfutters vorgetäuscht wird. Die häufigsten Formen der Extrudate sind Ringe, Kissen, Kugeln sowie würfelige und unterschiedlich große, bröckelige Stückchen (Abb.9 und Abb.145).

Die ebenfalls häufig beigemischten **Futtermittelflocken** entstehen dadurch, dass Extrudate nach dem Austritt aus der Matrize mit einer Walze zu gleichmäßig großen Flocken mit einer gewünschten Dicke (bis zu 5 mm) und einem hierzu passenden, ebenfalls fest definierten Durchmesser **ausgewalzt** werden (Abb.146). Dabei sind Flakes aus Erbsen oder Mais die häufigsten Bestandteile von Kaninchenfutter. Das Verfahren der sog. **Co-Extrusion** ermöglicht, in einen Futterbreimantel eine besondere Paste einzuarbeiten. Hierdurch lassen sich speziell geformte Extrudate füllen (z. B. **gefüllte Kissen**) (Abb.145).

Abbildung 145: „Kissen" (nicht empfehlenswert).

Abbildung 146: Flocken aus Erbsenbrei (nicht empfehlenswert).

Tab. 15: Abläufe beim Extrusionsverfahren

Produktionsschritt
Herstellung einer teigigen Masse aus unterschiedlichen Mehlen
Mischen und Erhitzen der Masse im Konditionierer
Einfärbung des Futterteigs
Kneten der Masse mit Hilfe von Verdichtungsschnecken (Wasserdampfzugabe)
kontinuierliche Erhöhung von Druck und Temperatur → Aufschluss der Stärke („Verkleisterung") und Quellen des Eiweißes
Formgebung durch Pressen und Schneiden
Druckabfall und Wasserverdampfung hinter der Matrize → Expansion
eventuell Einarbeitung von Füllungen (Co-Extrusion)
eventuell Auswalzen der Extrudate zu Flocken (Flakes)
Besprühen der Extrudate (Coating) z. B. mit Vitaminen, Aromen

Fachausdrücke der Futtermittelherstellung

- **Schälen** = Entfernung der äußeren Schale
- **Schroten** = mechanische Verarbeitung von Körnern zur Verkleinerung deren Größe (Schrot)
- **Spelze** = hartes Blättchen, das das einzelne Getreidekorn oder den Samen (Gras) umhüllt
- **Kleie** = Rückstand bei der Getreideverarbeitung nach Absieben des Mehles (vorw. Schalen)
- **Kleber oder Klebereiweiß** = Getreideeiweiße (Gluten)
- **Mehlmüllerei** = mechanische Verarbeitung von Körnern (Futtermehl, Kleie)
- **Nassmüllerei** = mechanische Abtrennung einzelner Körnerbestandteile nach Einweichen in Wasser, zur Stärkegewinnung (Stärke, Keime, Kleber)
- **Pülpe** = Rückstand bei der Produktion von Kartoffelstärke
- **Stärkeaufschluss** = Freisetzung von im Endosperm befindlichen Stärkekörnern mit Hilfe chemischer oder physikalischer Verfahren
- **Abpressen** = Gewinnung von Fett oder Öl aus ölreichem Material (Kuchen, Pülpe) oder Gewinnung von Saft aus Obst (Trester) oder Zucker aus Zuckerrüben (Pressschnitzel)
- **Trester** = Rückstand beim Pressen von Früchten
- **Dämpfen** = Erhitzen durch Einwirken feuchter Wärme
- **Erhitzen** = Wärmebehandlung, die den Nährwert oder die Struktur des Futters verändert
- **Konditionieren**: Einwirkung von Wasserdampf und Zufuhr des Futters in der Presse
- **Pelletieren**: mechanische Verdichtung und Pressen von Futterbrei durch Ringmatrizen, dadurch Formgebung
- **Extrudieren**: starke Erhitzung durch Druck und Reibung sowie Pressen durch Matrize
- **Extrudate**: Futtermittel aus Futtermehlen, zum Teil identisch, jedoch unterschiedlich gefärbt
- **Co-Extrusion**: Einarbeitung weiterer Massen in die Extrudate (z. B. Füllungen)
- **Expandieren**: Druckabfall mit schlagartiger Wasserverdampfung und Pellet-Expansion
- **Poppen oder Puffen**: starke und rasche Erhitzung ohne Wasser (z. B. Mais)
- **Flockieren** = Walzen von feuchtem, wärmebehandeltem Material zu Flocken
- **Kompaktieren** = Verdichten eines Produktes um das Volumen zu vermindern
- **Brikettieren**: Pressen von gehäckseltem Raufutter
- **Coating / Ummanteln**: Auftragung einer dünnen Schicht (z. B. Vitamine, Antioxidanzien)

Allgemeine Überlegungen zu einer kaninchengerechten Fütterung

Eine adäquate Fütterung ist für die Gesundheit jedes Tieres sehr wichtig. In diesem Zusammenhang fällt häufiger das Stichwort „ausgewogene Ernährung". Dieser Begriff definiert, dass das Futter alle **erforderlichen Nährstoffe** enthält – im **richtigen Verhältnis** zueinander und **entsprechend dem Bedarf** des jeweiligen Individuums. **Abwechslungsreich** ist die Nahrung, wenn sie aus stetig wechselnden, unterschiedlichen Futterbestandteilen besteht. Das heißt aber nicht, dass man den Tieren häufig abwechselnd diverse kommerzielle Zusatz-, Haupt- oder Ergänzungsfuttermittel anbieten soll, die die Futtermittelindustrie in einer unermesslichen Vielfalt zur Verfügung stellt. Diese Produkte sind bei näherer Betrachtung oft nicht ausgewogen. Viele von ihnen enthalten zu viel Energie (Zucker oder andere leicht verdauliche Kohlenhydrate), Fett und/oder Proteine. Auch lediglich als Zusatzfutter für besondere Situationen gereicht (z. B. Belohnung), eignen sich viele dieser Produkte grundsätzlich nicht für Kaninchen.

Wie bereits am Anfang des Buches erwähnt, ist jeder Tierhalter dazu verpflichtet, sich möglichst umfassend über eine tierartgerechte Ernährung seines Haustieres zu informieren. Dies ist für einen Laien jedoch sehr schwierig, zumal sich auch das entsprechende Fachwissen beständig ändert und weiterentwickelt. Was früher als gesundes Kaninchenfutter galt, wird heute deutlich kritischer hinterfragt und „veraltete" Ansichten werden hierauf zum Teil verworfen. An dieser Stelle des Buches angelangt, sollte jeder Leser ausreichend anatomisches sowie ernährungsphysiologisches Grundlagenwissen erworben haben, um sich über eine **artgerechte Ernährung** seines Kaninchens selbst fundierte Gedanken machen zu können. Denn neben einer artgerechten Haltung ist eine adäquate Fütterung von immenser Bedeutung für die Gesundheit, Vitalität und Langlebigkeit der Tiere. Berücksichtigt man bei der Ernährung die Komplexität der Verdauung und des Gebisses, ergibt sich eigentlich ganz von selbst, was einem Kaninchen guten Gewissens angeboten werden darf und welche Futtermittel seine Gesundheit gefährden. Ebenso wird klar, warum plötzliche Futterumstellungen unbedingt vermieden werden müssen: Sie führen, eigentlich unvermeidbar, zu akuten Verdauungsproblemen, da sich die Darmbakterien nicht so rasch an die neue Situation anpassen können (Abb. 147). Dies kann mit klinischen Symptomen einhergehen oder symptomlos ablaufen, aber immer resultiert daraus eine gewisse Instabilität des Magen-Darm-Trakts.

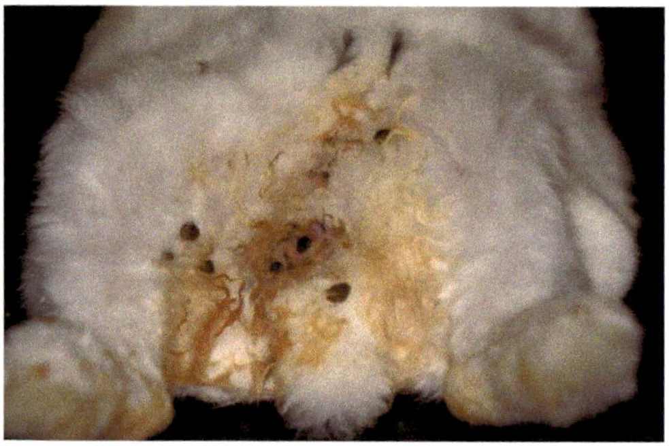

Abbildung 147: Kaninchen mit chronischer Verdauungsproblematik („Durchfall") und sekundär verschmutztem Analbereich (Rückenlage).

In diesem Zusammenhang wird gern eine äußerst wichtige Tatsache vergessen: Man muss nicht primär das Kaninchen füttern, sondern die tierartspezifische, überlebensnotwendige **Blinddarmflora**. Für die langfristige Gesundheit des Kaninchens ist ein stabiles Mikroökosystem und damit eine physiologische Zusammensetzung seiner Darmflora erforderlich. Und dies lässt sich nur mit einem **ausreichenden Anteil** an **gröber strukturierten, schwer verdaulichen Kohlenhydraten** im Futter erreichen (Abb.149 und Abb.150). Entsprechend **kontraproduktiv** sind daher Futtermittel mit einem **erhöhten Zucker-, Stärke-, Protein-** sowie **Fettgehalt**, da sie die natürliche Zusammensetzung der Blinddarmbakterien schon per se verändern und hierdurch die Voraussetzungen für eine adäquate Fermentation der Nahrung verschlechtern (siehe dort). Dies führt zu diversen **Verdauungsproblemen**, die sich therapeutisch ohne eine entsprechende Futterumstellung kaum erfolgreich behandeln lassen – zumindest nicht langfristig (Abb.147 und Abb.148). Die häufig ungeeignete Struktur der Nahrungskomponenten sowie ihr hoher Energiegehalt, der eine rasche Sättigung bewirkt und so die Raufutteraufnahme reduziert, bedingen ferner einen **unzureichenden Zahnabrieb**. All diesen **ernährungsbedingten** und somit **erworbenen (!) Erkrankungen** kann zu einem Großteil mit einer tierartgerechten Fütterung vorgebeugt werden: einem Ernährungskonzept, bei dem im Sommer Wiesenfutter den Hauptteil der Nahrung darstellt und im Winter Heu.

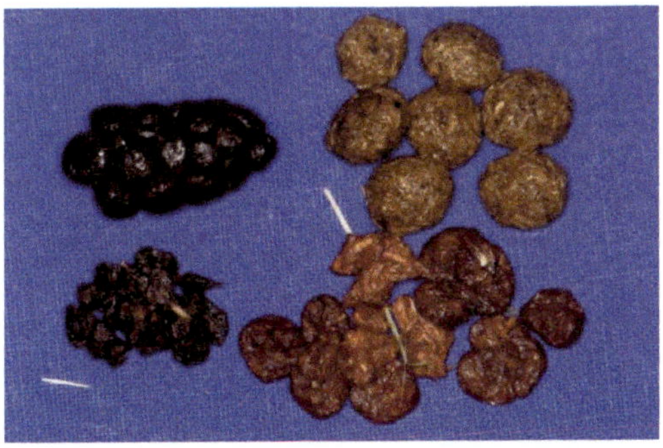

Abbildung 148: Normaler Weich- und Hartkot (oben) im Vergleich zu pathologisch verändertem Weich- sowie Hartkot (unten).

Bei einer derartig „natürlichen“ Ernährung reduziert sich auch die Gefahr einer **Harngrieß-** oder **Harnsteinbildung**, da durch den hohen Wassergehalt der frischen Grünpflanzen die harnableitenden Wege gut und kontinuierlich „durchgespült“ werden. Hierdurch kann der Anteil der den Urin trübenden Kalziumkristalle deutlich gesenkt werden – vorausgesetzt das Frischfutter enthält nicht zu viele kalziumreiche Pflanzen; ebenso wie das Heu im Winter. Daher sollte insbesondere der Luzerneanteil der Nahrung stets möglichst gering sein.

Abbildung 149: Hartkot eines gesunden Kaninchens (stabile Verdauung).

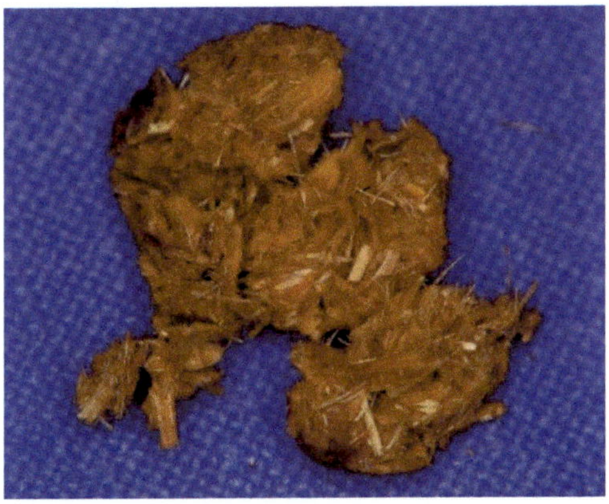

Abbildung 150: "Halbiertes" Hartkotbällchen eines gesunden Kaninchens. Man beachte den hohen Raufasergehalt (!) des Kotes.

Da Wildkaninchen kaum an Zahn- oder Verdauungsproblemen leiden, wäre es prinzipiell am besten, unsere Hauskaninchen mit der Nahrung zu versorgen, die ihre freilebenden Verwandten täglich zu sich nehmen. Hierbei handelt es sich primär um Futterkomponenten, die sich auch in unseren

Gärten oder auf entsprechenden Wiesenflächen finden lassen. In ihrer Gesamtheit stellen sie ein schmackhaftes, gut riechendes, vielfältiges Futter dar, das reich an strukturierten Kohlenhydraten ist und das die Tiere extrem gerne fressen. Dies sind im Wesentlichen **verschiedene Gräser, Wiesenkräuter, Wiesenblumen** und zarte **Pflanzentriebe**. Hinzu kommen schmackhafte frische oder im Herbst welke **Blätter** von Obststräuchern (z. B. Himbeere, Johannisbeere), Reben, diversen Büschen und Bäumen (Abb.151-153). Auch benagen die Tiere gerne die **Rinde** zarter Zweige. Sie versorgen sich dabei mit Mineralstoffen, nutzen ihre Schneidezähne ab und finden eine adäquate Beschäftigung. Darüber hinaus lieben unsere Kaninchen gewisse **Wurzeln**, eine Vielzahl von **Gemüsepflanzen** und reife **Beeren** (z. B. Erd- und Himbeeren). Sind die Früchte nicht unmittelbar erreichbar, werden die Stiele geschickt angenagt und die Pflanze „gefällt". Probiert und bisweilen als schmackhafte Nahrung geschätzt werden auch diverse andere Kultur- und Zierpflanzen. Zusätzlich zu diesem Hauptfutter, das überwiegend aus frischen Pflanzen besteht, sollten die Tiere jedoch stets qualitativ hochwertiges **Wiesenheu** zur freien Verfügung erhalten.

Abbildung 151: Gartenkerbel (rechts) und Apfelblüten im Garten.

In der vegetationsfreien Zeit (kein Pflanzenwachstum) fressen Wildkaninchen überwiegend „trockene" Pflanzen und ihre Zäkotrophe, die als wichtige Protein- und Energiequelle dient. Dementsprechend kann man auch bei Hauskaninchen **im Winter** den Anteil an **Heu** in der Gesamtfutterration steigern. Während es im Sommer als frei verfügbares Ergänzungsfutter dient, wird es in den Wintermonaten zur wichtigsten Komponente der Ernährung, da es die beste natürliche Quelle für schwer- sowie unverdauliche Raufaser ist. Gleichzeitig fördert es einen optimalen Zahnabrieb und sorgt für eine stabile Verdauung. Jedoch sollte im Winter das nunmehr als Hauptnahrung dienende Heu in regelmäßigen Abständen auch etwas variiert werden, indem man immer wieder leicht wechselnd **verschiedene Heusorten** miteinander vermischt (siehe dort).

Abbildung 152: Wilde Ackerbrombeere.

Zusätzlich zum Heu erhalten die Tiere (als Ersatz für das sommerliche Wiesenfutter) drei bis fünf verschiedene Sorten an **dunklem Blattgemüse**, wobei die Zusammensetzung von Tag zu Tag leicht variiert wird. Drastische Futterveränderungen, beispielsweise eine gleichzeitige Änderung der Heu- und Gemüsesorten, sind strikt zu vermeiden (Darmflora!). **Obst** sollte **kein regelmäßiger Nahrungsbestandteil** sein. Insbesondere rohfaserreiches Obst (u. a. Heidelbeere, Apfel, Weintraube), frisch und in äußerst geringen Mengen gegeben, dient lediglich als **Belohnungsfutter** („Leckerli"). Getrocknetes Obst ist völlig ungeeignet, da es einen noch höheren Fruchtzuckergehalt als Frischobst aufweist. Ebenso enthalten viele **nichtblättrige Gemüsesorten zu viel Energie**. Die Kaninchen sind hierdurch verhältnismäßig rasch gesättigt und nehmen dann zu wenig Raufutter auf.

Gänzlich verzichten sollte man in der Futterration auf **Getreidekörner**, **Sonnenblumenkerne, Mais** (als ganzes Korn oder gequetscht), **größere Samen** sowie **Nussstückchen**, da diese sowohl für die Verdauung als auch für die Zähne schädlich sind (unphysiologische Zahnbelastung). Eine **zusätzliche Verabreichung** von **Vitamin- oder Mineralstoffpräparaten** ist grundsätzlich **nicht erforderlich**, zumal bei vielen Produkten oder Futtermischungen aktive Vitaminformen verwendet werden anstelle der in der natürlichen Nahrung der Tiere vorkommenden Provitamine.

Kaninchen können sich – abhängig von der Qualität des Raufutters – über einen längeren Zeitraum auch ausschließlich mit Heu ernähren, ohne dass Krankheitssymptome oder Nährstoffmängel auftreten. Eine solche Diät kann bei chronischen Magen-Darm-Erkrankungen erforderlich werden (siehe dort). Um in dieser Zeit einem Proteinmangel vorzubeugen, werden die Qualität und Zusammensetzung des Raufutters den aktuellen Bedürfnissen angepasst und etwas proteinreichere Heusorten gewählt.

Abbildung 153: Trockene Blätter und Gräser als „Winterfutter“ für Wildkaninchen.

Abbildung 154: Strukturiertes Futter mit Pellets, relativ harten getrockneten Karottenstückchen und einem hohen Anteil an groben Grasstängeln.

Zusätzlich zur überwiegenden Wiesen- (Sommer) oder Heufütterung (Winter) kann im Bedarfsfall (z. B. Rekonvaleszenz, Krankheit oder auch Stress) etwas geeignetes **strukturiertes Alleinfutter** (Abb.154) für Kaninchen angeboten werden (ca. **1–2 Esslöffel/Tag**), damit eventuelle Nährstoffdefizite durch selektives Fressen der Tiere ausgeglichen werden können. Dabei sollte man auf jeden Fall sicherstellen, dass das Zusatzfutter keine Futterkomponenten enthält, die infolge ihrer ungünstigen Struktur oder Härte zu einer unphysiologischen Zahnbelastung führen können (z. B. Johannisbrot oder harte Gemüse- und Obststückchen - siehe dort).

Abbildung 155: Frisches „Grün“ schmeckt immer.

Abbildung 156: Kaninchen mögen gerne Feldsalat.

Letztendlich ist bei der Fütterung entscheidend, dass die Nahrung den individuellen Bedarf des Tieres an Energie, Eiweiß, Fett, Mineralstoffen und Vitaminen deckt, für einen optimalen Zahnabrieb sorgt und eine ausreichende Menge gröberer, schwer verdaulicher Strukturfasern enthält. Diese sind unverzichtbar als Substrat für die Blinddarmbakterien und als „Motor" für die Magen-Darm-Peristaltik. All diese Anforderungen erfüllt das oben beschriebene Fütterungsmanagement. Dabei dürfen die in diesem Buch vermittelten Empfehlungen nicht als unumstößliches Dogma fehlinterpretiert werden. Es gibt stets diverse Meinungen zu einer bestimmten Thematik und Ausnahmen bestätigen die Regel. Der Leser sollte kritisch bleiben und letztlich anhand seiner eigenen Überlegungen entscheiden, was er für richtig hält und im praktischen Alltag auch tatsächlich umsetzen kann. Das vorliegende Buch kann hierzu lediglich Denkanstöße liefern.

Komponenten einer kaninchengerechten Fütterung

- Grundsätzlich Heu und Wasser zur freien Verfügung
- Im Frühjahr langsamer Wechsel zum Wiesenfutter
- In der Vegetationsphase (April bis Oktober):
  Gras und Wiesenkräuter als Hauptfutter (Wasserbedarf wird damit fast gedeckt), ggf. diverse Blätter, Zweige und wenig Gemüse als Ergänzungsfutter
- Zweige geeigneter Bäume und Büsche als Mineralstofflieferant (Rinde) und zur Schneidezahnabnutzung
- Im Winter Heu als Hauptfutter, abwechslungsreiche Vielfalt an blättrigem Gemüse (4–6 Sorten)
- Kleine frische Obststücke als Belohnungsfutter (wenig und selten)

Positive Aspekte der Verfütterung von frischem Wiesengrün

- Entspricht der natürlichen Ernährung
- Enthält alle erforderlichen Nährstoffe, Vitamine, Mineralstoffe und Spurenelemente
- Adäquater Zahnabrieb durch lange Fressphasen
- Optimaler Anteil leicht und schwer verdaulicher Strukturkohlenhydrate
- Günstiger Proteingehalt (bei nicht zu jungen Pflanzen)
- Fettarmes Futter
- Hoher Wassergehalt, dadurch Vorbeugung von Harngrießbildung (sofern Pflanzen nicht zu kalziumreich)
- Verhinderung von Langeweile durch lange Futteraufnahmezeit, wirkt Verhaltensstörungen entgegen
- Möglichkeit des selektiven Fressens
- Vielseitiger Geschmack und hierdurch gute Akzeptanz
- Kostengünstig (wenn selbst gepflückt)

Naturbelassene Futtermittel

Eine adäquate, also artgerechte sowie abwechslungsreiche und gesunde Ernährung lässt sich relativ einfach und darüber hinaus auch kostengünstig durch Verfütterung naturbelassenen frischen Grünfutters erreichen.

Frisches Grünfutter

Der Hauptvorteil einer überwiegenden Verfütterung **frischer Wiesenpflanzen** (von der Wiese in der Natur oder aus dem Garten) liegt darin, dass diese Ernährungsweise weitgehend der Nahrungsaufnahme von Wildkaninchen entspricht und daher **tierartgerecht** ist. Die im natürlichen Grünfutter enthaltenen Ballast- und Nährstoffe, Mineralien, Vitamine (vor allem Provitamin A, Vitamin E, viele B-Vitamine) und Fette (Grasähren) halten die Tiere langfristig gesund und sorgen für eine **stabile Verdauung**. Darüber hinaus fördert der hohe Strukturfaseranteil der Nahrung die lebensnotwendige Zäkotrophie. Frisches Wiesenfutter gewährleistet zudem optimale Voraussetzungen für eine langfristige **Gesundheit des Gebisses** (Abb.157 und Abb.158). Kaninchen, die täglich viel Frischfutter erhalten, neigen auch nicht zur Fettsucht, sondern bleiben meist **schlank und agil**, da das Futter nur **wenig Fett** (**< 0,6%**) – abhängig vom Anteil der Ähren (Grassamen) – enthält. Ein weiterer Vorteil besteht darin, dass uns die Natur dieses **gesunde Kaninchenfutter** im Prinzip **kostenlos** zur Verfügung stellt.

Somit ist zumindest während der Vegetationsperiode (Sommer) **frisches, artenreiches Wiesenfutter**, das aus diversen Gräsern und Wiesenkräutern mit deren Blüten sowie Blättern bestehen sollte, die beste Nahrung für unsere Hauskaninchen. Sein Anteil an der täglichen Futterration sollte nach Möglichkeit ca. **85–95%** (!) betragen. Dieses Angebot wird durch kleinere Mengen an geeignetem frischem Blattgemüse (aus dem Garten) und qualitativ hochwertigem **Heu zur freien Verfügung** ergänzt.

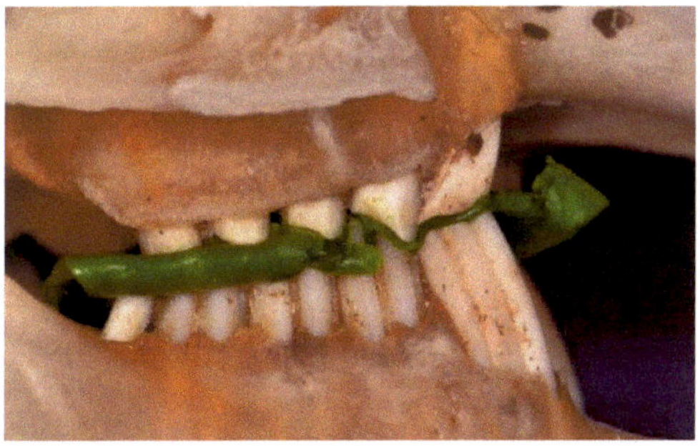

Abbildung 157: Feldsalatblatt zwischen den Backenzähnen: Die scharfen Kanten der Kaufläche greifen exakt ineinander (optimaler Zahnabrieb).

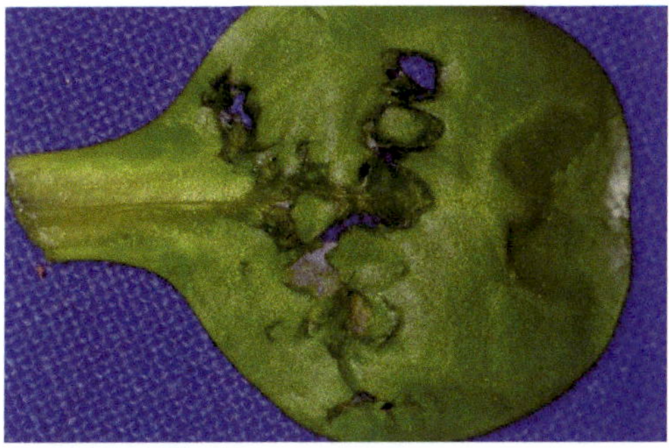

Abbildung 158: Situation nach einmaligem „Kauen" (= „Zerschneiden") des Futterblattes.

Viele Kaninchen nehmen während der Vegetationsperiode jedoch nur relativ wenig

Heu auf, da sie sich vorwiegend über das Frischfutter mit den lebensnotwendigen faserigen Strukturkohlenhydraten (Raufaser) versorgen. So bestehen Gräser zu ca. **20–30% aus Zellulose** und zu **10–13% aus Hemizellulose**. Im Durchschnitt liegt der Rohfasergehalt von Wiesenfutter bei ca. 20–30% der Trockensubstanz (TS). Als leicht lösliche und somit primär verdauliche Kohlenhydrate enthält es vorwiegend **Glukose** und **Fruktose**.

Der Wasseranteil von Grünfutter liegt zwischen 60% und 90%. Um ihren Nährstoff- und Energiebedarf zu decken bzw. satt zu werden, müssen die Tiere infolgedessen relativ große Mengen der Pflanzen aufnehmen. Somit beansprucht die Futteraufnahme einen Großteil des Tages, zumal die Pflanzen in der Mundhöhle ausgiebig zerkleinert werden müssen. Dies wiederum fördert einen kontinuierlichen **physiologischen Zahnabrieb** und beugt Langeweile sowie den damit häufig verbundenen Verhaltensstörungen vor. Ein weiterer Vorteil: Da Grünfutter relativ weich ist, besteht nur eine recht geringe Gefahr, dass sich Futterbestandteile zwischen einzelne Zähne oder in die Zahnfächer einspießen (Abb.201-204). Auch haben Kaninchen bei der überwiegenden Ernährung mit Frischfutter von der Wiese die Möglichkeit einer **selektiven Futterauswahl**, die in diesem Fall durchaus erwünscht ist. Hierdurch können die einzelnen Tiere eventuelle Nährstoffdefizite (Trächtigkeit, Laktation, Krankheit, Jungtiere, Stress) gut ausgleichen und gleichzeitig einen für sie besonders **schmackhaften „Pflanzencocktail** auswählen (Abb.160). Dies kommt der natürlichen Nahrungsauswahl wilder Tiere sehr nahe, die abhängig von ihrer aktuellen Stoffwechsellage sowie geschmacklichen Präferenz ebenfalls gewisse Futterpflanzen bevorzugen.

Die meisten Kaninchen lieben frisches Wiesenfutter und vertragen es auch in größeren Mengen problemlos, sobald ihr Verdauungstrakt daran gewöhnt ist (Abb.159). Abhängig vom Vegetationsstadium und den Wetterverhältnissen (Hitze, Dürre, viel Regen etc.) **variiert** der **Nährstoffgehalt** des Frischfutters. **Junge Pflanzen** sind **sehr proteinreich** und enthalten verhältnismäßig **wenig Rohfaser**. Der Rohproteingehalt junger, schnellwachsender Gräser als auch Pflanzen liegt bei bis zu 3% bezogen auf die Frischmasse (dies entspricht ca. 16% der TS). Daher ist entsprechendes Wiesenfutter besonders leicht verdaulich, führt aber durch den Raufasermangel und den hohen Wassergehalt auch rasch zu Verdauungsproblemen. Dies ist im Frühjahr zu beachten, wenn Kaninchen nach einem langen Winter ohne Wiesenfutter besonders eiweiß- und energiereiches, junges Gras erhalten sowie diverse Kräuter und kleeartige Pflanzen in einem ebenfalls jungen Wachstumsstadium.

Abbildung 159: Gras, Gänseblümchen und Ehrenpreis.

Mit zunehmendem Wachstum **sinkt der Proteingehalt** der Pflanzen kontinuierlich auf 0,3% der Frischmasse ab, während gleichzeitig, bedingt durch die **zunehmende Verholzung** der Gerüstsubstanzen, der **Rohfasergehalt steigt**. Hierdurch verringert sich die Verdaulichkeit bzw. Verwertbarkeit der Pflanzennahrung. Der sog. **„Futterwert“** von Wiesengras hängt daher vom **Alter** der Pflanzen bzw. dem **Schnittzeitpunkt** ab. Eine ganz entscheidende Rolle spielt auch die **Pflanzenvielfalt** (botanische Zusammensetzung) der Wiese. So eignet sich eine reine Graswiese nicht zur Grünfütterung, da die Nahrung zu einseitig und insgesamt zu proteinarm ist. Ideal sind hingegen kräuterreiche Wiesen (deren Pflanzen sich zudem durch eine hohe Akzeptanz auszeichnen): **1 kg Kräuterwiesengras** enthält ca. 30 g Roheiweiß und sein Energiegehalt von ca. **3 MJ** (verdauliche Energie) entspricht in etwa dem Nährstoffgehalt von 200 g eines handelsüblichen Kaninchen-Fertigfutters.

Abbildung 160: Breitblättriger Wegerich

Abbildung 161: Himbeer-Pflanzen im Garten und Vergissmeinnicht (wird von Kaninchen gemieden).

Es wäre daher optimal, wenn sich Kaninchen täglich einige Stunden – frei äsend – vorwiegend von Wiesenpflanzen ernähren könnten. Im eigenen Garten kann man hierzu einen Teil der Fläche entsprechend begrünen. Für **ein Kaninchen** benötigt man in etwa **zwei Quadratmeter Grünfläche**. Wenn sich die Tiere frei auf der Wiese oder im Garten bewegen dürfen, nehmen sie diverse Pflanzenteile unterschiedlichster Struktur und Härte zu sich. Neben weichem **Gras, Wiesenkräutern** und **Blüten** (z. B. Gänseblümchen) bevorzugen sie infolge der besonderen Schmackhaftigkeit eiweißreiche, jedoch rohfaserarme zarte **Triebe** und **Blätter** diverser Gewächse. Besonders beliebt sind Obststräucher sowie **Blätter** von **Erdbeer-** und **Himbeerpflanzen** (Abb.161 und Abb.162). In der Herbstzeit fressen sie auch gerne welkes **Laub** und graben mitunter nach schmackhaften **Wurzeln**.

Abbildung 162: Schmackhafte Erdbeerpflanzen.

Ist die „Weidehaltung" nicht möglich, kann man alternativ während der Vegetationsperiode (April bis November) täglich entsprechendes **Grünfutter pflücken** und sofort frisch verfüttern. Die pro Hauskaninchen erforderliche Tagesmenge variiert zwischen ca. **400-700 Gramm** (abhängig vom Stoffwechsel sowie der Größe des Tieres). Das Sammeln von frischem Grünfutter ist auch in der Stadt machbar – versuchen Sie es! Rasch entdeckt man geeignete Wiesen in der näheren Umgebung (z. B. frei zugängliche Grundstücke mit wild wachsender Wiese, Parks mit geringer Hundepopulation oder Naherholungsgebiete mit einer entsprechenden Vegetation). Ist man häufiger mit dem Rad unterwegs (was auch dem Tierhalter zugute kommt), findet man viele passende Plätze. Das Risiko einer Parasitenübertragung hält sich in Grenzen. Eine regelmäßige Kotuntersuchung beim Tierarzt bringt in dieser Hinsicht Sicherheit (Strongyliden). Die gesammelten Pflanzen kann man auch relativ einfach selbst trocknen (siehe bei Heugewinnung). Dann hat man einen kleinen Vorrat an geeignetem Futter für Tage, an denen man nicht ausreichend pflücken kann (z. B. bei Regen). Dies wissen auch die Darmbakterien zu schätzen!

Wer das Frischfutter selbst sammelt, kann bei der Zusammensetzung der Tagesration ganz individuell auf die **jeweiligen Vorlieben** oder **speziellen Ernährungsansprüche** seines Tieres eingehen. Ferner besteht die Möglichkeit, rasch und gezielt eine eventuelle **Unverträglichkeit** einzelner Pflanzen zu **berücksichtigen**, denn Kaninchen reagieren auf diverse Wiesen- sowie Wildkräuter individuell ganz unterschiedlich (Abb.163). Was das eine Kaninchen auch in großen Mengen verträgt, mag bei einem anderen Tier zu unangenehmen Verdauungsproblemen oder gar Durchfall führen. So kann es auch vorkommen, dass einzelne Tiere sehr schmackhafte, äußerst gesunde Kräuter auch in kleineren Mengen verweigern, da ihnen einfach der Geschmack nicht zusagt. Durch vorsichtige, selektive Gabe diverser Pflanzen lassen sich die individuellen Vorlieben der Kaninchen ermitteln.

Abbildung 163. Wiese mit Ehrenpreis. Nicht zu viel davon verfüttern! (wird meist gemieden).

Am besten bietet man den Tieren eine möglichst **große Auswahl** verschiedener Pflanzen an. Dann können sie die Pflanzen auswählen, die ihnen entweder besonders gut schmecken oder die sie hinsichtlich ihres Nährstoffbedarfs benötigen. Für Kaninchen besonders schmackhaft sind der **Spitz**- und **Breitwegerich** und die Blätter der **Süßgräser**. Insbesondere deren Blattspitzen enthalten viel Energie – wasserlösliche Kohlenhydrate wie Glukose und Fruktose. Vorsicht ist geboten bei der Verfütterung des ebenfalls beliebten **Klees**, da die verschiedenen Arten sehr eiweißreich sind und manche Kaninchen nach Kleefütterung zu Blähungen neigen. Der Kleeanteil im Futtergemisch darf daher nicht zu hoch sein. Der ebenfalls gern gefressene **Löwenzahn** (Blüten als auch Blätter) hat hingegen einen relativ hohen Gehalt an Kalzium sowie Oxalsäure. Dies kann bei übermäßiger Verfütterung zu einer erhöhten Konzentration an Kalziumkristallen im Urin führen, was zu einer Harngries- und Harnsteinbildung prädisponiert. Auch die zu den Hülsenfrüchtlern zählenden **Wicken** mögen Kaninchen auf ihrem Speiseplan und ferner **Girsch**, ein im Garten häufig vorkommendes, kaum auszurottendes Unkraut. Die **Ackerwinde**, eine weit verbreitete, sehr proteinreiche Kletterpflanze hat eine ebenso hohe Akzeptanz wie die **Schafgarbe**, eine klassische Heilpflanze mit verdauungsfördernder und entzündungshemmender Wirkung. Ebenfalls sehr beliebt sind **Gänseblümchen sowie** die **Blütenblätter der Sonnenblume.**

Umstellung auf frisches Wiesenfutter (Frühjahr)

Die Gewöhnung an frisches Wiesenfutter muss sehr langsam erfolgen, da andernfalls das Risiko ernährungsbedingter akuter Verdauungsprobleme – insbesondere Durchfallerkrankungen sowie eine Magen-Darm-Aufgasung – steigt. Denn die Blinddarmbakterien benötigen einige Wochen, um sich der neuen Nahrungssituation anzupassen. Dies ist insbesondere im **Frühjahr** wichtig, wenn die Fütterung von Heu und Gemüse auf das frische, zu diesem Zeitpunkt **extrem proteinreiche Futter** (junge Gräser) umgestellt wird. Den Kaninchen wird in den ersten Tagen des Futterwechsels am späten Nachmittag oder frühen Abend eine halbe „Handvoll" frischen Grünfutters angeboten. Zu diesem Zeitpunkt haben die Tiere bereits einen Großteil ihrer Hauptnahrung (Heu) aufgenommen und ihr Magen-Darm-Trakt ist dementsprechend ausreichend mit Raufaser gefüllt. Auch beugt dies einem zu gierigen Fressen des zu dieser Zeit besonders beliebten Wiesenfutters vor. Über die nächsten 4–5 Wochen wird der Grünfutteranteil der täglichen Ration kontinuierlich leicht erhöht und parallel das Spektrum der Pflanzen gesteigert. Die Wiesenpflanzen dürfen weder nass noch angewelkt sein.

Gefahren der Verfütterung von frischem Grünfutter

Manche Kaninchen neigen bei vorwiegender Frischfütterung zu **Blähungen** (Abb.164). Ursachen hierfür können eine **zu plötzliche Futterumstellung** sein (zu hoher Frischfutteranteil) oder die Verfütterung bereits erwärmten, **angegorenen Futters** (Denaturierung des Eiweißes durch beginnende Fermentationsprozesse). Um derartige Probleme zu vermeiden, sollte man das Grünfutter bevorzugt im Bereich schattiger Wiesenabschnitte pflücken/schneiden und es möglichst **unverzüglich verfüttern**. Grundsätzlich darf Frischfutter nie länger als **12–24 Stunden gelagert** werden, ansonsten besteht die Gefahr einer beginnenden bakteriellen Gärung – abhängig von den Temperatur- sowie den Witterungsverhältnissen bzw. dem Wassergehalt der Pflanzen. Ist eine vorübergehende Lagerung erforderlich, legt man den frischen Gras- oder Wiesenschnitt in dünnen Schichten locker auf geeignete **Lattenroste**, die sich ca. 10–20 cm über dem Boden befinden (z. B. alte Holzleiter). Alternativ bewahrt man das Grünfutter luftig verpackt (z. B. locker eingerollt in Zeitungspapier) im **Gemüsefach des Kühlschranks** auf.

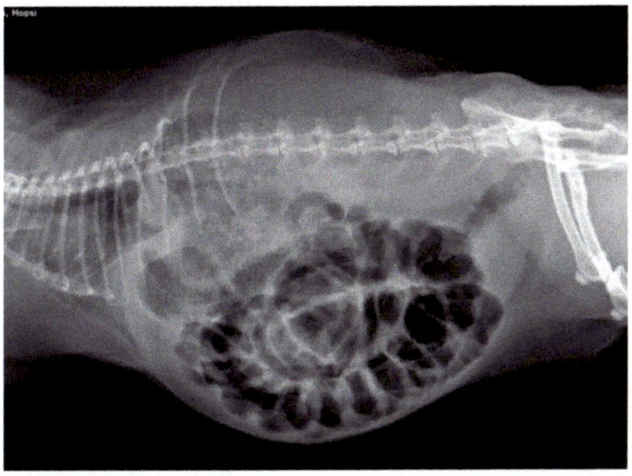

Abbildung 164: Starke Blinddarmaufgasung.

Das Frischfutter (Wildkräuter sowie Gräser) darf **nicht** mit **Tierexkrementen** belastet sein, denn prinzipiell besteht hier die Gefahr, dass **Krankheitskeime** oder **Parasiten** vom Wildtier auf das Hauskaninchen übertragen werden, obwohl dieses Risiko verhältnismäßig gering ist. „Hundewiesen" und Grünflächen, die häufig von Wildkaninchen oder Hasen aufgesucht werden, sind daher grundsätzlich zu meiden (Abb.165). Wiesenfutter in der Nähe stark befahrener Straßen kann mit **Schwermetallen** belastet sein. Auch eine Kontamination des Grünfutters mit **giftigen Pflanzenschutzmitteln** ist möglich, wenn das Grünfutter von gespritzten Obstwiesen bzw. Hobbygärten stammt (Verteilung des Spritznebels auf der Grünfläche). Wird es an Hauskaninchen verfüttert, sind sekundäre Verdauungsstörungen oder auch ernst zu nehmende Vergiftungserscheinungen möglich. Hingegen schadet etwas Staub auf den gepflückten Pflanzen nicht, da dieser den physiologischen Zahnabrieb sogar etwas fördert (erhöhte Abrasivität des Futters).

Abbildung 165: „Hundewiesen" meiden!

Wildkaninchen nehmen Giftpflanzen normalerweise nicht auf. Bei unseren Hauskaninchen kann man sich jedoch nicht darauf verlassen, dass sie basierend auf ihrem natürlichen Instinkt gefährliche Pflanzen meiden. Da sie schon seit vielen Generationen in menschlicher Obhut leben, haben sie dieses natürliche Verhalten zum Großteil eingebüßt. Insofern liegt es in der Verantwortung des Tierhalters zu wissen, welches pflanzliche Futter für das Hauskaninchen geeignet ist bzw. was es keinesfalls aufnehmen darf. Giftig sind beispielsweise Herbstzeitlose, Hahnenfuß, Ginster, Wasserschierling, Bingel- und Kreuzkraut, Gelbe Lupine und die Zimmerpflanzen Oleander und Dieffenbachie. Am besten sammelt man lediglich Gräser, Kräuter und Blumen, die man sicher kennt, da ohne entsprechendes Wissen leicht Verwechslungen zwischen ungefährlichen und toxischen Gewächsen möglich sind. Daher werden im Kapitel „Wiesengrünfutter“ auch nur die **bekanntesten Grünfutterpflanzen** angeführt. Eine weitere gute Prophylaxe gegen Vergiftungen ist ein **möglichst vielfältiges Gemisch** diverser Pflanzen, von denen wir ausgehen, dass sie sich für die Verfütterung eignen. So können die Tiere besonders beliebte Kräuter selektieren und somit steigt die Wahrscheinlichkeit, dass sie schlechter schmeckende Giftpflanzen nicht beachten.

Kaninchen scheinen gegenüber einer Vielzahl von Pflanzentoxinen sehr resistent zu sein (z. B. Jakobskraut, schwarze Tollkirsche, Beinwell, Goldregen). Hinzu kommt, dass viele giftige Pflanzen **unangenehm schmecken**, überwiegend etwas **bitter**, und meist schon deshalb von Kaninchen gemieden oder nur in kleineren Mengen aufgenommen werden. Darüber hinaus führen viele Inhaltsstoffe giftiger Pflanzen zu **Reizungen in der Mundhöhle**, was eine wiederholte Aufnahme wirkungsvoll verhindert. **Vergiftungen** durch ungeeignete oder gar hochtoxische Pflanzen sind bei Kaninchen also durchaus möglich, jedoch **äußerst selten**. Wenn überhaupt, kommt es meist nur zu leichteren Intoxikationen; lebensbedrohliche Vergiftungen wurden kaum beschrieben. Entscheidend für das Überleben sind bei Aufnahme einer potentiell schädlichen Pflanze die ersten 6 Stunden danach. Wenn sich das Tier in diesem Zeitraum weitgehend normal verhält, werden vermutlich keine weiteren Symptome auftreten.

Sehr empfindlich sind Kaninchen aber gegenüber vielen landwirtschaftlichen Chemikalien, wie Triazinverbindungen oder Nitrophenolen, die in **Herbiziden** (Unkrautbekämpfungsmittel) und **Fungiziden** (Mittel gegen Pilze und ihre Sporen) vorkommen. Gleiches gilt für **Mykotoxine**, die bei Kaninchen zu Magen-Darm-Erkrankungen sowie schweren Leberschäden führen können. Mykotoxine sind toxische Stoffwechselprodukte gewisser Pilze, wie beispielsweise das vom Schimmelpilz Aspergillus flavus synthetisierte Aflatoxin. Mykotoxine finden sich insbesondere in verschimmeltem Heu und in verdorbenen Futtermischungen, die häufig einen höheren Anteil an Erdnüssen oder Mais haben. Auch in geringer Konzentration aufgenommen beeinträchtigen Schimmelpilztoxine die Immunabwehr des Körpers (es kommt zur sog. Immunsuppression), wodurch die Tiere eine erhöhte Infektionsbereitschaft aufweisen.

Ebenso wie Giftpflanzen können in größeren Mengen aufgenommene, primär bekömmliche Gemüsesorten für Kaninchen gefährlich werden. So neigen Tiere mit einer instabilen Verdauung bei übermäßiger Verfütterung diverser **Kohlsorten** zu starken **Blähungen**. Zur ausgiebigeren Verfütterung ungeeignet sind des Weiteren Pflanzen, die viel **Oxalat** enthalten, da dies die Absorption einiger Mineralstoffe – darunter Kalzium und Magnesium – beeinträchtigt wird. Zu den oxalatreichen Pflanzen zählen u.a. Alfalfa, Löwenzahn, Karotte, Chicoree, Kohl, Rüben, Spinat, Brombeere, Traube, Erdbeere und Schwarze Himbeere.

Auf Wiesen und Weiden („Dauergrünland") findet man **typische Pflanzengesellschaften** aus unterschiedlichen **Gräsern**, **Leguminosen** und **Wiesenkräutern**. Die Futtergräser werden unterteilt in **Mäh-** und **Weidegräser**. Zu Ersteren zählen **Obergräser** wie z. B. Wiesenschwingel, Wiesenlieschgras, Wiesenfuchsschwanz, Knäuelgras, Glatthafer, Goldhafer sowie Rohrglanzgras. Diese eher energiearmen Gräser haben relativ grobe Stängel und hierdurch einen höheren Rohfasergehalt. Zu den Weidegräsern gehören **Untergräser**, die bei eher niedrigem Wuchs mit feineren Stängeln und zahlreichen Blättern einen deutlich höheren Energie- als auch Proteingehalt aufweisen. Vertreter dieser Gruppe sind unter anderem Deutsches Weidelgras, Wiesenrispengras, Gemeines Rispengras, Weißes Straußgras, Rotschwingel und jähriges Rispengras. **Mittelgräser** sind hingegen das Englische Raygras sowie Timothe. Die Familie der **Leguminosen** umfasst vorwiegend Wiesenrotklee, Weißklee, Bastardklee, Hornschotenklee, Wicken, Luzerne und die Wiesenplattererbse. Unter den **Wiesenkräutern** dominieren Löwenzahn, diverse Wegericharten, Ampfer, Schafgarbe, Geißfuß, Gänseblümchen sowie das Hornkraut. Unerwünscht sind u. a. großblättrige Ampferarten, Adlerfarn, Herbstzeitlose, Hahnenfußgewächse, Weißer Germer und das Wiesenschaumkraut.

Abbildung 166: Grasreicher Mischbestand.

Im Jargon der Landwirtschaft wird dieses Grünfutter als **wasser-** und **karotinreiche grüne Pflanzenmasse** definiert, bei der anteilsmäßig die **stickstofffreie Fraktion dominiert**, also leicht verdauliche Hemizellulose und Pektin sowie verschiedene Zucker und Stärke (NfE). Dabei findet sich in manchen Futtergräsern ein zum Teil sehr hoher Anteil an speziellen Zuckern, die nur mikrobiell abgebaut werden können. Hierzu zählen **Fruktane**, die z. B. im **Weidelgras** bis zu **15%** der Trockenmasse ausmachen.

Der **Rohprotein-, Rohfaser-, Rohfett-** als auch **Mineralstoffgehalt der Futterpflanzen variiert** sehr stark, da er abhängig **vom Vegetationsstadium** ist. Analysiert man die Gerüstsubstanzen der Pflanzen genauer hinsichtlich der Faser-Fraktionen (NDF, ADF und ADL), erkennt man je nach Entwicklungsstadium der Wiesenpflanzen deutliche Variationen. Mit zunehmendem Alter der Gräser und Wiesenkräuter steigt der NDF-Wert von < 400g/kg TS (Trockensubstanz) auf mehr als 650 g/kg TS an und der ADF-Wert, der der Lignozellulose entspricht, erhöht sich von < 200 g/kg TS auf über 350 g/kg TS. Dies ist auf eine starke Zunahme der ADL-Fraktion (Lignin) zurückzuführen.

Abbildung 167: Ausgewogener Mischbestand.

Der **Futterwert** von Grünfutter wird in erster Linie von der **botanischen Zusammensetzung**, d. h. der **Vielfalt der Pflanzen** bestimmt (Abb.166 und Abb.167). So teilt man das Wiesenfutter hinsichtlich seines Anteils an Gräsern wie folgt ein:

- **gräserreicher Mischbestand** (> 70% Gräser, niedriger Rohprotein- und Kalziumgehalt)
- **ausgewogener Mischbestand** (50–70% Gräser, 20–30% Leguminosen, 10–20% Kräuter)
- **leguminosenreicher Mischbestand** (> 50% Leguminosen, hoher Protein- und Energiegehalt)
- **kräuterreicher Mischbestand** (> 50% Kräuter und Leguminosen, hoher Kalziumgehalt)

Weitere Faktoren, die den Nährwert des Frischfutters beeinflussen, sind neben dem **Nutzungszeitpunkt** (Schnitt = Vegetationsstadium), die **Düngung** sowie der Standort (**Boden und Klima**). Bei gräserreichem Mischbestand spielt auch der Anteil an **Raygräsern** eine entscheidende Rolle. Sind mehr als 50% der Gräser dieser Grasart zuzuordnen (z. B. Lollium perenne oder Deutsches Weidelgras), ist das Futter **besonders energiereich**.

♦ Gräser (Süßgräser)

Die weltweit verbreiteten **Süßgräser** (latein.: Poaceae oder Gramineae) stellen unter den Blütenpflanzen die größte Familie dar. Hierzu gehören die **Getreidepflanzen**, die eine wichtige Rolle bei der Ernährung des Menschen spielen (Weizen, Hirse, Hafer, Roggen, Gerste, Reis und Mais), nicht jedoch für eine artgerechte Ernährung des Kaninchens). Ebenfalls zu den Süßgräsern zählen die wichtigsten „Futtergräser“: u. a. Wiesenfuchsschwanz (Alopecurus pratensis), **Wiesenlieschgras** oder **Timothee-Gras** (Phleum pratense), **wolliges Honiggras** (Holcus lanatus), **weiches Honiggras** (Holcus mollis), **Rasenschmiele** (Deschampsia cespitosa), **Deutsches Weidelgras** (Lolium perenne), **Gewöhnliches Wiesenknäuelgras** (Dactylis glomerata) sowie **Wiesenschwingel** (Festuca pratensis) **und Rohrschwingel** (Festuca arundinacea). Weitere allgemein bekannte Süßgräser sind: gemeiner **Windhalm** (Apera spicaventi), **Waldknäuelgras** (Dactylis polygama), **gewöhnliches Knäuelgras** (Dactylis glomerata), **Glatthafer** (Arrhenatherum elatius), **Wiesenrispengras** (Poa pratensis), **Wiesengoldhafer** (Trisetum flavescens), **Welsches Weidelgras** (Lolium multiflorum), **Luzerne** (Medicago sativa). Auch beim **Bambus** handelt es sich um einen Vertreter der Süßgräser, der in kleineren Mengen unbedenklich verfüttert werden kann. Für Kaninchen gefährlich ist hingegen die Aufnahme von Glücksbambus (Dracaena sanderiana oder engl.: „Lucky-Bamboo“, kein echter Bambus, gehört zu den Drachenbaum-Gewächsen), da die Pflanze schwach giftige Saponine enthält.

Bei den Süßgräsern wird hinsichtlich des Fehlens oder Vorhandenseins von unterirdischen Ausläufern zwischen **Horstgräsern** sowie **Rasengräsern** unterschieden. Horstgräser besitzen keine bewurzelten Kriechtriebe (Abb.168). Sie bilden lediglich sog. „Horste“, deren Lebenszeit begrenzt ist. Daher müssen sie regelmäßig aussamen können, damit ein entsprechender Anteil im Bestand gehalten werden kann. Hierzu zählen folgende Gräser: Knäuelgras, Timothe, Glatthafer, italienisches Raygras. Die Rasengräser hingegen bilden ober- oder unterirdische Ausläufer und können sich somit auch ohne Aussamung vermehren (z. B. Wiesenrispe, englisches Raygras, Rotschwingel).

Abbildung 168: Knäuelgras (stark horstbildendes Obergras).

Tab. 16: Diverse Futtergräser (Quelle: AID)

Botanischer (lateinischer) Name)	Deutsche Bezeichnung	Blütenstand	Hauptblüte	Merkmal
Phleum pratense	Wiesenlieschgras	dicht besetzte zylindrische Scheinähre, einblütig, unbegrannte Ährchen	Mai/Juni	horstbildendes Obergras
Lolium perenne	Deutsches Weidelgras	locker besetzte, zweizeilige unbegrannte Ähre	Mai–Juli	rasenbildendes Horstgras
Lolium multiflorum	Welsches Weidelgras	locker besetzte zweizeilige begrannte Ähre, mehrblütige Ährchen	Juni/Juli	horstbildendes Obergras
Festuca rubra	Rotschwingel	lockere, aufrechte Doppeltraube, begrannte Ährchen	Juni/Juli	horstbildendes Untergras
Festuca pratensis	Wiesenschwingel	einfache bis doppelte Traube, unbegrannte Ährchen	Juni/Juli	horstbildendes Obergras
Dactylis glomerata	Knäuelgras (Knaulgras)	aufrechte echte Rispe, Ährchen zu Knäuel dicht vereint, begrannt	Mai	stark horstbildendes Obergras
Poa pratensis	Wiesenrispe	pyramidenförmig aufgebaute Rispe, kleine vielblütige Ährchen, unbegrannt	Mai/Juni	rasenbildendes Untergras
Poa trivialis	Gemeine Rispe	locker besetzte fünfstufige Rispe, unbegrannt	Mai/Juni	Untergras
Elymus repens	Quecke	locker besetzte zweizeilige Ähre, begrannt, mehrblütige Ährchen	Juni–Juli	Obergras mit unterirdischen Rhizomen
Holcas lanatus	Wolliges Honiggras	echte Rispe, während der Blüte geöffnet, zweiblütige Ährchen, begrannt, rötlicher Schimmer	Juni	horstbildendes Obergras
Arrhenatherum elatius	Glatthafer	allseitswendige Rispe mit Seitenästen, zweiblütige Ährchen mit einer Granne	Juni–Juli	stark horstbildendes Obergras

Botanischer (lateinischer) Name)	Deutsche Bezeichnung	Blütenstand	Hauptblüte	Merkmal
Trisetum flavescens	Goldhafer	dichte echte Rispe, viele zweiblütige Ährchen, begrannt	Mai/Juni und August–September	horstbildendes Mittelgras
Bromus mollis	Weiche Trespe	lockere, einfache oder doppelte Traube, vielblütige Ährchen, begrannt	Mai/Juni	horstbildendes Obergras
Alopecurus pratensis	Wiesenfuchsschwanz	dicht besetzte, walzenförmige Scheinähre, spitz zulaufend, einblütige Ährchen, begrannt	Mai–Juli	locker horstbildendes Obergras
Agrostis alba	Fioringras, Riesen-Straußgras	goldgelbe Rispe, Ährchen spindelnah, unbegrannt, Rispe mit vielen Ästen, Aufbau wie Tannenbaum	Juni–August	Untergras
Nardus stricta	Borstgras	einblütige, borstenförmige Ährchen ohne Hüllspelzen	Mai/Juni	in graugrünen Horsten wachsendes Gras
Molinia caerulea	Blaues Pfeifengras	blauviolette Rispen, zwei- bis fünfblütige Ährchen	Juli–September	stark horstbildendes Obergras

Tab. 17: Futterwert verschiedener Grünfutterpflanzen

Grünfutter 1. Aufwuchs vor Blüte	Trocken-masse (%)	Rohprotein (g/kg)	Rohfaser (g/kg)	nXP (nutzbares Rohprotein) (g/kg)	Kalzium (g/kg)	Phosphor (g/kg)
Knäuelgras	22	171	**252**	143	6,3	2,7
Welsches Weidelgras	18	168	219	145	6,5	3,4
Luzerne	17	**193**	238	141	**18,9**	3,0
Rotklee	16	**193**	213	152	**16,2**	2,9
Klee-Gras-Gemisch	17	178	223	143	**13,4**	3,2
Futterraps	11	**194**	133	157	19,9	4,2

♦ Leguminosen

Hülsenfrüchtler oder Leguminosen sind eine Unterfamilie der Schmetterlingsblütler. Sie bilden eine weitere Gruppe sehr beliebter Futterpflanzen, zu der folgende Gewächse zählen: **Luzerne** (Medicago sativa), **Rotklee** (Trifolium pratense), **Weißklee** (Trifolium repens), **gewöhnlicher Hornklee** (Lotus corniculatus), **Schwedenklee** (Trifolium hybridum), **Saat-Esparsette** (Onobrychis viciifolia), **Lupine** (Lupinus spp.), **Ackerbohne** (Vicia faba) und **Futterwicke** (Vicia sativa) (Abb.169 und Abb.170). Mit Hilfe spezieller symbiotischer Bakterien im Wurzelbereich (sog. Rhizobien) können Leguminosen molekularen **Stickstoff binden**. Diese sog. **Knöllchenbakterien** verwandeln den Stickstoff der Luft in lösliche, für die Pflanzen verwertbare Stickstoffverbindungen. Daher werden Hülsenfrüchtler im Agrarbereich gerne als „Gründüngung" verwendet, d. h. als Zwischenfrucht ausgesät, wodurch der Boden mit wachstumsförderndem Stickstoff angereichert wird. Leguminosen sind **eiweiß-** und **kalziumreiche Futterpflanzen**. In einem jungen Wachstumsstadium geerntet und frisch im Übermaß verfüttert können sie Blähungen verursachen. Will man aus Leguminosen Heu herstellen, liegt der beste Schnittzeitpunkt zu Beginn der Blüte. Später geerntete Pflanzen sind verholzt, was ihren Futterwert beträchtlich sinken lässt.

Abbildung 169. Rotklee

Abbildung 170: Weißklee

Ebenfalls zu den Leguminosen zählt die **Luzerne** (Alfalfa, Medicago sativa, ewiger Klee oder Schneckenklee), eine von Kaninchen besonders begehrte Pflanze. Sie kann **frisch** oder **zu Heu getrocknet** verfüttert werden. Es überwiegt jedoch ihre industrielle Verarbeitung zu Grünmehl und den hieraus hergestellten **Grünfutterpellets (Grünmehlpellets)**. Als nahrhafte Futterpflanze ist sie insbesondere in der Großtierhaltung unverzichtbar. Luzerne wurde bereits von den alten Griechen und Römern als geeignete Hauptnahrung für Reit- sowie Zugpferde eingesetzt und hoch geschätzt. Ursprünglich stammt die Pflanze aus Persien, wo man Mitte des 17. Jahrhunderts in größerem Umfang mit deren Anbau begann. Ihr maurischer Name war **Alfalfa** und die Bezeichnung Luzerne soll sie aus dem norditalienischen Tal Lucerna bekommen haben. Alternativ wird sie auch als **„Königin der Futterpflanzen"** bezeichnet. Durch ihr sehr tiefes, stark verzweigtes Pfahlwurzelsystem kann sie auch Trockenperioden recht gut überstehen. Sie blüht von Juni bis September, wird knapp einen Meter hoch und man kann sie bis zu dreimal im Jahr ernten.

Da die Luzerne **sehr protein-** sowie **kalziumreich** und leicht verdaulich ist, wird sie gern für kranke oder rekonvaleszente Tiere verwendet. Der Anteil an **Kalzium** in der Trockensubstanz ist jedoch mit bis zu **1,8%** extrem hoch, während der entsprechende Anteil an **Phosphor** nur bei **0,3%** liegt. Dies ist äußerst **ungünstig** für den Kalzium-Phosphor-Stoffwechsel der Kaninchen (siehe dort). Abhängig vom Schnittzeitpunkt beträgt der Prozentsatz an **Rohfaser** maximal **25–30%** (in der Trockensubstanz) und der **Rohproteingehalt** bis zu **17%** (durchschnittlich ca. 14–16%), was ca. 12,8% verdaulichem Roheiweiß entspricht, da die Verdaulichkeit bei 60% liegt. Wird Luzerne jedoch kurz vor der Blüte geerntet, so ist sie proteinärmer und rohfaserreicher. Luzerneheu enthält besonders **viel Karotin (Provitamin A)**.

Zur Verfütterung geeignete Wildpflanzen und Wiesenkräuter (alphabetisch)

- Acker-Stiefmütterchen (Viola arvensis)
- Ackerwinde (Convolvulus arvensis)
- Ackerminze (Mentha arvensis)
- Ampfer-Arten (Rumex spp.): enthalten viel Oxalsäure
- Beifuß (Artemisis vulgaris): verdauungsfördernd
- Bibernelle oder Anis (Pimpinella anisum)
- Braunelle (Prunella vulgaris)
- Brennnessel (Urtica dioica): getrocknete zarte, kleine Blätter oder junge Triebe; eiweißreich
- Erdbeere (Garten- / Wald-) (Fragaria ananassa, F. vesca): reife Früchte, junge Blätter
- Franzosenkraut (Galinsoga parviflora): Blüten, Blätter, Samen
- Frauenmantel (Alchemilla vulgaris oder Alchemilla mollis)
- Gänseblümchen (Bellis perennis): Blüten, Blätter, Samen; nicht zu große Mengen
- Gänsedistel (Sonchus spp.): geringe Mengen im Sommer, zarte Blätter und Blüten
- Giersch (Aegopodium podagraria): Blätter, Blüten, Wurzeln, Früchte; sehr hochwertiges Futter, enthält aber viel Kalzium; schmeckt wie Petersilie
- Grüner Hafer (Avena sativa): enthält viel Rohfaser
- Gundermann (gemeiner) (Glechoma hederaceum)
- Habichtskraut (gewöhnliches) (Hieracium lachenalii)
- Hibiskus (Hibiscus syriacus)
- Hirtentäschel (Capsella bursa-pastoris): Blätter, Blüten, Samentaschen
- Huflattich (Tussilago farfara)
- Kamille (echte) (Matricaria chamomilla): Blätter, Blüten, Samen
- Kapuzinerkresse (Tropaeolum majus und T. minus): Blüte und Blatt
- Kerbel (Garten- / Wiesenkerbel) (Anthriscus cerefolium bzw. A. sylvestris): nur vor der Blüte
- Klee (roter und weißer) (Trifolium pratense und T. repens): Blätter, Blüten, Samen; nur sehr geringe Mengen im Gemisch, Gefahr von Blähungen bei übermäßiger Aufnahme
- Kohldistel (Cirsium oleraceum)
- Kornblume (Centaurea cyanus): appetitanregend, verdauungsfördernd
- Labkraut (Wiesen-) (Galium verum und G. mollugo): geringe Mengen
- Löwenzahn (Taraxacum officinale): wohl beliebteste Futterpflanze für Kaninchen; junge Blätter und Blüten(knospen) werden sehr gern gefressen, kann zur Urinverfärbung führen; enthält viel Kalzium → Gefahr der Harnsteinbildung bei exzessiver Verfütterung
- Lungenkraut (echtes) (Pulmonaria officinalis): zarte, junge Blätter und Blüten, am besten getrocknet verfüttern
- Luzerne (Alfalfa, Medicago sativa): Blüten und Samen, enthält viel Kalzium
- Mädesüß (echtes) (Filipendula ulmaria): junge Blätter und Blüten, nur gelegentlich füttern
- Malve (Malva sylvestris)
- Margherite (Wiesen-) (Leucanthemum vulgare)
- Miere (Frühlings-) (Minuartia verna)
- Möhre (wilde) (Daucus carota): Blätter, Blüten, Samen und Wurzeln
- Pastinake (Pastinaca sativa): Wurzel, nur selten und in geringer Menge füttern
- Pfennigkraut (Lysimachia nummularia)
- Pimpernelle (kleine) (kleiner Wiesenknopf) (Sanguisorba minor)
- Ringelblume (Calendula officinalis)

- Sonnenblume (Helianthus annuus): Blätter und Blütenblätter, keine Kerne!
- Sauerampfer (Wiesen-) (Rumex acetosa): guter Geschmack, enthält viel Oxalsäure, nur gelegentlich und in kleineren Mengen
- Schafgarbe (Achillea millefolium): zarte Blätter und Blüten, enthält viel Kalzium
- Storchschnabel (weicher-/Zwerg-) (Geranium molle, G. pusillum): kleinere Mengen
- Storchschnabel (Berg- und Wiesen-) (Geranium pyrenaicum und Geranium pratense)
- Taubnessel (weiße, rote und gefleckte) (Lamium album, L. purpureum bzw. L. maculatum): Blüten, junge Blätter und Triebe, besonders gut getrocknet, jedoch nur in kleineren Mengen im Gemisch
- Vogelmiere (Stellaria media): sehr gute Futterpflanze, auch in getrockneter Form
- Wegerich (Breit- und Spitz-) (Plantago major bzw. P. lanceolata): zarte, junge Blätter und Samenstände; sehr gute, schmackhafte Futterpflanze mit guter Verträglichkeit und antibakterieller Wirkung, kann auch gut getrocknet werden, Samenstände eignen sich zum Einfrieren für die Winterfütterung
- Wiesenknopf (kleiner) (Sanguisorba minor): Blätter und Blüten, sehr gute Futterpflanze
- Wiesen-Knöterich (Bistorta officinalis)
- Wiesenkümmel (Carum carvi)
- Wiesensalbei (Salvia pratensis)
- Zaunwicke (Vicia sepium): Blätter und Blüten

Abbildung 171: Schafgarbe.

Abbildung 172: Brennnessel in Baunähe.

Abbildung 173: Hirtentäschel

Abbildung 174: Herbst-Löwenzahn

Diverse Küchen- oder Wildkräuter sind frisch aber auch getrocknet eine sehr beliebte Zusatznahrung (Abb.171-174 und Abb.175-177). Hat man keinen eigenen Garten, lassen sich die Pflanzen in kleinen Töpfen auf der Fensterbank oder in größeren Kübeln auf dem Balkon ziehen. Die Kräuter können – wie Blüten – zur Erhöhung der Akzeptanz unter das Heu gemischt werden oder sie dienen als schmackhaftes Belohnungsfutter. Wichtig ist, nur bekömmliche Wildkräuter und ungespritzte Küchengewächse zu verwenden. Geeignet sind unter anderem Beifuß, junge Brennnesselblätter oder -wurzeln, Ackerminze, Breitwegerich, Brunnenkresse, Hirtentäschel, Sauerampfer, Frauenmantel, Kamille, Giersch, Löwenzahn, Mädesüß, Spitzwegerich, Malve, Vogelmiere, Schafgarbe, Wilder Schnittlauch und Echter Sellerie.

Abbildung 175: Getrocknete Blätter-Kräuter-Mischung mit u. a. Sonnenblumenblüten, Gänseblümchen, Rosenblüten und diversen Blättern (60%) (kaum Zahnabrieb, da sehr bröckelig).

Abbildung 176: Getrockneter Löwenzahn (Vorsicht - enthält viel Kalzium).

Abbildung 177: Getrocknete Blätter-Kräuter-Mischung mit u. a. Kamillenblüten, Heidelbeerblättern und Ringelblume sowie diversen Blättern (kaum Zahnabrieb, da sehr bröckelig).

Die **Mehrzahl** der frischen, vor allem aber der **getrockneten Kräuter** enthält übermäßig **viel Kalzium**. Dies betrifft insbesondere Petersilie, Dill, Schafgarbe, Kerbel, Koriander, Schnittlauch sowie Anis. Der **Mineralstoffgehalt** von getrockneten Kräutern ist stets **höher** als in entsprechendem Frischfutter. Kalziumreiche Kräuter stellen somit langfristig und in höherer Menge verabreicht eine besondere Belastung für den Harntrakt dar, da Kaninchen als Folge ihres besonderen Kalziumstoffwechsels im Übermaß aufgenommenes Kalzium über die Nieren ausscheiden. Dies belastet nicht nur die Nieren, sondern birgt die Gefahr der Harngrieß- oder Harnsteinbildung (siehe bei Mineralstoffe). Daher ist die Verfütterung von frischen und insbesondere von getrockneten Kräutern an Kaninchen, die zur Harnsteinbildung neigen, absolut nicht ratsam. Aber auch von gesunden Tieren sollten Kräuter nicht in zu großen Mengen aufgenommen werden; insbesondere wenn die Tiere zusätzlich zu wenig trinken. Bei den im Fachhandel, speziellen Drogeriemärkten, Bioläden sowie im Internet zu sehr hohen Preisen erhältlichen **kommerziellen Kräuter- und Blütenmischungen** unterschiedlichster Zusammensetzung ist zudem zu bedenken, dass getrocknete Pflanzen in der Mundhöhle relativ rasch „zerbröseln" und somit im Vergleich zu den Frischpflanzen ein

unzureichender Zahnabrieb stattfindet. Auch können sich „sperrige“ Pflanzenteile (ebenso wie bei sehr stängelreichem Heu) während der Futterzerkleinerung zwischen den Backenzähnen verklemmen. Viele Kräutermischungen enthalten zudem härtere Futterpartikel, die zu einer unphysiologischen Belastung einzelner Backenzähne führen. Man sollte Vor- und Nachteile trockener Kräuter(mischungen) im Vergleich zur Verfütterung frischer Produkte sorgfältig gegeneinander abwägen. Zumindest im Sommer kann man auf getrocknete Produkte gut verzichten.

Beliebte Küchenkräuter (alphabetisch)

- Basilikum (Ocimum basilicum)
- Bohnenkraut (Satureja hortensis)
- Borretsch (Gurkenkraut) (Borago officinalis)
- Dill (Anethum graveolens): appetitanregend und verdauungsfördernd, viel Kalzium!
- Estragon (Artemisia dracunculus): nur junge Trieb und selten in sehr geringen Mengen
- Kerbel (Anthriscus cerefolium)
- Koriander (Coriandrum sativum): nur gelegentlich, enthält Cumarine)
- Kresse (Garten-) (Lepidium sativum): appetitanregend, nur frische junge Blätter, vor dem Blühen, nicht zu oft (Nitrat!)
- Liebstöckel (Maggikraut) (Levisticum officinale)
- Löwenzahn aus Gemüsehandel (Taraxacum officinale)
- Majoran (Majorana hortensis)
- Melisse (Melissa officinalis): nur Blätter vor der Blüte
- Oregano (Origanum vulgare)
- Petersilie, glatt und gekraust (Petroselinum crispum): enthält viel Kalzium
- Pfefferminze (Mentha piperita)
- Salbei (Salvia officinalis)
- Thymian (Thymus vulgaris)
- Zitronenmelisse (Melissa officinalis)

Kleine Zweige und Blätter

Kaninchen sollten in regelmäßigen Abständen kleine **Zweige zum Benagen** erhalten. Dies dient der **Schneidezahnabnutzung** und beugt Langeweile vor (**Prävention von Verhaltensstörungen**). Die Tiere tragen die Rinde zirkulär von den Zweigen ab, um an die darunter liegende mineralstoffhaltige germinative Schicht zu gelangen. Auf diese Weise decken auch freilebende Kaninchen ihren Bedarf an gewissen **Mineralstoffen** und **Spurenelementen** (Abb.179). Angeboten werden dürfen Zweige von ungespritzten Obstbäumen, vielen Laubbäumen sowie einigen Büschen (siehe unten). Weide eignet sich nur bedingt, da ihre Rinde verhältnismäßig reich an Salizylaten (Salze der Salizylsäure) ist. Nehmen Kaninchen zu viel davon auf, kann dies zu einer irreversiblen Schädigung der Nieren führen.

Viele Kaninchen fressen auch gerne **Blätter** gewisser Bäume, Büsche sowie Obstpflanzen; **frisch**, **leicht angewelkt** oder **getrocknet (Laubheu)** (Abb.178). Im Fachhandel und im Internet findet sich ein großes Sortiment diverser Produkte. Am beliebtesten sind Blätter folgender Pflanzen: Apfel, Birne, Brombeere, Erdbeere, Erle, Esche, Haselnuss, Heidelbeere, Himbeere, Kirsche, Maulbeere, Johannisbeere, Linde, Mais, Wein, Sonnenblume, Stachelbeere sowie gemischte Beerenblätter. Auch hier ist zu berücksichtigen, dass getrocknete Blätter in der Mundhöhle rasch zerfallen und somit kaum zu einem physiologischen Zahnabrieb führen. Andererseits fördern sie, wenn sie in kleineren Mengen unter das Heu gemischt werden, die Raufutteraufnahme.

Abbildung 178: Auch im Herbst gibt es viel Schmackhaftes im Garten (z.B. Laub, Mangold und Erdbeerpflanzen).

Abbildung 179: Rinde als Mineralstofflieferant.

<u>Zur Verfütterung geeignete Zweige und Blätter diverser Bäume und Büsche (alphabetisch)</u>

- Ahorn (z. B. Spitzahorn, Acer platanoides)
- Apfel (Malus)
- Birke (Betula): enthält viel Gerbsäure, nur kleine Mengen
- Birne (Pyrus)
- Brombeere (Rubus fruticosus): nur Blätter, Knospen, Blüten
- Erle (Alnus)
- Esche (Fraxinus excelsior)
- Espe (Populus tremula)
- Hainbuche (Carpinus betulus): Blätter, Äste
- Haselnuss (Corylus avellana): Blätter, junge Triebe, Knospen, Blüten, Rinde – keine Nüsse!)
- Heidelbeere (Vaccinium)
- Johannisbeere (Ribes)
- Kirsche (Prunus avium): nur Blätter, Knospen, Blüten (Blausäure im Fruchtkern!)
- Linde (Sommer-) (Tilia platyphyllos): Blüten, Blätter, Äste
- Mais (Zea mays): nur Blätter, keine Kolben oder Körner
- Quitte (Cydonia oblonga)
- Rosenblätter (Rosa): aus dem Garten (ungespritzt!)
- Rotbuche (Fagus sylvatica)
- Roteiche (Quercus rubra)
- Schlehdorn (Prunus spinosa)
- Weide (Salix): enthält viel Salizylsäure, nur kleine Mengen
- Weinrebe (Vitis vinifera)
- Weißbuche (Carpinus)

Frisches Gemüse

Im Sommer kann man auf eine Verfütterung von Gemüse vollständig verzichten, sofern den Tieren ausreichend adäquates frisches Wiesenfutter zur Verfügung steht. Hingegen eignet sich Gemüse im **Winter** recht gut als **Zusatznahrung zum Hauptfutter Heu** – als „notdürftiger“ Ersatz für das fehlende natürliche Grünfutter. Sofern sich die Tiere frei im Garten bewegen dürfen, nimmt ab Anfang April, wenn die ersten Wiesenpflanzen zu wachsen beginnen, die Akzeptanz des Gemüses kontinuierlich ab. Schon allein daran zeigt sich, welche Nahrung Kaninchen bevorzugen, wenn sie frei wählen können. Abhängig von der Witterung erfolgt etwa ab Oktober erneut eine Zufütterung von Gemüse, wobei sein Anteil an der täglichen Futterration kontinuierlich leicht erhöht wird. Parallel hierzu erhalten die Tiere mehr Heu, das relativ protein- sowie faserreich sein und einen optimalen Kalzium-Phosphor-Gehalt aufweisen sollte (siehe bei Heuarten).

Abbildung 180: Paprika und frisches dunkelgrünes Blattgemüse: Endiviensalat, Wirsing, Spinat, Feldsalat, Petersilie, Schnittlauch, Kerbel, Sauerampfer, Mangold, Rucola, Dill, Zitronenmelisse.

Das Gemüse verabreicht man grundsätzlich am besten abends, wenn der erste Hunger gestillt und der Magen gut mit Raufaser gefüllt ist. Dies beugt zu gierigem Fressen der Frischnahrung vor und hilft so Verdauungsprobleme zu vermeiden. Man wählt **pro Tag** am besten **vier bis fünf verschiedene Gemüsesorten** aus (Abb.180). Diese werden täglich etwas variiert, indem man kontinuierlich eine Gemüseart wechselt. So haben die Darmbakterien genügend Zeit, sich an die neue Situation anzupassen und die Fütterung wird nicht einseitig, sondern bleibt abwechslungsreich. Radikalere Futterumstellungen sind unbedingt zu vermeiden, da sie den Magen-Darm-Trakt unnötig belasten.

Abbildung 181: Frisches Blattgemüse ist sehr beliebt; da will man nichts abgeben.

Für ein Kaninchen von **1,5 kg Körpergewicht** reicht eine mittelgroße **Tasse Gemüse** völlig aus. Die Menge sollte im Winter ca. **15–20% der Tagesration** entsprechen. Für Kaninchen, die einen stabilen Magen-Darm-Trakt haben und an diese Nahrung gewöhnt sind, sind Kohlgewächse ein sehr gutes Winterfutter (sehr vitamin-, mineralstoff- und rohfaserreiche Nahrung). Von Tieren mit latenten Magen-Darm-Problemen wird Kohl hingegen schlecht vertragen (Blähungen).
Bei der täglichen Zusammenstellung des „Wintergemüses“ empfiehlt es sich, mit Rücksicht auf die Darmbakterien bevorzugt Sorten mit einem **hohen Rohfasergehalt** (>2% in der Futtermasse) auszuwählen. Hierzu zählen unter anderem alle **blättrigen Gemüsesorten**, die dementsprechend viele Gerüstsubstanzen enthalten und infolge-

dessen für den Verdauungstrakt besonders gut verträglich sind. Da Blattgemüse zudem überwiegend ein für Kaninchen geeignetes **balanciertes Kalzium-Phosphor-Verhältnis** aufweist, sollte es den größten Teil der Gesamtration ausmachen (Tab.18). Dabei bevorzugt man am besten **dunkelgrüne Blätter**. Als Futter weniger geeignet, jedoch in kleineren Mengen verabreicht ebenfalls akzeptabel, ist hingegen „normales" Gemüse, das einen Rohfasergehalt von durchschnittlich < 0,5–2% in der Trockensubstanz aufweist. Dieses Frischfutter kann bei besonders empfindlichen Tieren (instabile Darmflora) verstärkt Verdauungsprobleme verursachen.

Empfehlenswert sind somit die **Blätter** folgender **einheimischer Gemüsesorten:** Wirsing, Chicoree, Knollen- und Staudensellerie, Porree, Fenchel, Brokkoli, Blumenkohl, Rübstiel, Karottengrün, Mangold, verschiedene dunkelgrüne Salate, Spinat, Grünkohl sowie Kohlrabi. Unter den Salaten, die grundsätzlich gerne gefressen werden, eignen sich für Kaninchen eigentlich nur Endivie, Rucola, Romana, Radiccio, Eichblattsalat, Blattzichorie und Feldsalat (Achtung: generell hoher Nitratwert im Winter). Eisberg- und Kopfsalat hingegen enthalten zu viel Wasser und kaum Nährstoffe oder Raufaser (Abb.182); ebenso Gurke und Tomate. Dies macht die Zäkotrophe häufig weicher und die Tiere nehmen sie unter Umständen nicht mehr vollständig auf.

Grundsätzlich ungeeignet für Kaninchen sind **Knollen sowie Wurzeln** diverser Gemüsesorten, da sie als wichtiges Speicherorgan der Pflanzen übermäßig viel Energie enthalten. Auch können sie langfristig über eine unphysiologische Zahnbelastung zu Gebissproblemen führen. Während sich Blattgemüse und die Blätter vieler Knollen- sowie Wurzelgemüse durch die Backenzähne gut „zerschneiden" lassen und diese Futterpflanzen somit einen **physiologischen Zahnabrieb unterstützen** (siehe bei frisches Grünfutter), lassen sich „kompaktere" Gemüsesorten – wie Kohlrabi-Knolle, Brokkoli-Röschen, Karotte, Pastinak, Petersilienwurzel oder Knollensellerie – zwischen den Kauflächen der Backenzähne lediglich zerdrücken. Dies führt langfristig zu einer unphysiologischen Belastung einzelner Zähne (mit möglicher sekundärer Zahnkörperverbiegung) und ist ebenfalls nicht förderlich für einen kontinuierlichen Zahnabrieb (Abb.236-238). Jede Gemüsesorte, die primär nicht durch seitliche Kieferbewegungen „zerschnitten" werden kann, beeinträchtigt somit die Zahngesundheit der Kaninchen – zumindest langfristig. Auch enthält derartiges Knollen- oder Wurzelgemüse meist zu viel Stärke (Gefahr der Fettleibigkeit).

Abbildung 182: Kopfsalatblätter schmecken zwar, sind aber nicht empfehlenswert (Wildkaninchen).

Pflanzen benötigen zum Wachstum Licht, Wasser, Kohlendioxid, gewisse Mineralstoffe sowie Stickstoff in Form von **Nitrat**. Das in einer gewissen Konzentration im Boden enthaltene Nitrat nutzen die Pflanzen als wichtige Stickstoffquelle für den Aufbau pflanzlicher Eiweißstoffe. Dieser Prozess erfordert Licht in Form der Sonneneinstrahlung. Bei Lichtmangel nimmt die Pflanze das Nitrat zwar auf, jedoch mangelt es ihr an Energie, hieraus Proteine zu bilden. Infolgedessen sammelt sich Nitrat in der Pflanze an. Gefährlich wird dies für Mensch und Tier, wenn das Nitrat in der Mundhöhle und im Magen-Darm-Trakt durch spezielle Bakterien zu Nitrit umgewandelt wird bzw. zu den **krebserregenden Nitrosaminen**. Diese entstehen bevorzugt im sauren Magenmilieu, wo das Nitrit mit Aminen oder Amiden reagiert. Durch ein hohes Vitamin-C-Angebot, z. B. in Form von Paprika oder sonnengereiften Tomaten, kann die Bildung von Nitrosaminen reduziert werden.

Um den Ertrag zu steigern, erhalten Gemüsepflanzen im kommerziellen Anbau zusätzlich Nitrat in Form von Düngemitteln. Somit ist die **Nitratkonzentration** der Pflanzen primär **abhängig** von deren **Düngung** und der **Dauer der Sonneneinstrahlung**. Je länger das Gewächs der Sonne ausgesetzt ist, desto geringer ist die Nitratkonzentration. Daher empfiehlt es sich, z. B. Salat im Garten nachmittags oder abends zu pflücken, wenn das über Nacht gespeicherte Nitrat von der Pflanze weitgehend zur Eiweißsynthese genutzt wurde. Haben Pflanzen hingegen wenig Sonneneinstrahlung, was bei Gewächshausware häufig zutrifft, oder ist die Nitratkonzentration im Boden oder Wasser zu hoch (Überdüngung), speichert die Pflanze das Nitrat, insbesondere in den Stielen sowie den äußeren Blättern.

Durchschnittlich sehr hohe Nitratwerte (Nitratgehalt >1000 mg/kg Frischmasse) enthalten unter anderem Rote Bete, Fenchel, Radieschen, Kohlrabi, Rettich, diverse grüne Blattsalate (z. B. Rucola, Kopfsalat, Feldsalat, Endivie), Spinat, Mangold und Kresse. Zu den Gemüsesorten mit einem mittleren Nitratgehalt (500-1000 mg/kg Frischmasse) zählen: diverse Kohlsorten (Blumenkohl, Chinakohl, Grünkohl, Weißkohl, Wirsing) Sellerie, Karotte sowie Zucchini. Noch niedrigere Nitratwerte (< 500 mg/kg Frischmasse) finden sich vorwiegend in Gurken, Tomaten, Paprika, Rosenkohl, Rotkohl, Chicoree, Brokkoli, Kürbis, Lauch sowie Obst. Da Pflanzen im **Winterhalbjahr** saisonbedingt weniger Licht bekommen, ist der **Nitratgehalt** zu dieser Jahreszeit stets generell **höher**. Hohe Werte weisen die Pflanzen auch auf, wenn es nach trockenen Sommern im Herbst stark regnet und gleichzeitig kühler wird. Unter solchen Bedingungen können die Pflanzen nicht mehr viel wachsen und somit gespeichertes Nitrat verbrauchen.

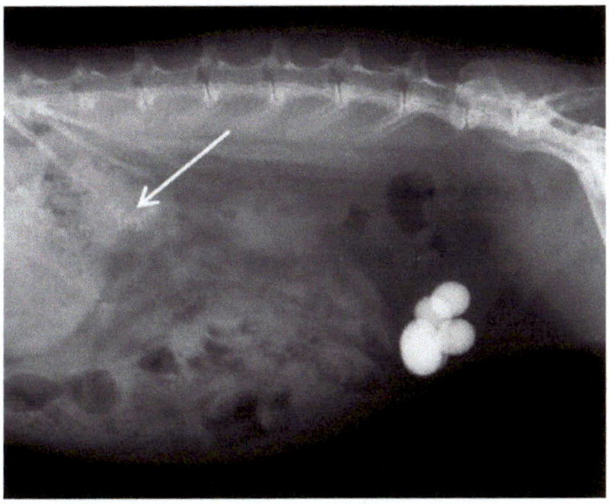

Abbildung 183: Multiple Harnblasensteine sowie einseitige Nierenverkalkung bei einem recht adipösen Kaninchen (verhältnismäßig viel Bauchfett).

Dunkelgrünes Blattgemüse ist zwar für die Verdauung und für den Zahnabrieb optimal, enthält aber zum Teil relativ viel Kalzium, so dass es bei entsprechend „empfindlichen“ Tieren zur Harngries- oder Harnsteinbildung prädisponieren kann (Abb.183). Daher sollten grundsätzlich nicht zu große Mengen **kalziumreicher Gemüsesorten** verfüttert werden. Hierzu zählen u.a.: Fenchel, Grünkohl, Mangold, Sellerieblätter, Spinat, Möhrengrün und Löwenzahn (Blattzichorie). Sehr kalziumreich sind auch Brunnenkresse sowie Brennnesseln. Wenig Kalzium enthalten hingegen Chicoree, Blumen- sowie Chinakohl, Karotten, helle Salatsorten und Gurke. Durch eine geeignete Auswahl der Gemüsepflanzen sowie durch eine beständige, leichte Änderung des Sortiments kann einer Harnsteinbildung in aller Regel recht gut vorgebeugt werden, zumal alle Gemüsesorten einen sehr **hohen Wasser-**

gehalt aufweisen. Hierdurch wird der Harntrakt bei Aufnahme größerer Gemüsemengen ausreichend „durchgespült" und hierdurch im Übermaß aufgenommenes **Kalzium „ausgeschwemmt"**.

Tab. 18: Kalzium- und Phosphorgehalt einiger Gemüsesorten und Kräuter (FM = Frischmasse) (alphabetisch)

Gemüsesorten / Kräuter	Kalzium (mg/100 g FM)	Phosphor (mg/100 g FM)	Ca:P Verhältnis
Aubergine	12	20	0,6
Basilikum	**250**	37	**6,8**
Blumenkohl	22	**50**	**0,4**
Bohnenkraut	**370**	25	**14,8**
Brennnesseln	**240-600**	120	2-**5**
Broccoli	100	82	1,2
Chicoree	20	23	0,9
Chinakohl	40	30	1,3
Dill	**230**	85	**2,7**
Endivie	55	**60**	0,9
Feldsalat	32	49	0,6
Fenchel (Blätter)	**110**	52	2,1
Gänseblümchen	**190**	k.A.	k.A.
Grünkohl	**212**	85	**2,5**
Gurke	18	23	0,8
Karotten	40	35	1,1
Kohlrabi	68	50	1,4
Kopfsalat	46	39	1,8
Kresse (Brunnen-)	**215**	60	**3,6**
Kürbis	30	40	0,6
Lauch	85	46	1,8
Löwenzahn (Blattzichorie)	**180**	70	**2,6**
Mangold	**105**	40	**2,6**
Oregano	**287**	34	**8,4**
Paprika	10	25	0,4
Petersilie (Blätter)	**210**	130	1,6
Porree	80	45	1,8
Radicchio	40	27	1,5
Radieschen	32	25	1,3
Romanasalat	36	45	0,8
Rosenkohl	31	**82**	**0,4**
Rote Beete	30	40	0,8
Rotkohl	40	30	1,3
Rucola	**160**	k.A	k.A.
Rübstiel (Stielmus)	40	30	1,3
Salbei	**270**	15	**18 (!)**

Gemüsesorten / Kräuter	Kalzium (mg/100 g FM)	Phosphor (mg/100 g FM)	Ca:P Verhältnis
Schnittlauch	**130**	60	2,2
Sellerie	80	40	2,0
Spinat	**125**	55	**2,3**
Thymian	**336**	36	**9,3**
Tomaten	14	**25**	**0,6**
Weißkohl	45	29	1,5
Wirsing	50	60	0,8
Zitronenmelisse	**150**	50	**3**
Zucchini	23	23	1,0

Einige (Gemüse-)Pflanzen dürfen nicht in zu großen Mengen verfüttert werden, da sie einen hohen Anteil an **Oxalsäure** enthalten. Dies betrifft unter anderem den Waldsauerklee (Oxalis acetosella), nach dem die Oxalsäure benannt wurde, da sie erstmals in diesem Gewächs nachgewiesen werden konnte. Weitere oxalsäurereiche Pflanzen sind Rote Bete, Chicoree, Spinat, Petersilie, Mangold sowie Sauerampfer und Löwenzahn. Oxalsäure bindet Kalzium, so dass dieser Mineralstoff für den Körper bzw. den Knochen- und Zahnaufbau nicht mehr verfügbar ist (siehe bei Kalzium). Darüber hinaus können oxalathaltige Harnsteine entstehen, sog. Konglomerate aus Kalziumoxalatkristallen. Ein zusätzlicher Vitamin-B_6-Mangel fördert die Steinbildung.

Eine besonders häufig und gern verfütterte Gemüsesorte ist die **Karotte**. Sie enthält jedoch als „Knollengewächs" viel Zucker bzw. **Kohlenhydrate (3–6 g/100 g)** und ist somit zu energiereich. Frisst ein Tier eine etwas größere Möhre, hat es damit die Energie von ein bis zwei Stückchen (!) Würfelzucker aufgenommen (1 Würfelzucker von 3 Gramm entspricht 3,0 g Kohlenhydraten). Daher sind Karotten als Kaninchenfutter eher ungeeignet. Man sollte sich stets fragen: *Wieviel Heu oder Wiesenfutter hätte das Kaninchen aufnehmen und zwischen den Zähnen zerschneiden müssen, um dieselbe Menge an Energie zu erhalten?! (Abb.196-199). Um wie viel mehr hätte es sich hierbei die Zähne abgenutzt (!) - im Vergleich zur Karotte, die zwischen den Backenzähnen primär „zerquetscht" wird?*

In getrockneten Karotten ist der Energiegehalt noch höher als bei der Frischware (siehe getrocknetes Gemüse). Dasselbe gilt für die Mehrzahl anderer **getrockneter Gemüsesorten**, die in immenser Vielfalt im Fachhandel und im Internet angeboten werden (Abb.184). Bei diesen Produkten handelt es sich um unnützes und sogar schädliches Zusatzfutter das **nicht verfüttert werden** sollte; zum einen wegen des hohen Energiegehalts, zum anderen aufgrund der harten Struktur vieler Produkte, durch die es langfristig zur Überlastung einzelner Backenzähne kommen kann (Zahnverbiegungen mit Zahnspitzenbildung) (Abb.188-190, Abb.227 und Abb.250).

Abbildung 184: Getrocknetes Gemüse und gequetschter Mais (nicht empfehlenswert).

Kalziumarme Gemüse / Salate (<100mg/kg Kalzium FM)
Aubergine, Bataviasalat, Blumenkohl, Chicoree, Chinakohl, Eichblattsalat, Endivie, Feldsalat, Friseesalat, Gurke, Kürbis, Lollo Rosso und Lollo Bionda, Karotten, Paprika, Radicchio, Radieschen, Romanasalat, Rote Bete, Rosenkohl, Rotkohl, Rübstiel (Stielmus), Salatherzen, Tomate, Zucchini.

Kalziumreiche Gemüse / Salate (>100mg/kg Kalzium FM)
Brennnessel, (Brokkoli), Brunnenkresse, Fenchel, Grünkohl, Mangold, Möhrengrün, Rucola, Sellerieblätter (Stauden- und Knollensellerie), Spinat.

Rohfaserreiche Gemüse / Salate
Gurke, Zucchini, Chicoree, Salate (dunkelgrüne), Chinakohl, Kohlrabi, Paprika, Porree, Wirsing, Karotten, Brokkoli, Fenchel, Knollensellerie, Rosenkohl, Spinat.

Zur Verfütterung geeignete Gemüsepflanzen

- Blumenkohlblätter: in kleiner Menge nach Gewöhnung
- (Brokkoli)
- Chicoree: in kleineren Mengen wegen der Oxalsäure
- Chinakohlblätter: in kleinen Mengen nach Gewöhnung
- Eichblattsalat
- Endivie: hoher Nitritgehalt im Winter
- Feldsalat (Rapunzel): Vorsicht wegen hoher Nitratbelastung! Gartenpflanzen sind gesünder als im Handel erworbene Salatblätter
- Fenchel: Samen, (Knollen), Blätter, kann Urin verfärben, sehr beliebt
- Friseesalat (krausblättrige Endivie)
- Grünkohl: als Winterfutter in geringeren Mengen
- Gurken: nur in geringen Mengen
- Karotten (Möhren): im Karottengrün viel Kalzium
- (Knollenpetersilie)
- (Knollensellerie): Grün und (Knolle), sehr beliebt
- Kohlrabiblätter: geringe Mengen nach Gewöhnung
- Lollo Rosso
- Lollo Bionda
- Löwenzahnsalat: Blattzichorie
- Maisblätter: frisch oder getrocknet
- Mangold: geringe Mengen wegen der Oxalsäure
- Möhrenkraut: enthält viel Kalzium
- Paprika
- (Pastinaken): Winterfutter, geringe Menge, da sehr energiereich
- (Petersilienwurzel): Grün und (Knolle)
- Radiccio (roter): Wintersalat
- Radieschenblätter
- Rettichblätter: kleinere Mengen
- Romanasalat: sehr beliebt
- Rucola (Rauke): hohe Nitratbelastung; Gartenpflanzen gesünder als Treibhausware

- Stangensellerie: sehr beliebt
- (Topinambur): Winterfutter
- Wirsing: kleinere Mengen
- Zuckerhutsalat: sehr beliebt

Frisches Obst

Obst ist für Kaninchen prinzipiell ungeeignet, da die meisten Früchte zu **viele leicht verdauliche Kohlenhydrate (Frucht-** und **Traubenzucker)** enthalten (siehe Tab. 19). Die hierdurch recht hohe Energiezufuhr kann zu einer allgemeinen **Verfettung** der Tiere führen. Zusätzlich steigt durch die Aufnahme der Fruktose das Risiko von **Verdauungsstörungen**, da der nicht unmittelbar im Dünndarm verwertete Fruchtzucker den pH-Wert im Blinddarm absinken lässt und so einer Dysbakterie Vorschub leistet. Deshalb, und auch weil viele Obstsorten ein **ungünstiges Kalzium-Phosphorverhältnis** enthalten, darf Obst nur äußerst zurückhaltend und ausschließlich als besonderes „Leckerli" in sehr kleinen Mengen verfüttert werden. Dabei sollte man primär auf einheimische Obstsorten zurückgreifen und/oder **rohfaserreichere Früchte** wählen wie z. B. (Wasser- bzw. Honig-) Melone, Weintraube, Mango, Pfirsich, Pflaume, Papaya, Apfel, Birne, Kiwi, Erdbeere, Brombeere, Johannisbeere, Himbeere und Heidelbeere.

Tab. 19: Kalzium- und Phosphor-, Fruchtzucker- (Fruktose) und Traubenzuckergehalt (Glukose) sowie Gesamt-Kohlenhydratgehalt einiger Obstsorten (FM = Frischmasse)

Obstsorte	Kalzium (mg/100 g FM)	Phosphor (mg/100 g FM)	Fruktose (g/100 g FM)	Glukose (g/100 g FM)	Kohlenhydrate (g/100 g FM)
Apfel	7	10	**5,74**	2,04	10
Banane	8	**27**	**3,64**	**3,79**	**19-22**
Birne	9	15	**6,75**	1,67	**12**
Brombeere	40	25	1,35	1,28	8
Erdbeere	25	25	2,28	2,16	5
Hagebutten	**200**	200	**8,69**	**8,70**	**14**
Heidelbeeren	15	13	4,07	3,00	**20**
Himbeeren	**40**	40	2,04	1,77	6
Kiwi	34	30	**4,41**	**4,71**	10
Mango	10	13	2,73	0,64	**15,3**
Preiselbeere	15	10	3,34	3,46	4,4
Stachelbeere	25	30	**4,01**	**3,63**	10
Weintraube	19	22	**7,63**	**7,33**	**16**

Wie kalorienreich Obst ist, soll ein Beispiel veranschaulichen: Ein **Apfel** besteht zu 85% aus Wasser und die verbleibende Trockensubstanz enthält (sortenabhängig) bis zu 70% Kohlenhydrate, also reine Energie (!). Dies entspricht ca. 10% der Frischesubstanz (100 g Apfel = 10 g Kohlenhydrate) und je nach Größe des Apfels **mehreren Stückchen Würfelzucker** (1 Würfelzucker von 3 Gramm = 3,0 g Kohlenhydrate). Ein Apfelschnitz ist somit ein besonders energiereiches Belohnungsfutter und kein Grundnahrungsmittel für Kaninchen. Noch energiereicher sind Birnen, Hagebutten, Heidelbeeren, Mango, Weintrauben und vor allem **Bananen**. So liegt der Kohlenhydratanteil bei ca. 22 g pro **100 g** frischer Bananen, was **7 (!) Stückchen Würfelzucker** entspricht. Und gleichzeitig ist auch noch der Ballaststoffanteil reifer Bananen sehr gering. Auch frische Erdbeeren und Himbeeren enthalten ca. 4–5 g Kohlenhydrate/100 g Frischemasse (= ca. 1,5 Würfelstückchen). Noch energiereicher und daher für Kaninchen völlig ungeeignet ist Obst in getrockneter Form (siehe bei getrocknetem Gemüse und Trockenobst). Hinzu kommt, dass frisches Obst von der Struktur her nicht förderlich für Kaninchen ist. Die Früchte sind in aller Regel weich und werden daher rasch zwischen den Backenzähnen zerdrückt. Insbesondere wenn etwas mehr Obst gefüttert wird, resultiert hieraus ein **unzureichender Zahnabrieb** bei einer **gleichzeitig hohen Energiezufuhr**. Man stellt sich am besten wieder die Frage: *Wieviel Heu oder Wiesenfutter hätte das Tier aufnehmen und zwischen den Backenzähnen zerschneiden müssen, um dieselbe Menge an Energie zu erhalten? Und um wie viel mehr hätten sich hierbei die Zähne abgenutzt!* Es steht fest: Kleine Obststücke sind Belohnungsfutter und dürfen kein konstanter Bestandteil der täglichen Futterration sein (Abb.185).

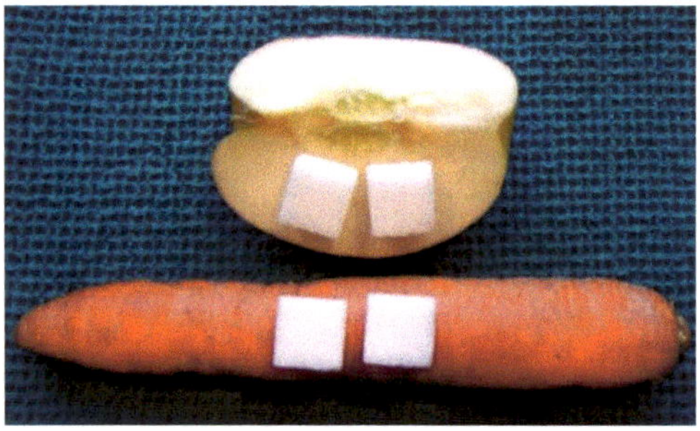

Abbildung 185: 60 Gramm Apfel und 100 Gramm Karotte haben die „Energie“ von 4 Stückchen Würfelzucker!

<u>Zur Verfütterung (bedingt) geeignetes Obst (nur als „Leckerli“ in Kleinstmengen)</u>

- (Apfel) (Malus domestica): keine Kerne! (toxisches Amygdalin): sehr energiereich (!)
- (Birne) (Pyrus communis): sehr energiereich (!)
- Brombeere (Rubus fruticosus)
- Blaubeere (Vaccinium myrtillus): Früchte waschen (Fuchsbandwurm!)
- Cranberry (Vaccinium macrocarpon) (Großfrüchtige Moosbeere): viel Vitamin C
- Erdbeere (Garten- und Walderdbeere) (Fragaria ananassa – Fragaria vesca)
- (Hagebutte) (Rosa canina): viel Vitamin C, sehr energiereich (!)
- Himbeere (Rubus idaeus)
- (Heidelbeere) (Vaccinium myrtillus): sehr energiereich (!)
- Johannisbeere (Rote) (Ribes rubrum):
- Wassermelone (Citrullus lanatus)
- Sanddorn (Hippophae rhamnoides)

Getrocknete Gemüse und Trockenobst

Da der Energiegehalt von getrocknetem Gemüse und Obst deutlich höher liegt als der der entsprechenden Frischware, ist diese „Trockennahrung“ als Bestandteil des täglichen Kaninchenfutters **nicht geeignet.** Während z. B. ein Apfelschnitz von 25 g durchschnittlich ca. 3 g Zucker enthält (abhängig von der Sorte), kann der Energiegehalt der gleichen Menge getrockneter Apfelringe auf das Sechsfache (!) ansteigen. Das **Übermaß leicht verdaulicher Kohlenhydrate** hat negative Auswirkungen auf die natürliche Darmflora (Dysbakterie).

Abbildung 186: „Obstsalat“ bestehend aus vielen kleinen und größeren sehr harten getrockneten Futterpartikeln.

Durch Trocknung konserviertes Obst und Gemüse wird meist in Form von Scheiben, Würfeln oder kleinen „Bröckchen“ angeboten, deren Struktur auch für einen normalen Zahnabrieb ungünstig ist. Durch den Trocknungsprozess werden die einzelnen Partikel zudem meist **verhältnismäßig hart**, so dass bei ihrer Zerkleinerung bzw. „Quetschung“ bestimmte Backenzähne stärker und vor allem unphysiologisch belastet werden. Dies wiederum fördert deren Verbiegung und **prädisponiert** somit langfristig zu **Zahnerkrankungen**. Darüber hinaus quillt getrocknetes Obst oder Gemüse im Magen stark auf. Bei **größeren Mengen** kann dies eine **Magenüberladung** oder sogar einen Dünndarmverschluss zur Folge haben.

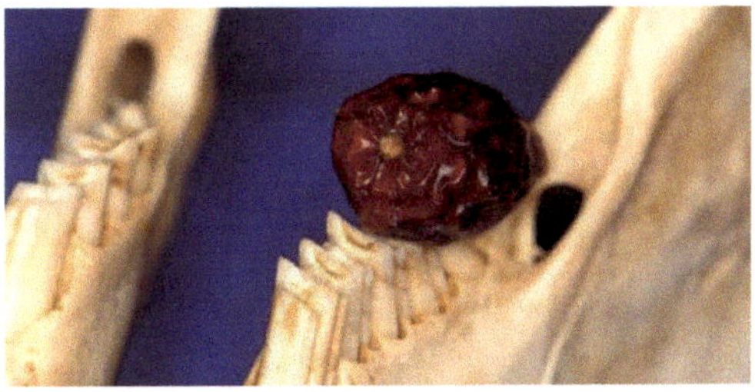

Abbildung 187: Hagebutten sind extrem hart. Bei deren Zerkleinerung werden die Backenzähne übermäßig belastet (stark erhöhter Axialdruck!).

Bedingt als Futter geeignet sind hingegen **getrocknete Blätter diverser Gemüsepflanzen**, jedoch nur in geringeren Mengen, da sie ebenfalls eher in der Mundhöhle zerfallen, als dass sie mit den Zähnen zerschnitten werden. Auch sollte man den Kalziumgehalt der gedörrten Pflanzen kritisch prüfen bzw. hinterfragen. Im Internet sowie im Fachhandel erhältlich sind unter anderem getrocknete Brokkoliröschen, Möhren, Grünkohl, Chicoreewurzeln, Gurke, Kürbis, Knollensellerie, Pastinaken, Petersilienwurzel, Tomaten, Weißkohl, Wirsing. Und auch in vielen (strukturierten) Fertigfuttermitteln sind getrocknete Gemüsebestandteile enthalten. Im Vergleich zu Frischware hat Trockengemüse sowie Trockenobst jedoch deutliche Nachteile. Daher kann es als konstanter Bestandteil des Futters für Kaninchen nicht empfohlen werden. Langfristig zu hoch sind die Risiken für die Zähne und den Magen-Darm-Trakt (Abb.186-190 und Abb.250).

Abbildung 188: Getrocknetes Gemüse mit u. a. Karotten-, Sellerie-, Rote Beete-Stückchen.

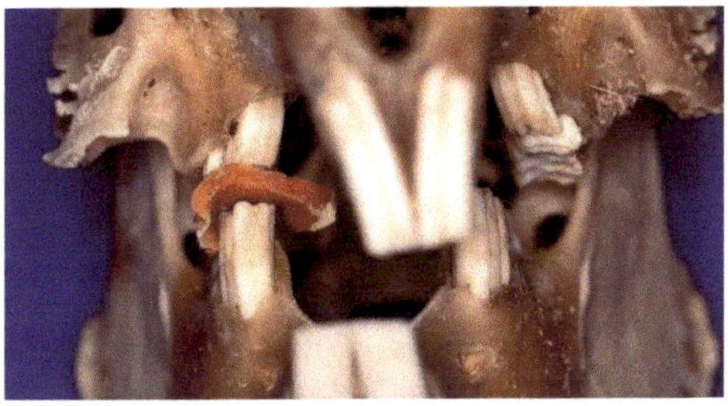

Abbildung 189: Das Zerkleinern eines „harten“ Karottenstückchens führt zu einer erhöhten axialen Belastung der Backenzähne.

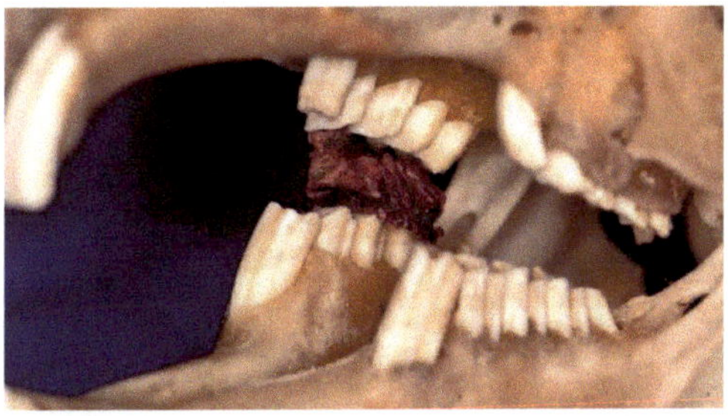

Abbildung 190: Trockengemüse (Rote-Beete) zwischen den Backenzähnen. Hohe axiale Belastung der Backenzähne beim „Zerdrücken“ des Futterpartikels. Gefahr der Zahnverbiegung sowie retrograden Zahnelongation (siehe Text).

Heu

Heu ist **„getrocknetes Wiesenfutter"** (Gräser sowie Kräuter mit deren Blättern und Blüten), also durch Wasserentzug haltbar gemachte natürliche Kaninchennahrung. Während Wiesen früher **extensiv bewirtschaftet** wurden und aus einer Vielzahl **unterschiedlicher Pflanzen-** und **Gräserarten** zusammengesetzt waren, steht heute die **intensive Nutzung** sehr artenarmer, **monotoner Wirtschafts-** bzw. **Futterwiesen** im Vordergrund. Diese Grünflächen sind im Vergleich zu den früheren Wiesen über das Jahr ertragreicher und bringen somit einen höheren Gewinn. Die intensive Nutzung beeinflusst jedoch die Heuqualität in negativer Weise, denn das Grünland enthält nur noch wenige, vor allem möglichst schnell wachsende Futterpflanzen. Kaninchen möchten jedoch Heu von **besseren Futterwiesen**, die aus einer **großen Diversität verschiedener Süßgräser** und **Wiesenkräuter** bestehen. Solches Raufutter schmeckt ihnen besonders gut und ist gleichzeitig sehr nahrhaft (Abb.191). Besonders beliebt sind die Ähren der Gräser sowie allgemein sehr junge Pflanzen mit ihren zarten Blättern.

Verschiedene Heusorten

- Grasheu (sollte aus vielen verschiedenen Gräsern bestehen)
- Wiesenheu (Gras und Wiesenkräuter)
- Luzerneheu (hoher Kalziumgehalt)
- Kleeheu (hoher Protein- und Kalziumgehalt)
- Langheu
- Häckselheu (durch einfaches Häckseln von Langheu)
- Pressheu (Niederdruck- und Hochdruck-Heuballen)
- Pelletiertes Heu (Pellets)

Gutes Heu enthält wichtige **Vitamine** (Vitamin D_2 und Beta-Karotin, abhängig vom Konservierungsverfahren) sowie Mineralstoffe (Kalzium sowie Magnesium). Gleichzeitig hat es normalerweise ein **günstiges Kalzium-Phosphor-Verhältnis**; doch hängt dies sehr von seiner Qualität (z. B. Auswaschungsverluste) und seiner botanischen Zusammensetzung ab (z. B. Anteil an kalziumreicher Luzerne). Dabei gilt es zu beachten, dass infolge des Trocknungsprozesses generell alle Mineralstoffe im Heu in einer höheren Konzentration enthalten sind als im entsprechenden Frischgut, das eine Feuchtigkeit von ca. 80% aufweist. Wird bei Taunässe gemäht, liegt der Wert sogar noch höher. Der **Wassergehalt** guten Raufutters beträgt hingegen nach Abschluss der Reifung lediglich **14–15%.** So finden sich in gutem Wiesenheu durchschnittlich **4–8 g Kalzium pro Kilogramm Trockenmasse**, wohingegen der Wert bei entsprechendem Frischfutter lediglich bei knapp bis zu ca. 1 g/kg FM liegt.

Abbildung 191: Grasheu (Liesch- und Knäuelgras).

Es gibt viele verschiedene Heusorten, deren Protein- und Rohfasergehalt beträchtlich variiert, da das Heu aus Schnittgut von (Futter-) Wiesen unterschiedlichster botanischer Zusammensetzung hergestellt wird (siehe dort und Tab.20). Der durchschnittliche **Rohfasergehalt** von „normalem“ grasreichem Wiesenheu beträgt ca. **22–28%**. Durch den relativ hohen Anteil unverdaulicher Strukturfasern fördert es die normale Verdauung und sorgt für einen unkomplizierten Transport des Futterbreis durch den gesamten Magen-Darm-Trakt (Abb.193). Somit dient Heu als sog. „Ballastfutter“ zur **Förderung der Darmperistaltik**. Vom ernährungsphysiologischen Standpunkt aus gesehen ist Heu dem Ausgangsprodukt (frischem Wiesenfutter) allerdings keinesfalls gleichwertig, da es abhängig vom Herstellungsverfahren zu einem gewissen Nahrstoffverlust kommt. Dies gilt insbesondere für Vitamine (z. B. Vitamin E) sowie Aminosäuren. Auch hat Heu eine **geringere Verdaulichkeit**. Daher muss man beim Kauf von Heu darauf achten, dass es von möglichst guter Qualität ist. Das heißt, der Nährstoffgehalt sollte möglichst hoch und das Verhältnis der einzelnen Stoffe zueinander gleichzeitig entsprechend ausgewogen sein. Einseitig erhöhte Protein-, Rohfaser- oder Mineralstoffwerte sind für die Gesundheit der Tiere ungünstig. Leider fehlt bisher in aller Regel jedoch eine dementsprechend detaillierte Deklarierung der diversen Raufutter-Produkte (Verpackungen). Es dominieren eher „blumige“, nicht näher spezifizierte Beschreibungen, wie „Bergwiesenheu“ oder „bunte“ Futterwiese. Dies muss sich unbedingt ändern.

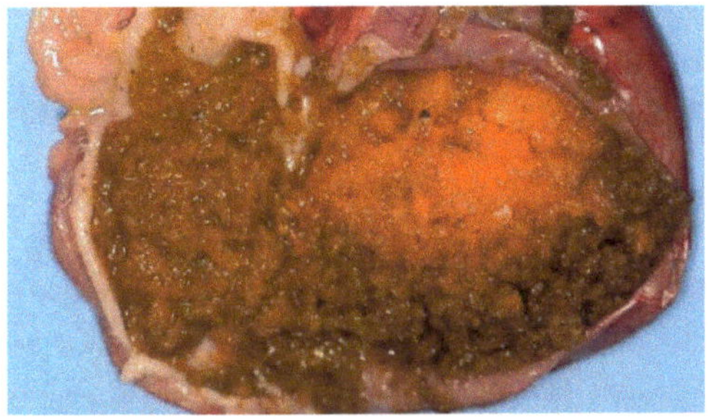

Abbildung 192: Magen „kompakt“ mit Pellets und zerkleinerten Karotten gefüllt (wenig Raufaser).

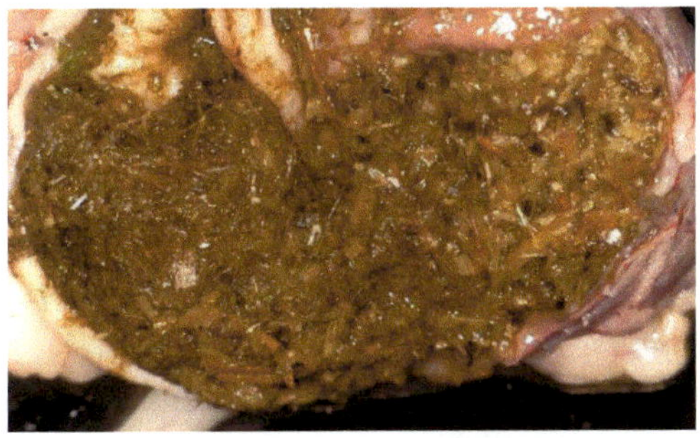

Abbildung 193: Magen mit raufaserreichem Futter gefüllt. Optimale Voraussetzung für eine gesunde Verdauung und gute Prophylaxe gegen eine Magenbezoarbildung (gute Haftung und somit Passage einzelner Haare).

Tab. 20: Durchschnittlicher Rohprotein-, Rohfaser-, Kalzium- sowie Phosphorgehalt diverser Heusorten

Heusorte	Rohproteingehalt	Rohfasergehalt	Kalziumgehalt	Phosphorgehalt	Bemerkung
Grasreiches Wiesenheu	8-15% (durchschn. 11%)	22-28%	0,5-0,6%	0,2-0,3%	gutes Ca:P-Verhältnis
Klee- und kräuterreiches Wiesenheu	**18%**	22%	0,8-0,9%	0,3%	
Timothy Heu	9-12%	**33%**	0,5%	<0,2%	
Luzerne Heu	**18%**	28%	**2,2%**	0,2%	hoher Kalziumgehalt

Frisches Heu kann man in kleineren Portionen im Zoofachhandel und im Internet erwerben oder man kauft einen ganzen Heuballen bei einem vertrauenswürdigen Bauern, dessen Futterwiese man vielleicht sogar kennt. Grundsätzlich sollte Heu **nicht länger als 6 Monate aufbewahrt** werden, da danach sein Nährstoff- und Vitamingehalt deutlich sinken. Ein Nachteil bei der Verfütterung von Heu ist, dass man infolge einer **fehlenden Deklaration** bisweilen nicht weiß, aus **welchen Pflanzen** sich das Heu zusammensetzt und somit besteht Unsicherheit hinsichtlich seines exakten Nährstoff- sowie Mineralstoffgehalts. Ebenso fehlen oft Angaben zum genauen **Schnittzeitpunkt** und somit zum **Vegetationsstadium** der Pflanzen. Je älter die Futtergräser sind, desto höher ist der Rohfasergehalt und desto geringer der Proteingehalt des Heus. Parallel hierzu sinken die Verdaulichkeit sowie die Akzeptanz, denn die wichtigsten Nährstoffe des Heus befinden sich primär in jüngeren **Blättern,** die **60% der Energie** und **75% der Proteine enthalten**. Deshalb ist der **beste Schnittzeitpunkt** für die Heupflanzen **kurz vor der Gräserblüte**. Vergleicht man gekauftes mit selbst hergestelltem Heu, fehlen bei Ersterem sehr häufig die kleinen, blättrigen Pflanzenteile, die in einem guten Kräuterwiesenheu jedoch enthalten sein sollten (z. B. Kleeblätter, Blattanteile sowie Blüten diverser Kräuter). Stattdessen überwiegen meist eher stängelige Pflanzenanteile mit deutlich geringerem Nährwert. Daher lohnt es sich, die Heuqualität vor dem Kauf kritisch zu prüfen und auf eine aussagekräftige Deklaration auf der Verpackung zu bestehen bzw. nicht entsprechend deklarierte Produkte zu meiden.

Vor dem Verfüttern des Raufutters ist auf eine ausreichende Ablagerung des Heus zu achten, in dem durch Gärungsprozesse über mehrere Wochen hinweg eine Heureifung stattfindet (siehe Heureifung). Wird nicht entsprechend abgelagertes, somit **„unreifes" Heu** verfüttert, kann dies zu **schweren Verdauungsstörungen** führen (Magen-Darm-Aufgasung, Koliken und/oder Durchfällen), da der Magen-Darm-Trakt mit im Heu enthaltenen Bakterien, Pilzen sowie Hefen regelrecht überschwemmt wird (**Gefahr der Dysbakterie**) (Abb.194 und Abb.195). Um dies zu verhindern, muss das Heu „schwitzen", denn erst durch die hierbei entstehende Fermentationswärme kommt es zu einer effektiven Reduzierung der auf dem Raufutter befindlichen Keime. Das Heu wird **durch die Reifung** sozusagen **„steril"** und gleichzeitig auch **besser verdaulich**.

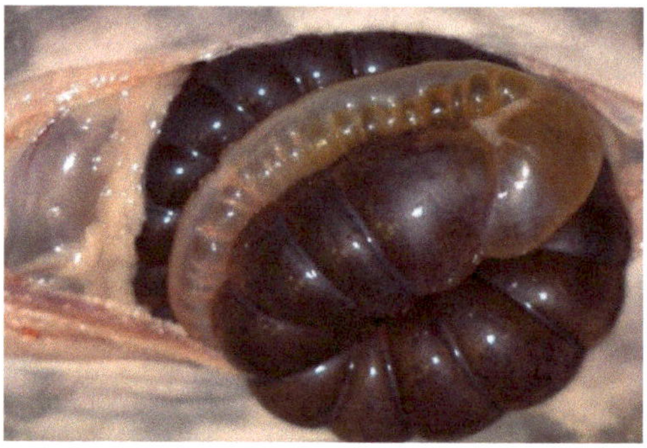

Abbildung 194: Stark aufgegaster Blind- und Grimmdarm (hochgradige Schmerzen!).

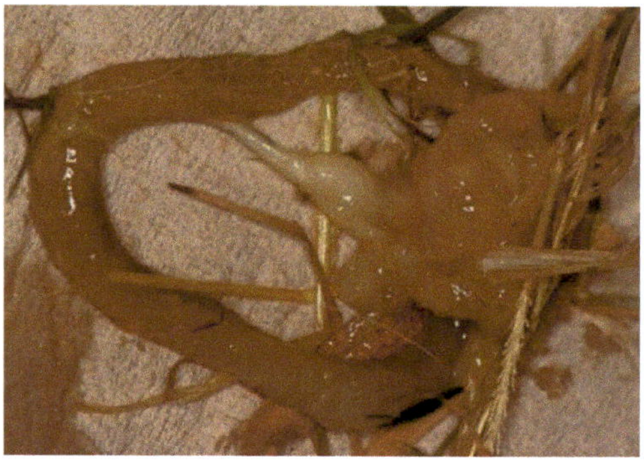

Abbildung 195: Abgesonderter Schleim (Fibrin) eines Kaninchens mit schwerwiegender Darmentzündung.

Auch nach einer erfolgreichen Fermentation enthält Raufutter immer noch viele abgestorbene Mikroorganismen, die bei empfindlichen Tieren zu **Irritationen der Atemwege** führen können. Hinzu kommt der Staub der feinen Bröckelpartikel und eventuell ein hoher Anteil an Pollen, wenn das Heu zur Zeit der Blüte geerntet wurde. In die Bronchen sowie die Lungenbläschen (Alveolen) eingedrungene Stoffe versucht der Körper über eine vermehrte Schleimbildung zu entfernen. Dieser Schleim ist ein idealer Nährstoff für eine weitere Keimbesiedelung der Atemwege. Aus diesem Grund sollte man bei Hauskaninchen, die an chronischen Infektionen der Atemwege (latenter Kaninchenschnupfen) leiden, besser auf Heu verzichten und stattdessen – in entsprechend kleineren Mengen – die feuchtere Heulage verfüttern (siehe Heulage bzw. Gärheu).

Abbildung 196: Mittelfeines Heu ist ideal für den Backenzahnabrieb und unterstützt eine normale Verdauung (Mikroflora).

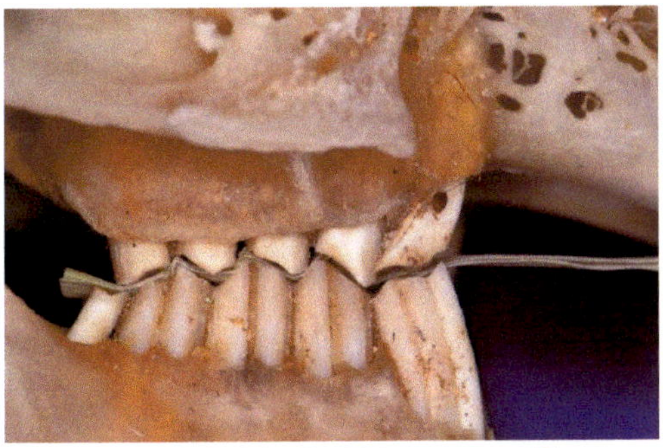

Abbildung 198: Bei der Zerkleinerung von Heu können die scharfen Kanten der Backenzähne ideal ineinander greifen (optimaler Zahnabrieb).

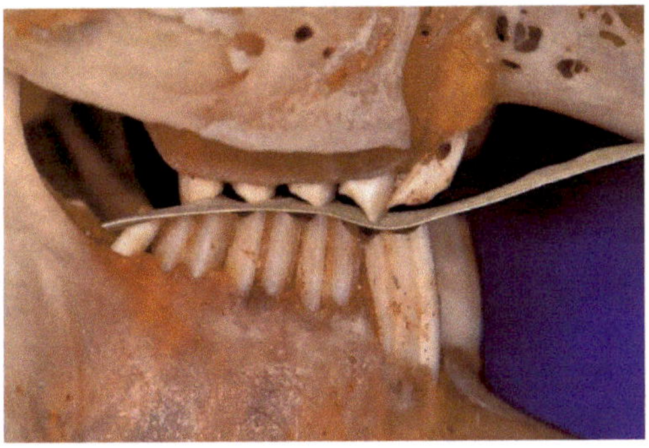

Abbildung 197: Zwischen die Backenzähne eingeklemmtes Heuteilchen.

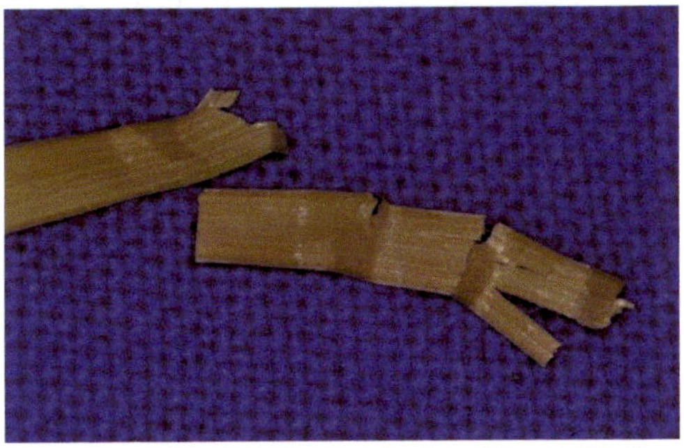

Abbildung 199: Situation nach einmaligem „Biss“ (seitliche Scherbewegung beim „Zerschneiden“ des Futters).

Heuarten

♦ Kräuterheu

Kräuterheu beinhaltet – im Vergleich zu relativ artenarmem Heu von intensiv genutzten Wiesen – eine deutlich **höhere Anzahl diverser Wiesenkräuter** sowie **blühender Pflanzen (Blumenwiese**) und einige **junge Gräser**. Daher enthält es mehr Blätter und Blüten als „normales“ Grasheu, bei dem Stängel bei weitem überwiegen. Kräuterheu hat in der Regel einen besonders würzigen Duft und die meisten Kaninchen nehmen es gerne an. Da sich die enthaltenen **Heilpflanzen** in ihrer medizinischen Wirkung potenzieren können und viele dieser Gewächse sehr **viel Kalzium** enthalten, sollte es nicht in größeren Mengen verfüttert werden, sondern als schmackhaftes „Leckerli“ oder zum Aufbessern von „normalem“ Heu dienen. Werden einzelne Pflanzen von den Tieren besonders bevorzugt, kann man sie auch selbst sammeln und trocknen.

Beim Kauf von Kräuterheu sollte man sich nicht allein auf die Bezeichnung des Produkts verlassen, sondern wirklich kritisch die **Pflanzenvielfalt überprüfen**, ebenso wie den Erntezeitpunkt und das Trocknungsverfahren. Nur dann kann man sicher sein, dass der meist höhere Preis gerechtfertigt ist. Denn unter der Bezeichnung „Kräuterheu“ findet man häufig „normales“ Grasheu, das lediglich durch eine entsprechende **Kräuterzumischung „verbessert“** wurde. Derartiges Heu kann man wesentlich kostengünstiger selbst herstellen.

♦ Bergwiesenheu

Gutes klee- und kräuterreiches (Alm- oder Berg-) Wiesenheu sollte aus einem geeigneten **Gemisch sehr heterogener, wertvoller Grünfutterpflanzen** bestehen. Hierzu zählen diverse **Süßgräser** sowie eine Vielzahl unterschiedlichster **Bergwiesenkräuter** und **Blumen**. Dies wird gern mit der Bezeichnung „gutes Alm-Heu" oder „Bergwiesen-Heu" impliziert. Diese Deklaration soll dem Tierhalter mitunter den Kauf eines höherwertigen und dadurch meist deutlich teureren Raufutters erleichtern. Ein Blick auf die botanische Zusammensetzung des Heus (Pflanzenvielfalt) sowie den Schnittzeitpunkt und das gewählte Trocknungsverfahren kann in dieser Beziehung rasch Gewissheit bringen. Nur leider fehlen derartige Informationen häufig. Da sie für eine adäquate Beurteilung der Heuqualität ganz entscheidend sind, sollte man lediglich Raufutter erwerben, das eine **entsprechende Deklaration** aufweist. Denn nur so lassen sich die Verdaulichkeit des Futters und sein Gehalt an unverdaulichen, verdauungsfördernden Strukturkohlenhydraten korrekt eingeschätzt werden. Zusätzlich sollte man auf **etwaige Zusätze achten**, da eventuelle Nährstoffimbalancen nicht selten mit entsprechenden Beimischungen kompensiert werden, die unter Umständen gesundheits- oder zahnschädigend sind (z. B. harte Gemüsestückchen oder Johannisbrotfragmente) (Abb.200).

Abbildung 200: Harte Futterbestandteile: Hagebutte, getrocknete Rote Beete und grobe, stark lignifizierte Stängel (übermäßige Backenzahnbelastung und Gefahr der Futtereinspießung).

♦ Timothee-Heu

Timothee-Heu besteht aus **Wiesenlieschgras (Timothee-Gras)**, einem bei Kaninchen sehr beliebten, äußerst wertvollen Futter-Süßgras (latein.: Phleum pratense L.), das sehr zäh und winterhart ist. Timothee-Gras wird 30–100 (150) cm hoch, hat sehr steife, blattreiche Stängel und ist eine eher spät blühende Grassorte, obgleich es im Frühjahr verhältnismäßig früh mit dem Wachstum beginnt (langsame Jugendentwicklung). Der 6–7 mm dicke, walzenförmig-zylindrische Blütenstand ist sehr dicht besetzt und bis zu 20 cm lang. Die Blätter haben eine Breite von 3–9 mm und eine Länge von bis zu 30 cm.

Während Timothee-Heu früher aus Amerika importiert wurde, da das Wiesenlieschgras dort weit verbreitet ist, gibt es heute auch in Deutschland zahlreiche Bezugsquellen. Die Anbaugebiete liegen bevorzugt im Norden des Landes. So kann man Timothee-Heu relativ problemlos über den Fachhandel oder das Internet erwerben.

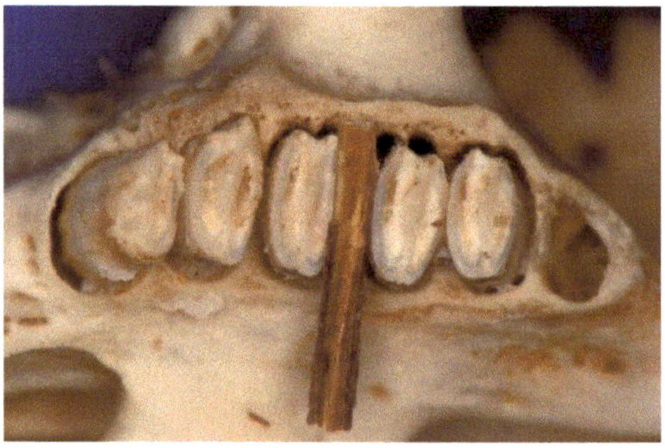

Abbildung 201: Zwischen zwei Oberkieferbackenzähnen eingeklemmtes Raufutter.

Der Nährstoffgehalt von Timothee-Heu hängt weitgehend von einer guten Nährstoffversorgung des Bodens während der Wachstumsphase ab und somit von einer intensiven Düngung. Daher kann die Qualität einzelner Heuchargen beträchtlich variieren. Timothee-Heu ist sehr **wohlriechend** und insbesondere für Kaninchen äußerst **schmackhaft**. Es hat einen sehr **geringen Proteingehalt** und einen verhältnismäßig **hohen Rohfasergehalt** (durchschnittlich ca. **33%**). Bei einer überwiegenden Verfütterung dieser Heusorte kann es daher zu Nährstoffdefiziten kommen (Proteinmangel), insbesondere in den Wintermonaten. Somit eignet es sich primär nicht als Haupt- oder gar Alleinfutter. Von Vorteil ist das für Kaninchen **günstige Kalzium-Phosphor-Verhältnis**. Aufgrund seiner eher groben Struktur ist Timothee-Heu prinzipiell **ideal für den Zahnabrieb** (längere Nahrungsaufnahme), doch erhöht sich auch die **Gefahr** einer **Einspießung von „härteren" Futterpartikeln** zwischen den Backenzähnen. Insbesondere der erste Schnitt ist gröber strukturiert, während der zweite Schnitt von der Struktur her „normalem" Heu ähnelt (Abb.201-204).

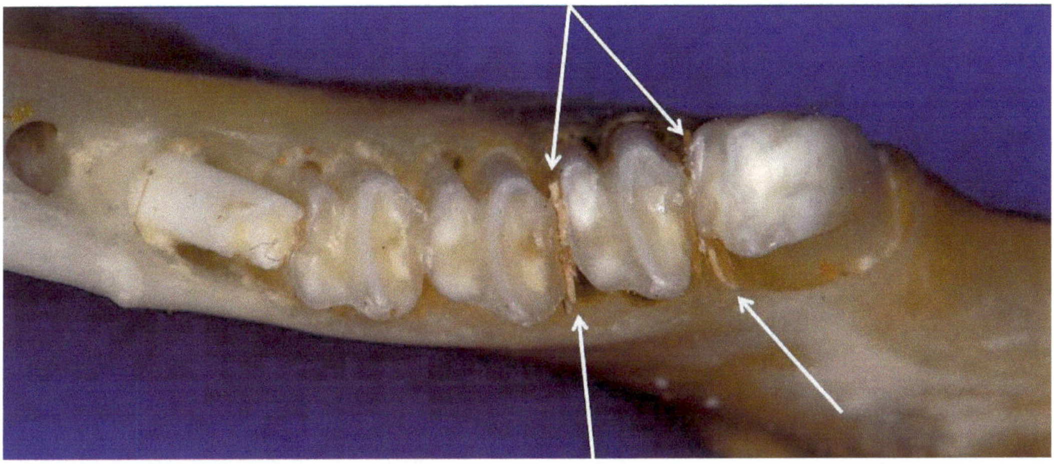

Abbildung 202: Linker Unterkiefer eines Kaninchens mit fest zwischen den vorderen Backenzähnen eingeklemmtem Raufutter (Stadium 1).

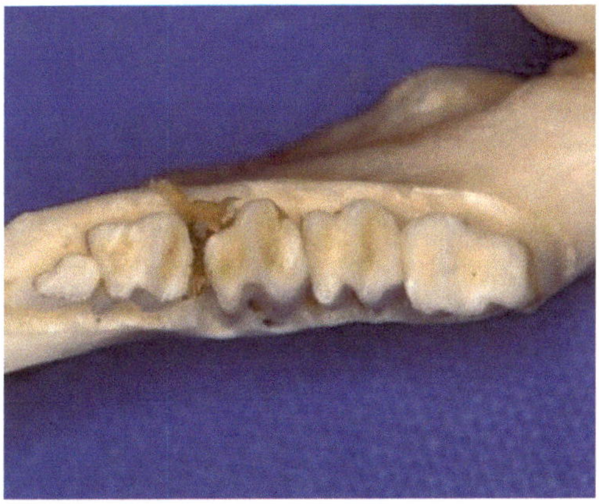

Abbildung 203: Rechter Unterkiefer eines Kaninchens mit eingeklemmtem Raufutter (hinterer Kauflächenbereich) und beginnender Zahnkippung mit deutlicher Spaltbildung (Stadium 2).

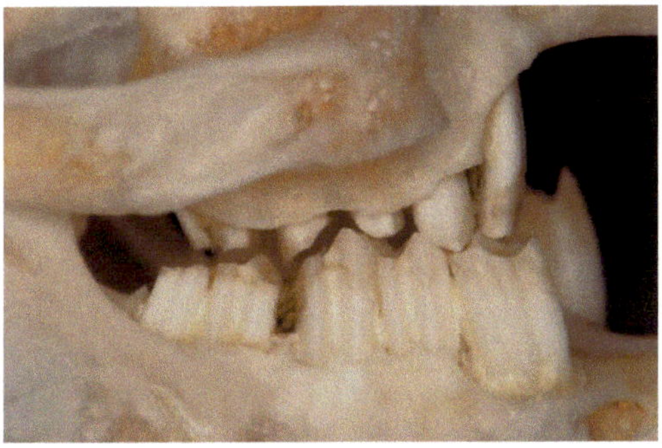

Abbildung 204: Rechte Kaufläche eines Kaninchens mit zwischen zwei Unterkieferbackenzähnen eingeklemmtem Futter und sekundär deutlicher „Zwischenzahn-Spaltbildung". Als unmittelbare Folge dessen deutlicher Überwuchs des gegenüberliegenden Oberkieferbackenzahnes (beginnende Gebissproblematik mit deutlicher „Stufenbildung" (Stadium 3).

♦ Luzerne- und Leguminosenheu

Das für Kaninchen besonders schmackhafte Alfalfa- oder Luzerneheu sollte – insbesondere bei ausgewachsenen Tieren – nicht routinemäßig oder gar als Hauptnahrung verfüttert werden. Es ist **sehr protein-** und **energiereich**. Ferner enthält es extrem **viel Kalzium** (bis zu 2,2 g pro 100 g Trockensubstanz) bei nicht entsprechend hohem Phosphorgehalt, so dass sich ein für Kaninchen **ungünstiges Kalzium-Phosphor-Verhältnis** ergibt (siehe dort). Daher sollte man besser darauf verzichten oder es nur in sehr kleinen Mengen verabreichen, z. B. gemischt mit normalem Wiesenheu. Im Prinzip besteht kaum eine Notwendigkeit, Luzerneheu zu verfüttern, da auch ganz „normales“ Wiesenheu guter Qualität und der 2. Schnitt des Timothee-Heus eine für Kaninchen ausreichende Menge an Proteinen, Vitaminen, Mineralstoffen und Kohlenhydraten enthalten. Ganz konventionelles Gras- oder Wiesenheu eignet sich für eine langfristige Gesundheit des Skeletts sowie der Zähne immer noch am besten, da es meist ein gutes Ca:P-Verhältnis aufweist.

Abbildung 205: Vier junge Wildkaninchen warten auf Frischfutter.

Wegen seines hohen Eiweißgehalts und des insgesamt höheren Nährwerts ist Alfalfa-Heu jedoch als **Futter für junge, noch wachsende Kaninchen** sehr beliebt. In Ausnahmefällen kann es kurzfristig auch **ausgewachsenen Kaninchen** angeboten werden, die einen zeitweilig tatsächlich **erhöhten Energie-** und **Eiweißbedarf** haben (z. B. **Rekonvaleszenz**). Die Fütterung muss jedoch unter regelmäßiger Kontrolle des Harns erfolgen, da durch den hohen Kalziumgehalt eine erhöhte **Gefahr der Harnsteinbildung** besteht.

Ebenso wie reines Luzerneheu ist das artenreichere **Klee- oder Leguminosenheu** sehr **proteinreich** (bis zu 18 g pro 100 g Trockensubstanz). Damit stellt es ebenfalls ein besonders **hochwertiges Raufutter** dar, das nur in sehr geringen Maßen verfüttert werden sollte. Es eignet sich als Belohnungsfutter („Leckerli“) oder als kurzfristiges Zusatzfutter in Zeiten eines tatsächlich erhöhten Eiweißbedarfs.

Kriterien zur Prüfung der Heuqualität

Bei der Prüfung der Heuqualität achtet man auf die **Farbe** und ganz allgemein auf Aussehen, **Geruch** sowie **Struktur** der einzelnen Bestandteile (Tab. 20). Qualitativ hochwertiges Heu ist kräftig grün, duftet angenehm nach Wiese und besteht aus relativ zarten, trockenen, noch weitgehend strukturierten Halmen als auch Blättern diverser Gräser und Kräuter. Bei Wiesenblumenheu kommen einige erkennbare Blüten hinzu. Nur vereinzelt dürfen verholzte Stängel zu finden sein. Des Weiteren muss der **Feuchtigkeitsgehalt unter ca. 15%** liegen.

Die Deklaration sollte sowohl den **Schnittzeitpunkt** als auch die **botanische Zusammensetzung** der Wiesenpflanzen ausweisen, da hiervon der **Nährstoffgehalt** und die **Verdaulichkeit** des Heus abhängen (Abb.206 und Abb.207). Es gibt Heusorten mit einem niedrigeren oder einem höheren Nährstoffgehalt. Dieser hängt grundsätzlich vom Ausgangsmaterial ab, also dem prozentualen Anteil des Wiesenfutters an **Gräsern, Kräutern** sowie **Leguminosen** (siehe Frischfutter). Heu mit einem geringen Kräuter- und Leguminosenanteil enthält weniger Rohprotein und einen erhöhten Rohfaseranteil, da Gräser am wenigsten Eiweiß enthalten (durchschnittlich 8,9%). Der Proteingehalt von Leguminosen beträgt hingegen ca. 10,9% und der von Kräutern durchschnittlich 16,2%. Der Gehalt an Eiweiß wird aber auch durch das **Vegetationsstadium** beeinflusst, also das Alter der Pflanzen bei der Heugewinnung. Der **2. Schnitt** (Pflanzenwachstum über weniger als 4 Wochen) ist meist **proteinreicher** und enthält **weniger Rohfaser** (siehe Kapitel Heugewinnung).

Abbildung 206: Kleereiches Heu

Obgleich die Heuqualität primär durch die Pflanzenvielfalt sowie den Schnittzeitpunkt beeinflusst wird, spielen auch die Beschaffenheit des **Bodens** und eine eventuelle **Düngung** der Futterwiese eine wichtige Rolle. Des Weiteren beeinflussen das Verfahren der **Heugewinnung** und die **Art der Heutrocknung** sowie die **Heulagerung** die Qualität des Trockengutes, was die Notwendigkeit einer entsprechenden Deklaration unterstreicht. Grundsätzlich gilt, dass eingefahrenes oder abgepacktes **Heu pro Monat ca. 5–8%** seines **Nährstoffgehalts verliert**. Kleinere Pflanzenbestandteile, wie z. B. Blätter und Blüten, fallen im Verlauf der Lagerung zunehmend ab. Zurück bleiben die robusteren, schwerer verdaulichen, groben **Stängel**. Gleichzeitig verändern sich Farbe, Geruch und Geschmack des Heus. Es wird mit der Zeit insgesamt **„staubiger“** und kann dann bei empfindlichen Tieren die Atemwege reizen. Auch sind **Erd- und Sandbeimengungen** sowie die Verunreinigung mit **Mäusekot** oder gar **toten Kleinnagern** möglich.

Abbildung 207: Frisches Grasheu (Heumahd)

Verdorbenes Heu hat einen typisch muffigen **Schimmelgeruch** und erscheint durch den massiven Pilzbefall häufig noch „staubiger“ und „gräulich“. Hingegen machen sich **Auswaschungsverluste** durch eine **blasse**

Färbung bemerkbar. Dieses minderwertige, extrem nährstoffarme Heu ist insgesamt heller bzw. fahler. **Überhitztes Heu** wird hingegen dunkler, **bräunlicher**. Auch eine Beimischung **giftiger Pflanzen** (z. B. Herbstzeitlose oder Schierling) kann die Heuqualität negativ beeinflussen, da diese trotz des Trocknungsprozesses ihre Toxizität behalten. Eine Ausnahme bilden Hahnenfußgewächse, die nach der Heureifung nicht mehr toxisch sind. Um giftige Pflanzen im Trockengut erkennen zu können, benötigt man relativ viel Erfahrung.

Mit diesem Grundwissen (ergänzt durch die Informationen zur Heugewinnung im entsprechenden Kapitel) sollte es jedem Kaninchenhalter möglich sein, beim Kauf eines Heuprodukts dessen Qualität zu beurteilen. Achten Sie also beim Kauf im Fachhandel oder der Bestellung im Internet auf jeden Fall darauf, woher das Raufutter kommt, woraus es primär besteht, in welcher Vegetationsperiode die Pflanzen geschnitten und wie sie getrocknet wurden. In Zukunft wünschenswert wäre eine genaue **Deklaration der Nährstoffe** (vor allem des **Rohprotein-** und **Rohfasergehalts**). Weniger sollte man sich beim Kauf von (Wiesenkräuter-)Heu vom Preis oder von den bisweilen sehr blumigen Bezeichnungen der Produkte leiten lassen, denn es gibt qualitativ hochwertiges und preislich durchaus günstiges Heu, aber ebenso Heu minderer Qualität zu stark überteuerten Preisen. Es bleibt stets auch ein gewisses Restrisiko, dass die der Wiese angrenzenden Felder stark gespritzt wurden und somit das Heu mit Pestiziden belastet ist oder die Futterwiese selbst übermäßig gedüngt wurde (erhöhte Nitratwerte). Will man Heu guter Qualität, stellt man es am besten selbst her oder holt es von einem vertrauenswürdigen Bauern.

Tab. 20: Kriterien zur Prüfung der Heuqualität

Sensorische Prüfung
• Zusammensetzung (Pflanzenvielfalt): diverse Gräser, Kräuter, Wiesenblumen, eventuell Leguminosen • Farbe: kräftig (dunkel-)grün • Geruch: typisch aromatisch, würzig • Struktur: relativ weich mit weitgehend strukturierten Stängeln, zahlreichen Blättern, eventuell Blüten • Verunreinigung: keine Beimengungen (Sand, Erde) • staubarm • kein Schimmel
Deklaration
• Herkunft • Schnittzeitpunkt (Vegetationsperiode): vor der Blüte • Trockensubstanzgehalt: optimal ca. 86% • Trocknungsverfahren • Nähr- und Inhaltsstoffe: Rohprotein- und Rohfasergehalt (besser ADF und NDF)

Vorteile einer Heufütterung bei gesunden Kaninchen

Kaninchen haben von Natur aus eine gewisse **Vorliebe für faserreiches Raufutter**, sofern ihr Geschmack nicht bereits durch eine längerfristige Gabe besonders kohlenhydrat- und eiweißreichen Fertig-Mischfutters verändert wurde, das darüber hinaus meist nur wenig Strukturfasern enthält. Bei diesen Tieren kann es schwierig werden, die Ernährung eventuell umzustellen. Die Kaninchen lehnen Futter mit einem adäquaten Faseranteil erst einmal strikt ab und auch der Verdauungstrakt reagiert auf eine Ernährungsumstellung zunächst sehr empfindlich (häufig Durchfall).

Nur mit individuellem Feingefühl sowie ausreichend Geduld lässt sich in diesen Fällen eine dringend erforderliche Futterumstellung durchführen.

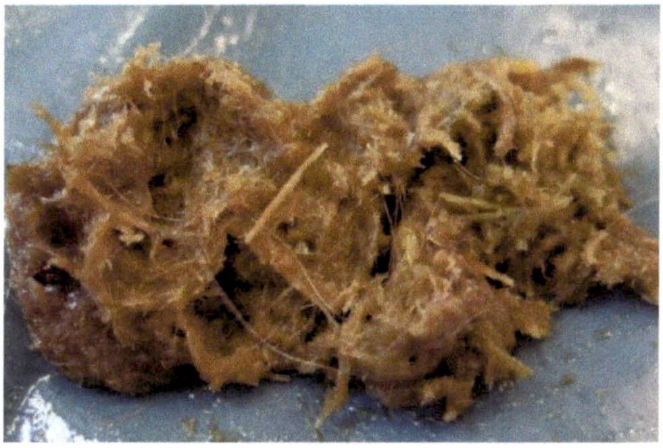

Abbildung 208: Raufaserreicher Mageninhalt eines Kaninchens vermischt mit Haaren (gute Haftung).

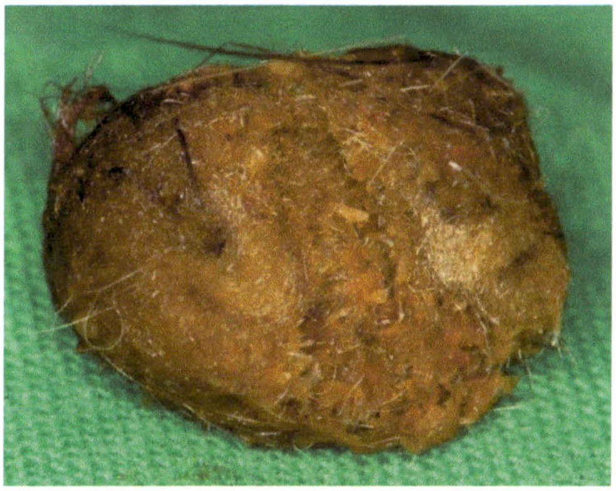

Abbildung 209: Fest miteinander verfilzte Haare (sog. Magenbezoar). Eine „Auflösung" dieser Struktur ist nicht möglich. Es besteht prinzipiell die Indikation zur Operation (Mageneröffnung).

Qualitativ hochwertiges Heu stellt einen äußerst wichtigen Bestandteil der täglichen Nahrung jedes Hauskaninchens dar und sollte daher stets in ausreichender Menge frei zur Verfügung stehen („Fütterung ad libitum"). Der Anteil an der jeweiligen Tagesration des Futters hängt sehr von der Hauptnahrung des Tieres ab. Erhalten Kaninchen im Sommer vorwiegend Frischfutter von der Wiese, nehmen sie meist nur wenig Heu auf. Höher ist der konsumierte Anteil, wenn die Tiere bevorzugt hochenergetisches Mischfutter erhalten, was jedoch unbedingt vermieden werden sollte. Im Winter ist Heu die beste Alternative zum fehlenden Wiesenfutter; sowohl hinsichtlich der **Verdauung** (optimale Darmmotorik infolge seines relativ hohen Rohfaseranteils) als auch hinsichtlich eines **adäquaten Backenzahnabriebs** (siehe Abb.198-199 und Abb.208-210).

Abbildung 210: Kaninchen frisst Raufaser (gute Prophylaxe gegen eine Magenbezoarbildung).

Um **ein Gramm Heu** (Trockensubstanz) **aufzunehmen**, benötigen Kaninchen zwischen **4,72 und 12,2 Minuten** (abhängig vom Schnittzeitpunkt und somit Raufasergehalt des Heus), während der Wert bei der Aufnahme von **Gras 6,84 Minuten** beträgt und beim Fressen von **Pellets** lediglich **1,4 Minuten**. Der **tägliche Bedarf an Trockensubstanz** liegt für ein Kaninchen mit 1 kg Körpermasse (KM) bei 3,5–4%, was **35–40 g/kg KM** entspricht. Entsprechend lang dauert also die Nahrungsaufnahme – abhängig von der Art des angebotenen Futters.

Tägliche Aufnahme an Trockensubstanz (in % der Körpermasse KM)

Zwergkaninchen	1-2kg (z. B. Zwergwidder)	5-5,2%
Kleine Rassen	2-3,5kg (z. B. Lohkaninchen)	4,0%
Mittelgroße Rassen	3,5-5kg (z. B. Neuseeländer)	3,3%
Große Rassen	> 5,5kg (z. B. Deutsche Riesen)	3,0%

Da die Tiere bei einer überwiegenden Heufütterung den Großteil des Tages mit der Nahrungsaufnahme beschäftigt sind, beugt dies in gewissem Maße auch einer eventuell **haltungsbedingten Langeweile** und hieraus resultierenden Verhaltensstörungen vor. Diese können z. B. durch einen zu kleinen Käfig, zu wenig Auslauf oder fehlende andere Beschäftigungsmöglichkeiten verursacht werden. Hingegen führt ein **Raufasermangel** im Futter (häufig bedingt durch Kraftfuttergabe mit geringem Heuanteil) bisweilen dazu, dass sich Kaninchen in einer Art selbstzerstörerischen Fehlverhaltens ihr eigenes Fell ausrupfen oder dementsprechend Käfiggenossen attackieren (sog. **Fellbeißen** oder **Fellzupfen)**. Andere Tiere zeigen **exzessives Putzverhalten**, durch das sie sehr viele Haare aufnehmen, die sich im Magen zu **Haarballen** zusammenlagern können (siehe dort). Da einzelne Haare an der rauen Oberfläche kleiner Heupartikel besonders gut haften bleiben und somit problemlos den Magen-Darm-Trakt passieren können, haben regelmäßig Heu fressende Kaninchen ein insgesamt geringeres Risiko einer Haarballenbildung.

♦ Fütterung mit Heu als Hauptfutter

Kaninchen können sowohl im Sommer als auch im Winter mit **Heu** als **Hauptbestandteil der Nahrung (ca. 75%)** gefüttert werden. Zusätzlich hierzu erhalten sie eine gewisse Menge an Frischfutter von der Wiese oder Gemüse. Während **Gemüse ca. 15%** der Tagesration nicht überschreiten sollte, kann der Anteil an Gras und diversen **Wiesenpflanzen beliebig** erhöht werden. Bei der Auswahl der Gemüsesorten ist dunkelgrünem Blattgemüse der Vorrang zu geben (siehe dort). Zur Deckung des Vitamin- und Mineralstoffbedarfs, aber auch um eventuelle Nährstoffdefizite auszugleichen, können die Tiere pro Tag zusätzlich ca. **1–2 Esslöffel** eines **getreidefreien Struktur-Mischfutters** erhalten. Bei einer adäquaten Wahl des Grundfutters ist dies aber nicht zwingend erforderlich. Als Tierhalter wird man ansonsten nur allzu leicht dazu verleitet, diesen „praktischen" Teil der Ernährung kontinuierlich etwas zu erhöhen. Obst darf – wie bereits erwähnt – lediglich als Belohnungsfutter in sehr kleinen Mengen angeboten werden.

Manche Tiere trinken bei Heufütterung mehr, während andere Kaninchen ihre Wasseraufnahme nicht entsprechend erhöhen. Letzteres kann infolge der verhältnismäßig hohen Kalziumkonzentration des getrockneten Wiesenfutters zur **Harnsteinbildung prädisponieren** (ein besonders hohes Risiko besteht bei Verfütterung von Luzerne- sowie kräuterreichem Wiesenheu.

Bei diesem Ernährungsmanagement (Heu als Hauptfutter), und zwar insbesondere bei der Verfütterung von **Heu mit ca. 15% Gemüse**, muss darauf geachtet werden, dass das Raufutter entsprechend hochwertig ist (ausgewogener Nährstoff-, Vitamin- sowie Mineralstoffgehalt). Erhalten die Tiere minderwertigeres Heu mit einem zu geringen Proteinanteil, kann es zu einer gewissen **Unterversorgung mit essentiellen Aminosäuren** kommen. Am günstigsten ist Heu mit einer großen Pflanzenvielfalt und somit einem höheren Anteil an proteinreichen Blättern sowie Blüten. Man kann auch **verschiedene Heusorten zusammenmischen** und hierdurch die Zusammensetzung des Raufutters immer wieder etwas variieren. Umgekehrt darf das Heu nicht zu viele Proteine enthalten (Luzerneheu) oder einen hohen Fruktangehalt oder übermäßigen Kalziumgehalt aufweisen.

Um einem Proteinmangel vorzubeugen, ist es auch wichtig, dass die Tiere eine **gesunde Darmflora** besitzen und somit eine **stabile Verdauung**. Werden die Darmbakterien optimal mit Nahrungssubstrat (also Hemizellulose und Zellulose) versorgt, produzieren Kaninchen ausreichende Mengen an protein-

und vitaminreichem Weichkot, den sie im Rahmen der **Zäkotrophie** (siehe dort) auch vollständig aufnehmen. Auf diese Weise können die Tiere relativ langfristig und sehr effektiv einen gewissen Protein- oder Aminosäuremangel ausgleichen. Bei schwerwiegenderen Zahn- bzw. Magen-Darm-Erkrankungen ist dies allerdings häufig nicht gewährleistet.
Entwickelt sich durch die Verfütterung von schlechtem Heu oder bedingt durch andere Ursachen tatsächlich ein **Proteinmangel**, kann dies das **Immunsystem schwächen** und **infektiöse Erkrankungen begünstigen**, da Abwehrzellen und Antikörper im Blut nur noch in unzureichender Menge gebildet werden können. Um dem vorzubeugen, sollte im Winter qualitativ hochwertiges Kräuterwiesenheu zur freien Verfügung bereitstehen und Blattgemüse in einer größeren Auswahl verfüttert werden, die kontinuierlich etwas gewechselt wird. Dabei sollte man möglichst die saisonale Verfügbarkeit des Grünfutters berücksichtigen. So können die Tiere frei wählen, was ihnen schmeckt und gleichzeitig ihre ganz individuellen Nährstoffbedürfnisse decken. Berücksichtigt man jedoch, dass handelsübliches Gemüse oft sehr stark **nitratbelastet** und Nicht-Bio-Ware zusätzlich **gespritzt** ist, erscheint diese Form der Ernährung nicht besonders empfehlenswert, zumal viele Gemüsesorten sehr energiereich sind und auch viel Kalzium enthalten. Daher ist es besser, zumindest im Sommer zugunsten frischen Wiesenfutters auf Gemüse zu verzichten. Es ist langfristig kein adäquater Ersatz für die vielfältige natürliche Nahrung der Kaninchen, auch wenn es sich um ungespritztes Bio-Gemüse handelt, und bei weitem nicht so schmackhaft.

♦ Ausschließliche Heufütterung

Bei guter Qualität ist Heu ein relativ artenreiches Raufutter, das als Alleinnahrung **ausreicht**, den Organismus langfristig mit allen benötigten Nährstoffen zu versorgen **(Erhaltungsbedarf)**. Gleichwohl erscheint uns Heu im Vergleich zu frischem Wiesenfutter eher **verhältnismäßig** eintönig zu sein. Wählt man jedoch immer wieder leicht variierend und kombinierend zwischen diversen Heuarten mit einem hohen und vor allem für das Individuum geeigneten Nährstoffangebot, so lässt sich auch mit Heu vielfältiger bzw. abwechslungsreicher füttern. Allerdings müssen die Tiere stets verhältnismäßig **große Mengen fressen**, um sich **ausreichend** mit **Energie- und Baustoffen** zu versorgen, da Heu einen sehr hohen Strukturfaseranteil aufweist.
Ist die **Heuqualität** jedoch **schlecht** (geringe Pflanzenvielfalt) und der Rohfaseranteil zu hoch, können sich gewisse **Mangelerscheinungen** entwickeln (v.a. Proteinmangel). So gelingt es manchen Tieren, die entsprechend minderwertiges Raufutter über eine längere Zeit als Haupt- oder Alleinnahrung erhalten, nicht mehr ihr normales Körpergewicht konstant zu halten; sie nehmen kontinuierlich ab. Ursächlich hierfür kann neben einer inadäquaten Raufutterqualität oder –mischung auch eine Gebisserkrankung sein.
Heu reicht also für den Erhaltungsbedarf aus, doch lassen sich Kaninchen mit einer überwiegenden Heufütterung nicht wirtschaftlich züchten oder gar mästen, denn diese „Leistung“ ist mit einem höheren Nährstoffbedarf verbunden. Aus diesem Grund wurde mit Beginn der Intensivierung der Kaninchenhaltung die Verfütterung energiereicherer Misch- bzw. Kraftfutter eingeführt. In etwas abgeänderter Form entwickelte sich eine ähnlich energie- und nährstoffreiche Ernährung in Form diverser Buntfutter-Mischungen auch für Hauskaninchen als „Standard“. Parallel hierzu traten bei Tieren, die nunmehr dieses „Kraftfutter“ als Hauptnahrung erhielten, jedoch vermehrt Verdauungsprobleme sowie Zahnerkrankungen auf. Da unsere Heimtiere keine Höchstleistungen vollbringen müssen, benötigen sie keine der-

art energiereiche Nahrung. Sie sollen nur möglichst lang leben und dabei gesund bleiben. Und hierzu benötigen sie primär viel Heu oder besser frisches Wiesenfutter – kein „Powerfutter“.

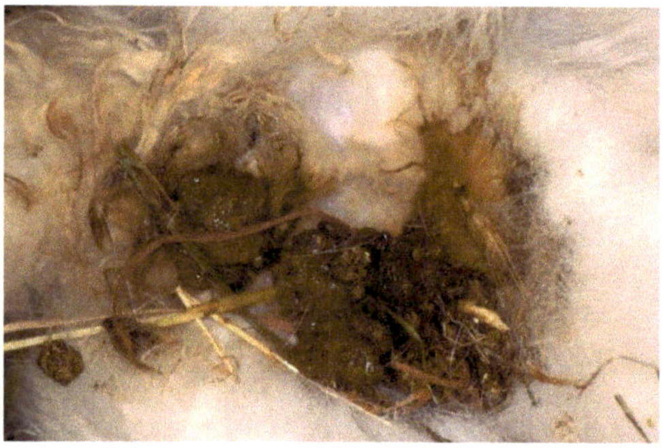

Abbildung 211: Verschmutzter Analbereich eines Kaninchens (Rückenlage). Mögliche Ursachen: Durchfall oder mangelnde Zäkotrophie mit sekundärer Verklebung des Weichkotes.

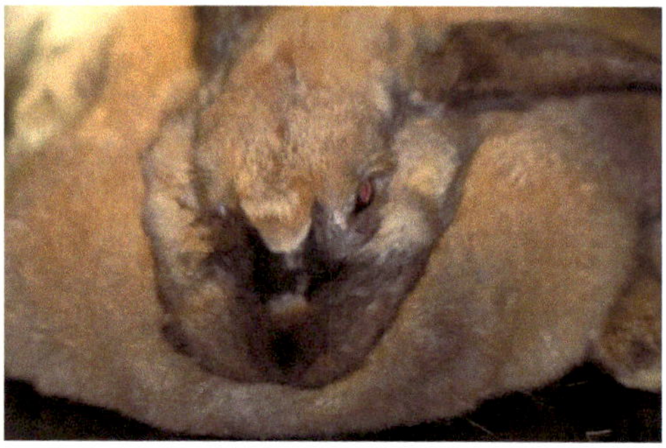

Abbildung 212: Extrem verfettetes Kaninchen mit enormer „Wamme“ (Halsfett).

Obwohl Kaninchen ausschließlich mit qualitativ hochwertigem Raufutter einer geeigneten botanischen Zusammensetzung ernährt werden können, wird meist empfohlen, eine **ausschließliche Heufütterung** nur **kurzfristig** durchzuführen, maximal über ca. **6–8 Wochen**. So kann eine vorübergehende „reine Heudiät“ angezeigt sein, wenn Kaninchen an **schwerwiegenden chronischen Magen-Darm-Erkrankungen** oder **Adipositas** (Fettsucht) leiden (Abb.211 und Abb.212). Werden hierbei in beständig leicht variierender Zusammensetzung mindestens zwei verschiedene Heusorten miteinander vermischt gefüttert, welche aus möglichst unterschiedlichen Gräsern sowie Pflanzen bestehen, bringt allein dies schon eine gewisse Varianz und Pflanzenvielfalt in die Ernährung. Nicht gefressenes Heu muss täglich konsequent entfernt werden, da sich ansonsten durch selektives Fressen unbeliebte Partikel ansammeln, die das Tier nicht mehr aufnimmt. Langfristig könnte dies eine Unterversorgung mit wichtigen Nährstoffen zur Folge haben.

Wird vorwiegend Heu gefüttert, kann dies paradoxerweise zu **Gebisserkrankungen prädisponieren** – im Gegensatz zur Gabe entsprechenden Frischfutters. Dies liegt daran, dass Heu zwar primär optimal für eine ausreichende Abnutzung der Backenzähne geeignet ist, sich aber bei gröberer Struktur des Raufutters – insbesondere bei einem höheren Stängelanteil - gerne **sperrige Partikel zwischen den Backenzähnen verkeilen**, und das häufiger als erwartet. Meist bleibt dies im Anfangsstadium unbemerkt, so dass die relativ harten, meist aus stark lignifiziertem (verholztem) Material bestehenden Pflanzenteilchen über einen längeren Zeitraum im Zwischenzahnbereich eingeklemmt bleiben. Hierdurch werden die normalerweise eng beieinander stehenden Backenzähne kontinuierlich auseinandergedrängt (Abb.203, Abb.213 und Abb.216). Parallel hierzu kommt es **zu lokalen Entzündungserscheinungen** der Mundschleimhaut sowie des naheliegenden Zahnfachs, da sich das pflanzliche Material zunehmend zersetzt und hierdurch ein ideales Milieu für Bakterien entsteht.

Das knöcherne Zahnfach (auch Alveole genannt) wird entzündungsbedingt immer weiter und der normalerweise fest darin verankerte **Backenzahn lockert sich** durch eine **fortschreitende Zerstörung** seines **Halteapparates** zunehmend. Parallel hierzu breitet sich die Entzündung innerhalb der Alveole weiter zum Wurzelbereich des Backenzahns hin aus. Erreicht sie diesen, können die sich hier befindenden Zahnbildungszellen (sog. germinative Zellen) – infolge der entzündlichen Reizung oder gar eitrigen Infektion – keine normale Zahnsubstanz mehr produzieren. Der beständig vom Wurzelbereich her neu geformte und nachgeschobene **Zahnkörper verändert seine Struktur, Form, Krümmung** und bisweilen auch seine **Farbe** (sog. **Schmelz- und Dentinhypoplasie)** (Abb.214 und Abb.215). Der betroffene Backenzahn verliert zunehmend seinen spezifischen Aufbau (Abb.52). Er wird „plump“ und insgesamt einfacher strukturiert. Häufig besteht er nur noch aus einer einzigen Zahnkörpersäule (aus Zahnbein), die von einem dicken Ring sehr spröden Schmelzes umgeben ist (Abb.217-220). Damit **verliert** der Zahn jedoch auch das typisch **scharfkantige Profil** seiner **Kaufläche**. Diese ist nunmehr unphysiologisch glatt und hierdurch kann Futter nicht mehr optimal (oder gar nicht mehr) zerkleinert („zerschnitten“) werden. Häufig kommt es zusätzlich zu einer Verbiegung des gesamten Zahnkörpers, die im Unterkieferbereich in einer Zahnspitzenbildung resultiert (Abb.227). Da die Belastung derart massiv veränderter Zahnkörper sehr schmerzhaft sein kann, versuchen betroffene Kaninchen bevorzugt auf der Gegenseite zu „kauen“. Die unmittelbare Folge hiervon ist, dass der nunmehr kaum noch eingesetzte Backenzahn sich infolge des unzureichenden Abriebs kontinuierlich verlängert. Dies hat Folgen für das gesamte Gebiss und ein kaum noch zu durchbrechender Teufelskreis beginnt (Abb.223).

Schon in Urzeiten litten pflanzenfressende Dinosaurier vorwiegend an Zahnfleischentzündungen (Parodontopathien) durch eingespießte Futterpartikel, während urzeitliche Fleischfresser eher Karies bekamen. So ist es bis heute geblieben – auch bei unseren Kaninchen. Fakt ist: Je weicher und somit natürlicher die Nahrung ist, desto geringer ist die Gefahr, dass sich Futter zwischen den Zähnen einklemmt. Daher eignet sich frisches Grünfutter prinzipiell besser als getrocknete Nahrung, enthält es doch ausreichend Kieselsäure und strukturierte Raufaser, um ebenfalls für einen ausreichenden Zahnabrieb zu sorgen.

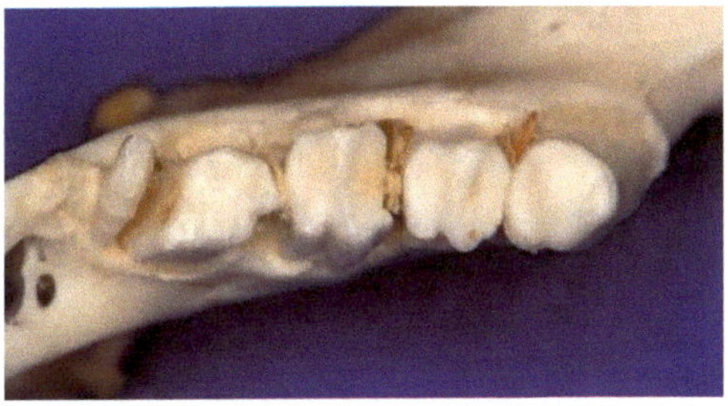

Abbildung 213: Rechter Unterkiefer eines Kaninchens mit eingeklemmtem Futter und stark erweiterten Zwischenzahnbereichen (Stadium 2).

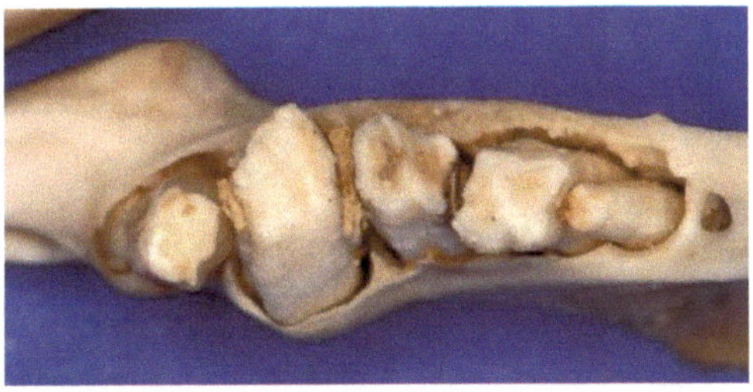

Abbildung 214: Linker Unterkiefer eines Kaninchens mit deutlicher Verbiegung der vorderen Backenzähne und strukturellen Veränderungen der Zahnsubstanz im Sinne einer Schmelzhypoplasie (siehe Text).

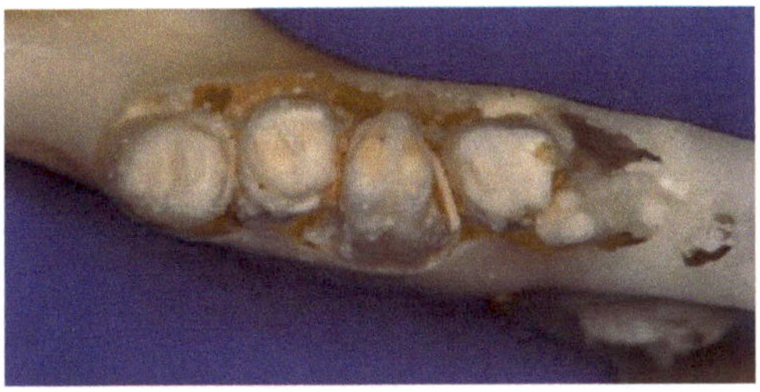

Abbildung 215: Linker Unterkiefer eines Kaninchens mit eingeklemmtem Futter, strukturell veränderten Backenzähnen sowie stark erweiterten (da entzündeten) Zahnfächern. Der letzte Backenzahn weist im Wurzelbereich eine Abszessbildung auf (erkennbar an der Knochenblase).

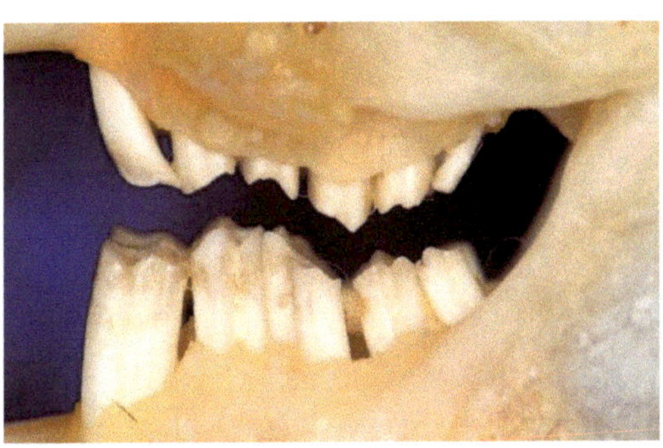

Abbildung 216: Linke Kaufläche eines Kaninchens mit deutlicher „Stufenbildung“ des Gebisses als Folge fest eingeklemmter Futterpartikel (beginnende Gebissproblematik Stadium 3).

Tab. 21: Vor- und Nachteile einer überwiegenden Heufütterung (bevorzugt im Winter)

Vorteile
• Leicht zu lagern und immer verfügbar • Gute Akzeptanz • Ausreichender Nährstoffgehalt (Erhaltungsbedarf) • Große Pflanzenvielfalt durch Wahl unterschiedlicher Heusorten • Hoher Anteil schwerverdaulicher Strukturfasern (Förderung der Magen-Darm-Motorik) • Adäquater Zahnabrieb • Reduzierung der Gefahr einer Haarballenbildung im Magen • Protektive Wirkung gegen Durchfallerkrankungen • Günstiges Kalzium-Phosphor-Verhältnis (Timothee-Heu) • Vorbeugung von Fettleibigkeit (Adipositas) • Prophylaxe von Verhaltensstörungen (Langeweile, Fellzupfen, exzessives Putzverhalten)
Nachteile
• Mögliche Prädisposition für Zahnerkrankungen (eingespießtes Futter) • Erhöhtes Harngrieß- und Harnsteinrisiko (reduzierte Wasseraufnahme) • Ungünstiges Kalzium-Phosphor-Verhältnis (Luzerneheu, eventuell Kräuterheu) • Proteinmangel (Timothee-Heu)

Ursachen für eine Verweigerung der Heuaufnahme

Durch die Verfütterung von Heu werden die Backenzähne normalerweise optimal abgerieben, da die Tiere die Nahrung sehr lange in der Mundhöhle bearbeiten („zerschneiden") müssen, bevor sie den Futterbolus abschlucken können. Dies setzt jedoch voraus, dass die Kaninchen ein weitgehend gesundes Gebiss haben. Liegen **schwerwiegendere Zahn-** oder **Gebisserkrankungen** vor (u.a. eine Schmelz- und Dentinhypoplasie), sind die Tiere oft **nicht mehr in der Lage, Heu adäquat zu zerkleinern** bzw. zu „zerschneiden" (Abb.217-220) Im Endstadium der Erkrankung verschmähen die Tiere sogar besonders weiches, blätter- und blütenreiches Heu. Dies liegt daran, dass ihnen als Folge der sekundären Zahnsubstanzveränderungen, die für eine adäquate Bearbeitung des Futters benötigten **scharfen Schmelzkanten fehlen**. Schlucken die Tiere als Folge dessen unvollständig zerkleinerte Heupartikel ab, können sich diese im Magen zusammen mit ebenfalls im Übermaß aufgenommenen Haaren (Raufasermangel) zu Bezoaren (Haarballen) verklumpen. Für diese „gebisskranken" Tiere ist als Rohfaserquelle weiches Grünfutter von der Wiese weitaus geeigneter – zumindest im Anfangsstadium der Zahnerkrankung. Später können sie auch dieses nicht mehr korrekt zerkleinern.

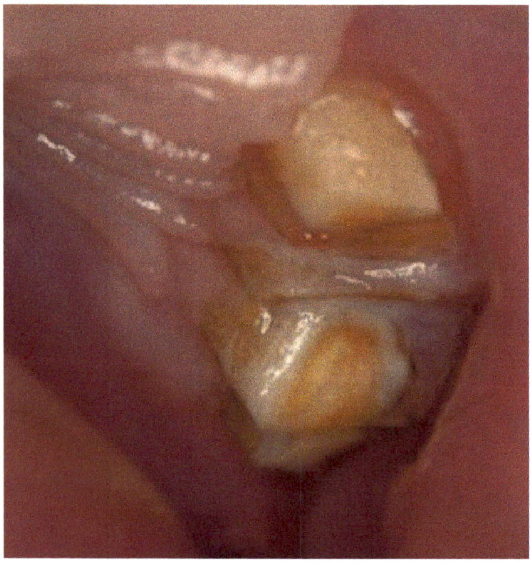

Abbildung 217: Linke obere Zahnreihe eines Kaninchens mit strukturell veränderten Backenzähnen und somit flacher Kaufläche (Futter kann nicht mehr „zerschnitten" werden).

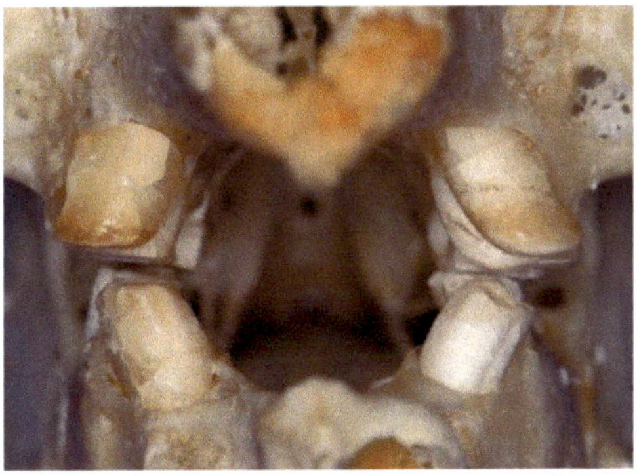

Abbildung 218: Präparat eines Kaninchens mit ausgeprägter struktureller Veränderung der Zahnhartsubstanz sämtlicher Backenzähne (sog. „Schmelz- und Dentinhypoplasie").

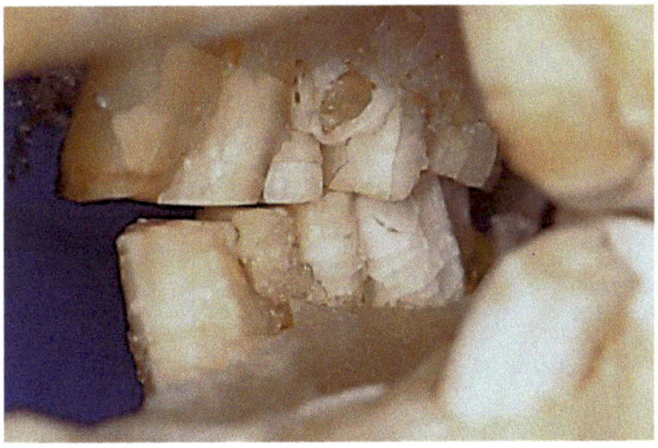

Abbildung 219: Hochgradig strukturell veränderte Backenzähne eines Kaninchens mit deutlicher Rissbildung im Zahnschmelz sowie damit einhergehender erhöhter Brüchigkeit der Zähne (Blick auf die Innenseite der rechten Kaufläche).

Um eine **Zahnerkrankung nachweisen oder ausschließen** zu können, bedarf es einer tierärztlichen Untersuchung. Eine sorgfältige Diagnostik bringt rasch Klarheit darüber, ob der Patient wirklich nicht in der Lage ist, Heu zu fressen, oder ob ihm einfach der Geschmack nicht zusagt. Hierzu bedarf es unbedingt **Röntgenaufnahmen** des Kopfes in mindestens zwei Ebenen, da **80% der Zahn- und Kieferveränderungen nur radiologisch erfassbar** sind. Dies liegt daran, dass sich die Mehrzahl der krankhaften Befunde verborgen im Kieferknochen sowie in den Zahnfächern findet (u. a. Zahnwurzelentzündung, Zahnfacherweiterung, Zahnkörperverbiegung, strukturelle Zahnhartsubstanzveränderung oder auch kariesähnliche Entkalkung der Zahnhartsubstanz, Einbruch der Zähne in den Kieferknochen) (Abb.220). Erfolgt lediglich eine klinische Untersuchung der Mundhöhle und Zähne (sog. **intraorale Diagnostik**), können infolgedessen nur **20% der eventuell vorhandenen Veränderungen** erfasst werden – und dies völlig unabhängig davon, wie erfahren der Untersucher ist und wie sorgfältig er bei der klinischen Diagnostik vorgeht.

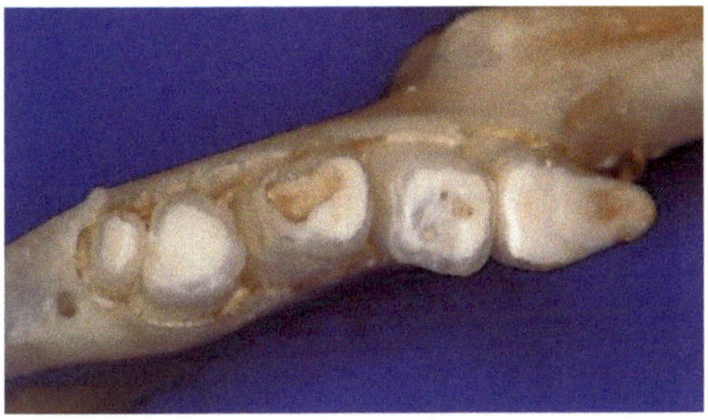

Abbildung 220: Rechte Kaufläche des Unterkiefers mit strukturell stark veränderten Backenzähnen (stumpfe Kaufläche mit „kariesähnlichen" Zahnauflösungen).

Des Weiteren kann mit Hilfe spezieller **Referenzlinien** (nach Böhmer/Crossley) auf gut gelagerten Röntgenbildern bereits sehr frühzeitig eine **Prädisposition für Gebisserkrankungen nachgewiesen** werden (siehe Abb.223 sowie Kapitel Zahnerkrankungen). Befragen Sie hierzu den Tierarzt, wenn Ihr Kaninchen das erste Mal in der Praxis vorgestellt wird! (Impfung, Krallenschneiden etc.). Wegen der großen Aussagekraft der Hilfslinien sollten diese in Zukunft vermehrt zum Einsatz kommen; auch bei jüngeren Tieren, die vielleicht noch keine klinischen Symptome einer Gebisserkrankung aufweisen, obwohl sie eventuell bereits an beginnenden Veränderungen der Zähne oder des Kieferknochens leiden.

Frisst ein Kaninchen Heu sehr selektiv oder verweigert es dessen Aufnahme vollständig, kann dies auch an einer primär **minderwertigeren Qualität** des angebotenen Raufutters liegen (z. B. sehr hoher Stängelanteil, **„überaltertes"** oder gar **verschimmeltes** Heu). Das Anbieten einer Portion besonders frischen, hochwertigen Heus wird rasch Klarheit schaffen. Wenn das Kaninchen besonders **„wählerisch“** ist, kann die Akzeptanz des Heus durch Untermischen begehrter Trockenkräuter (z. B. Melisse, Oregano, Brennnessel oder diverse Blüten) verbessert werden. Hierzu eignen sich auch getrocknete Blätter oder Blüten beliebter Futterpflanzen (z. B. Ringelblume, Kamille, Rosenblüten). Die Auswahl hängt vom individuellen Geschmack der Tiere ab. Bewahrt man das Heu mit den Kräutern vermischt einige Tage lang in einer Jutetasche auf, nimmt es den Geruch der Kräuter besser an. Bei Neigung zur Harnsteinbildung sollten Kräuter allerdings nur in sehr geringen Mengen verfüttert werden, da sie einen recht hohen Mineralstoffanteil aufweisen und bei vielen besonders beliebten Arten der Gehalt an Kalzium im Vergleich zu dem an Phosphor deutlich überwiegt (z. B. Löwenzahnblätter).

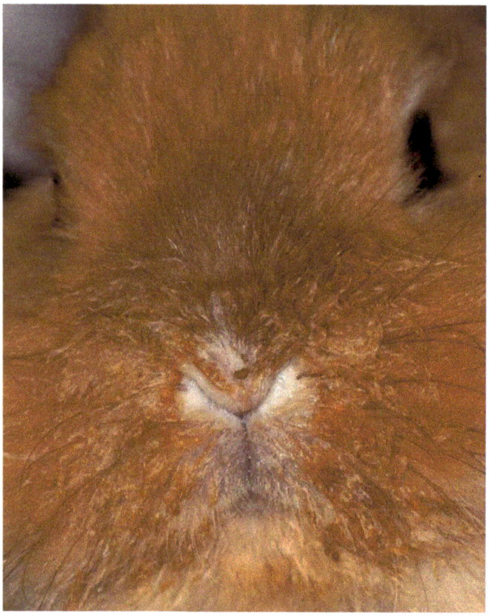

Abbildung 221: Kaninchen mit beiderseitigem eitrigem Nasenausfluss (Verdacht auf Entzündung der oberen Atemwege).

Ein weiterer Grund für ein Kaninchen, Heu zu meiden, sind schwere **Entzündungen der oberen Atemwege**. Kaninchen orientieren sich bei der Nahrungsaufnahme sehr stark über den Geruch und die taktilen Reize (Tasthaare), da sie das vor ihnen liegende Futter nicht sehen, sondern nur riechen können. Ist die Nase durch eitrige Entzündungen „verstopft“, nehmen die Tiere das Futter geruchlich nicht wahr und bevorzugen dann weichere Futtermittel, die sie mit den Lippen ertasten können. Als Ursachen für Nasenhöhlenvereiterungen kommen in der Nasenschleimhaut festsitzende **Fremdkörper** oder **chronische Entzündungen des Tränen-Nasen-Kanals** in Betracht. Letztere sind häufig Folge einer chronischen Kaninchenschnupfen-Infektion (Pasteurellose) (Abb.221). Aber auch **Zahnerkrankungen** führen häufig zu verstärktem Niesen sowie bevorzugt einseitigem eitrigem Nasenausfluss, wenn insbesondere die Wurzeln der oberen Schneidezähne in den Oberkieferknochen oder die Nase einbrechen (Abb.222). Seltener ist der erste Oberkieferbackenzahn betroffen und nur in Ausnahmefällen liegt der Symptomatik primär eine Allergie zugrunde.

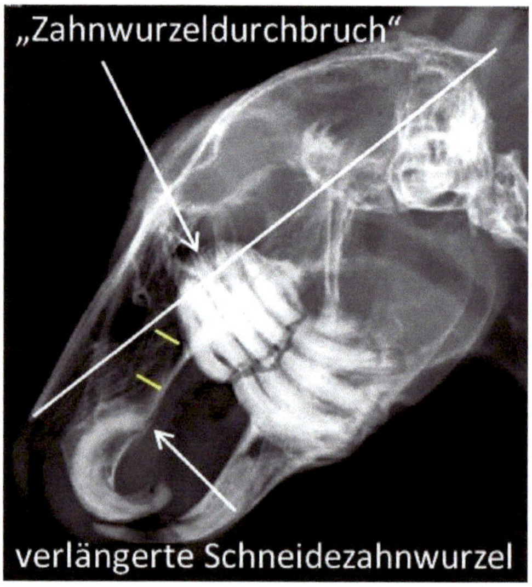

Abbildung 222: Röntgenbild eines Kaninchens mit Schneidezahn- und Backenzahnproblematik. Die oberen Inzisivi sind im Wurzelbereich stark verlängert und haben hierdurch den Tränen-Nasen-Kanal eingeengt (sekundäre Erweiterung des davorliegenden Kanales – gelbe Linie).

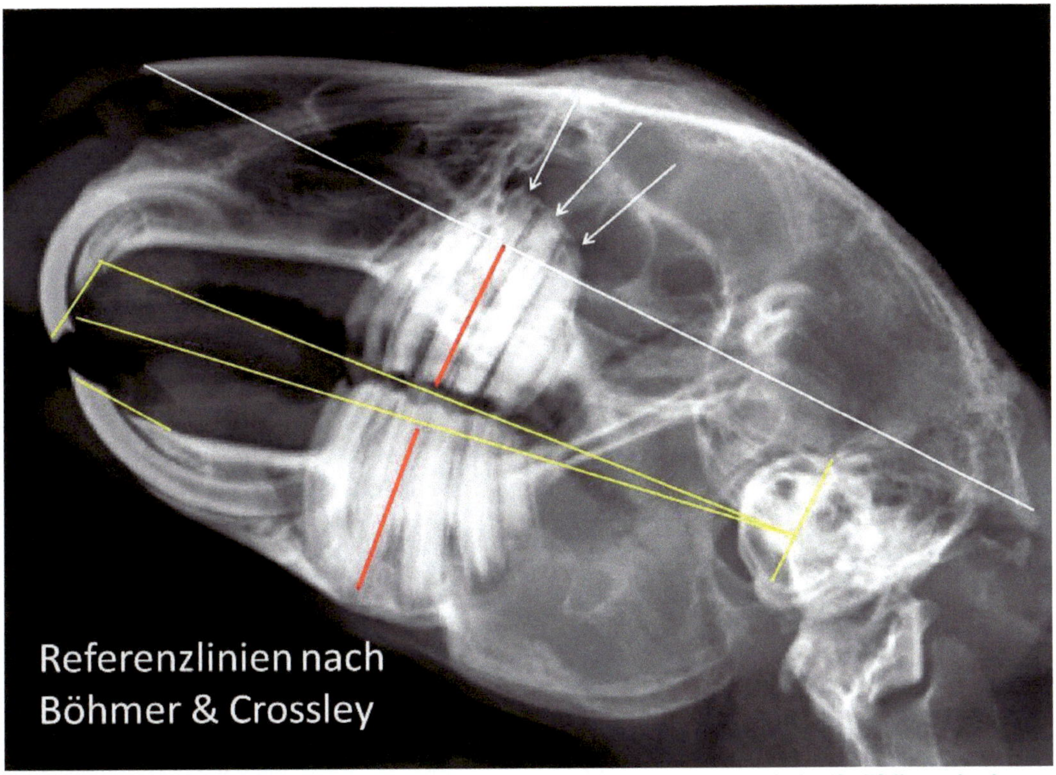

Abbildung 223: Kaninchen mit retrograd verlängerten Oberkieferbackenzahnwurzeln (weiße Pfeile sowie obere Referenzlinie nach Böhmer/Crossley) sowie intraoralem Zahnüberwuchs (gelbe Linien). Im Rahmen einer Gebisskorrektur sollte die zwischen den gelben Linien liegende Zahnsubstanz abgefräst werden. Näheres hierzu im Fachbuch „Zahnheilkunde bei Kaninchen und Nagern (2011 Schattauer Verlag).

Belohnungsfutter („Leckerlis“)

Selbstverständlich möchten Tierhalter ihre Kaninchen ab und zu mit speziellem Futter belohnen und verwöhnen („**Leckerlis**“). Das sollten anstelle der für die (Zahn-) Gesundheit der Tiere häufig bedenklichen kommerziellen „Snacks“ oder „Drops“ (sowie diversen anderen Produkten) kleine, schmackhafte Fruchtstücke sein. Diese dürfen allerdings nur sporadisch verfüttert werden. Auch müssen Kaninchen, die bisher bevorzugt mit industriellen „Leckerlies“ verwöhnt wurden, erst langsam an dieses für sie zunächst ungewohnte Belohnungsfutter gewöhnt werden. Dabei ist **frisches Obst** getrocknetem vorzuziehen, da der Zuckergehalt im Dörrobst deutlich höher ist als in der entsprechenden Frischware. Alternativ kommen kleine Mengen an **Kräutern** in Betracht sowie frische oder getrocknete **Blüten** (siehe Auflistung Tab.18 und Abb.224). Sammeln sollte man nur Blüten von Gewächsen, die man sicher kennt. Frisch gepflückte Blüten lassen sich im Sommer sehr leicht trocknen und so für den Winter aufbewahren. Zum Trocknen eignen sich die Blüten von Gänseblümchen, Hibiskus, Jasmin, Kamille, Kornblume, Lavendel, Linde, Löwenzahn, Malve, Ringelblume, Rosen, Rotklee, Schafgarbe, Schlüsselblume sowie die Blütenblätter der Sonnenblume. Alternativ bietet das Internet diverse Produkte zu recht hohen Preisen an. Da man hierbei in der Regel jedoch nicht weiß, wo und wie die Pflanzen geerntet wurden und unter welchen Konditionen Trocknung und Aufbewahrung erfolgten, muss man dem Verkäufer hier blindes Vertrauen entgegenbringen. Der Preis ist jedenfalls häufig kein Garant für beste Qualität, ebenso wie das Siegel „Bio". Man sollte vorsichtig und kritisch bleiben oder die Blüten lieber selbst trocknen indem man sie ähnlich wie das Frischfutter zur Heugewinnung auf drahtbespannten Holzrahmen locker auslegt; dann weiß man, dass die Qualität stimmt.

Abbildung 224: Getrocknete oder besser frische Blüten sind ein geeignetes Belohnungsfutter.

Als ebenfalls sehr schmackhaftes Belohnungsfutter können **diverse Heusorten** dienen. Dies empfiehlt sich insbesondere für etwas molligere Kaninchen sowie für Tiere mit chronischen Verdauungsproblemen. Heu hat auch den Vorteil, dass die Tiere länger mit der Futteraufnahme beschäftigt sind, weil sie es ausgiebig mit den Backenzähnen zerkleinern müssen und auch erst nach besonders schmackhaften Pflanzenteilen suchen. Bei der Auswahl des Heus muss man berücksichtigen, dass jedes Kaninchen seinen individuellen Geschmack hat, der über die Akzeptanz entscheidet. In aller Regel wird das Extra-Heu gerne angenommen und rasch verspeist. Dies gilt jedoch nicht, wenn das Tier an fortgeschrittenen Zahnerkrankungen leidet.

Für Kaninchen eignen sich auch **„Spielsachen" aus Heu**, die von den Tieren gerne zerlegt und gefressen werden (z. B. Heukörbchen, Tunnel, Häuser). Es sollte jedoch stets geprüft werden, ob das Heu ungeeignete Zusätze enthält. Ebenso kann man auch besonders beliebte Zweige oder aus zarten **Zweigen hergestellte Produkte** zur Beschäftigung sowie als Belohnungsfutter anbieten. In ganz kleinen Mengen dürfen es ab und zu auch einmal Haferflocken sein (Abb.272).

Ungeeignete Futtermittel

Getreide

Es gibt sieben verschiedene Getreidesorten (Roggen, Gerste, Hafer, Hirse, Weizen, Reis, Mais) sowie ein Kreuzungsprodukt aus Weizen und Roggen, das Triticale genannt wird. Ohne diese wichtige Nährstoffquelle könnte die Menschheit wohl kaum überleben. Getreide enthält neben hochwertigem pflanzlichem Eiweiß, Fettsäuren, B-Vitaminen sowie einigen Mineralstoffen vor allem einen extrem **hohen Anteil an Stärke**. (Abb.228). Dieser Speicherstoff der Pflanzen ist ein besonders leicht verdauliches Polysaccharid, das im oberen Verdauungstrakt aller Säugetiere zu Glukose abgebaut wird, die dann energetisch genutzt wird. Daher dienen die unterschiedlichen Getreidesorten auch primär als Energielieferanten – nicht nur für den Menschen, sondern auch für viele Nutztiere. Deren Verdauungstrakt unterscheidet sich jedoch ganz wesentlich von dem unserer Hauskaninchen, die stärkehaltige Futtermittel eher schlecht vertragen.

Schon allein wegen des hohen Stärkegehalts ist Getreide daher – in welcher Form auch immer – **für Kaninchen nicht geeignet**. Denn durch eine erhöhte Aufnahme dieses leicht verdaulichen Mehrfachzuckers kommt es zu einer Überlastung der physiologischen Blinddarmbakterien, die nur eingeschränkt in der Lage sind, Stärke zu fermentieren. Gleichzeitig können sich schädliche Bakterien stark vermehren, denn sie nutzen bevorzugt Glukose als Nährsubstrat. Die hieraus resultierende **Dysbakterie** macht sich in Form chronischer Verdauungsprobleme bemerkbar. Sehr stärkereiches

Futter führt außerdem langfristig zu einer **Verfettung** der Tiere (siehe Fütterungsfehler). Und nicht zuletzt sind Getreidekörner für das **Gebiss schädlich**, da sie aufgrund ihrer Struktur und Härte nicht zwischen den Zähnen „zerschnitten“ werden können. Die Kaninchen zerquetschen sie primär und die dabei stattfindende verstärkte (unphysiologische) axiale Belastung einzelner Zähne begünstigt Zahnerkrankungen (Abb.225-227). In Futtermitteln werden am häufigsten Weizen, Hafer und Mais eingesetzt. Dabei ist **Mais** deutlich **energiereicher** als die anderen Getreidearten (mit Ausnahme der Hirse, die ebenfalls relativ viel Stärke enthält), wobei aber Maisstärke generell schwerer abbaubar ist. Im Vergleich zu Mais hat **Hafer** ca. 25% weniger umsetzbare Energie pro Kilogramm Trockensubstanz. Er gilt daher als eher **„energiearmes“ Getreide**, obwohl er einen verhältnismäßig hohen Rohfettanteil aufweist. Während Mais und die meisten anderen Getreidesorten (Weizen, Roggen, Triticale, Hirse) im Durchschnitt nur 2,5% Rohfaser enthalten, liegt der **Rohfasergehalt** von **Hafer** bei **10%.** Daher kann Hafer Kaninchen in äußerst kleinen Mengen als Belohnungsfutter gereicht werden, jedoch nur in Form von Haferflocken (keinesfalls Körner!). Ebenfalls relativ rohfaserreich ist **Gerste**; ihr Rohfaseranteil liegt mit **6%** ebenfalls deutlich über den Werten anderer Getreidesorten. Der durchschnittliche **Eiweißgehalt** von **Getreidekörnern** beträgt ca. **10%**, wobei sie einen recht geringen Anteil der Aminosäuren Lysin, Methionin, Thyreonin und Tryptophan aufweisen.

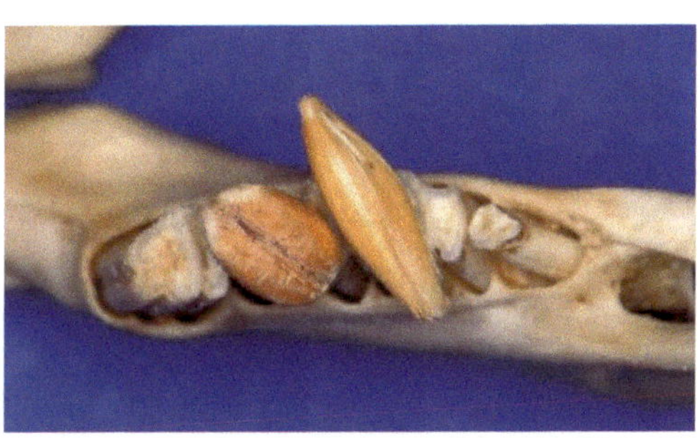

Abbildung 225: Getreidekörner auf der Kaufläche der linken Unterkieferbackenzähne liegend.

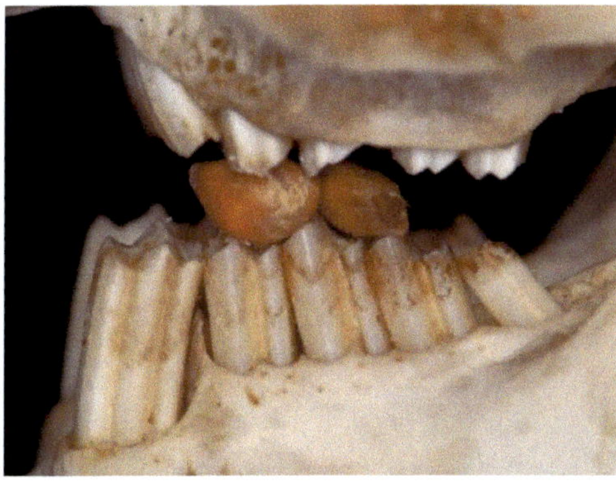

Abbildung 226: Die Zerkleinerung von Getreidekörnern führt zu einer unphysiologischen axialen Belastung der Backenzähne, da diese ungeeigneten Futterbestandteile primär zerquetscht werden. Folge: Erhöhte Impression der Zähne in den Kieferknochen (retrograde Zahnelongation).

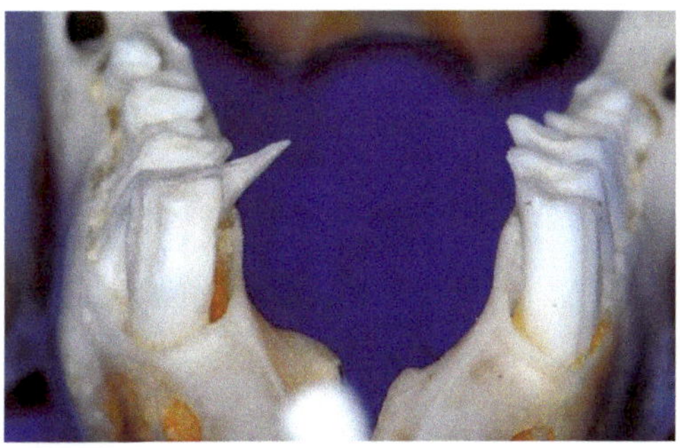

Abbildung 227: Kippung und Verbiegung des zweiten rechten Unterkieferbackenzahnes als mögliche Folge einer erhöhten axialen Zahnbelastung (ungeeignetes Futter).

Für Kaninchen am gefährlichsten ist, dass **Getreide wenig Kalzium** (0,4–1,1 g/kg), jedoch **sehr viel Phosphor** enthält (2,9–3,6 g/kg). Hierdurch kommt es zu einem unausgewogenen Kalzium-Phosphor-Stoffwechsel mit den beschriebenen negativen Auswirkungen auf den Knochenbau sowie die Struktur und Härte der Zähne (siehe Kalzium). Der Großteil des Phosphors (60–70%) ist in den Getreidekörnern an Phytinsäure gebunden und wird somit erst unter der Wirkung bakterieller Enzyme (sog. Phytasen) für den Organismus verwertbar. Die Verdaulichkeit des Phosphors ist im Mais mit 15% am niedrigsten und im Weizen mit 65% am höchsten. Darüber hinaus weist Getreide sehr niedrige Gehalte an Natrium (0,2–0,5 g/kg) und Zink (ca. 30 mg/kg) auf, während es viel Magnesium enthält.

Die energieliefernde Stärke ist innerhalb des **Getreidekorns** im **Endosperm** gelagert, eingebettet in eine Proteinmatrix. Diese nährstoffliefernde Schicht, die (75–90%) des Getreidekorns ausmacht, umgibt den Keimling und sorgt als sog. „**Mehlkörper**" bis zum Wurzelwachstum für dessen Überleben (Abb.228). Die sog. **Aleuronschicht** (7–20%) schützt den Mehlkörper nach außen hin. In ihr finden sich überwiegend Proteine, Fette als auch Mineralstoffe. Ihr aufliegend folgt die **Frucht- und Samenschale**, die neben Vitaminen vorwiegend Ballast- sowie Mineralstoffe enthält. Der **Keimling** (3–15%) besteht vorwiegend aus Fetten, Eiweißstoffen und Vitaminen.

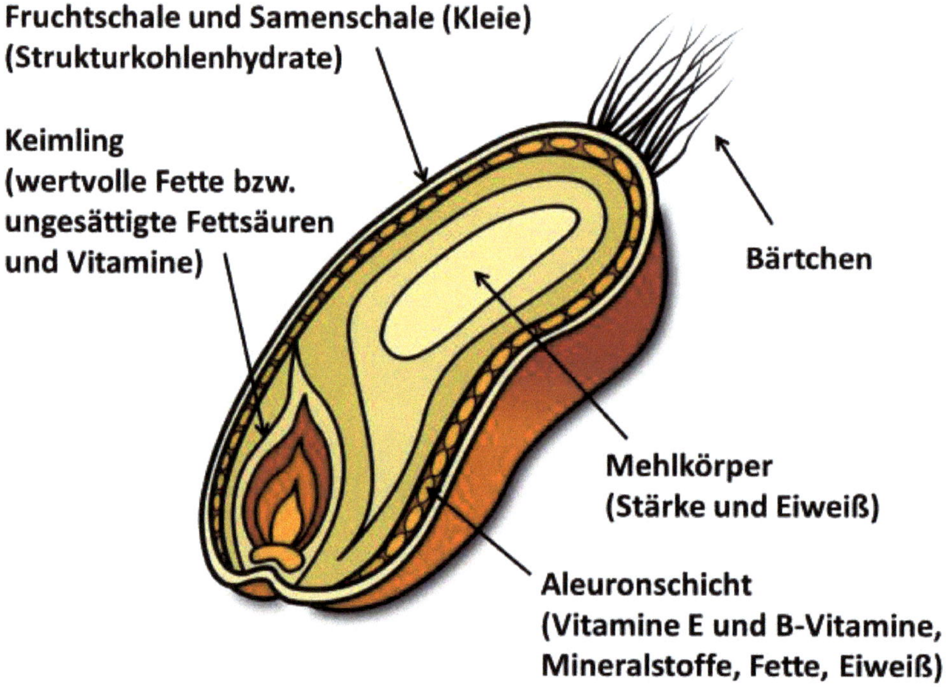

Abbildung 228: Schematische Darstellung eines Getreidekornes (Zeichnung: Dr. Christine Böhmer).

Neben der Stärke des Endosperms enthält Getreide weitere Polysaccharide, sog. **Nicht-Stärke-Kohlenhydrate**, die ungefähr gleichmäßig über alle Schichten des Getreidekorns verteilt sind. Diese Nicht-Stärke-Polysaccharide oder **Strukturkohlenhydrate** stellen den primären Bestandteil der pflanzlichen Zellwände dar (Fasermaterial). Für den Menschen sind dies die unverdaulichen Ballaststoffe, da sie durch körpereigene Enzyme nicht abgebaut werden können (Abb.94). Beim Kaninchen werden sie jedoch mit Hilfe der Bakterien aufgeschlossen. Strukturell betrachtet stellen diese Zellwandsubstanzen oder Gerüstkohlenhdrate eine sehr heterogene Gruppe dar (siehe bei Kohlenhydraten). Hierzu gehören als wichtigste Bestandteile der Getreidekornschale die Zellulose und die Hemizellulose. Weitere Stoffe dieser Fraktion sind Beta-Glukane und Pentosane (Arabinoxylane), Mannane, Galaktane, Xyloglukane als auch Pektine (Polygalakturonsäure). Im Englischen bezeichnet man diese Substanzen als **„dietary fibres" (DF).**

Darüberhinaus enthält Getreide lösliche Anteile von **Beta-Glukanen**. Dies sind lösliche Ballaststoffe oder **lösliche Faserbestandteile** (hochmolekulare Polysaccharide), die vor allem in den Randschichten der Getreidekörner (Aleuronzellen) und in der Zellwand des Endosperms vorkommen. In besonders **hoher Konzentration** finden sich lösliche Beta-Glukane in **Gerste** und **Hafer**. Die Beta-Glukane dieser beiden Getreidesorten werden als besonders wertvoll und gesundheitsfördernd eingestuft, da sie beim Menschen den Cholesterin- und Blutzuckerspiegel senken. So sollen sie Cholesterin im Magen binden, so dass es nicht aufgenommen werden kann. Auch wird durch Beta-Glukane das Herz-Kreislauf-System positiv beeinflusst, das Darmkrebsrisiko gesenkt und das Immunsystem stimuliert (auch bei Kaninchen), und zwar insbesondere die Makrophagen (große Fresszellen, die Mikroorganismen beseitigen). Nur **wenig Beta-Glukan** findet sich hingegen in **Weizen** und **Roggen**.

Weitere lösliche Bestandteile der Getreidekörner sind **Pentosane** (siehe bei Kohlenhydraten), von denen man größere Mengen ebenfalls in **Roggen, Weizen, Hafer, Gerste** sowie in der **Weizenkleie** findet.

Aufgrund ihres starken Wasserbindungsvermögens erhöhen Beta-Glukane und Pentosane die Viskosität des Nahrungsbreis. Durch Wassereinlagerung „quellen" sie auf und bilden eine Art „Gel", das eine **Barriere zwischen Verdauungsenzymen** und dem aus dem Magen kommenden Nahrungsbrei (**Chymus**) darstellt. Hierdurch können im Dünndarm die Enzyme und die Gallensäuren nicht mehr so gut in den Nahrungsbrei eindringen (sog. **„Käfigeffekt"**). Folglich wird auch die lösliche Stärke primär schlechter verdaut (unzureichender Aufschluss). Des Weiteren hat der Darminhalt durch seine pastösere Konsistenz geringeren Kontakt mit der Schleimhaut (Absorptionsoberfläche des Darms). Beta-Glukane und Pentosane haben somit eine gewisse **antinutritive Wirkung**, da sie die Nährstoffabsorption im Dünndarm verschlechtern und gleichzeitig den Transport des Futterbreis verlangsamen.

Trockenes Brot, Zwieback und Knäckebrot

Getrocknetes Brot, Zwieback und Knäckebrot sollte man Kaninchen **keinesfalls anbieten**. Diese Backwaren enthalten nicht nur diverse Getreidesorten und damit zu viel Energie, sondern sind auch leicht gesalzen und zum Teil gesüßt. All dies schadet dem Kaninchen. Sie sorgen auch nicht – wie häufig behauptet wird – für eine gute Backenzahnabnutzung. Das mag partiell für die Schneidezähne zutreffen, mit deren Hilfe kleine Stücke von einem größeren Brotabschnitt abgebrochen werden. Ein Abrieb der Backenzähne findet jedoch nicht statt, denn die trockenen Brotkrümel werden zwischen den Mahlzähnen lediglich zerquetscht, parallel hierzu etwas eingespeichelt und dann recht zügig abgeschluckt. Auch hier sollte man sich fragen: *Wie viel Heu müsste ein Kaninchen fressen, um dieselbe Kalorienmenge zu sich zu nehmen? Und wie viel beständig nachwachsende Backenzahnsubstanz würde hierbei abgetragen?*

Kommerzielle Futtermittel

Ein wesentliches Problem bei der Fütterung von Kaninchen ist, dass Tierhalter ihrem Liebling bevorzugt Nahrung anbieten wollen, die leicht zu verabreichen ist und gleichzeitig vom Tier gern gefressen wird. Diese Erwartungen erfüllen viele Fertigfuttermischungen, die meist eine sehr hohe Akzeptanz aufweisen. Der Tierbesitzer geht dann ganz automatisch davon aus, dass diese Nahrung auch „gesund“ sein muss und somit dem Tier keinesfalls schaden kann. Ansonsten würde das Kaninchen das Futter doch sicherlich nicht so gerne zu sich nehmen?! Dies ist jedoch eine Fehleinschätzung, denn **unsere Haustiere** haben durch die lange Domestikation weitgehend **„vergessen“, was sie fressen dürfen und was ihnen eher schadet**. Kaninchen kann man in dieser Hinsicht durchaus mit Kindern vergleichen, die ebenfalls lieber Pommes essen statt Obst und Gemüse. Rasch gewöhnen sich die Tiere auch daran, dass sie aus dem vielfältigen Buntfutter bevorzugt die Teilchen herauspicken, welche ihnen besonders gut schmecken. Schließlich wird die Futterschale vom Tierhalter ja meist auch rasch wieder aufgefüllt und somit für Nachschub gesorgt. So bevorzugen Kaninchen (neben einer etwas herben, bitteren Geschmacksnote) vor allem süß schmeckende Nahrung. Daher enthalten viele Komponenten kommerzieller Futtermischungen zur Verbesserung der Schmackhaftigkeit Zuckersirup bzw. Melasse ein Nebenerzeugnis der Zuckerproduktion (siehe industrielle Produktion von Futtermitteln). Als dies führt dazu, dass Hauskaninchen sehr wählerisch werden und sich dadurch recht einseitig ernähren, was wiederum zu Gesundheits- sowie Gebissproblemen führen kann.

Darüber hinaus möchten viele Tierhalter eine gewisse Abwechslung in die tägliche Ernährung bringen, indem sie zusätzlich besondere Leckerbissen verabreichen. Hierzu bietet die **Futtermittelindustrie viele Verlockungen** nach dem Motto: „Wir wollen auch nicht immer das Gleiche essen“. Insbesondere der visuelle Eindruck des Futters ist dabei kaufentscheidend. Einfaches Heu oder einheitlich geformte grüne Presslinge sind für den Käufer nicht so verlockend wie eine Mischung vielfältiger, bunter Nahrungskomponenten mit Getreide- und Maiskörnern (Abb.4). Dabei ist die Zusammensetzung der diversen Fertigfuttermischungen hinsichtlich der erforderlichen Nährstoffe durchaus für Kaninchen geeignet und wissenschaftlich erforscht. Häufig wird jedoch nicht ausreichend berücksichtigt, wie sich die äußere Form sowie die Struktur der Futterbestandteile negativ auf die Zähne und damit sekundär auch auf die Verdauung der Tiere auswirken. Vereinfacht kann man sagen, dass alle Nahrungskomponenten, die primär zwischen den Zähnen „zerquetscht“ werden müssen oder deren Struktur sehr fein ist (< 4 mm), für die Ernährung von Kaninchen prinzipiell ungeeignet sind – zumindest langfristig. Dasselbe gilt für sehr stärkereiche und/oder proteinreiche Futterbestandteile. Derartige Komponenten gehören aber immer noch zu den Hauptbestandteilen vieler kommerzieller Futtermittel.

So wird der Markt weiterhin überschwemmt mit einer schier unüberschaubaren **Vielzahl unterschiedlichster Produkte**, die reich bebildert, bunt verpackt und für den Verbraucher ansprechend deklariert sind. Schon allein durch eine sehr individuelle und suggestive Namensgebung sowie Beschreibungen (siehe Tab.22) soll die besondere Qualität des Futters hervorgehoben werden. Auch wird meist explizit die Bedeutung des Produktes für eine gesunde Ernährung des Tieres unterstrichen; obwohl sich hinter den „blumigen" Namen oft etwas ganz anderes verbirgt. Diese Convenience-Produkte sollen dem Tierhalter angeblich helfen, sein Kaninchen auf eine möglichst **einfache**, **bequeme** und somit **unkomplizierte** Weise vielfältig und artgerecht zu ernähren. Denn alles muss möglichst schnell gehen und wenig Arbeit machen, so auch das Füttern der Tiere. Besonders beliebt sind dabei **Ergänzungsfuttermittel**, die etwaige Defizite der **Hauptnahrung** ausgleichen sollen. Sie werden bevorzugt als „**Leckerli**" eingesetzt und sorgen – will man der Werbung glauben – für ein „rundum zufriedenes" Kaninchen.

Nicht nur im Fachhandel (Zoohandlungen sowie Futtermittelgroßhändler), sondern auch in Supermärkten, großen Einkaufszentren und sogar Garten- bzw. Baumärkten kann man diese Futtermittel erwerben. Das Internet ist eine weitere, immer häufiger genutzte beliebte Einkaufsquelle. Hier lässt sich der Preis der einzelnen Produkte leichter vergleichen und der Einkauf rasch erledigen. Der Tierhalter sollte jedoch nicht primär den Preis, sondern die Inhaltsstoffe der einzelnen Futtermittel überprüfen. Hierzu benötigt er ein entsprechendes Fachwissen und es setzt voraus, dass die diversen Produkte adäquat deklariert sind. Bei dieser genaueren Analyse der einzelnen Waren wird der Tierhalter erkennen, dass manche der kommerziellen Allein- als auch Zusatzfuttermittel eine **ungünstige Nährstoffzusammensetzung** aufweisen und viele Produkte einen recht hohen Anteil **billiger Abfallstoffe der Nahrungsmittelindustrie** enthalten (siehe hierzu Kapitel „Industrielle Produktion von Futtermitteln"). Der Verbraucher muss sich also im Prinzip entscheiden, ob er sein Kaninchen – teilweise oder ganz – mit **Nebenprodukten** der humanen Nahrungsmittelindustrie füttern möchte, die über eine besondere Mischung, Verarbeitung sowie Deklarierung und ein geeignetes Marketing mitunter zu einer Supreme-Nahrung aufgewertet werden, oder ob er eine **artgerechte Ernährung mit naturnahen Produkten** vorzieht.

Abbildung 229: Überflüssige und zum Teil schädliche Bestandteile diverser Futtermittel (u. a. „Drops", hartes Johannisbrot, zerquetschter Mais, bunte Partikel aus Futtermehl).

Abbildung 230: Ungeeignetes Zusatzfutter (extrem hoher Anteil zahnschädlicher Körner).

Abbildung 231: Für Kaninchen völlig ungeeignete Zusatzfuttermittel (extrem „zahnbelastend").

Abbildung 232: Ungeeignetes Zusatzfutter (hoher Anteil zahnschädlicher Körner).

Tab. 22: Werbewirksame Beschreibung von kommerziellen Futtermitteln für Kaninchen

Slogans der Futtermittelindustrie:	
• verantwortungsbewusste, ausgewogene Ernährung	• Förderung der Gesundheit
• artgerechte, natürliche, gesunde Ernährung	• Extra-Schub an Lebenskraft
• mehr Vitalität und Lebensfreude	• tägliche Abwechslung des Futters
• gesunde Zähne	• ganzheitliche Bedürfnisdeckung
• besonders glänzendes Fell	• langes, aktives und gesundes Leben
• Unterstützung des Immunsystems	• Förderung des Stoffwechsels
• Stabilisierung oder Unterstützung der bakteriellen Flora	• Bewältigung besonderer Stresssituationen
	• einfache Fütterung
Beschreibung:	
• hohe Akzeptanz	• mit hohem Anteil an Ballaststoffen
• hohe Bekömmlichkeit	• mit Bachblüten (für die innere Harmonie)
• mit Aloe vera (nährstoffreich und positive Wirkung auf das Immunsystem)	• mit Antioxidanzien (Schutz vor schädlichem Sauerstoff-Einfluss)
• mit Yucca (geruchsreduzierend und ammoniakbindend)	• mit Anti-Geruchs-Komplex (zur Reduzierung unangenehmer Gerüche im Käfig)
• ausschließlich mit natürlichen Zutaten	• mit tropischen Früchten
• von hochwertiger oder höchster Qualität	• mit besonders hochwertigem Eiweiß
• optimal auf die Bedürfnisse angepasst	• mit Zusatz besonderer Heilpflanzen
• mit hochwertigen Zusätzen	• mit hochwirksamen Bestandteilen
• mit wertvollen Fetten und Ölen	• mit Thymian
• für schnell verfügbare Energie	• mit knackigen Karotten
• mit lebenswichtige Fettsäuren	• mit fruchtigen Bananen
• mit wichtigen Nähr- und Ballaststoffen	• mit leckerem Getreide
• mit Inulin (prebiotisches pflanzliches Kohlenhydrat)	• nach neuesten wissenschaftlichen Erkenntnissen
• mit maximaler Pflanzenvielfalt	• ohne künstliche Konservierungsstoffe
• mit nur gesunden Bestandteilen	• mit Echinacea (zur Stärkung der Abwehr)
• handverlesene oder erlesene Mischung	

Werbewirksame Adjektive:			
• aromaversiegelt	• bio	• for kids	• sensitive
• happy	• fit	• compact	• hochwertig
• balance	• allround	• bonbino	• nature
• best age	• super	• besonders lecker	• multifit
• crossy	• crispy	• ideal	• outdoor
• fruit/frutti	• grain-free[1]	• aktiv	• professional
• cookie	• no grain[2]	• exzellent	• wellness
• dream	• alpine	• rein pflanzlich	• power
• müsli	• light	• appetitanregend	• preisgünstig
• drop	• gold	• balanciert (balance)	• nut and fruit
Deklaration als:			
• Premiumfutter	• Complete	• Menü	• Immun activ
• Deluxe	• All-inclusive	• Best of	• Fitness
• Supreme	• Luxusmenü	• Beauty	• Kräuter-Mix
• Royale • Konzentrat	• hochwertiges Hauptfutter	• Power	• Elixier
[1] kein ganzes Getreidekorn, aber Zusatz von Getreidekleie oder -mehl möglich			[2] 100% getreidefrei

Arten kommerzieller Futtermittel

♦ Alleinfuttermittel

Wie bereits erwähnt bietet der Markt eine Vielzahl an Futtermitteln an. Das Angebot unterscheidet sich hinsichtlich einer bedarfsgerechten Ernährung von Kaninchen großer und kleiner Rassen, junger und alter sowie aktiver und ruhigerer Tiere. **Alleinfuttermittel** können ohne Zusatz anderer Nahrungsmittel verabreicht werden. Ihre Zusammensetzung muss daher genau an den täglichen Bedarf der Tiere angepasst sein, damit diese adäquat mit Nähr- sowie Mineralstoffen, Spurenelementen und Vitaminen versorgt werden. Auch müssen ausreichend grob strukturierte Raufasern enthalten sein. Eine **Deklaration der Inhaltsstoffe** ist somit essentiell und meist auch vorhanden (Rohprotein-, Rohfaser-, Vitamin-, Mineralstoff- sowie Fettgehalt). Nicht berücksichtigt wird dies hingegen bei **„losen" bzw. „offenen" Futtermischungen**, die ohne entsprechende Angaben als „geeignete" Alleinnahrungsmittel für Kaninchen angeboten werden, vorwiegend in Baumärkten und im Internet.

Ganz spezielle Alleinfuttermischungen sind **Kraft- oder Konzentratfutter**, die besonders viel Energie (stärkereich sowie ölhaltig) und einen höheren Proteingehalt (hoher Anteil an Leguminosen und Soja-Extraktionsschrot) aufweisen. Diese meist pelletierten Produkte sind für Hauskaninchen nicht geeignet. Man verwendet sie für **Mast-** als auch **Zuchttiere**, die neben dem Erhaltungsbedarf mehr Energie und Baustoffe für eine zusätzliche Leistung benötigen; z. B. Fleischansatz, Trächtigkeit, Säugen der Jungen oder schnelles Wachstum.

♦ Ergänzungsfuttermittel

Des Weiteren gibt es **Ergänzungsfuttermittel**, die zusätzlich zu einem Grundfutter verabreicht werden und somit lediglich einen Teil der Nahrung darstellen. Das Hauptfutter bei Einsatz solcher Produkte besteht meist aus **Heu** und/oder **frischem Wiesenfutter.** Diese Grundnahrung ist unverzichtbar, da die Tiere vorwiegend hierüber ausreichend strukturierte, unverdauliche Raufaser erhalten. Im Prinzip sollen Ergänzungsfuttermittel lediglich eventuelle Nährstoffdefizite des Hauptfutters ausgleichen. Sie enthalten daher stets einen höheren Gehalt an Proteinen, Mineralstoffen, Spurenelementen sowie Vitaminen. Ihre Verwendung als **Zusatz- oder Substitutionsfutter** kann unter Umständen im Winter oder bei gewissen Stresssituationen (Rekonvaleszenz oder Krankheit) erforderlich sein.

Ergänzungsfutter besteht entweder aus nativen Komponenten (z. B. Kräuter- und Blütenmischungen, getrocknetes Obst bzw. Gemüse) oder aus einheitlichen Presslingen. Bei einigen Produkten fehlen detailliertere Angaben zu den Inhaltsstoffen. Die Verabreichung solcher Ergänzungsfutter kann für die Gesundheit der Tiere problematisch werden und ist daher primär nicht empfehlenswert.

Auf **„unnötiges Ergänzungsfutter"** sollte gänzlich **verzichtet** werden. Gemeint sind sog. „**Leckerlis**", von denen der Handel ein immenses Angebot bereit hält, wie z. B. Knabberstangen (mit Nüssen, Getreidekörnern, getrocknetem Gemüse, Honig oder Waldbeeren), diverse Müsliriegel, unterschiedliche Drops (Karotte, Joghurt, Waldbeere, Kräuter, Schokolade [!], Gemüse, Kräuter) oder gar Käseecken. Diese „Belohnungsfutter" enthalten meist zu viel **Fett** (z. B. Nüsse), **Stärke**, **Melasse** (Zucker) oder **Kalzium** (hoher Luzerne- oder Petersilienanteil). In vielen Produkten ist zusätzlich **tierisches Eiweiß** (Eier, Milch, Molkereierzeugnisse, Joghurtpulver) verarbeitet, was sich ungünstig auf die Gesundheit der Kaninchen auswirken kann. Joghurt ist zwar ein laktosereduziertes Milchprodukt, doch findet sich immer noch ein bestimmter Anteil an Laktose (Milchzucker) darin (Joghurt natur = 4 g Laktose pro 100 g). Das Enzym zur Aufspaltung der Laktose, die sog. Laktase, besitzen Kaninchen nur während der Säugezeit; danach sinkt dessen Aktivität zunehmend ab. Erwachsene Kaninchen haben somit eine gewisse **Laktoseintoleranz**, d.h. sie können den Milchzucker im Dünndarm nicht verdauen. Dieser wird erst von den Bakterien im Blinddarm zersetzt, was zu Verdauungsproblemen führen kann. Prinzipiell gilt dies auch für käsehaltige Produkte.

Auch sind viele dieser unnötigen Zusatzfuttermittel von ihrer Struktur her **ungünstig für einen adäquaten Zahnabrieb**. Oft enthalten sie **harte Bestandteile** (wie z. B. Nüsse, ganze Getreidekörner, getrocknetes Obst oder Gemüse, Johannisbrotstückchen, Hagebutten), die – wie bereits erwähnt – die Backenzähne unphysiologisch belasten. Darüber hinaus werden manche Kaninchen nach gewisser Zeit richtiggehend **süchtig** nach diesem „Ergänzungsfutter", das einen meist hohen Energiegehalt hat und somit rasch sättigt. Nunmehr verweigern sie hartnäckig jegliche andere Nahrung (mitunter auch Heu) und der Besitzer reagiert hierauf durch Verfütterung noch größerer Mengen entsprechenden Zusatzfutters. Um erst gar nicht in diesen Teufelskreis zu gelangen, bieten sich als gute und zudem preiswerte Alternative „Leckerlis" aus der Natur an, in Form kleiner Mengen an frischem Obst, getrockneter oder frischer Blüten, beliebter Kräuter oder schmackhafter Heusorten (siehe frisches Grünfutter und Heu).

Heupresslinge bestehen aus Wiesenfutter, das unmittelbar nach der Ernte in ca. 4-5 cm lange Stücke zerhäckselt, danach in Trocknungstrommeln getrocknet und anschließend zu kleinen Würfeln oder anderen Formen gepresst wurde (siehe Kaltpressverfahren). Die Strukturwirksamkeit dieser Produkte ist deutlich besser als diejenige der meisten anderen raufaserreichen Pellets, da die enthaltenen Faserpartikel recht groß sind. Man unterscheidet zwischen den gröber strukturierten **Heubriketts** (ca. 2 cm dicke Scheiben mit einem Durchmesser von 7 cm oder kleiner) sowie den aus etwas feiner zerhäckseltem Material bestehenden **Heucobs** (Durchmesser durchschnittlich 15–35 mm). Hierzu zählen die reinen „Grasheu-Cobs„ sowie die leguminosen- oder kräuterreicheren „Wiesenheu-Cobs“. Da die Qualität der Produkte primär vom Ausgangsgut abhängt, sollte sich auf der Verpackung eine entsprechende **Deklaration** finden. Hierzu zählen bei Wiesenheu-Cobs Angaben zur botanischen Zusammensetzung der Futterwiese und bei Gras-Cobs oder Gras-Briketts die Nennung der darin enthaltenen Süßgräser.

Abbildung 233: Raufaserreiche Presslinge

Da Cobs im Prinzip **staubfrei** sind, werden sie – eingeweicht in Wasser – bevorzugt für die Fütterung von Pferden eingesetzt, die sehr empfindlich auf Heustaub reagieren. Mitunter bietet der Handel auch kleingepresste Heuwürfelchen für die Ernährung von Kaninchen an, deren Besitzer allergisch auf loses Heu reagieren (Menschen mit chronischer Bronchitis oder Heustauballergie). Diese Heucobs enthalten zwar einen genügend hohen Anteil unverdaulicher, gröberer Strukturkohlenhydrate (Rohfaser), doch führt dieses gehäckselte Raufutter bei Kaninchen langfristig häufig zu keinem ausreichenden Backenzahnabrieb, da das Trockengut – abhängig vom Herstellungsprozesses – bereits stark zerkleinert wurde (Abb.234 und Abb.235). Auch können sich **härtere Futterpartikel** (insbesondere Stängelanteile) leicht **zwischen die Backenzähne einklemmen**. Daher sollte man vor einer Verfütterung dieser Presslinge die Vor- und Nachteile einer derartigen Ernährung gut gegeneinander abwägen und diesen „Kompromiss“ nur in Ausnahmefällen eingehen. Besser ist es, als Allergiker auf eine Kaninchenhaltung zu verzichten.

Abbildung 234. Mit Hilfe der Schneidezähne wird von Presslingen ein kleinerer Futterbolus „abgezwickt“, der dann zwischen den Backenzähnen weiter zerkleinert (primär zerdrückt) wird.

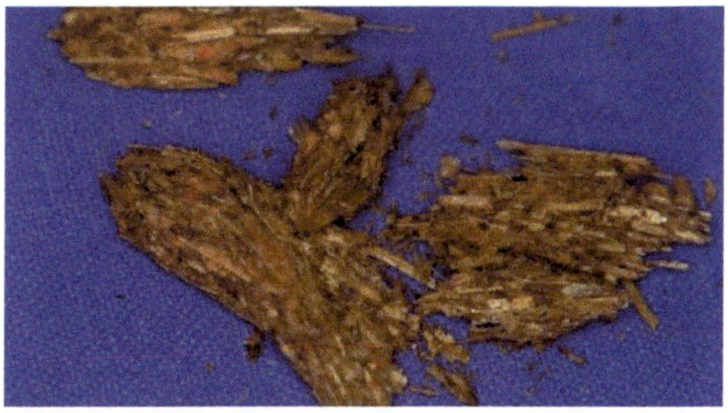

Abbildung 235: Presslinge sind im Prinzip „Kekse“, da das Raufutter bereits stark zerkleinert ist (unzureichender Zahnabrieb).

Futtermehl-Pellets können abhängig von ihrer Zusammensetzung als **Ergänzungsfutter** zur primären Heufütterung verabreicht werden oder als **Alleinfutter**. Dabei kann genau definiert werden, wieviel Gramm Nahrung pro Kilogramm Körpergewicht erforderlich ist (ca. **30 g/kg Körpergewicht/Tag)** – abhängig vom Produkt, vom Alter des Kaninchens, dessen individueller Stoffwechsellage oder Leistung sowie von den äußeren Haltungsbedingungen.

Der Durchbruch von Presslingen als Haupt- oder Alleinfutter fand in den 1950er Jahren statt. Mit der **Intensivierung der Kaninchenzucht** und vor allem mit der Zunahme an Mastbetrieben wurde eine Ernährung kommerziell gehaltener Kaninchen erforderlich, die einfach durchgeführt werden konnte, möglichst preiswert war und dabei doch alle erforderlichen Nährstoffe für ein rasches Wachstum sowie gute Zuchtergebnisse enthielt. Diese Anforderung erfüllte speziell für Kaninchen hergestelltes stärke- und proteinreiches **pelletiertes Trockenfutter**, das sich **ab 1953** zunehmend auf dem deutschen Markt etablierte. Da jedoch viele Tiere im Gefolge einer ausschließlichen Pelletfütterung Durchfallerkrankungen aufwiesen, musste man ihnen zur Stabilisierung der Verdauung zusätzlich kleinere Heumengen anbieten. Parallel hierzu wurde der Rohfaseranteil in den Presslingen erhöht und der Stärkeanteil entsprechend gesenkt. Ab einem gewissen Rohfasergehalt des Futters ist jedoch kein optimaler Zuwachs mehr möglich, da die unverdaulichen Strukturkohlenhydrate die Gesamtfutteraufnahme begrenzen.

Die Problematik einer optimalen Ernährung von Kaninchen in größeren Zuchtbetrieben ist auch heute noch nicht vollständig gelöst, da es immer wieder zu Ausbrüchen der sog. **mukoiden Enterokolitis** kommt. Diese multifaktoriell verursachte Erkrankung hat eine extrem hohe Todesrate. Neben besonderen Erregern sowie haltungsbedingten Problemen scheint bei der Krankheitsentstehung eine nicht optimale Ernährung der Tiere eine ganz wesentliche Rolle zu spielen.

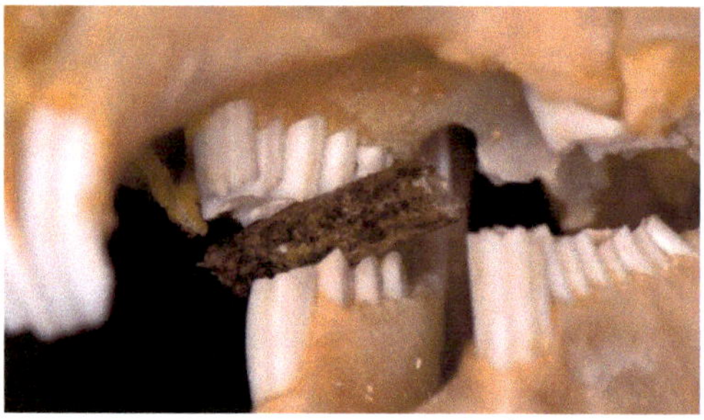

Abbildung 236: Presslinge werden primär durch ein „Zusammendrücken“ der Kiefer zerkleinert (erhöhte axiale Belastung der Zähne).

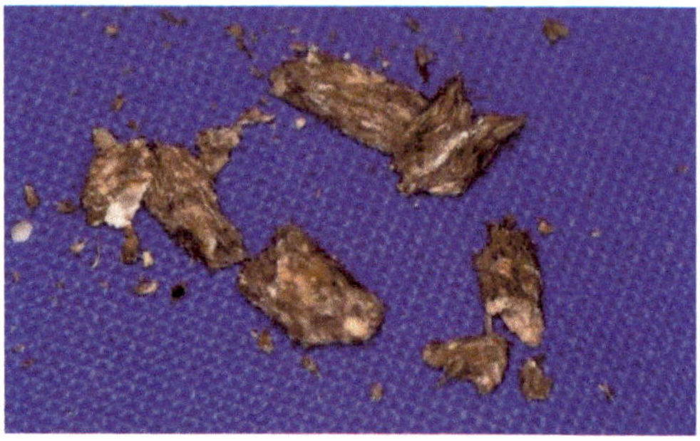

Abbildung 237: Teile eines zwischen den Backenzähnen zerdrückten Presslings, der mit dem Heißpressverfahren hergestellt wurde.

Abbildung 238: Zerdrückter bunter Pressling aus „grünem“ Futtermehl.

Als **Konzentratfutter** decken Futtermehl-Pellets den gesamten Nährstoffbedarf des Organismus und sorgen somit im Prinzip für eine optimale und individuelle **leistungsgerechte Ernährung**. So unterstützen entsprechend nährstoffreiche Presslinge bei **Zuchttieren** eine bestmögliche Vermehrung und gewährleisten bei **Masttieren** eine rasche sowie hohe Fleischproduktion (Tageszunahme ca. 40–50 g). Kaninchen, die der **Wollgewinnung** dienen (Angorakaninchen), benötigen hingegen weniger Energie, jedoch einen besonders hohen Anteil an stickstoffhaltigen Aminosäuren. Nur dann können sie große Mengen hochwertiger Wolle produzieren (vier Schuren im Jahr ergeben 0,2–0,25 kg Wolle pro Kilogramm Körpermasse). Die Verfütterung von Pellets, die den tatsächlichen Bedarf der Tiere bestmöglichst decken sollen, ist somit bei kommerziell gehaltenen Kaninchen durchaus sinnvoll. Bei unseren Hauskaninchen sollte man hingegen auf Mischfutter-Presslinge eher verzichten.

Presslinge können mit verschiedenen Verfahren hergestellt werden. Dabei unterscheidet man zwischen dem Kaltpressverfahren, das zur Produktion **getreidefreier Grasheu-** oder **Wiesenheu-Pellets** (Durchmesser 2,5–3,5 mm) verwendet wird, sowie dem Heißpressverfahren, mit welchem feinstrukturierte **Futtermehl-Presslinge** gefertigt werden (siehe industrielle Produktion von Futtermitteln). Zu diesen zählen neben den reinen **Luzernemehl-Pellets** (hoher Kalziumgehalt!) auch die sog. **Mischfutter-Pellets**. Sie werden primär als Alleinfutter eingesetzt und können Getreideprodukte enthalten oder getreidefrei sein. Häufig sind sie auch ein wichtiger Bestandteil bunter Futtermischungen. Neben einem gewissen Anteil an rohfaserreichem Pflanzenmaterial (meist Luzernegrünmehl) bestehen sie vorwiegend aus fein zermahlenen und homogen vermischten Nebenprodukten der Lebensmittelindustrie (siehe dort). Futtermehl-Presslinge enthalten durchschnittlich ca. **18% Rohfaser** in der Trockenmasse, während der Rohfasergehalt von **Gras-** oder **Wiesenheu-Pellets** bzw. **-Cobs** ca. **29%** der Trockenmasse beträgt und somit den Werten von Heu entspricht. Dies ist verständlich, da die „Strukturpresslinge" lediglich aus grob gehäckseltem rohfaserreichem Gras-Heu oder aus kräuter- oder leguminosenreichem Futterwiesen-Heu hergestellt werden. Ebenfalls erhältlich sind reine **Luzerne-** oder **Timothee-Heu-Pellets**.

Bei der Herstellung diverser Futtermehl-Pellets ist ganz generell eine Beimischung von **Luzernegrünmehl** sehr beliebt, da das aromatische Pulver den Geruch der Produkte positiv beeinflusst und somit auch deren Akzeptanz erhöht. Auch lässt sich mit dem Futtermehl der Rohprotein- und Rohfasergehalt von Futtermischungen beeinflussen oder korrigieren; ebenso der Kalziumgehalt. Von Nachteil ist jedoch, dass Pellets, die sehr fein zermahlenes Luzernemehl beinhalten und somit einen adäquaten Gesamt-Rohfasergehalt haben, einen **Mangel an gröberen Strukturfasern** aufweisen. Dies wirkt sich meist negativ auf die Verdauung aus. Somit wird die Verträglichkeit pelletierten Futters primär durch die Größe der einzelnen Futter-Partikelchen beeinflusst. Presslinge, die aus grob zerhäckselten Futterbestandteilen bestehen (Gras-, Wiesenheu-Pellets oder Cobs), sind „normalen" Mischfutter-Pellets, die primär aus fein zermahlenem Futtermehl hergestellt werden, in dieser Hinsicht deutlich überlegen. Dies unterstreicht die Notwendigkeit, bei einer ausschließlichen Verfütterung derartig rohfaserarmer Presslinge unbedingt Raufutter in Form von Heu zuzufüttern.

Vor dem Kauf von Presslingen jeglicher Art empfiehlt es sich grundsätzlich, die **Deklaration** des Futters, d. h. die Zusammenstellung der diversen Futterkomponenten, genau zu studieren. Durch eine käuferfreundliche Verpackung der Produkte wird oft der Eindruck vermittelt, es handele sich um ein sog. „Bio-„ oder „Natur pur"- Futter, das lediglich aus Wiesenpflanzen besteht. Bei näherer Betrachtung der Inhaltsstoffe zeigt sich jedoch häufig, dass zusätzlich **Nebenprodukte der Lebensmittelindustrie** enthalten sind. Daher lohnt es sich, kritisch zu bleiben und die Produktbeschreibung sorgfältig zu lesen.

♦ **Probleme bei der Verfütterung energiereicher Futtermehl-Pellets**

Als angeblicher Vorteil einer Pelletfütterung wird häufig angeführt, dass die in Futtermehl-Presslingen enthaltene **Stärke** durch die Hitzebehandlung teilweise **„aufgeschlossen"** und somit **leichter verdaulich** ist. Zumindest bei der Ernährung von Hauskaninchen stellt das jedoch keinen Nutzen dar, sondern ist **eher nachteilig**, da die leicht verfügbare Stärke den Magen-Darm-Trakt häufig überlastet und dadurch Verdauungsprobleme entstehen.

Ebenfalls nur bedingt vorteilhaft ist, dass durch die Gabe von Pellets eine **Futterselektion** vermieden werden kann. Denn bei einem derartigen Ernährungsmanagement können Tiere mit einer besonderen Stoffwechsellage einen **Mangel an bestimmten Nährstoffen** durch gezielte Auswahl einzelner Futterbestandteile **nicht mehr ausgleichen**.

Des Weiteren kommt hinzu, dass insbesondere Alleinfuttermittel-Pellets oder Luzernemehl-Pellets meist **nicht genügend unverdauliche, gröbere Strukturfasern** enthalten, die das Kaninchen für eine normale Magen-Darm-Peristaltik benötigt (siehe Kapitel Anatomie und Abb.244). Sind die in den Presslingen enthaltenen **Futterbestandteile zu fein zermahlen** (< 0,3–0,5 mm) und haben sie zudem einen zu hohen Gehalt an leicht verdaulichen Kohlenhydraten sowie Stärke, hemmt das die Darmmotorik. Verstärkt wird dieser Effekt dadurch, dass die Tiere durch die energiereichen Pellets rascher satt werden. Infolgedessen nehmen sie insgesamt weniger Futter auf; insbesondere auch weniger Heu, das per se die Darmperistaltik fördern könnte. Somit wird der Anteil gröber strukturierter Rohfaser in der Gesamtfutterration des Kaninchens zu gering (Abb.239).

Durch die sekundäre **Darmträgheit** verbleibt der feine Nahrungsbrei zu lange und in zu großer Menge im Blinddarm, wodurch sich das Risiko einer **zäkalen Futteranschoppung** erhöht (Abb.241-242). All dies sowie die **hohe Nährstoffkonzentration** der Ingesta fördern eine **Fehlgärung**, die mit einer massiven Vermehrung pathogener Keime einhergeht (siehe Dysbakterie). Während pathogene Bakterien leicht lösliche Kohlenhydrate (Einfachzucker als auch Stärke) direkt verwerten können, sind die **physiologischen Darmbakterien auf Strukturkohlenhydrate angewiesen** (Details dazu siehe funktionelle Anatomie des Blinddarms). Deshalb sollte der **Stärkegehalt** des Futters stets **unter 16%** und der **Rohfaseranteil über 17%** liegen. Und um diese Werte möglichst exakt einhalten zu können, ist eine **erweiterte Futtermittelanalyse** erforderlich und somit eine zukünftig entsprechend angepasste Deklarierung der jeweiligen Produkte. Denn bei der Weender-Analyse befinden sich Einfachzucker, Stärke, Pektin sowie die wichtige Hemizellulose undifferenziert in einer Fraktion (NfE). Hierdurch kann man ein **ungünstiges Stärke/Zucker : Hemizellulose-Verhältnis** nicht erkennen, obgleich der auf der Packung deklarierte Gesamtanteil an unverdaulicher „Rohfaser" korrekt ist.

Abbildung 239: Ungeformter weicher Hartkot (!) eines Kaninchens mit schwerwiegender Verdauungsproblematik (Raufasermangel).

Ungünstig ist auch, dass Pellets bei Kontakt mit Wasser ihr Volumen stark vergrößern, d. h. **quellen** (Abb.240). Nehmen Kaninchen infolge Heißhungers (z. B. bei einmal täglicher Fütterung) in verhältnismäßig kurzer Zeit sehr viele Pellets auf, kann dies zu einer **massiven Überdehnung des Magens** führen (**Magenüberladung**). Parallel hierzu sistiert die gesamte Magen-Darm-Passage und die Tiere leiden meist an schweren **Koliken** sowie sekundärer „Verstopfung“. Als Folge des „Völlegefühls“ sowie der Magenüberdehnung verweigern sie jegliche Nahrungsaufnahme. Hierdurch kann – entsprechend dem Prinzip des sog. „Stopfmagens“ - kein weiteres Futter „nachgeschoben“ werden, wodurch die Magenentleerung zusätzlich verzögert wird. In aller Regel nur ganz langsam kommt der Futterbrei wieder in Bewegung und der Magen beginnt sich in kleinen Portionen zu entleeren. Aus einer Magenüberladung können jedoch auch lebensbedrohliche Situationen resultieren, die eine tierärztliche Behandlung erforderlich machen.

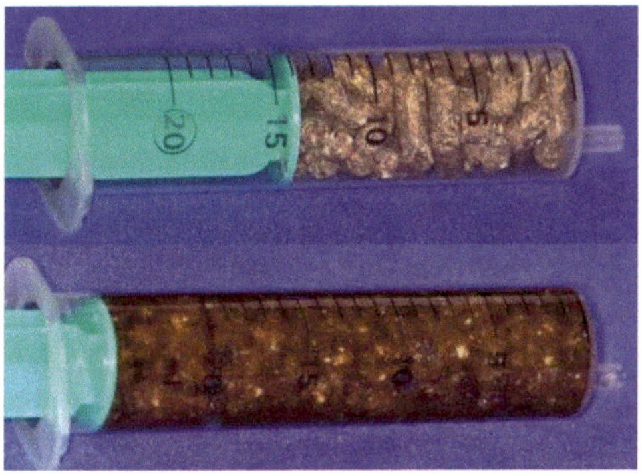

Abbildung 240: Pellets verdoppeln ihr Volumen bei Zugabe von Wasser (von ca. 15ml auf knapp 30ml). Dieses „Aufquellen“ der Nahrung kann den Magen-Darm-Trakt übermäßig belasten. Zusätzlicher Rau-faser-mangel verschlimmert die Situation.

Die Verfütterung energiereicher Pellets fördert darüber hinaus eine **Haarballenbildung im Magen** oder erleichtert sie zumindest, schon allein wegen der negativen Beeinflussung der Darmmotorik (Abb.243). Die bei der Fellreinigung abgeschluckten Haare können den Magen-Darm-Trakt wesentlich leichter passieren, wenn die Tiere relativ große Mengen an raufaserreichem Futter (Frischfutter oder Heu) aufnehmen, an dem die Haare leichter haften bleiben und das den Darm gleichzeitig in Bewegung hält. Dies beugt der Bildung sog. Bezoare (Haarballen) vor, die in der Hauskaninchenpopulation immer häufiger auftreten. Dabei ist nachgewiesen, dass das Risiko für eine Bezoarbildung durch eine tierartgerechte Fütterung deutlich gesenkt werden kann.

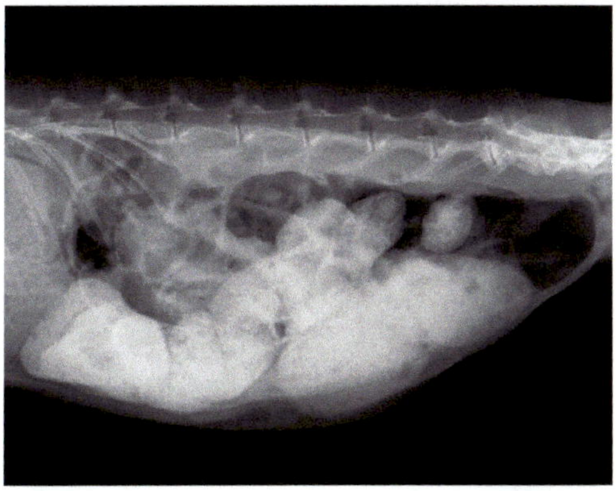

Abbildung 241: Röntgenbild eines Kaninchens mit starker Anschoppung und Austrocknung des Futters im Bereich des erweiterten Blinddarms.

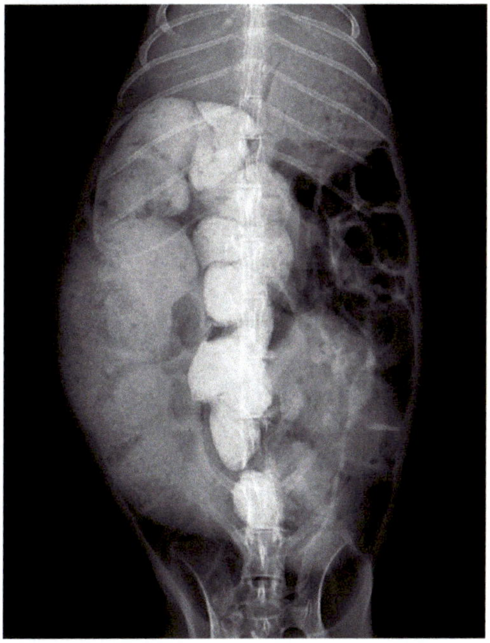

Abbildung 242: Zweite Ebene des Kaninchens von Abb. 241 (angefertigt in Rückenlage des Tieres).

Kaninchen fressen normalerweise viele Stunden am Tag. So nehmen Tiere, die vorwiegend mit Gräsern und Wiesenkräutern ernährt werden, innerhalb von 24 Stunden bis zu fünfmal so viel Futter auf wie Kaninchen, die ausschließlich energiereiche Pellets erhalten (ca. 30 g/kg Körpergewicht/Tag).

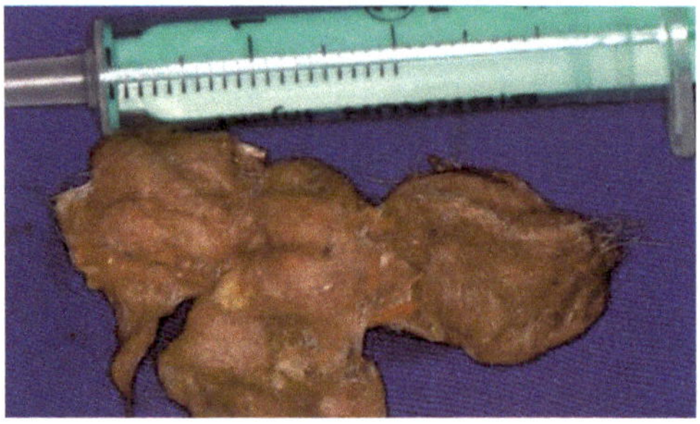

Abbildung 243: Verfilzter Haarballen eines Kaninchens (sog. „Bezoar") unmittelbar nach dessen Entfernung aus dem Magen.

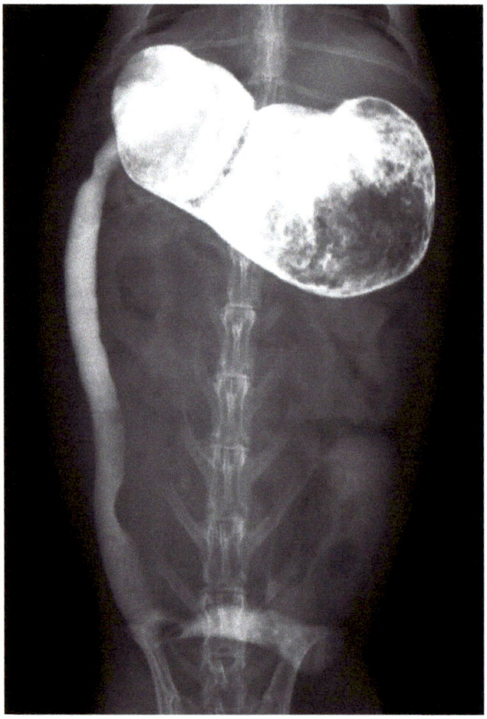

Abbildung 244: Übermäßig gefüllter Magen und erweiterter Zwölffingerdarm eines Kaninchens mit reduzierter Magen-Darm-Peristaltik (Bariumsulfat als Kontrastmittel).

Die sehr langwierige Aufnahme von Frischfutter führt dabei zu einem adäquaten Zahnabrieb, während Pellets von ihrer Struktur her nicht dazu geeignet sind, zwischen den Zähnen „zerschnitten" zu werden, was dem physiologischen Kauakt entspricht (siehe Kapitel Anatomie). Dies gilt sowohl für energiereiche Futtermehl-Pellets als auch für raufaserreichere Presslinge oder Cobs. Denn **Presslinge zerfallen in der Mundhöhle rasch** in die klein gehäckselten oder fein zermahlenen Ausgangsstoffe, da sie primär wie Kekse zwischen den **Zähnen zerquetscht werden**. Parallel hierzu werden sie mit Speichel vermischt und danach relativ rasch als Futterbolus abgeschluckt. Wissenschaftliche Arbeiten haben nachgewiesen, dass bezogen auf den Energiegehalt des Futters bei einer Pelletfütterung der kontinuierliche **Zahnabrieb deutlich geringer** war als bei der Aufnahme einer entsprechenden Menge geeigneten Frischfutters (Abb.245-247).

Zusätzlich hierzu werden bei der Zerkleinerung von Presslingen generell **einzelne Zähne unphysiologisch belastet**, d. h. entlang ihrer Längsachse. Meist handelt es sich hierbei um die mittleren Backenzähne des Ober- bzw. Unterkiefers. Deren in der Mundhöhle sichtbarer Zahnkörper (Krone) wird durch den unzureichenden Zahnabrieb deutlich länger (intraoraler Zahnüberwuchs) und verbiegt sich infolge der beständigen Fehlbelastung zusätzlich – im Oberkiefer nach außen, im Unterkiefer nach innen (Abb.250 und Abb.251). Hieraus resultieren **Zahnspitzen**, die im Oberkiefer zur Backe und im Unterkiefer zur Zunge gerichtet sind. Die Überlänge der Zähne und deren erhöhte axiale Belastung fördern darüber hinaus einen **Durchbruch** einzelner **Zahnwurzeln** in den benachbarten Kieferknochen oder in die Augenhöhle (im Fall der letzten vier oberen Backenzähne – Abb.249). Somit kann die Verfütterung energiereicher **Presslinge langfristig Gebiss- und Zahnerkrankungen Vorschub leisten**. Dies gilt vor allem dann, wenn weitere begünstigende Faktoren hinzukommen wie beispielsweise eine gewisse genetische Veranlagung zur Malokklusion (Gebisserkrankung) oder bestimmte Stoffwechselerkrankungen.

Aus all diesen Gründen sind energiereiche Futtermehl-Pellets ebenso wie rohfaserreichere Presslinge, die aus recht fein zerkleinerten Futterbestandteilen bestehen, als konstante Komponente der täglichen Nahrung für Hauskaninchen **primär nicht empfehlenswert.** Besonders ungünstig ist deren Verwendung als Alleinfuttermittel, vor allem wenn die Tiere zusätzlich nicht ausreichend Heu aufnehmen wollen oder können (z. B. als Folge schwerwiegender Zahnerkrankungen) (Abb.218 und Abb.219).

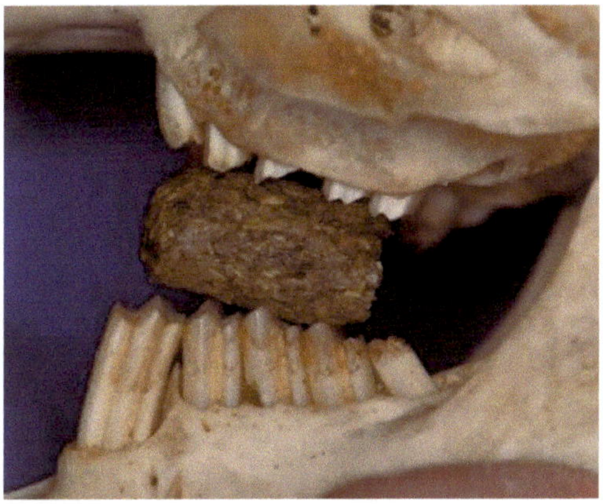

Abbildung 245: Größerer Pressling zwischen den Backenzähnen eines Kaninchens.

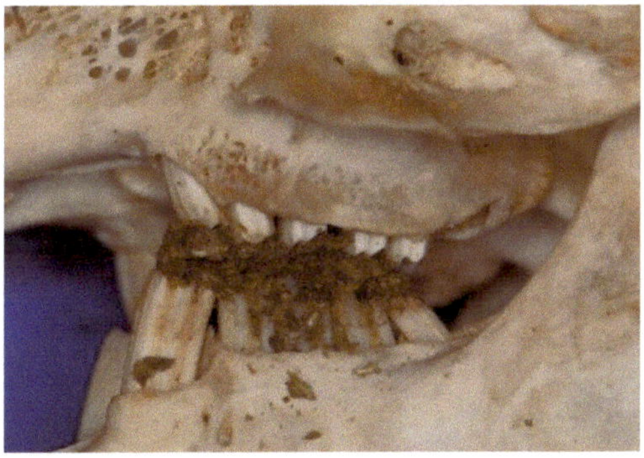

Abbildung 246. Situation nach einmaligem „Zerdrücken“ des Presslings.

Abbildung 247: Das „keksartig“ zerdrückte Futter kann zügig abgeschluckt werden. Folge: Unzureichender Abrieb der Backenzähne mit sekundärem intraoralem Überwuchs sowie erhöhter axialer Belastung der Zähne (siehe Abb. 250).

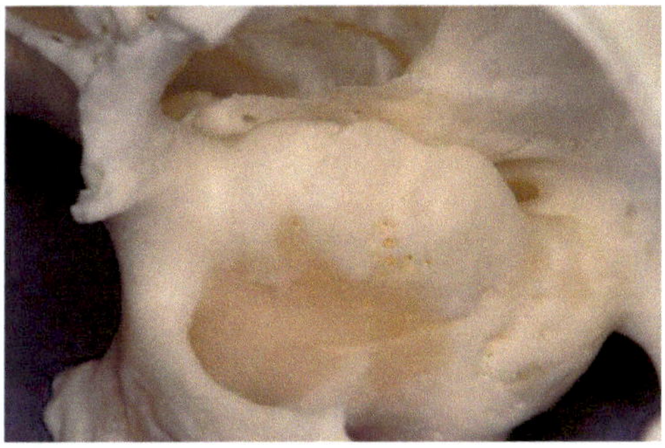

Abbildung 248: Blick in die linke Augenhöhle eines Kaninchenschädels mit gesundem Gebiss: alle Zahnwurzeln sind knöchern „abgedeckt“.

Abbildung 249: Blick in die linke Augenhöhle eines Kaninchenschädels mit Backenzahnüberwuchs: retrograder „Durchbruch“ mehrerer Zahnwurzeln als unmittelbare Folge einer erhöhten axialen Zahnbelastung. Viele Tiere leiden zusätzlich an einer Störung des Kalzium-Phosphor-Stoffwechsels (schlecht mineralisierter Knochen).

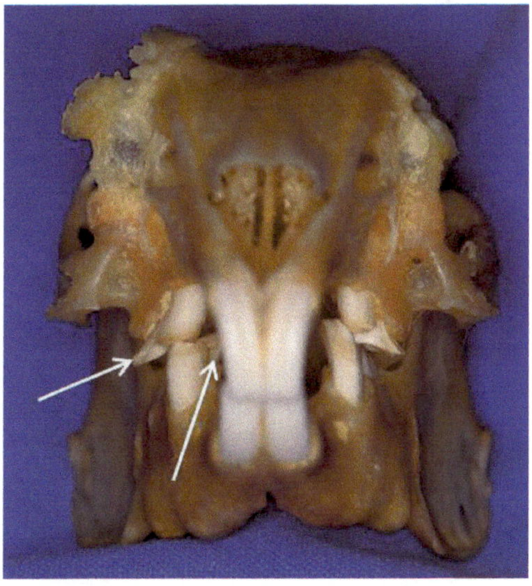

Abbildung 250: Präparat eines Kaninchens mit „Zahnspitzenbildung“ (rechter Ober- und Unterkiefer) als Folge eines erhöhten Axialdrucks.

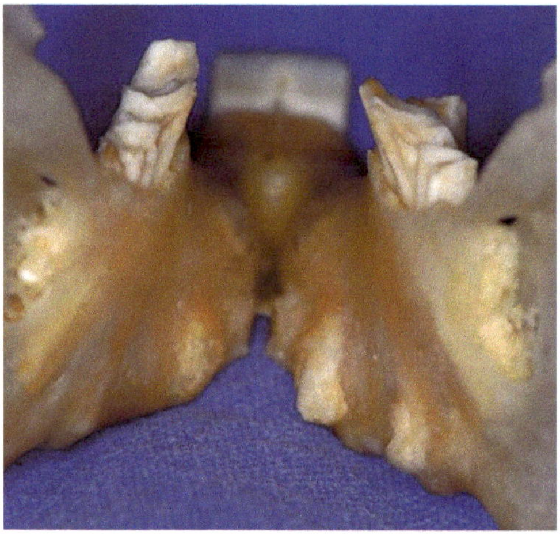

Abbildung 251: Blick auf den Unterkiefer von hinten (Präparat Abb. 250): Deutlich erkennbare Verbiegung der rechten mittleren Backenzähne als eigentliche „Ursache" der Zahnspitzenbildung. Die verlängerten Zahnwurzeln haben den Unterkieferknochen auf der Innenseite durchbrochen (gut tastbare Verdickungen).

Vor- und Nachteile von Pellets

- **Vorteile:**
  - einfache Handhabung (Lagerung und Transport)
  - einfache Fütterung (keine Berechnung von Tagesrationen erforderlich)
  - Verwendung für diverse Populationen (Heimtiere, Zucht, Mast)
  - alle Nährstoffe, Mineralstoffe und Vitamine enthalten
  - keine Futterselektion durch die Tiere
- **Nachteile:**
  - für Kaninchen eigentlich ungeeignetes, da unnatürliches Konzentratfutter
  - oft zu geringer Anteil an gröber strukturierter, unverdaulicher Rohfaser
  - unzureichender Zahnabrieb („Keks-Struktur" – auch bei größeren Formen)
  - Vermeidung selektiven Fressens (nicht artgerechte Fütterung)
  - „einfache" Futteraufnahme prädisponiert zu Langeweile

Mischfutter („Buntfutter")

Das häufigste Mischfutter für Kaninchen ist das sog. **Buntfutter**, das als Alleinfuttermittel angeboten wird (Fertigfuttermischungen). Jedoch sind einige dieser Produkte zu proteinreich und insbesondere zu stärkereich, wenn man die erweiterte Weender-Analyse mit der zusätzlichen Bestimmung der Faserfraktionen nach van Soest anwendet. Bei den im Fachhandel oder in der Zooabteilung vieler Baumärkte in Plastikwannen offerierten **„losen" Futtermischungen** fehlt in aller Regel sogar jegliche Deklaration der Inhaltsstoffe.

Buntfutter enthält meist einen recht hohen Anteil an **Getreidekörnern**, **Mais**, relativ viele (**Futtermehl-) Pellets** (Vitamin- und Mineralstoffträger), diverse **Flocken** sowie bunt eingefärbte, kohlenhydratreiche **Extrudate** (**grüne**, **rote**, **gelbe** oder **braune** in unterschiedlichen Formen; siehe Industrielle Produktion von Futtermitteln). Hierbei soll die Farbe Grün getrocknetes Gemüse oder anderes Grünfutter suggerieren, Gelb aus Mais bestehende Futterpartikel darstellen und Rot Karottenprodukten entsprechen. Mitunter finden sich darin auch Sonnenblumenkerne, Nussstückchen oder ganze Erdnüsse. Damit das Futter ausreichend strukturierte Rohfaser enthält, werden **diverse Pflanzen-**

fasern beigemengt (zerhäckselte Luzerne oder Stängel anderer Pflanzen).

Diese Futtermischungen sind für die Zähne der Kaninchen besonders ungünstig, da als Folge der vielen **„keksartigen" Komponenten** (Pellets, Extrudate, Flocken) **kein ausreichender Zahnabrieb** stattfinden kann. Durch die zahlreichen **sehr harten Partikel** (u. a. Körner, getrocknete Erbsen, Johannisbrotteilchen) kommt es gleichzeitig zu einer **Überbelastung einzelner Backenzähne** (Abb.252). Gefährlich sind hierbei insbesondere die extrem harten Johannisbrotbröckchen. Da es den Tieren selbst durch kräftiges „Zerdrücken" zwischen den Backenzähnen meist nicht gelingt, diese Teilchen weiter zu zerkleinern, werden sie folglich häufig als Ganzes abgeschluckt. Im ungünstigsten Fall kann dies einen **Darmverschluss** im Dünndarmbereich zur Folge haben.

Hinzu kommt, dass die Tiere aus den vielen Komponenten gerne besonders **schmackhafte Partikel selektieren**. Hierzu zählen unter anderem Mais- sowie Erbsenflocken, die wenig Kalzium enthalten und zusätzlich ein niedriges Kalzium-Phosphor-Verhältnis aufweisen. Werden insbesondere während des Wachstums vermehrt kalziumarme Getreide-, Erbsen- und Maisbestandteile aufgenommen und gleichzeitig die weniger gut schmeckenden mineralstoff- als auch vitaminhaltigen Pellets verschmäht, können irreversible Zahn- bzw. Knochenerkrankungen die Folge sein (siehe Mineralstoffe). Aber auch bei erwachsenen Kaninchen kann die einseitige Ernährung **Nährstoffimbalancen** hervorrufen, insbesondere wenn der Tierhalter den Futternapf immer wieder auffüllt oder liegen gelassene Partikel verwirft.

Abbildung 252: Getrocknete Johannisbrotteilchen sind extrem hart und sollten daher nicht verfüttert werden (erhöhte axiale Backenzahnbelastung).

Strukturiertes Mischfutter aus (vorwiegend) nativen Komponenten

Strukturiertes Haupt- oder Mischfutter hat im Vergleich zum klassischen Buntfutter einen sehr **hohen Anteil an getrockneten Gräsern** (Blätter und Stängel) sowie **Wiesenpflanzen** (Blätter und Blüten). Diese Komponenten weisen eine weitgehend erhaltene Struktur auf, da sie lediglich **grob zerkleinert** sind. Während bessere Strukturfutter primär aus diesen getrockneten Pflanzenanteilen bestehen, enthalten minderwertigere Produkte einen deutlich höheren Anteil weiterer **Beimischungen** (mitunter getreidehaltige Produkte wie Futtermehl-Pellets oder Extrudate, Gemüseflocken, ganze Getreidekörner, Johannisbrotpartikel sowie getrocknete Gemüse- und Obststückchen).

Hierdurch werden etwaige Nährstoff-, Vitamin- oder Mineralstoffdefizite der strukturierten Hauptkomponenten des Futters ausgeglichen. Der Getreideanteil ist jedoch meist relativ gering und es gibt auch getreidefreie Produkte. Infolge des hohen Anteils an gröberen Strukturfasern ist dieses Futter für einen **adäquaten Zahnabrieb** sowie für eine stabile Verdauung deutlich günstiger als das Buntfutter. Bei den **Einzelkomponenten** vieler Mischungen können sich jedoch die gleichen Probleme ergeben wie oben beim Buntfutter beschrieben.

Strukturfutter kann in gewissen Stresssituationen (z. B. Rekonvaleszenz oder Krankheiten) ergänzend zu einer artgerechten Grundfütterung mit Wiesenfutter und Heu als temporäre Zusatznahrung angeboten werden. Hierzu eignet sich bevorzugt getreidefreies Strukturmischfutter (ca. 2-3 Esslöffel pro Tag bei 2 kg Körpergewicht). Ebenso können bei Bedarf gegen Ende des Winters kleinere Mengen zugefüttert werden.

Einzelfuttermittel

Einzelfuttermittel spielen für sich allein bei der Ernährung von Kaninchen eine untergeordnete Rolle, stellen aber in Form verschiedener Getreidesorten sowie deren Nebenprodukten die **Hauptbestandteile diverser Futtermischungen** dar. Zu den Einzelfuttermitteln zählen vorwiegend kohlenhydratreiche Getreidekörner (Hafer, Gerste, Roggen, Weizen, Hirse, Dinkel, Triticale, Mais), eiweißreiche Körner (Erbse, Acker- und Sojabohne) sowie ölhaltige Körner oder Faserpflanzen (Raps, Sonnenblume, Lein, Flachs, Hanf).

Grundproblem der Verfütterung besonders nährstoffreicher (Fertig-)Futtermittel

Ein abwechslungsreich mit qualitativ hochwertigem **Heu** und frischem **Grünfutter** (Wiese und/oder blättriges Gemüse) ernährtes Hauskaninchen benötigt im Allgemeinen **kein zusätzliches** Trockenfutter. Das heißt, man kann auf Misch-, Kraft- sowie Buntfutter-Mischungen als auch unterschiedliche Presslinge oder „Snacks" verzichten. Viele dieser Tiernahrungsmittel sind immer noch **zu stärke-** bzw. **zuckerreich** (Melasse) und enthalten in aller Regel auch zu viel **Fett** (insbesondere Belohnungsfutter). Zudem liegen die primär verdaulichen Kohlenhydrate häufig in einer zu **leicht verfügbaren Form** vor (durch Hitze aufgeschlossene Stärke). Hierdurch kann ein Teil der Nährstoffe bereits im Dünndarm absorbiert werden und steht dann dem Organismus in Form reiner Glukose direkt zur Verfügung. Der Rest wandert in den Blinddarm, wo er die Mikroflora überlastet, die eigentlich primär schwer oder unverdauliche Strukturkohlenhydrate benötigt. Somit entspricht sehr nährstoffreiches Futter bereits per se nicht dem Verdauungsprinzip des Kaninchens, das darauf basiert, dass ein Großteil der Nahrung erst nach einer bakteriellen Fermentation für den Organismus nutzbar wird. Hinzu kommt, dass die einzelnen Bestandteile der Gerüstkohlenhydrate (vor allem Hemizellulose (!) und Pektin) deutlich vielfältiger sind als diejenigen der Stärke, die sich lediglich aus einzelnen Glukose-Einheiten zusammensetzt.

Gelangt ein verhältnismäßig hoher Anteil im Dünndarm primär nicht verdauter und somit **„resistenter" Stärke** in den Blinddarm, so wird die dortige Darmflora von **kohlenhydratspaltenden Hefen** als auch diversen **pathogenen Keimen** überwuchert (Dysbakterie). Beim Stoffwechsel dieser Hefepilze entstehen „**Gärungsalkohole**" und **Kohlendioxid.** Dies führt zu starken **Blähungen** sowie zu sehr **therapieresistenten Durchfallerkrankungen**. Die Verabreichung medikamentöser „Anti-Hefemittel" ist meist nicht sehr effektiv und daher ihre therapeutische Wirkung nur kurzfristig. Es muss primär die Ernährung umgestellt werden – auf einen hohen Anteil schwer verdaulicher strukturierter Kohlenhydrate, die als „Substrat" für die normale Darmflora fungieren und somit helfen, diese wieder aufzubauen bzw. langfristig zu stabilisieren. Dies erfordert Zeit als auch Geduld von Seiten des Besitzers, denn allzu plötzliche Futterumstellungen sind auch hier zu vermeiden.

Deutlich einfacher als die Therapie gestaltet sich die Prophylaxe in Form einer artgerechten Ernährung. Dabei sollte man bedenken, dass neben Getreide (-produkten) sowie zahlreichen Fertigfuttermischungen mit ihren diversen kohlenhydratreichen Bestandteilen auch viele Gemüse- und Obstsorten zu viele leicht verfügbare Kohlenhydrate enthalten, während gleichzeitig der Anteil an unverdaulicher Raufaser zu gering ist.

Eine energiereiche Ernährung führt häufig auch zur **Verfettung** der Tiere, die mit Problemen des Leberstoffwechsels einhergehen kann (siehe Hepatolipidose) und die Verdauung beeinträchtigt, weil der Blinddarm durch die massiven intraabdominalen Fettpolster stark eingeengt wird. So kann er seiner Funktion als Speicherorgan für die Nahrung sowie als Hauptgärkammer für die Zersetzung des Futters nicht mehr nachkommen.

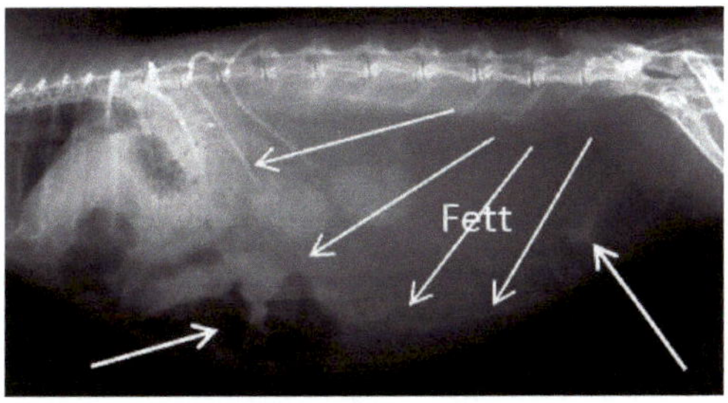

Abbildung 253: Röntgenbild eines Kaninchens mit Blinddarmaufgasung, leichtem Harngrieß und primär starker Fettleibigkeit (Adipositas).

Darüber hinaus wird durch die Verabreichung vieler „**Convenience"-Nahrungsmittel** die physiologische Zahnabnutzung nicht ausreichend gefördert, was zu Gebisserkrankungen prädisponieren kann. Die im Mischfutter enthaltenen Körner, aber auch andere harte **Futterbestandteile**, wie getrocknete Gemüse- sowie Obststückchen, werden zwischen den Backenzähnen der Tiere **vorwiegend zerquetscht** und weniger in kleinere Teilchen zerschnitten, wie dies für Kaninchen beim „Kauen" natürlicher Nahrung geschieht. Daraus resultiert eine unphysiologische Belastung der Backenzähne. Sie sind einem **erhöhten axialen Druck** ausgesetzt (d.h. einer Druckeinwirkung entlang der Zahnlängsachse) und neigen infolgedessen dazu, sich langsam, aber kontinuierlich immer tiefer in den Kieferknochen zu verlagern (Abb.249 und Abb.251). Parallel dazu verbiegt sich der Zahnkörper zunehmend und es entwickeln sich sekundär Zahnspitzen, die die naheliegende Schleimhaut verletzen (Zunge oder Backe). Somit fördert jegliches Futter, das primär zwischen den Backenzähnen **nicht „zerschnitten" werden kann**, langfristig gesehen **Gebissprobleme**.

Aber auch **Gemüseflocken**, diverse **Pellets** oder auch **größere Presslinge**, die mitunter als besonders „zahnfreundlich" beschrieben werden, sind langfristig **nicht förderlich** für die **Erhaltung eines gesunden Gebisses**. Sie bestehen primär aus entsprechend zerkleinertem Futter und werden von Kaninchen daher vorwiegend wie ein „**Keks**" zwischen den Kauflächen zerdrückt. Parallel hierzu wird das Futter in der Mundhöhle noch etwas eingespeichelt und danach relativ rasch abgeschluckt. Hierzu benötigt man fast keine Zähne! Die Presslinge zerfallen in der Mundhöhle nach einer gewissen Zeit auch ohne unterstützendes Kauen. Entsprechend gering ist bei der Pelletfütterung der Abrieb der Zahnsubstanz, die jedoch infolge des lebenslangen Wachstums der Zähne kontinuierlich nachgebildet wird! Ein verantwortungsvoller Kaninchenhalter sollte bei jeder Futterauswahl überdenken: *Wie viel Frischfutter oder Heu müssten die Tiere mit den Backenzähnen zerschneiden, um dieselbe Energiemenge zu erhalten?! Wie viel Zahnsubstanz würden sie hierbei abnutzen bei einer gleichzeitig physiologischen Belastung der Zähne!*

Fütterungstechnik

Häufigkeit der Fütterung

Die natürliche Futteraufnahme wird durch das Gefühl von Hunger reguliert, das mit einem **Absinken** des Gehalts gewisser **Nährstoffe im Blut** zusammenhängt (u. a. Glukose, Aminosäuren, Milchsäure und flüchtige Fettsäuren). Hinzu kommt der **Appetit** („Fresslust“) bei besonders beliebter Nahrung, deren Geruch, Struktur, Aussehen sowie Geschmack die entsprechenden Rezeptoren anregt. Um die Konzentration der Nähr- und Baustoffe im Blut annähernd konstant und gleichzeitig die Verdauung stabil zu halten, sollten Hauskaninchen **zweimal täglich gefüttert** werden, zu relativ gleichbleibenden Zeiten. Damit sich die Tiere infolge „Heißhungers“ hierbei nicht mit Frischfutter überfressen, gibt man morgens eher Heu und dazu relativ wenig Frischfutter, während der Hauptteil der frischen Wiesennahrung im Sommer oder des Blattgemüses im Winter abends angeboten wird. Das heißt, die Tiere bekommen **morgens ein Drittel der Tagesration** und **abends zwei Drittel**. Dies entspricht der natürlichen Nahrungsaufnahme wilder Kaninchen, die insbesondere abends sowie bevorzugt nachts fressen. Insgesamt nehmen Kaninchen pro Tag ca. **7–8% ihrer Körpermasse** an **Futter** auf. Dabei sollten sie stets die Möglichkeit haben, die gesamte Nahrungsration im Verlauf von 24 Stunden in mehreren kleineren Portionen zu fressen, so dass sie sich auch entsprechend **lange mit der Futteraufnahme beschäftigen**. Das ist gut für die Psyche, die Verdauung sowie einen adäquaten Zahnabrieb.

Heuraufe und Futterschalen

Heu und frisches Wiesenfutter sollte nicht direkt auf den Boden des Käfigs gelegt werden, da es durch die Bewegung der Tiere rasch zusammengedrückt oder mit Urin und Kot verunreinigt wird. Zusammengepresstes Grünfutter erwärmt sich rasch und beginnt dann zu gären, was Magen-Darm-Erkrankungen Vorschub leistet. Abhilfe schaffen **(Heu-)Raufen**. Oben offene Drahtraufen müssen durch einen aufklappbaren Deckel verschließbar sein, denn die Tiere legen sich gern in eine Raufe mit frischem Heu oder Gras. Durch eine leicht erhöht angebrachte Raufe müssen sich Kaninchen aufsetzen und entsprechend leicht strecken, um an das Futter zu gelangen. Diese Körperhaltung entspricht der Nahrungsaufnahme in der Natur, wenn Wildkaninchen z. B. Blätter von Büschen oder Ähren von höher wachsenden Gräsern fressen.

Abbildung 254: Heuraufe mit Holzdeckel (von C.Hindelang – Kan. „Hasimir“)

Alternativ zur Raufe können größere, **standfeste Ton-** oder **Keramikschalen** zum Anbieten größerer Frischfuttermengen verwendet werden. Diese müssen so groß und schwer sein, dass die Tiere sie nicht umkippen können. Auch **Edelstahlnäpfe**, die mit Schrauben am Gitter befestigt werden, eignen sich. Alle Futterschüsseln müssen täglich und die Trinkflaschen mindestens alle 3–4 Tage sorgfältig gereinigt werden. Wie bereits erwähnt, sind **standfeste Wassernäpfe** günstiger als Tränkflaschen, da die Tiere aus ihnen schneller eine größere Wassermenge aufnehmen können. Dies kann insbesondere im Sommer wichtig sein oder bei gewissen Gebisserkrankungen (wiederkehrende Zahnspitzenbildung mit schmerzhaften Zungen- oder Backenverletzungen).

Nicht gefressenes Frischfutter und übrig gebliebenes Heu werden täglich entfernt. Die Entfernung des Heurests ist nötig, da sich dieser vorwiegend aus Heubestandteilen zusammensetzt, die das Tier vermutlich nicht mag. Lässt man das verschmähte Futter im Käfig und gibt eine kleinere Menge neuen Heus dazu, besteht die Gefahr, dass das Kaninchen wegen der fehlenden Akzeptanz insgesamt zu wenig Raufutter aufnimmt.

Die gesunde Kaninchenernährung im Überblick

Aus den in den obigen Abschnitten dargestellten Sachverhalten lassen sich für eine gesunde Ernährung von Kaninchen folgende Empfehlungen ableiten:

Fast 90% der Erkrankungen, die den Magen-Darm-Trakt betreffen, sind die Folge einer primären Gebisserkrankung und/oder einer inadäquaten Fütterung der Tiere und ließen sich somit zu einem Großteil vermeiden.

Stichpunkte einer „gesunden“ Ernährung

- kein zu hoch energetisches oder proteinreiches Futter
- ausreichender Anteil an Strukturkohlenhydraten (Zellulose, Hemizellulose und Lignin)
- reichlich Frischfutter von der Wiese als Hauptfutter (gute Qualität, große Pflanzenvielfalt)
- unbegrenzt Grasheu („ad libitum“)
- Luzerne-Heu nur kurzfristig (!) bei Untergewicht (Kontrolle des Kalziumwertes im Blut)
- Timothee-Heu bei Fettleibigkeit oder erhöhten Blut-Kalziumwerten
- Fütterung mindestens zweimal täglich (ansonsten Gefahr des „Überfressens“)
- entsprechend dem Biorhythmus der Tiere (morgens bzw. abends)
- höchstens 1–2 EL/Tag strukturiertes Mischfutter mit natürlichen Komponenten (im Winter)
- dunkelgrün-blättriges und somit raufaserreiches Gemüse im Winter (als Frischfutterersatz)
- tägliche Entsorgung nicht aufgenommenen Futters
- Obst nur als „Leckerli“ und nur bei normalem Gewicht
- auf einen adäquaten Zahnabrieb achten
- Futterstruktur beachten (seitliches Zerschneiden möglich?)
- auf Kalorienzufuhr achten (Verfettung der Tiere vermeiden – Gefahr der Hepatolipidose)
- Kalziumgehalt des Futters überprüfen (Gefahr der Harngrieß- und Harnsteinbildung)
- standfeste Näpfe passender Größe
- große Vielfalt und Förderung der Selektion bei Gabe von Frischfutter
- keine plötzliche Futterumstellung

Fütterungsfehler und ihre Folgen

Die häufigsten Folgen von Fütterungsfehlern betreffen das Gebiss und den sensiblen Verdauungstrakt der Kaninchen. Hinzu kommen Erkrankungen des Harntrakts (Harngrieß- sowie Harnsteinbildung durch Kalziumüberschuss), Gewebe- und Organverkalkungen durch Überangebot an Kalzium oder Vitamin D sowie Fettleibigkeit, die wiederum die Verdauung negativ beeinflusst und Sohlenerkrankungen begünstigt. Tabelle 23 listet die wichtigsten Fütterungsfehler auf.

Tab. 23: Die wichtigsten Fütterungsfehler und ihre Folgen

Fütterungsfehler	Folgen
zu geringer Rohfaseranteil	reduzierte Darmperistaltik, Dysbakterie, Fehlgärung
zu geringer Anteil unverdaulicher Strukturfasern	Bezoarbildung, Verhaltensstörung
zu hoher Anteil löslicher Kohlenhydrate (Zucker und Stärke)	Dysbakterie, Hefepilzinfektionen, Futteranschoppung
zu hoher Proteingehalt des Futters	reduzierte Zäkotrophie, Durchfall
Überangebot an Klee, Leguminosen, Kohlarten	Blähungen als Folge des hohen Proteingehalts
Hoher Anteil kalziumreicher Futtermittel (z. B. Luzerne, Löwenzahn, Petersilie, Dill)	Gefahr der Harngrieß- und Harnsteinbildung
strukturell ungeeignetes Futter	inadäquater Zahnabrieb, Backenzahnüberlastung, -fehlstellung, sekundäre Verdauungsstörungen
zu schnelle Futterumstellung	Dysbakterie
plötzliche Einstellung der Nahrungsaufnahme und Adipositas	hepatische Lipidose (Leberverfettung)
unregelmäßige Fütterungszeiten	Sistieren der normalen Magen-Darm-Peristaltik, Dysbakterie
lediglich eine Fütterung pro Tag	zu rasche Aufnahme des Frischfutters durch Heißhunger, Verdauungsstörungen
verdorbene oder überlagerte Nahrungsmittel	Dysbakterie, Intoxikation
zu kaltes Frischfutter (Kühlschrank)	Verdauungsstörungen
gärendes Frischfutter	Verdauungsstörungen
verkotetes Futter	Dysbakterie, Infektionen
unzureichende Wasserversorgung	Eintrocknung des Darminhalts, Verstopfung
verkeimtes Wasser	Dysbakterie

Strukturell ungeeignetes Futter

Wie im Abschnitt „Schneide- und Backenzähne" beschrieben, zerschneiden die Backenzähne der Kaninchen die Nahrung über **wiederholte seitliche Kieferbewegungen** so lange, bis der Futterbolus eine passende Größe erreicht hat und abgeschluckt werden kann. Bei diesen vorwiegend seitlichen Scherbewegungen erfolgt nur ein geringer Druck auf die Backenzähne entlang ihrer Längsachse (also vertikal). Das ändert sich jedoch, wenn **ungeeignetes Futter** „gekaut" werden muss, wie z. B. **Getreidekörner, Presslinge** oder **harte, getrocknete Gemüsestückchen**. Beim Zerkleinern dieser Nahrungskomponenten werden einzelne Backenzähne in ihrer Längsachse stärker belastet. Betroffen sind primär die mittleren Unterkieferbackenzähne, da harte Futterpartikel bevorzugt zwischen diesen Zähnen zerdrückt werden. Als Folge des erhöhten, unphysiologischen Kaudruckes **verstärkt sich** die **Zahnkrümmung** und es kommt sekundär zu einer **Zahnspitzenbildung** (Abb.256 und Abb.265). Das außen liegende Zahnfach erweitert sich parallel hierzu, so dass sich Futterpartikel leicht einspießen können (Abb.215). Zunächst auf die Schleimhaut sowie das obere Zahnfach begrenzte **Entzündungen** können sich immer weiter in die Tiefe ausbreiten und schließlich zur Vereiterung und **Lockerung einzelner Backenzähne** führen. Dies geht stets auch mit einer strukturellen **Veränderung der Zahnsubstanz** einher (Abb.220).

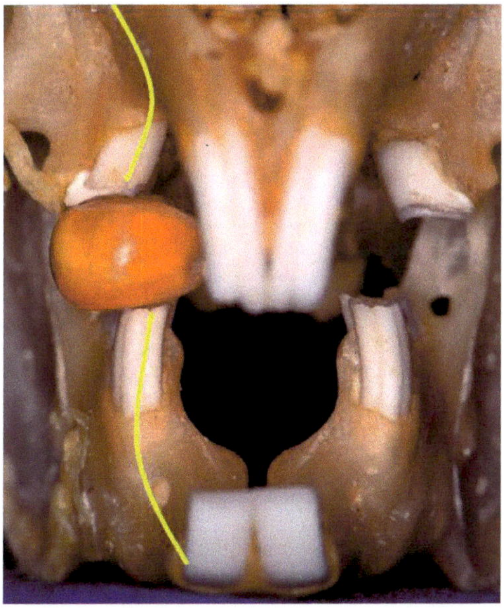

Abbildung 255: Getrocknetes Maiskorn zwischen den Backenzähnen eines Kaninchenschädels mit gesundem Gebiss. Die Zerkleinerung erfolgt primär durch „Quetschen" (erhöhte axiale Belastung der Backenzähne – Gefahr des „Zahndurchbruchs").

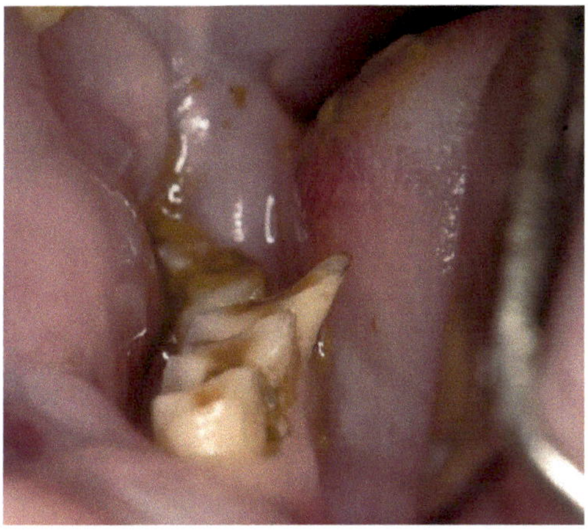

Abbildung 256: „Zahnspitzenbildung" im rechten Unterkiefer als mögliche Folge einer langfristig erhöhten axialen Backenzahnbelastung.

Die Überlänge der Backenzähne und deren erhöhte axiale (vertikale) Belastung fördern weiterhin einen Ein- oder sogar **Durchbruch** der jeweiligen **Zahnwurzeln** in den benachbarten Unter- oder Ober-**Kieferknochen** bzw. in die **Augenhöhle** (Abb.223 und Abb.260). Der „Wurzelbereich" verlagert sich somit kontinuierlich und ist gleichzeitig meist auch nicht mehr mit einer dünnen Knochenplatte abgedeckt (freiliegende Apices), wodurch die scharfkantigen Zahnwurzeln freiliegen (Abb.249). Klinisch ist dies an einer deutlichen Schmerzhaftigkeit dieser Bereiche beim Abtasten (Palpation) erkennbar (Abb.251 und Abb.261). Hauptlokalisationen für diese sog. **„retrograde Zahnverlängerung"** (oder retrograde Zahnelongation – siehe im weiteren Text) sind die unteren Knochenkanten sowie die zwischen beiden Kieferästen liegenden Knochenflächen beide Unterkiefer (alle Unterkieferbackenzähne sowie unteren Schneidezähne) (Abb.222 und Abb.261), die Nasenhöhle (erster Oberkieferbackenzahn), die Basis des Jochbeins (zweiter Oberkieferbackenzahn), die Augenhöhle (letzte vier oberen Backenzähne (Abb.262) sowie die Oberkieferknochenplatte im Falle einer Zahnwurzelverlängerung der Oberkieferschneidezähne. Im Prinzip kann somit jeder einzelne Zahn des Gebisses betroffen sein.

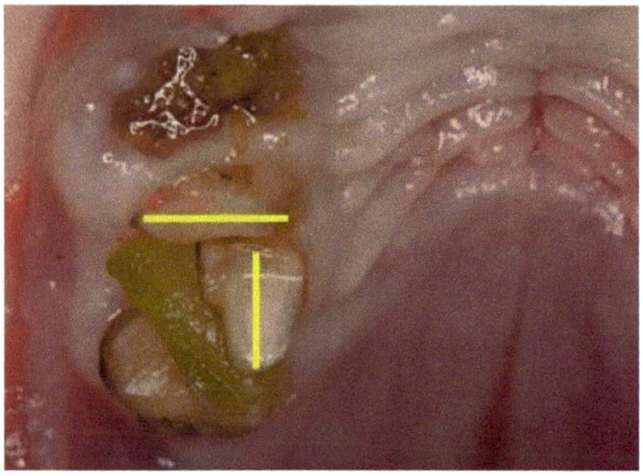

Abbildung 257: Rechte Oberkieferzahnreihe eines Kaninchens mit struktureller Veränderung der Zahnhartsubstanz (stumpfe Kaufläche) sowie Backenzahnrotation um 90 Grad. Sekundär hat sich Futter in das erweiterte Zahnfach eingespießt.

In diesem Fall liegt die normalerweise mit einer feinen Knochenplatte abgedeckte Zahnwurzel völlig „frei“. Hierdurch verliert der im Zahnfach liegende Zahnkörper teilweise seinen festen Halt und beginnt sich unter der Belastung des Kauakts im Zahnfach zu drehen. Diese **Zahnrotation** lässt sich beim Blick in die Mundhöhle recht gut am veränderten Muster der Kaufläche erkennen (Abb.257 und Abb.259). Derart in sich gedrehte Backenzähne stellen eine absolute Indikation für eine röntgenologische Untersuchung dar, da man davon ausgehen muss, dass die Zahnwurzel ebenfalls entzündet ist. Bestätigt sich dies, ist in der Regel eine Zahnextraktion angezeigt. Ignoriert man derartige Befunde, resultieren hieraus über kurz oder lang meist schwerwiegende, im Endstadium nicht mehr behandelbare **Kieferabszesse** (Abb.258-260).

Da das Gebiss eine äußerst komplexe Einheit bildet, kommt es bei beginnenden Veränderungen einzelner Backen- oder Schneidezähne auch **rasch** zu entsprechenden reaktiven **Veränderungen der Gegenzähne (Antagonisten)** sowie der unmittelbar **benachbarten Backenzähne**. Ist der Prozess im Anfangsstadium auf eine Kieferhälfte beschränkt, meiden die Kaninchen (meist schmerzbedingt) deren Einsatz und kauen bevorzugt mit der Gegenseite. Die somit weniger genutzten, kranken Zähne verlängern sich kontinuierlich, was letztendlich auch Auswirkungen auf die zunächst noch gesunde Kieferhälfte hat (Asymmetrie des Kaudrucks). So kann sich innerhalb weniger Monate von einem Zahn ausgehend eine schwerwiegende beiderseitige Gebisserkrankung entwickeln.

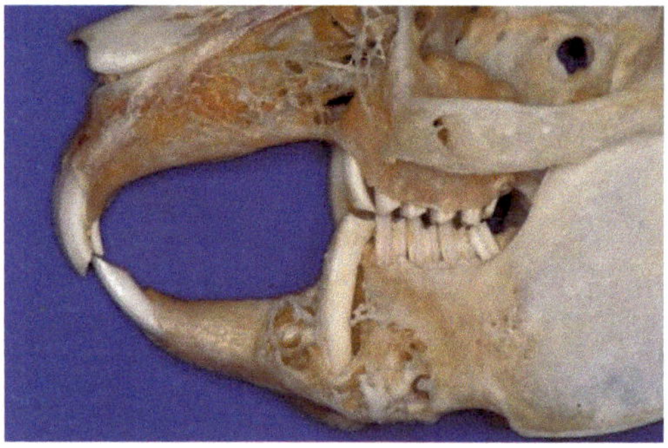

Abbildung 258: Abszess des linken vorderen Unterkiefers (gleiches Präparat wie in Abb. 259). Die Knochenveränderungen breiten sich weiter zum benachbarten Backenzahn aus.

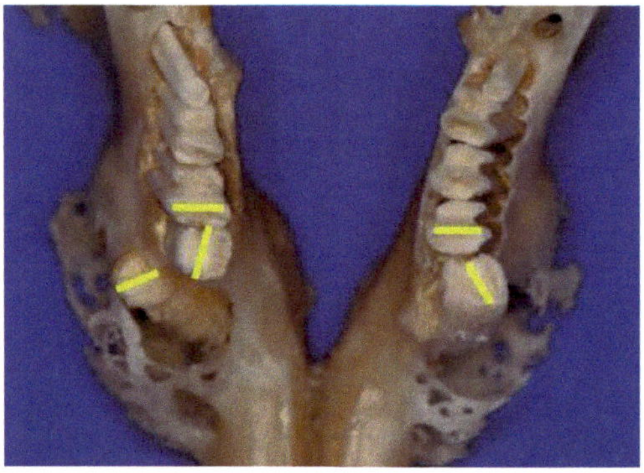

Abbildung 259: Unterkieferpräparat eines Kaninchens mit beiderseitigem Unterkieferabszess („Knochenblasen“). Die Ursache liegt in einer Vereiterung des ersten linken Unterkieferbackenzahns sowie einer Infektion der beiden ersten rechten Backenzähne. Alle betroffenen Zähne weisen eine Zahnrotation auf (Drehung um deren Längsachse).

Bei Kaninchen, die an einer angeborenen oder erworbenen **Mineralisationsstörung** leiden, sind in der Regel alle Zähne weicher, brüchiger und weniger resistent gegen eine normale Zahnabrasion. Dies macht sich meist auch in einer abnormen Zahnstruktur bemerkbar (sog. **Schmelz- und Dentinhypoplasie**) (Abb.217-220). Da zusätzlich in aller Regel das gesamte Skelett und somit auch die Kieferknochen weniger Mineralstoffe enthalten, was sie ebenfalls weniger widerstandsfähig macht, kommt es bei diesen Tieren zu einer häufig **generalisierten retrograden Backenzahnverlängerung**. Meist sind auch die Schneidezähne betroffen. Die „Zahnwurzeln“ brechen sozusagen in den weichen Kieferknochen ein. Da die Zähne hierdurch zunehmend ihren Halt verlieren (und auch aufgrund ihrer völlig veränderten Zahnhartsubstanz), verbiegen sich die Backenzähne zusehends oder sie kippen weit aus der Kaufläche heraus. Zudem verlängern sie sich in die Mundhöhle hinein, da in diesem Stadium kein korrekter Zahnabrieb stattfinden kann. Die Diagnose lässt sich mit Hilfe von Röntgenaufnahmen stellen. Eine gezielte Therapie ist nicht möglich, da die generalisierten Skelett- und Zahnveränderungen irreversibel sind.

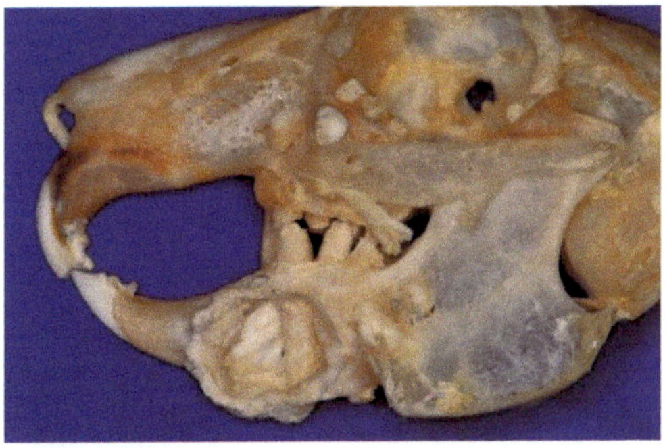

Abbildung 260: Präparat eines Kaninchens mit Unterkieferabszess, der primär vom linken Schneidezahn sowie dem ersten Backenzahn ausgeht. Des Weiteren dominieren ein schlecht mineralisierter Knochen sowie eine generell veränderte Backenzahnstruktur. Ebenfalls gut erkennbar ist der retrograde „Durchbruch“ der oberen Backenzahnwurzeln (Augenhöhlenbereich).

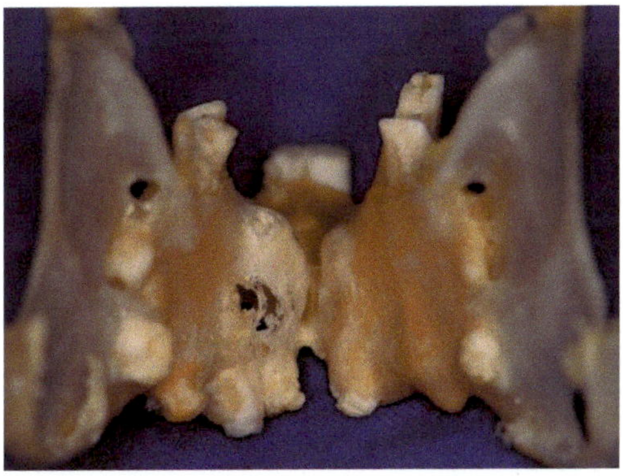

Abbildung 261: Blick auf die Innenseite des Unterkiefers von hinten (Präparat wie in Abb. 260). Fast alle Backenzahnwurzeln haben die innere Knochenwand durchbrochen (tastbare Verdickungen).

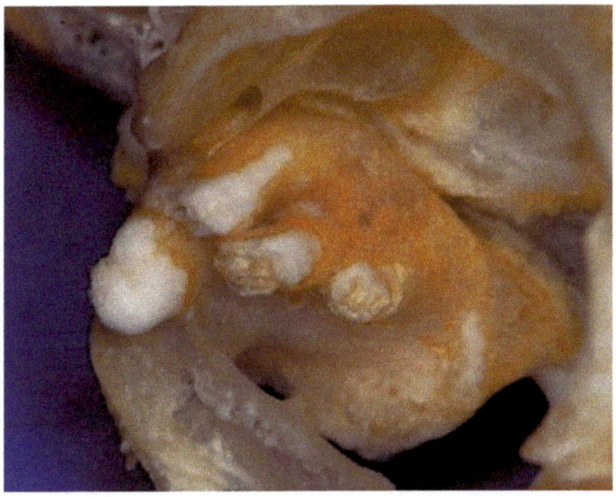

Abbildung 262: Blick auf den vorderen Abschnitt der linken Augenhöhle (Präparat wie in Abb. 260). Deutlicher „Durchbruch“ der Backenzahnwurzeln.

Ebenso kann langfristig **zu weiches, nicht abrasives Futter** zu einem extremen, generalisierten **intraoralen Zahnüberwuchs** führen. Als Folge des unzureichenden Zahnabriebs zeigen sich stark verlängerte Backenzahnkronen. Dies kann bereits im Anfangsstadium auf Röntgenaufnahmen mit Hilfe spezieller Referenzlinien (nach Böhmer & Crossley) relativ einfach nachgewiesen werden (Abb.222 und Abb.223). Sind primär die Backenzähne betroffen, verlängern sich sekundär auch die Schneidezähne, da die Kiefer durch die intraorale Verlängerung der Backenzahnkörper immer weiter auseinander gedrückt werden (Abb.263). Ab einer gewissen Zahnlänge, die mit einer abnormen axialen (vertikalen) Belastung der Backenzähne einhergeht (nicht nur beim „Kauen“, sondern auch in Ruhephasen), dreht sich das Zahnwachstum sozusagen um: Die zahnbildenden Zellen lagern weiterhin im Zahnwurzelbereich neue Zahnsubstanz an, doch wächst der Zahn nicht mehr in Richtung Mundhöhle (zu hoher Widerstand), sondern der „Zahnwurzelbereich“ verlagert sich durch die kontinuierliche Anlagerung neuer Zahnsubstanz kontinuierlich in den naheliegenden Knochen. Diese meist mehrere Zähne betreffende **retrograde Zahnelongation** lässt sich durch eine geeignete Ernährung weitgehend verhindern – sofern keine genetische Prädisposition zu dieser Erkrankung vorliegt. Werden die Veränderungen im Anfangsstadium erkannt und dementsprechend die Fütterung optimiert (**stärkere Zahnabrasion**) sowie eine **Korrektur der Backenzahnlänge** durchgeführt, kann der Prozess zwar meist nicht mehr vollständig ausgeheilt werden, aber es lässt sich zumindest sein Fortschreiten deutlich verlangsamen.

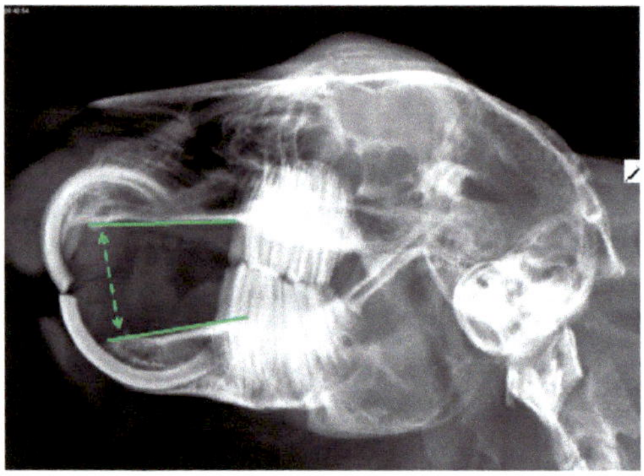

Abbildung 263: Kaninchen mit deutlich verlängerten Schneide- und Backenzähnen als Folge einer unzureichenden Zahnabrasion (u. a. durch ungeeignetes Futter). Erkennbar an der Divergenz der grünen Linien. Die beiden Knochenplatten verlaufen parallel oder konvergieren bei einem gesunden Gebiss. Deutlich verlängerte Schneide- und Backenzähne als Folge einer unzureichenden Zahnabrasion.

Um all diese pathologischen Veränderungen möglichst zu vermeiden, ist von Anfang an auf eine raufaserreiche Fütterung der Kaninchen zu achten. Nur hierdurch lässt sich ein adäquater Zahnabrieb gewährleisten, bei dem alle Backenzähne in physiologischer Weise gleich stark belastet werden. Daher sind alle **Futterpartikel**, die zwischen den Backenzähnen **primär nicht „zerschnitten" werden können**, als Nahrung **für Kaninchen ungeeignet** (z. B. Getreidekörner, harte Futterpartikel wie Johannisbrot, getrocknete Gemüse- oder Obststückchen, hartes Brot aber auch Pellets, Rollis oder Flocken). Sie werden zwischen den Backenzähnen hauptsächlich „zerquetscht" und erst danach noch etwas „zerrieben", und dies reicht nicht aus, um die dauerhaft wachsenden Zähne ausreichend abzuschleifen. Dasselbe gilt für **nicht blättriges Wurzel**- oder **Knollengemüse** (z. B. Karotte, Sellerie, Kohlrabi). Gleichzeitig enthalten letztgenannte Futtermittel sehr viel leicht verdauliche Kohlenhydrate, so dass die Tiere rasch satt werden und noch weniger Raufaser (z. B. Heu) fressen. Hierunter leiden nicht nur die Zähne, sondern auch die Verdauung. Somit prädisponiert eine falsche Fütterung zu erworbenen Gebissveränderungen. Und dies lässt sich vermeiden!

Ein ausreichender Zahnabrieb hängt nicht nur von der **abrasiven Struktur der Nahrung**, sondern auch von der **Zeitdauer der Futteraufnahme** ab. Je länger und intensiver die Backenzähne aneinander gerieben werden, desto mehr Zahnsubstanz wird abgetragen. Auch deshalb ist vor allem grob strukturiertes, **raufaserreiches Frischfutter** oder **Heu** optimal für die Zahngesundheit, wie Tab. 24 deutlich vor Augen führt. Das häufig zitierte Argument, dass die Verfütterung speziell geformter, größerer Pellets oder Cobs für einen ausreichenden Zahnabrieb sorgt, mag in manchen Fällen zutreffen und primär auch nicht zu Zahnerkrankungen führen. Ansonsten würden viele vorwiegend mit Pellet gefütterte Zucht- oder Mastkaninchen an Gebissproblemen leiden. Allerdings leben diese Tiere meist nicht lange genug, um Krankheitsanzeichen zeigen zu können. So erhalten sich auch viele Laborkaninchen trotz ausschließlicher Pelletfütterung langfristig ihre Zahngesundheit. Will man als Kaninchenhalter jedoch einen sicheren und kontinuierlichen Schneide- sowie Backenzahnabrieb seines Tieres sicherstellen und somit das Risiko einer eventuellen Zahnproblematik so gering wie möglich halten, so sollte man die Ernährung lieber optimieren und kein unnötiges Wagnis eingehen.

Die meisten Kaninchen, die primär an einer Zahn- oder Gebisserkrankung leiden, zeigen auch Symptome einer sekundären Erkrankung des Magen-Darm-Trakts. Dies liegt vorwiegend daran, dass das **Futter nicht** mehr **korrekt zerkleinert** wird und dies sekundär den Verdauungstrakt unphysiologisch „belastet". Im Extremfall kann es sogar zu einem **Darmverschluss** kommen, wenn größere Futterpartikel unzerkaut abgeschluckt werden. Diese bleiben dann bevorzugt im Dünndarm hängen; meist knapp hinter dem Magenausgang. Besonders gefährlich sind in dieser Hinsicht **Johannisbrotfragmente**, **Maiskörner** und größere getrocknete **Karottenstückchen** (Abb.264).

Tab. 24: Dauer der Futterzerkleinerung innerhalb der Mundhöhle (Minuten pro Gramm Trockensubstanz)

Futtermittel	Zeitdauer
1 g Pellets	1–2 Minuten
1 g Mischfutter	3 Minuten
1 g Gras	7 Minuten
1 g Heu	5–12 Minuten
1 g „härteres“ Heu	13 Minuten

Abbildung 264: Unzerkautes Getreidekorn im Magen (Gefahr eines Darmverschlusses).

Die Mehrzahl der mit einer Zahnproblematik einhergehenden Verdauungsbeschwerden ist jedoch die **Folge eines Mangels** an schwer oder nicht verdaulichen **Strukturfasern** ([Hemi-]Zellulose), da die betroffenen Kaninchen Heu, blättriges Gemüse oder frisches Wiesenfutter fast nicht mehr aufnehmen. Mit ihrem veränderten Gebiss sind sie kaum oder nicht mehr in der Lage, dieses strukturreiche Futter entsprechend lang und intensiv zu zerkleinern – entweder **schmerzbedingt**, (z. B. bei Zahnwurzelentzündungen oder Zahnspitzenbildungen mit entsprechenden Weichteilverletzungen der Zunge bzw. Backe) oder weil die Kauflächen der betroffenen Backenzähne **keine scharfen Schmelzkanten** mehr aufweisen (plump geformte Zähne, die aus nur einem Zahnbeinkörper bestehen (Abb.266). Ganz generell bevorzugen Kaninchen mit Zahnerkrankungen daher rasch sättigende, sehr stärke- und zuckerreiche Futtermittel, da sie diese kaum kauen müssen. So benötigen Kaninchen zum Fressen von Pellets im Prinzip überhaupt keine Zähne. Der Pressling wird mit den Lippen aufgenommen, in der Mundhöhle eingespeichelt, dann zerdrückt und rasch abgeschluckt. Zu entsprechend beliebtem Futter für Zahnpatienten zählen neben Pellets auch Erbsenflocken, weiche Bananenstückchen (reine Kalorienbomben!) sowie andere zuckerreiche (eventuell geraspelte) Obstsorten oder gar kohlenhydratreiche Obstbreie für Babys, die der Tierbesitzer seinem Kaninchen in gut gemeinter Absicht anbietet. Die weitreichenden Folgen des Raufasermangels werden im nächsten Abschnitt erläutert.

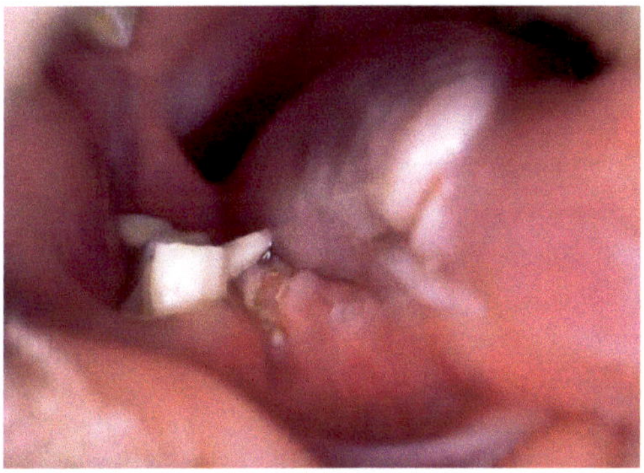

Abbildung 265: Stark gebogener und gekippter rechter Unterkieferbackenzahn mit tiefer Verletzung der Zunge.

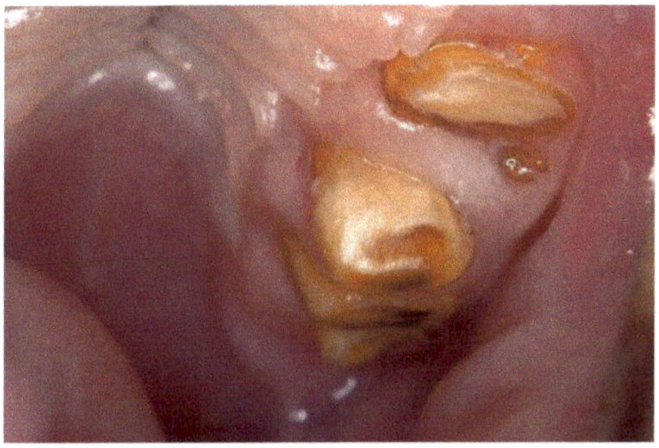

Abbildung 266: Extrem stumpfe Kaufläche aller Oberkieferbackenzähne im linken Oberkiefer eines Kaninchens mit generalisierter Zahnschmelz- sowie Zahnbeinveränderung (Schmelz- und Dentinhypoplasie).

Zahnerkrankungen führen - früher oder später - stets zu sekundären Erkrankungen des Verdauungstrakts.

Tab. 25: Nährstoff- und Kalziumgehalt von Frischfutter, Pellets sowie Heu

	Frischfutter (Wiese)	**Pellets**	**Heu** Nährstoffgehalt bis zu 35% niedriger als im Frischfutter
Feuchtigkeit	> 75%	< 14%	< 15%
Rohfaser	4–6%	12–28% (Futtermehl- bzw. Heupellets)	18–35% (sortenabhängig)
Rohprotein	3–4%	10–15%	6–20% (sortenabhängig)
Rohfett	0,8–1%	2–3%	2–5%
Kalzium	1–4%	0,8–1,5%	**4,5–13%** (sortenabhängig)
Strukturfasern	optimale Größe und recht feine Struktur	zu fein zermahlen (Futtermehl-Pellets) bzw. feine Struktur (Heu-Pellets)	optimale Größe, grobe Struktur

Mangel an unverdaulicher Rohfaser

Für eine optimale Gesundheit sowie eine ungestörte Verdauungstätigkeit benötigen Kaninchen vor allem einen ausreichenden Faseranteil im Futter. Dieser setzt sich zusammen aus leicht verdaulichen Strukturkohlenhydraten (Hemizellulose und Pektin), schwerer verdaulicher Zellulose sowie unverdaulichen Faserteilchen (Lignozellulose). Der Lignozellulose- bzw. **Rohfaseranteil** der Nahrung darf **nicht weniger als durchschnittlich 15%** betragen (die empfohlenen Werte schwanken sehr stark von 12% bis 20%). Bei wachsenden Kaninchen liegt der Wert mit ca. 8–9% jedoch deutlich niedriger. Unterschreitet der Rohfasergehalt im Futter erwachsener Tiere 10%, entstehen unausweichlich Verdauungsprobleme. Steigt er umgekehrt **über 25%** an, ist die Weichkotbildung beeinträchtigt und die Tiere können sich nur noch unzureichend mit Nährstoffen versorgen. Dies kann bei vorwiegender Verfütterung qualitativ schlechten Heus der Fall sein.

Es spielt jedoch nicht nur der korrekte Rohfasergehalt des Futters eine wichtige Rolle, sondern auch die **Art der Fasern** sowie deren Struktur (**Faserlänge**) sind von ganz entscheidender Bedeutung (siehe Kap. Spezielle funktionelle Anatomie des Magen-Darm-Trakts). Denn längere und gröbere Strukturkohlenhydrate stimulieren die Darmmotorik und unterstützen gleichzeitig die Widerstandskraft der Schleimhaut gegen Bakterien. Dies beugt Verdauungsstörungen vor. **Kleinere Futterpartikel** (< 3 mm = „verdauliche" = fermentierbare Rohfaser) **verweilen länger im Verdauungstrakt** als gröbere, längere Fasern (> 3 mm = „nicht verdauliche" = nicht fermentierbare Rohfaser = häufig Ligninpartikel). Daher kommt es auch dann zu Verdauungsproblemen, wenn der Rohfasergehalt der Nahrung zwar insgesamt dem individuellen Bedarf entspricht, aber die **Futterteilchen zu fein zermahlen** sind (Futtermehl mit einer Partikelgröße kleiner 1 mm). Die **längere Retentionszeit** (Verweildauer im Darm) erhöht zwar einerseits die Verdaulichkeit des Futters, wodurch es besser aufgeschlossen werden kann, jedoch steigt parallel hierzu die Gefahr einer Vermehrung nicht erwünschter pathogener Darmkeime (**Dysbakterie**) mit eventueller

Toxinbildung (**Enterotoxämie**). Auch verliert die fein zermahlene Raufaser ihren positiven Effekt auf die Motilitätssteigerung im Dickdarmbereich, was zu einer allgemein **reduzierten Magen-Darm-Peristaltik** führt. Da die Tiere hierdurch weniger Futter aufnehmen, wird die Darmmotorik weiter negativ beeinflusst. Die gesamte Magen-Darm-Passage verlangsamt sich und dies prädisponiert zu diversen Erkrankungen des Verdauungstrakts.

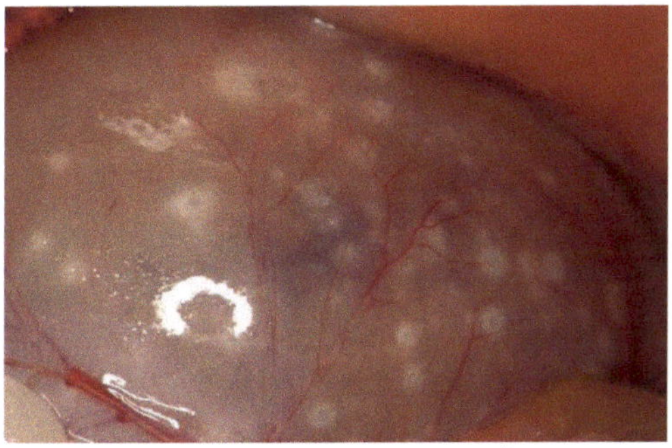

Abbildung 267: Starke Aufgasung und Überdehnung des Magens mit nachfolgender Durchblutungsstörung der Magenwand (kleine weiße Flecken im Bereich der multiplen Ulzera).

Eine reduzierte Motorik des Verdauungstrakts wirkt sich nicht nur auf den Darm, sondern auch auf den Magen aus. Die längere Verweildauer des Futters im Magen kann eine **Magenüberladung** zur Folge haben. Aufgrund der relativen Muskelschwäche der gesamten Magenwand und dem sehr starken ringförmigen Mageneingangsmuskel (Kardia) können Kaninchen nicht erbrechen. Auch sollen sie über kein entsprechendes „Brechzentrum" im Gehirn verfügen. Diese **Unfähigkeit zu erbrechen** kann bei einer Magenüberladung, einer übermäßigen Aufgasung oder anderen funktionellen Entleerungsstörungen des Magens zu einer extremen **Überdehnung der Magenwand** führen (Abb.267). Die Durchblutung des Organs wird dadurch beeinträchtigt und die Magenwand kann großflächig absterben (sog. **Nekrose**). Selbst Magenwandzerreißungen sind möglich.

Bei einem Mangel an gröber strukturierter Raufaser oder einer insgesamt zu geringen Futteraufnahme passieren bei der Fellpflege abgeschluckte Haare den Magen-Darm-Trakt weniger rasch. Zudem neigen viele Kaninchen dazu, Haare aufzunehmen, um einen eventuellen Raufasermangel auszugleichen. Dies zeigt sich durch vermehrtes Putzen bis hin zum Fellbeißen oder Fellzupfen am eigenen Körper; bisweilen erfolgt auch eine exzessive Fellpflege des Partnertieres. All dies begünstigt eine **Magenbezoarbildung**, d. h. eine Zusammenballung einzelner Haare zu festen, unauflösbaren Filzklumpen unterschiedlichster Größe (Abb.268 und Abb.269). Gründe hierfür sind die reduzierte Darmmotorik sowie der Mangel an gröberen Faserpartikeln, an deren rauer Oberfläche die Haare gut haften bleiben. Unter diesem Aspekt muss die Wirksamkeit von speziellen „Bezoar"-Pasten für Katzen in Frage gestellt werden, die von einigen Kaninchenbesitzern gerne prophylaktisch eingesetzt werden. Sie sollen primär durch ihren hohen Fettanteil die Passage von Haaren fördern. Jedoch ist allein schon der hohe Fettgehalt der Produkte für Kaninchen von Nachteil.

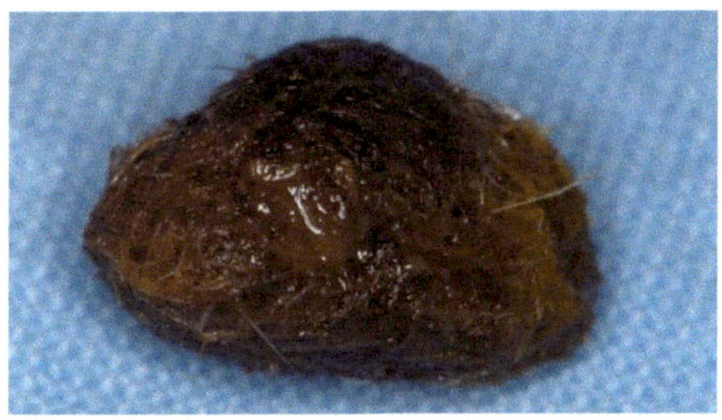

Abbildung 268: Kleines kompaktes Haarbezoar (Länge ca. 2cm), das einen lebensbedrohlichen Dünndarmverschluss verursacht hat (siehe Abb. 269).

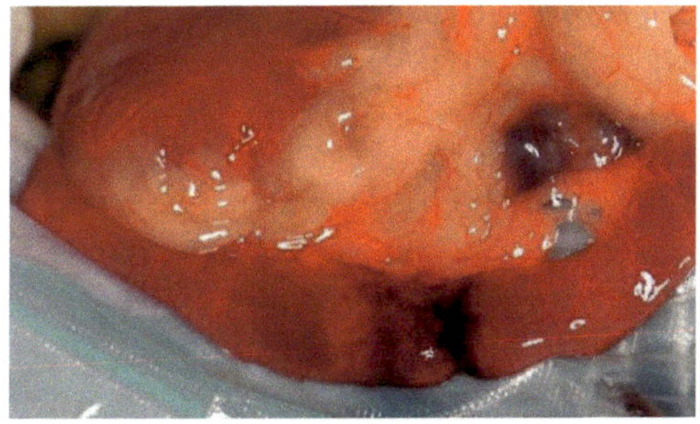

Abbildung 269: Darmwandschädigung im Bereich des festsitzenden Magenbezoars (Zwölffingerdarm).

Ein Raufasermangel kann mitunter auch **Verhaltensstörungen** der Tiere zur Folge haben, wie z. B. die **Aufnahme** von **textilen Fremdstoffen** (u. a. Tapeten, Teppich) oder **Hartkotbällchen** (im Gegensatz zur physiologischen Zäkotrophie), die dann ebenso wie kleine Bezoare einen Dünndarmverschluss hervorrufen können. Des Weiteren kommt es bisweilen zu einer allgemein **reduzierten Nahrungsaufnahme** und somit einer gewissen Stasis der Magen-Darm-Motorik, wenn das Futter zu wenig unverdauliche Raufaser enthält, jedoch gleichzeitig sehr energiereich ist. Die Tiere werden dadurch schneller satt und fressen dann insgesamt weniger sowie seltener.

Nur mit einem ausreichenden Anteil des Futters an grob strukturierter Rohfaser lässt sich eine physiologische Darmmotorik und somit eine stabile, belastbare Verdauung aufrechterhalten.

Überangebot an leicht verdaulichen Kohlenhydraten

Leicht verdauliche Kohlenhydrate wie Stärke werden primär im Dünndarm verdaut. Enthält das Futter zu viel davon (z. B. über einen hohen Anteil an **Getreide** bzw. **Mais**) oder ist die Darmpassage krankheitsbedingt beschleunigt, kann nur ein Teil der Energiestoffe im Dünndarm aufgeschlossen und resorbiert werden. Die unverdaute Stärke gelangt in den **Blinddarm**, wo sie von den Bakterien sekundär abgebaut wird. Dies führt jedoch zu einer „**Überlastung**" dieses Darmabschnitts, da nur wenige Keime der natürlichen Darmflora zur Verstoffwechselung leicht verdaulicher Kohlenhydrate imstande sind. Nun finden pathogene Keime plötzlich „Nahrung im Überfluss" und vermehren sich folglich sehr stark. Es resultiert eine geänderte Zusammensetzung der Mikroflora (**Dysbakterie**) und **Fehlgärungen** treten auf. Dadurch ändert sich das Verhältnis der flüchtigen Fettsäuren, die in ihrer Gesamtmenge stark ansteigen – sowohl im Zäkum (Blinddarm) als auch im Blut. Mit der erhöhten Fettsäurenkonzentration **sinkt** der **zäkale pH-Wert** (Säuregrad), was die Vermehrung pathogener Keime (v. a. **E. coli** und **Clostridien**) weiter fördert. Es kommt zur Darmentzündung (**Enteritis**) sowie über eine Produktion bakterieller Giftstoffe (Toxine) durch die pathogenen Darmbakterien zu schwerwiegenderen Erkrankungen. Denn die Toxine werden über die Darmwand direkt in die Blutbahn aufgenommen (**Enterotoxämie**) und können letztendlich zum Multiorganversagen und somit zum Tod des Kaninchens führen. Clostridien benötigen zur Bildung der Enterotoxine ausreichend Glukose. Und da Glukose bei der bakteriellen Fermentation von Stärke im Blinddarm in einer besonders hohen Konzentration anfällt, kann allein ein erhöhter Stärkegehalt des Futters zu einem Teufelskreis führen, der sich nur schwer durchbrechen lässt.

Bei einer längerfristigen Aufnahme sehr stärkereichen Futters können aber auch **chronische Probleme** auftreten. Das energiereiche, meist sehr fein zermahlene Futter (z. B. Futtermehl-Pellets) verbleibt länger als gewöhnlich im Zäkum (**längere Retentionszeit**), weil insgesamt mehr Substanz zur bakteriellen Fermentation zur Verfügung steht als bei Nahrung mit einem hohen Anteil grob strukturierter Kohlenhydrate. In der Folge entwickelt sich eine **Blinddarmvergrößerung**. Hinzu kommt, dass strukturarmes Futter die gesamte **Darmperistaltik stark reduziert**; dies betrifft sowohl den Blinddarm als auch den restlichen Verdauungstrakt. Hierdurch steigt die Gefahr einer **Futterbreianschoppung** (sog. Stasis) (Abb.270 und Abb.271).

Stärkehaltige Futtermittel führen **zudem** rasch zu einer **Sättigung**, wodurch der Futternachschub für den „Stopfmagen" fehlt. Denn nur durch eine kontinuierliche Nahrungsaufnahme kann der Futterbrei in beständiger Bewegung bleiben bzw. passiv weitergeschoben werden. Fressen die Tiere als Folge des raschen Sättigungsgefühls somit „zu wenig“ oder zu selten, verweilt die Nahrung länger als üblich im gesamten Magen-Darm-Trakt (**Futterretention**). Hinzu kommt bei Verfütterung stärkereicher Nahrung ein **unzureichender Zahnabrieb**, da die Tiere insgesamt weniger Nahrungsvolumen aufnehmen (Zeitfaktor!). Handelt es sich hierbei um ganze Getreidekörner oder entsprechend große Futterpartikel, resultiert zusätzlich eine unphysiologische Belastung einzelner Zähne (siehe Abschnitt „Strukturell ungeeignetes Futter“).

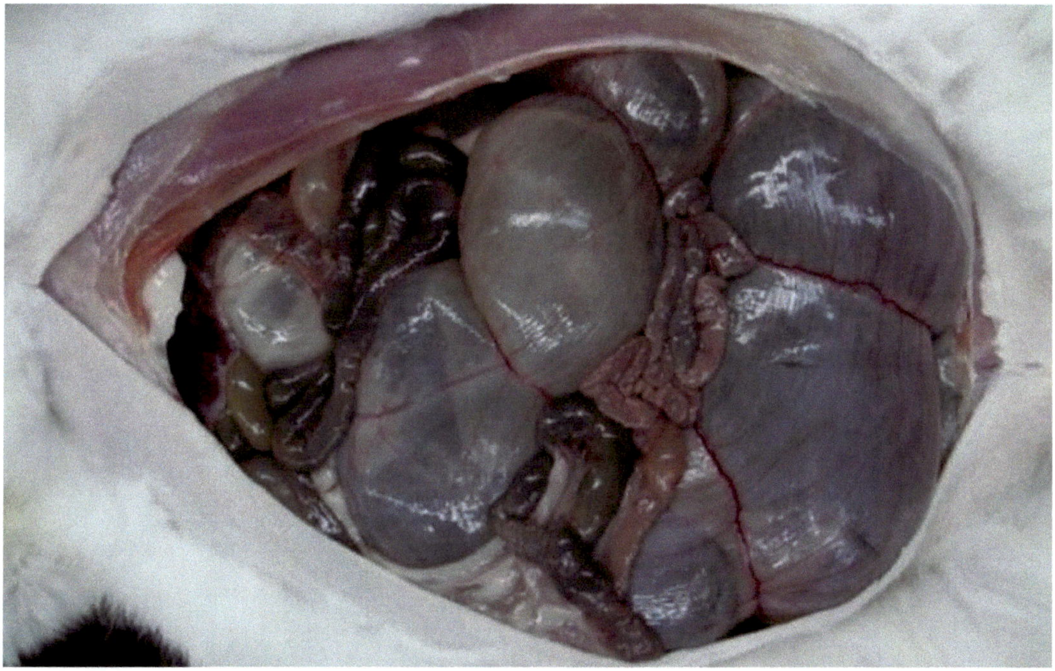

Abbildung 270: Stark erweiterter bzw. überdehnter Blinddarm eines Kaninchens mit chronischer Verdauungsstörung (Zäkumüberlastung und teilweiser Darmlähmung). Siehe zum Vergleich Abb. 33.

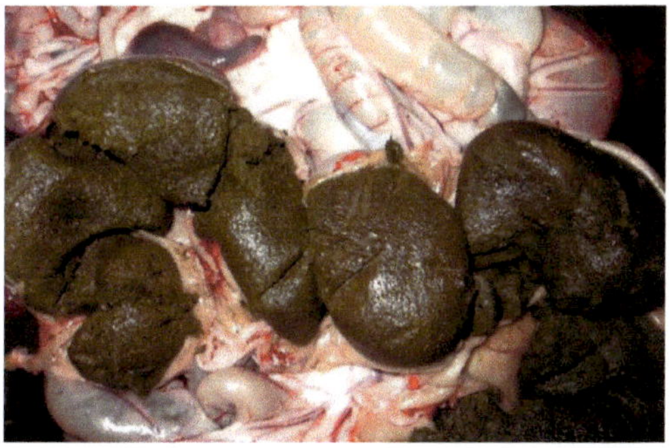

Abbildung 271: Eröffneter Blinddarm (aus Abb. 270) mit eingetrockneter Blinddarmpaste.

Werden mit der Nahrung mehr leicht verdauliche Kohlenhydrate (einfache Zucker und Stärke) aufgenommen als verbraucht werden können, wird diese überschüssige Energie in **Körperfett** umgewandelt. Die Tiere werden übergewichtig (Überschreitung des normalen Körpergewichts um ca. 10–15%) oder sie entwickeln Fettleibigkeit (**Adipositas**; Gewichtsüberschreitung von weit mehr als 15%). Dies **belastet das Kreislaufsystem** und eine massive Herzmuskelverfettung kann zum plötzlichen Tod führen. Aber auch der Magen-Darm-Trakt wird negativ beeinflusst: Die massiven Fettpolster im Bauchraum führen zu einer **Verdrängung des Blinddarms**, dessen Lumen sich mit der Zeit zunehmend verkleinert. Das Zäkum kann nunmehr seiner Speicherfunktion nicht mehr nachkommen, worunter auch die bakterielle Fermentation leidet. Folglich neigen die Tiere zu **Durchfallerkrankungen**. Auch nehmen viele adipöse Kaninchen die Zäkotrophe nicht mehr auf (partiell oder vollständig **fehlende Zäkotrophie**), da sie durch die Verfettung ihres Körpers nur schwer oder gar nicht mehr an den Analbereich gelangen können (z. B. durch eine extreme Wammenbildung oder sekundäre Wirbelsäulen- oder Gelenkerkrankungen). Folglich verklebt der Weichkot mit dem Fell und dies kann „Durchfall" vortäuschen. Verstärkt wird die Fetteinlagerung in den Körper durch einen häufigen Bewegungsmangel sowie durch die Haltung der Tiere in zu warmen Räumen. Ganzjährig im Freien gehaltene Kaninchen verbrennen deutlich mehr Energie.

Sehr kohlenhydrat- bzw. stärkereich ist neben Mais auch anderes **Getreide**, das an Kaninchen prinzipiell nicht verfüttert werden sollte. Besonders schlecht verdaulich ist dabei **Weizen**, da es Klebereiweiß (**Gluten**) enthält, das Kaninchen (wie auch der Mensch) schlecht vertragen. Gluten gelangt bei den Tieren unverdaut in den Blinddarm und dient dort den Clostridien als willkommene, leicht verdauliche Nahrung. Am besten verträglich ist noch Hafer. So können **Hafer- oder Schmelzflocken** bei **rekonvaleszenten Kaninchen kurzfristig** angeboten werden, da deren Akzeptanz sehr gut ist und dies die Tiere zur selbstständigen Futteraufnahme motiviert (Abb.272). Die Nebenprodukte der Mehlgewinnung (Kleie, Grießmehl, Schrot) enthalten kaum noch Stärke (Fehlen des Mehlkörpers mit dem Gluten) und sind daher für Kaninchen prinzipiell geeignet. Jedoch sind sie unzermahlen nicht optimal für einen adäquaten Zahnabrieb, da die Kaufläche unphysiologisch belastet wird (überwiegendes Quetschen der Futterpartikel). Zu feinem Mehl zerrieben belasten sie wiederum den Blinddarm bzw. dessen Bakterien.

Abbildung 272: Haferflocken als „Appetitanreger" im Krankheitsfall. Ansonsten für Kaninchen ungeeignet (zu viel Stärke).

Die **primäre Verdauung von Stärke** im Dünndarm wird auch vom **Alter des Tieres beeinflusst**. Erwachsene Kaninchen verdauen Stärke viel effizienter als Jungtiere und scheinen sie daher auch etwas besser zu vertragen. Erhalten junge Kaninchen rohfaserarmes Futter mit einem hohen Anteil an Stärke, erhöht sich das Risiko für ernstzunehmende Verdauungsprobleme besonders stark.

Überangebot oder Mangel an Proteinen

Wird bei Verfütterung sehr proteinreicher Nahrung (Rohproteingehalt >13%) dem Organismus über einen längeren Zeitraum mehr Eiweiß zugeführt, als dieser primär benötigt, neigen die Tiere zur **Verfettung**. Zudem kommt es zu **Verdauungsproblemen**, denn es verändert sich sekundär auch die zäkale Mikroflora und parallel hierzu erhöht sich der pH-Wert im Blinddarm. Gleichzeitig steigt die Produktion von Ammoniak, das in Form von Darmgasen vermehrt ausgeschieden wird. Betroffene Kaninchen leiden folglich oft an Blähungen. Futter mit zu hohem Proteingehalt reduziert des Weiteren den Appetit des Kaninchens auf den Weichkot. Allein durch die anhaltende **Verweigerung der Zäkotrophie** (Abb.273) kann ein Mangel an bestimmten essentiellen Aminosäuren auftreten, insbesondere wenn die Zusammensetzung der nutritiven Eiweißstoffe nicht ausreichend vielfältig ist.

Sehr proteinreich sind u. a.: Petersilie, **Luzerne** (Heu oder Futtermehlpellets), Triticale, alle Nebenprodukte der Ölgewinnung aus Pflanzen (z. B. Soja- und Sonnenblumen-Extraktionsschrot), aber auch Sojamehl bzw. Sojavollschrot und insbesondere der sog. **Maiskleber**. Am besten prüft man die Deklaration der entsprechenden Futtermittel.

Abbildung 273: Nicht aufgenommene Zäkotrophe.

Entspricht der Protein- und Aminosäuregehalt des Futters andererseits nicht den Mindestanforderungen, kommt es neben einer **beeinträchtigten mikrobiellen Eiweißsynthese** zu einer **schlechteren Wundheilung**. Betroffen sind aber auch viele andere Organsysteme, denn Eiweiße sind wichtige Baustoffe für die Produktion körpereigener Proteinsubstanzen. Diese wiederum sind grundlegende Elemente fast aller Körperzellen. Ein Eiweißmangel hat somit **negative Auswirkungen** auf: **Haut**, Haare (**Fell**), **Krallen**, **Muskeln**, **Bindegewebe** (Kollagen) sowie das gesamte Skelettsystem (**Knochen-** und **Knorpelgewebe**). Daher sollte extrem proteinarmes Futter (z. B. qualitativ minderwertiges Heu) langfristig vermieden werden. An einem Mangel an essentiellen Aminosäuren können auch Kaninchen leiden, die ihre Zäkotrophe nicht mehr fressen. Ebenso jedoch auch Tiere, die das angebotene Futter sehr selektiv aufnehmen. In diesen Fällen liegt am häufigsten ein Mangel an Lysin und/oder Methionin vor.

Achten sollte man des Weiteren auf eine **hohe Verdaulichkeit** sowie eine gewisse **Komplexität der Proteine**, damit die Darmbakterien essentielle Aminosäuren herstellen können (Zäkotrophe). Denn im Prinzip füttern wir nicht die Kaninchen, sondern deren Blinddarmbakterien, damit diese effektiv das Futter fermentieren können. Die praktische Umsetzung dieser Forderung ist nur möglich, wenn das Futter entsprechende Angaben in der Deklaration enthält.

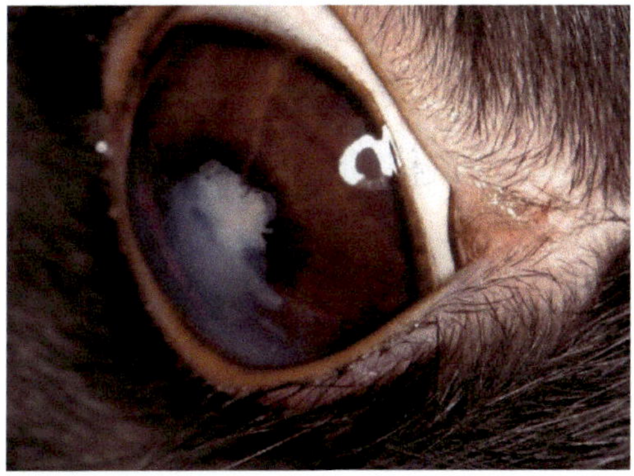

Abbildung 274: Hornhauttrübung durch „Fett-Einlagerungen".

Kommerziellen Futtermischungen wird als Proteinquelle bisweilen nicht nur pflanzliches, sondern auch **tierisches Eiweiß** zugemischt (u. a. Fisch, Fleisch, Knochenmehl). Untersuchungen an wachsenden Kaninchen, die Kuhmilch (Kasein) und Eigelb (Cholesterin) erhielten, zeigten jedoch, dass die Tiere deutliche **Wachstumsprobleme** aufwiesen und an **Durchfällen** sowie schweren **Darmblutungen** erkrankten (Abb.275). Darüber hinaus traten häufig **arteriosklerotische Veränderungen** und **Gallensteine** auf sowie **Hornhauttrübungen** als Folge von Cholesterinablagerungen innerhalb der Kornea (Abb.274). Auch stieg bei Kaninchen der Cholesterinwert im Blut deutlich an (bis zu 75%), wenn tierisches Eiweiß im Futter enthalten war (u. a. Ei, Magermilchpulver oder Kasein). Dagegen beeinflusste pflanzliches Eiweiß (Weizenkleber, Erdnuss-

und Sojaprotein) die Blutwerte nicht, da Pflanzen kein Cholesterin enthalten. Auch die **Sekretion von Steroiden** wird durch tierisches Eiweiß beeinflusst. Kasein senkt diese um bis zu 40%.

Abbildung 275: Darmwandblutung

Tab. 26: Cholesterinwerte im Blutplasma von Kaninchen nach Aufnahme tierischen bzw. pflanzlichen Eiweißes (nach Beynen 1986)

Proteinquellen	Serumcholesterol (mmol/l)
Vollei	**6,1**
Magermilch	**6,0**
Laktatalbumin	**5,6**
Kasein	**5,2**
Weizengluten	2,1
Erdnussprotein	2,1
Sojabohneneiweiß	0,7

Bisweilen wird Kaninchenfutter auch **Nicht-Protein-Stickstoff** (z. B. Harnstoff) beigefügt, jedoch kann dieser von Kaninchen **nur teilweise genutzt** werden.

Überangebot an Fetten

Fette und Öle werden in kommerziellen Kaninchenfuttermitteln gerne als Energiequelle eingesetzt, um hierdurch ein ansonsten unvermeidliches Kohlenhydratüberangebot zu vermeiden, das sich negativ auf den Blinddarm und somit auf die bakterielle Fermentation auswirken würde. In der natürlichen Nahrung der Kaninchen beträgt der Prozentsatz an **Rohfett** meist **weniger als 1%.** Bei Laborkaninchen und wirtschaftlich gehaltenen Tieren liegt der Bedarf an Rohlipiden im Futter hingegen bei 2–4%. Gedeckt werden kann er primär durch Pflanzenfette oder Pflanzenöle, die im Vergleich zu tierischen Fetten besser verdaulich sind. Sie werden aus Samen sowie Körnern gewonnen und enthalten als sog. Triglyzeride zu über 80% ein- oder mehrfach ungesättigte Fettsäuren.

Beinhaltet das **Futter zu viele Lipide steigt der Blutdruck** und es **erhöhen** sich der **Cholesterin**- sowie der **Triglyzeridwert** im Blut (Abb.276). Des Weiteren fördert ein zu hoher Fettgehalt der Nahrung **Fettleibigkeit**. Vor allem in Zusatz- sowie Belohnungsfutter („Leckerlis") ist der Fettanteil für Kaninchen häufig zu hoch. Schon allein wegen des erhöhten Risikos von Verdauungsproblemen sollte hierauf im Interesse der Tiere lieber verzichtet werden.

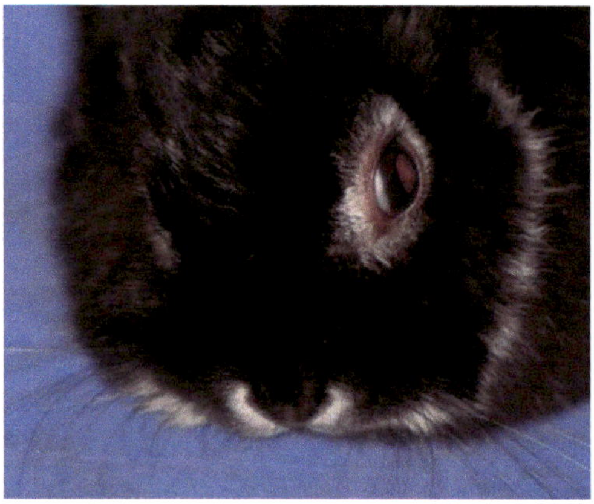

Abbildung 276: Leichter Augapfelvorfall als Folge eines erhöhten Blutdruckes.

Diagnostik und Therapie von Erkrankungen des Magen-Darm-Trakts

Untersuchung bei Verdacht auf eine Magen-Darm-Trakt-Erkrankung

Kaninchen sind von Natur aus **Flucht- und Beutetiere**, die ein gewisses Unwohlsein, aber auch schwere Beeinträchtigungen ihrer Gesundheit sehr lange erfolgreich verstecken. Andernfalls würden sie rasch vom Feind gefressen und hätten somit kaum Überlebenschancen. Ein Hauskaninchen, das allem Anschein nach „gesund" herumhoppelt, frisst, Kot absetzt und sich auch anderweitig „normal" verhält, kann trotzdem schwer krank sein. Zeigen die Tiere letztendlich deutlich sichtbare klinische Anzeichen einer Erkrankung, ist die Situation in den meisten Fällen bereits äußerst ernst und bisweilen sogar lebensbedrohlich. Daher kann man insbesondere im **Frühstadium einer Erkrankung** ohne eine sorgfältige **klinische als auch radiologische Diagnostik** Vieles übersehen! Dann wird eine Therapie oft erst eingeleitet, wenn es eigentlich schon zu spät ist. Die folgende Auflistung zählt Symptome auf, die auf eine Magen-Darm-Erkrankung hinweisen können.

Auf eine Magen-Darm-Erkrankung hinweisende Symptome

- „Zähneknirschen" als häufiges Anzeichen für Bauchschmerzen
- aufgekrümmter Rücken
- wiederkehrende Koliken
- pathologisch gesteigerte oder fehlende Darmgeräusche (Auskultation)
- Aufgasung des Magen-Darm-Trakts (Blähungen)
- reduzierte oder völlig eingestellte Futteraufnahme
- reduziertes Allgemeinbefinden
- verändertes Verhalten (Teilnahmslosigkeit oder Aggression bei Schmerz)
- bisweilen Durchfall oder weichere Kotkonsistenz
- verschmutzter Analbereich (normaler Kot oder Weichkot)
- reduzierte oder fehlende Zäkotrophie
- kein Kotabsatz (Verstopfung oder Folge fehlenden Futternachschubs)
- kleinere, härtere, stark ausgetrocknete Kotbällchen
- mit Haaren verbundene Kotbällchen (Verdacht auf Magenbezoar)
- mit Schleim (Fibrin) verklebte Kotbällchen (Hinweis auf schwerwiegende Darmentzündung)
- Gewichtsverlust
- Bewegungsunlust
- Beeinträchtigung des Herz-Kreislauf-Systems mit Anzeichen von Austrocknung

Im Rahmen der Diagnostik wird zunächst ein genauer **Vorbericht** des Krankheitsverlaufs erhoben (sog. Anamnese) und detailliert die **Haltung** sowie die **Ernährung** des Kaninchens hinterfragt. Fast 90% der Erkrankungen, die den Magen-Darm-Trakt betreffen, sind die Folge einer inadäquaten Fütterung der Tiere und ließen sich somit leicht vermeiden. Aus diesem Grund hat bei der Untersuchung jedes Kaninchens mit Verdauungsproblemen die kritische Überprüfung der Haltungsbedingungen sowie der Ernährung oberste Priorität. An zweiter Stelle steht eine sorgfältige **Untersuchung des Gebisses**, da Zahnerkrankungen früher oder später Verdauungsprobleme nach sich ziehen (Abb.277). Bei der Erhebung des Vorberichts ist auch eine Diskussion aller bisher aufgetretenen Erkrankungen wichtig. Welche diagnostischen oder auch therapeutischen Maßnahmen wurden hierbei ergriffen und wie war der jeweilige Behandlungserfolg? Welche Medikamente wurden eingesetzt und steht das Kaninchen augenblicklich unter irgendeiner (Dauer-)Medikation? Weitere Fragen betreffen die Dauer sowie Schwere der aktuellen Erkrankung und die vom Tierbesitzer beobachteten Symptome.

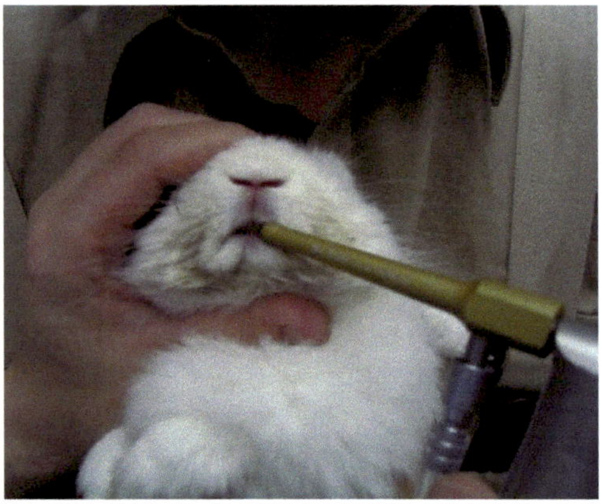

Abbildung 277: Untersuchung der Mundhöhle mit Hilfe eines Endoskops.

Der Anamnese folgt eine eingehende **Untersuchung** des Tieres, die eine spezielle klinische Diagnostik des Bauchraums sowie der Zähne beinhaltet (zur Diagnostik von Zahnerkrankungen siehe nächster Abschnitt). Die Bauchorgane werden abgetastet (sog. **Palpation**) und die Magen-Darm-Geräusche mit Hilfe eines Stethoskops überprüft (**Auskultation**), um aktuell stattfindende Darmbewegungen zu erfassen. Physiologische Darmgeräusche treten meist intermittierend auf. Auch bei gesunden Kaninchen sind daher bisweilen keine physiologischen Darmgeräusche auskultierbar. Das weist nicht unbedingt auf eine verzögerte Magen-Darm-Peristaltik hin, denn diese kann allein stressbedingt durch den Tierarztbesuch kurzfristig etwas eingeschränkt sein. Äußerst hilfreich ist bisweilen eine **Ultraschalldiagnostik** des Bauchraums (Abb.278 und Abb.279). Sie ermöglicht – neben einer Untersuchung sämtlicher innerer Organe – die Kontrolle der Darmmotorik, sofern die Darmschlingen nicht zu viel Gas enthalten. Des Weiteren lässt sich die Dicke der Magen- sowie Darmwand genau erfassen, man kann Tumore im Bauchraum relativ einfach und sicher nachweisen, ebenso größere Fettansammlungen in der Umgebung wichtiger Organe oder häufig vorkommende Erkrankungen des Harn- als auch Genitaltrakts (z. B. Blasenstein oder Gebärmutterentzündung).

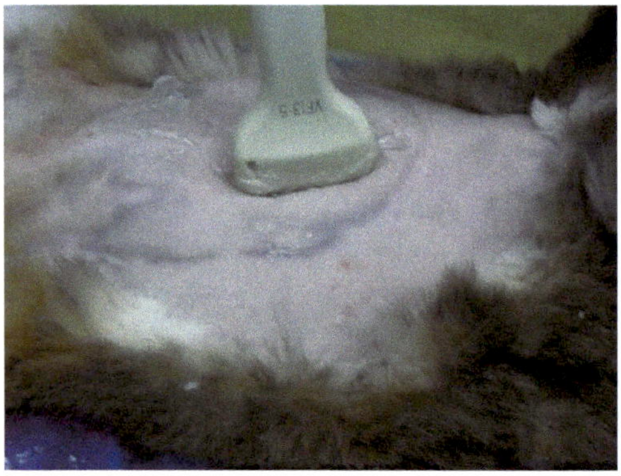

Abbildung 278: Ultraschalluntersuchung des Bauchraums (Schallkopf und Gleitgel).

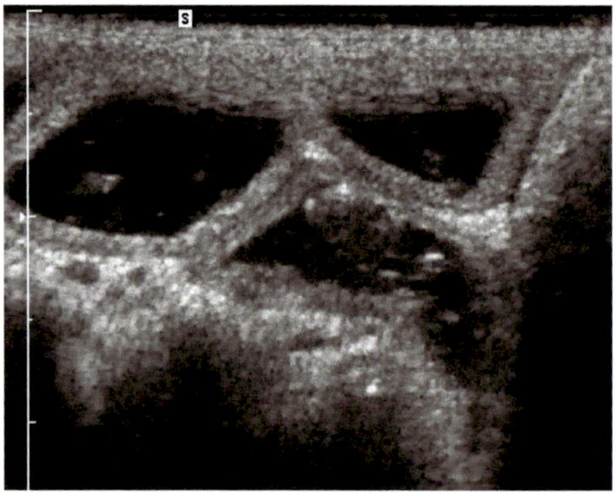

Abbildung 279: Ultraschallbild eines Kaninchens mit stark erweiterten, flüssigkeitsgefüllten Dünndarmschlingen.

Der klinischen Untersuchung des Bauchraums schließt sich sinnvollerweise eine **Röntgendiagnostik** der inneren Organe an. Hierzu werden Aufnahmen des Bauches in zwei Ebenen (in Seitenlage sowie Brust-Bauch- oder Rückenlage des Tieres) angefertigt. Die primäre Ursache vieler Verdauungsprobleme bleibt auch bei sorgfältigster klinischer Untersuchung unentdeckt und kann erst mit Hilfe dieser diagnostischen Maßnahme erfasst werden. Hierzu zählt z. B. eine **akute Dünndarmverlegung** durch einen Fremdkörper oder einen kleinen Bezoar. In diesem Fall stehen röntgenologisch ein mit flüssigem Inhalt extrem stark gefüllter Magen sowie einige stark erweiterte (prästenotische) Dünndarmschlingen im Vordergrund (Abb.60). Nur durch eine sofortige Operation ist das Leben des Tieres zu retten. Damit derart lebensbedrohliche sowie auch viele andere Magen-Darm-Erkrankungen möglichst exakt diagnostiziert werden können, sollte man als Tierbesitzer die für die Röntgendiagnostik anfallenden Kosten nicht scheuen und den Tierarzt/die Tierärztin bei der Ursachensuche entsprechend unterstützen.

Eine besondere Herausforderung stellt der röntgenologische Nachweis von **Magenbezoaren** (Abb.283 und Abb.284) dar. Da allein durch eine klinische Untersuchung nicht sicher zwischen „einfach eingetrocknetem" Mageninhalt und einem Bezoar differenziert werden kann, sind zur Diagnostik mitunter kostspielige **Kontrastmittelstudien** des Magen-Darm-Trakts erforderlich. Als Kontrastmittel eignet sich Bariumsulfat, das dem Patienten „schluckweise" eingegeben wird. Bei Vorliegen eventueller Schluckbeschwerden kann die gesamte Kontrastmittelmenge auch über eine Sonde direkt in den Magen eingebracht werden. Mit Hilfe mehrerer Röntgenaufnahmen in jeweils zwei Ebenen wird die Passage des Bariums durch den gesamten Verdauungstrakt kontrolliert und gleichzeitig dokumentiert. Diese kann – abhängig vom Primärbefund – lediglich 4 Stunden dauern oder bis zu 2 Tage. Liegt ein tatsächliches Magenbezoar vor, so dominiert am Anfang der Bariumstudie eine entsprechend große **Kontrastmittel-Aussparung im Magen**. Denn das Barium kann sich nicht mit den fest verfilzten Haaren vermengen bzw. in das Innere des Bezoars eindringen. Da es jedoch auf der rauen Bezoaroberfläche gut haften bleibt, dominiert am Ende der Kontrastmittelstudie ein mit einer dünnen Bariumschicht entsprechend abgegrenzter bzw. umschlossener „Bereich" innerhalb des Magens. Entspricht dieser der Lokalisation sowie der Größe nach der primären Kontrastmittel-Aussparung, so bestätigt dies die Diagnose eines Magenbezoars.

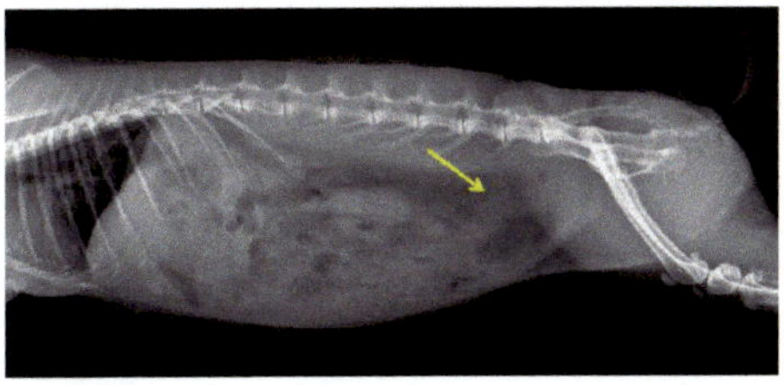

Abbildung 280. „Scheinträchtiges" Kaninchen mit röntgenologisch deutlich sichtbarem Uterus (Gebärmutterentzündung).

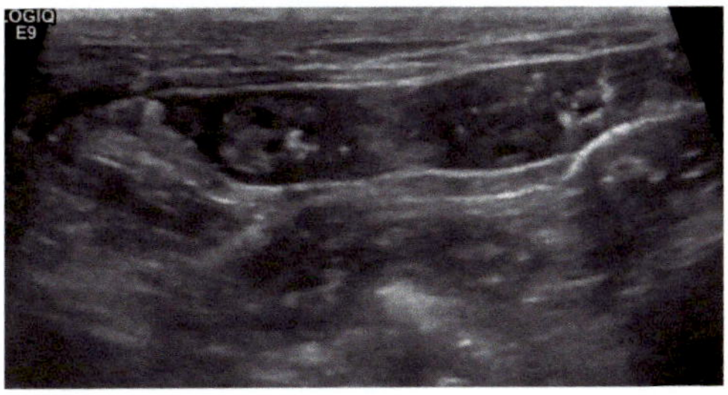

Abbildung 281: Ultraschallbild des Kaninchens von Abb. 280: Stark veränderte (geschwollene) Gebärmutterschleimhaut.

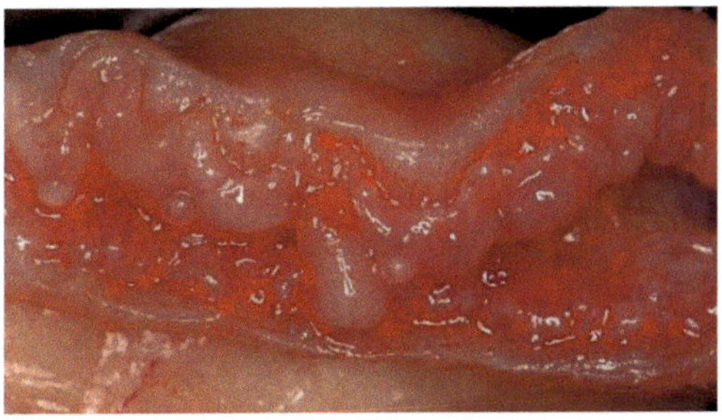

Abbildung 282: Eröffnete Gebärmutter (postoperativ) des Kaninchens von Abb. 280: Stark ödematisierte und zystisch veränderte Schleimhaut (glandulär-zystische Hyperplasie).

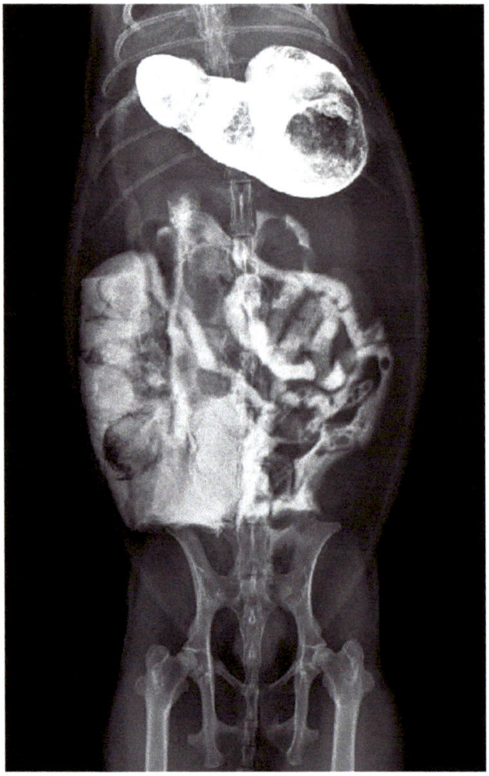

Abbildung 283: Typische „Kontrastmittelaussparung“ im Bereich des Haarballens eines Kaninchens mit Magenbezoarbildung (das Kontrastmittel kann nicht in den Filzballen eindringen).

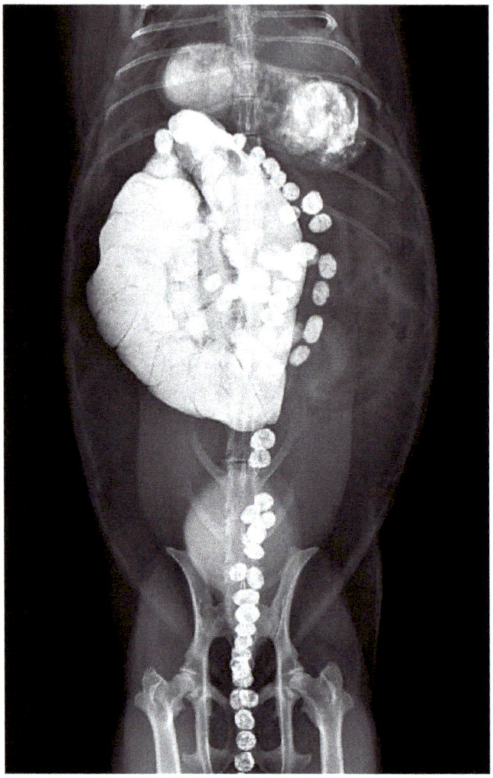

Abbildung 284: Reste des Kontrastmittels bleiben im weiteren Verlauf der „Barium-Passage“ auf der Bezoaroberfläche haften (relativ sicherer Nachweis eines Haarballens).

Alternativ können auch moderne Diagnostikverfahren, wie z. B. eine **MRT**-Untersuchung (Magnetresonanztomographie), eingesetzt werden. Allerdings ist hierfür eine Narkose erforderlich, die stets gewisse Risiken birgt. Hinzu kommt der in aller Regel etwas höhere Preis der Diagnostik.

Durch Röntgenaufnahmen lassen sich auch viele **Begleiterkrankungen** erfassen, die ansonsten leicht übersehen werden. Hierzu zählen pathologische Veränderungen des Harntrakts, wie die **Harnblasenschlamm-** oder **Harnsteinbildung** als Folge eines Kalziumüberschusses in der Nahrung (Abb.115 und Abb.285). Ursächlich kann jedoch auch eine primäre Nierenerkrankung vorliegen. Ein häufiger Befund bei unkastrierten älteren Häsinnen ist eine röntgenologisch ebenfalls meist gut erkennbare **Gebärmutterentzündung**, die im Endstadium häufig tumorös entartet (Abb.280-282). Eine sekundäre Metastasierung in die Lunge oder die lokalen Lymphknoten kann dann einen zusätzlichen Befund darstellen. Liegt eine tumoröse Gebärmutterveränderung vor, die mit einer starken Vergrößerung des Organs einhergeht, wird der Magen-Darm-Trakt innerhalb des Bauchraums weit nach vorne verlagert. Sekundär kommt es (abhängig von der Größe des Uterustumors) zu einer progressiven Verkleinerung des verdrängten Blinddarms. Hierdurch kann er seiner Speicherfunktion nicht mehr ausreichend nachkommen, worunter dann auch die bakterielle Fermentation leidet. Somit neigen betroffene Häsinnen häufig zu Durchfallerkrankungen oder anderen Verdauungsproblemen, die ohne eine operative Gebärmutterentfernung sehr therapieresistent sein können (Abb.114).

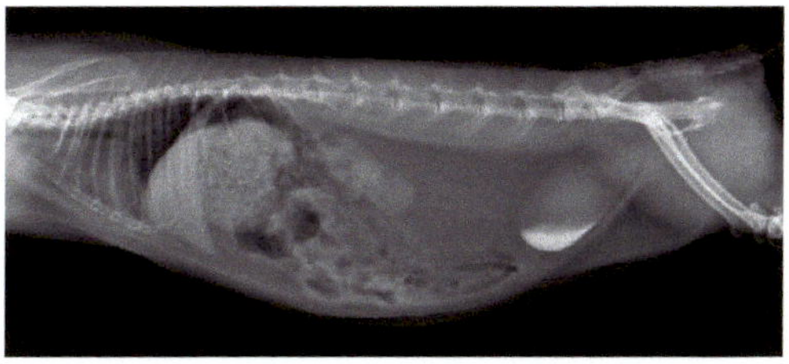

Abbildung 285: Röntgenbild eines mittelgradig verfetteten Kaninchens mit hochgradiger Ansammlung von Kalzium-Karbonat-Kristallen innerhalb der Harnblase (sog. „Kristallurie").

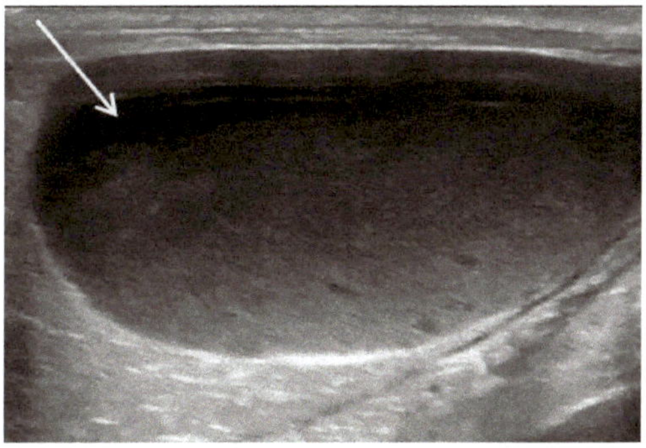

Abbildung 286: Ultraschallbild des Kaninchens von Abb. 285: Die Harnblase stellt sich diffus „verschattet" dar (aufgewirbelte Harnkristalle). Kleine Menge klaren Urins (schwarze Begrenzung links oben im Bild).

Mit Ausnahme der Leber- oder Darm-Kokzidiose treten Infektionen durch **Darmparasiten** bei Kaninchen eher selten auf. Regelmäßige Kotuntersuchungen können in dieser Hinsicht rasch Klarheit schaffen. Hingegen sind Verdauungsprobleme häufig das Resultat einer massiven Vermehrung spezifischer **pathogener Darmbakterien, Viren** oder **Hefen.** Auch in diesem Fall ist eine entsprechende **Kotuntersuchung** angezeigt. Wird hierbei ein massiver Befall mit Hefepilzen nachgewiesen, sollte man bedenken, dass ursächlich meist eine inadäquate Fütterung der Tiere vorliegt (siehe bei Dysbakterie). Daher bringt eine medikamentöse Behandlung ohne entsprechende Änderung der Ernährung langfristig meist keinen Therapieerfolg.

Ergibt sich aus der klinischen und radiologischen Untersuchung der Verdacht auf eine schwerwiegende Organerkrankung (z. B. Leber, Niere, Anzeichen einer Entzündung, Blutarmut), besteht die Indikation zu einer **Blutuntersuchung** (Abb.287). Der Tierarzt/die Tierärztin wird von Fall zu Fall entscheiden, was angezeigt und sinnvoll ist.

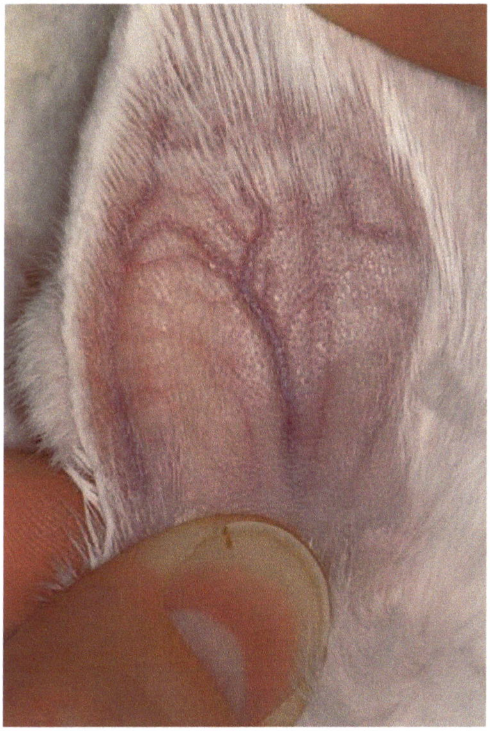

Abbildung 287: Ohrvenen eines Kaninchens (Blutentnahme oder Positionierung eines Venenkatheters).

Therapie von Magen-Darm-Erkrankungen

Erst im Anschluss an eine **exakte Diagnose** kann eine **gezielte Therapie** der Magen-Darm-Erkrankung durchgeführt werden, die meist eine **Korrektur der Fütterung** beinhaltet. Auch müssen bei jeder Verdauungsproblematik eventuell primär vorliegende **Zahnerkrankungen** sicher ausgeschlossen oder **mitbehandelt** werden, da ansonsten ein langfristiger Therapieerfolg ausbleibt. Eine notwendige Zahnkürzung oder die Behandlung zahnbedingter Abszesse sollte jedoch erst dann erfolgen, wenn sich die Magen-Darm-Situation unter der eingeleiteten Therapie weitgehend stabilisiert hat (siehe Abschnitt „Assistierte Fütterung"). Ein wichtiges Beurteilungskriterium hierfür ist – unter vielen weiteren – ein erneut einsetzender, weitgehend „normaler" Kotabsatz. Wenn dies nicht berücksichtigt wird, kann es durch die zur Therapie meist erforderliche Vollnarkose und den mit der Operation verbundenen Stress nach dem Eingriff zu einer Verschlechterung der Befunde bis hin zum Tod des Tieres kommen.

Gezielte Behandlung

Besteht infolge einer längerfristig reduzierten Futter- und Wasseraufnahme bereits eine starke Austrockung des Patienten, ist eine **intravenöse Flüssigkeitssubstitution** über einen Venenkatheter ratsam, da unter die Haut (subkutan) verabreichte Flüssigkeit infolge der schlechten Kreislaufsituation und der somit in der „Peripherie" unzureichenden Durchblutung häufig nicht ihre Wirkung entfalten kann. Statt über die Unterhaut resorbiert zu werden und somit in den Kreislauf zu gelangen, wandert die Flüssigkeit lediglich unter der Haut entlang bis zur unteren Bauchwand und bildet dort eine diffuse weiche Schwellung (sog. **Unterhautödem** – Abb.288). Das Legen eines Venenkatheters zur intravenösen Infusion stellt beim Kaninchen prinzipiell kein Problem dar. Es gelingt am einfachsten an der äußeren Ohrrandvene (Abb.287). Alternativ stehen die Venen der Vordergliedmaße zur Verfügung.

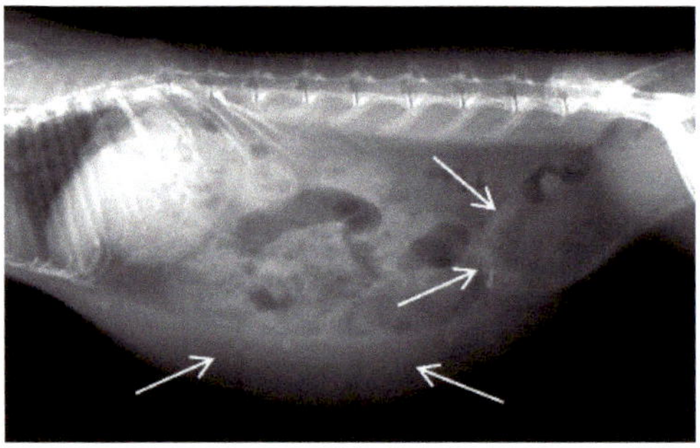

Abbildung 288: Röntgenbild eines Kaninchens mit Gebärmutterentzündung und starkem Unterhautödem („Verschattung" unterhalb der Bauchdecke).

Ein Schwerpunkt der Therapie diverser Verdauungsprobleme ist die **Wiederherstellung** einer physiologischen bakteriellen **Dickdarmfermentation** sowie eine **Normalisierung** der **Magen-Darm-Peristaltik**. Daher müssen Kaninchen, die nicht mehr selbständig fressen, unverzüglich **„assistiert" ernährt** werden (siehe unten). Dies stabilisiert die Darmflora und beugt schweren Stoffwechselentgleisungen vor, wie z. B. der lebensbedrohlichen Leberlipidose, die die Gesamtsituation deutlich verschlechtern würde (siehe Hepatische Lipidose).

Parallel zur Fütterung erhalten die Patienten **schmerzlindernde** und – abhängig vom Befund – zusätzlich die **Darmperistaltik fördernde Medikamente**. Zur **Appetitanregung** kann Dill oder kräuterreiches Heu gefüttert oder ein Vitamin-B-Präparat injiziert werden. Im Fall einer Dysbakterie besteht die Möglichkeit, zur **Wiederherstellung einer physiologischen Darmflora** eine Weichkotaufschwemmung gesunder Tiere oder spezielle Präparate, sog. Probiotika, zu verabreichen (siehe dort).

Nur bei tatsächlicher Indikation, d. h. dem berechtigten Verdacht oder Nachweis einer primär bakteriellen Darmentzündung, sollten **Antibiotika** verabreicht werden. Hierbei dürfen nur Präparate verwendet werden, die primär gegen pathogene, gramnegative Keime wirksam sind, da andernfalls die grampositiven, physiologischen Darmbakterien abgetötet oder zumindest stark reduziert werden. Vorübergehend kann auch der Einsatz von Medikamenten erforderlich werden, die gegen Darmhefen wirken (sog. **Antimykotika**). Hefepilzinfektionen entwickeln sich jedoch überwiegend sekundär und daher steht bei einem massiven Hefepilzbefall stets die Ernährungsumstellung an erster Stelle.

Echte **Magenbezoare** lassen sich **nicht auflösen**. Sie bestehen primär aus Haaren, die fest zu einem Filzklumpen zusammengeballt sind. Peroral verabreichte Enzyme (z. B. frischer Ananassaft) sollen dieses

Geflecht auflösen, indem der die Haare verbindende Schleim aufgebrochen wird. Dies mag bei „einfach“ eingedicktem Mageninhalt mit Beimengung einzelner Haare durchaus möglich sein, jedoch nicht bei einem echten Bezoar. Hier hilft nur eine Operation mit Eröffnung und Ausräumung des Magens und einer anschließenden Futterumstellung. Würde die Auflösung von Bezoaren tatsächlich funktionieren, wäre dies zudem ein sehr riskantes Vorgehen, denn **kleine Bezoare neigen dazu,** knapp hinter dem Magenausgang **im Dünndarm steckenzubleiben**. Die Folge ist ein lebensbedrohlicher Darmverschluss.

Therapie bei Magen-Darm-Erkrankungen und Dysbakterien

- eine gezielte Therapie ist erst nach profunder Diagnostik (!) möglich
- subkutane oder intravenöse Infusionen (Vorbeugung einer Austrocknung oder Ausgleich von Flüssigkeitsverlusten - vor allem bei Durchfall)
- Ausgleich eventueller Elektrolytimbalancen im Blut durch spezielle Infusionsmittel
- Diät mit ausreichend hohem Raufaseranteil (bei selbstständiger Aufnahme)
- bei Bedarf assistierte Fütterung mit dünnbreiiger Nahrung (mit hohem Anteil an unverdaulicher Raufaser – keine zucker- oder kohlenhydratreiche Nahrung (!))
- Gabe einer spezieller „Astronautennahrung“ durch perorale Fütterung mit der Insulinspritze (Vermeidung schwerer Stoffwechselentgleisungen, Substitution von Nährstoffen, Vitaminen sowie Mineralstoffen)
- eventuell Verabreichung des Futters mittels Magensonde (bei Schluckbeschwerden)
- Medikamente zur Förderung der Magenentleerung
- Wiederherstellung und Unterstützung einer normalen Magen-Darm-Peristaltik
- schmerzlindernde und entzündungshemmende Medikamente (sog. NSAIDs = nicht steroidale anti-inflammatorische Medikamente – schmerzhafte Aufgasungen)
- Medikamente gegen die Aufgasung (Antitympanika) – jedoch fragliche Wirkung
- Bindung bakterieller Giftstoffe (Darmtoxine bei Enterotoxämie) (Cholestyramine)
- gute Auspolsterung des Käfigs mit Heu („Heunest“ steigert das Wohlbefinden)
- Appetitanregung (z. B. Dill, frisches Heu, Löwenzahn, beliebtes Frischfutter oder Vitamin-B-Komplex-Präparate)
- Verabreichung von Probiotika (zur Wiederherstellung einer physiologischen Blinddarmflora)
- Gabe einer Weichkotaufschwemmung gesunder Kaninchen (zur Wiederherstellung einer physiologischen Blinddarmflora)
- bei Bedarf Antibiotika (Wirksamkeit gegen gramnegative Keime)
- bei Bedarf Medikamente gegen Pilzhefen (Antimykotika)
- Futterumstellung
- möglichst rasche Entlassung des Patienten in häusliche Pflege (positive Wirkung auf die Psyche)

Assistierte Fütterung

Verweigert ein Kaninchen die Nahrungsaufnahme (ganz gleich aus welcher Ursache), muss es umgehend „assistiert“ mit geeignetem Futter ernährt werden, da der gesamte Magen-Darm-Trakt darauf ausgerichtet ist, kontinuierlich Nährstoffe zugeführt zu bekommen und hierdurch in Bewegung zu bleiben. Versiegt diese Quelle, mangelt es den im Blinddarm lebenden Darmbakterien an Nahrungssubstrat und sie sterben ab, während sich pathogene Bakterien rasant vermehren (**Dysbakterie**). Durch eine parallel hierzu einsetzende Bildung bakterieller Toxine, die über den Darm in den Blutkreislauf gelangen (**Enterotoxämie**), entsteht rasch eine lebensbedrohliche Situation. Ferner kommt es zu einer **verzögerten Magenentleerung**, einer allgemein **reduzierten Darmmotorik** und einer **sinkenden Magensäureproduktion**. Zusammen mit der sekundären Entzündung der gesamten Darmwand sorgt dies für eine **geschwächte lokale Abwehr**, so dass pathogene Bakterien den Verdauungstrakt mehr oder weniger ungehindert besiedeln können. Auch reduziert sich als Folge der sekundären Darmwandentzündung die Absorptionsfläche für Nährstoffe, vor allem für Fette und Eiweiß. Sind Kaninchen darüber hinaus besonders gut genährt (eher dick) und fressen dann plötzlich nicht mehr, entwickelt sich rasch eine negative Energiebilanz (Gewichtsabnahme) und eine sekundäre Entgleisung des Leberstoffwechsels (sog. **Ketoazidose** bzw**. hepatische Lipidose**, siehe dort).

Abbildung 289: Assistierte Ernährung mit der Spritze.

Zur assistierten Fütterung mit der Spritze eignen sich spezielle Pulver (sog. „**Astronautennahrung**"), die unmittelbar vor der Verabreichung in einem bestimmten Verhältnis mit Wasser angemischt werden. Es gibt Präparate, die überwiegend Timotheegras- oder Luzernemehl enthalten, denen aber auch Sojabestandteile und Weizenkleie beigemengt sind. Es lohnt sich, die Inhaltsstoffe kritisch zu prüfen und zusammen mit dem Tierarzt/der Tierärztin ein geeignetes Präparat auszuwählen (Abb.289). Besteht in gewissen Situationen (wie z. B. nach einer schmerzhaften Zahnextraktion) lediglich die Notwendigkeit, die physiologische Darmmotorik über eine kontinuierliche Nahrungszufuhr weiter aufrechtzuerhalten, benötigt man hierzu keine kommerziellen Produkte. Ein Brei aus in Wasser **eingeweichten Heupellets** oder **Heucobs** reicht für diesen Zweck völlig aus, zumal die unverdaulichen Faserbestandteile dieser Presslinge eine größere Partikelgröße aufweisen als die Strukturkohlenhydrate in den kommerziellen Spezialpulvern, wodurch sie für eine ungestörte Verdauung prinzipiell geeigneter sind. Situationsabhängig eignen sich auch **aufgeweichte Alleinfuttermittel-Pellets**; allerdings ist deren Raufaser meist sehr fein zermahlen und somit nicht so peristaltikfördernd.

Da **Pellets** bei Kontakt mit Wasser generell stark quellen, sollten sie vor dem Verfüttern **mindestens 15 Minuten eingeweicht** werden; ansonsten besteht das Risiko einer Magenüberladung (siehe Abb.240). Zur Geschmacksverbesserung kann dem dickbreiigen Gemisch fein zerkleinertes **rohfaserreiches Blattgemüse beigemengt** werden. Eine größere Menge dieses Futterbreis lässt sich in **kleine Portionen** aufteilen und **einfrieren**. Täglich „frisch" aufgetaut steht dann ohne größeren Aufwand geeignete Nahrung zur Verfügung. Eine längere Aufbewahrung im Kühlschrank ist nicht möglich, da innerhalb weniger Stunden schädliche Gärprozesse einsetzen. Durch die Verwendung eingeweichter Heupellets oder Heucobs lassen sich im Vergleich zum Einsatz von Fertigprodukten Kosten sparen. Es lohnt sich auf jeden Fall, dieses eingesparte Geld in eine fundierte Diagnostik zu investieren. Insbesondere die Anfertigung von Röntgenbildern ist hierbei meist unverzichtbar.

Rekonvaleszente Tiere können ausnahmsweise und nicht länger als 1–2 Tage auch **kleinere Mengen Haferflocken** in kleinen

Portionen bekommen. Hierdurch sollen sie in erster Linie dazu animiert werden, erneut selbstständig Futter aufzunehmen. Besonders beliebt sind die in der Mundhöhle rasch zerfallenden Instantflocken, die sich speziell nach schmerzhaften Zahnoperationen als vorteilhaft erweisen. Bei Verdauungsproblemen sollte man Haferflocken eher meiden. Ebenfalls **ungünstig** ist die Verfütterung von **Babybrei-Produkten**, sofern diese **Obst** und somit **Fruchtzucker** enthalten. Leicht verdauliche Kohlenhydrate (Zucker sowie Stärke) fördern die Vermehrung pathogener Darmkeime, während die physiologischen Darmbakterien zu wenig schwer verdauliche Rohfaser erhalten und somit in großer Zahl absterben. Aus diesem Grund sind auch **Karottenbrei**-Produkte nur **bedingt geeignet**.

Zur assistierten Ernährung von Kaninchen wählt man am besten eine **1-ml-Spritze** (Insulinspritze) und schneidet deren Konus (das schmale Ende, auf dem die Kanüle sitzt) mit einer Schere ab. Die scharfen Kanten der Schnittfläche werden anschließend mit einer Feile geglättet. Hierdurch hat der Spritzenkörper ein gleichmäßiges Lumen und es können auch faserige Futterpartikel im Futterbrei problemlos in die Spritze aufgezogen werden. Das nunmehr weit offene Ende der gefüllten Spritze wird über den hinter den Schneidezähnen liegenden zahnlosen Bereich (sog. Diastema) in die Mundhöhle eingeführt und danach ein **kleiner Futterbolus** von **ca. 0,5 ml** (= halber Spritzeninhalt) verabreicht. Dieser muss vom Tier nur noch abgeschluckt werden. Dies wird so oft wiederholt, bis das Kaninchen bei Verwendung eingeweichter Pellets ca. 20–25 ml Brei aufgenommen hat. Die Fütterung erfolgt viermal täglich, so dass bei einem Zwergkaninchen (ca. 1,5 kg) pro Tag 80–120 ml Brei verabreicht werden (= ca. **80 ml/kg Körpermasse**). Die Gesamtmenge des Futters hängt nicht nur vom Gewicht des Kaninchens ab, sondern auch von seinem Gesamtzustand, der Magen-Darm-Motorik, dem Kotabsatz sowie der primären Erkrankung. Bei Verwendung kommerzieller Präparate achtet man auf die Angaben in der Gebrauchsanweisung. Insbesondere bei schmerzhaften Zahnerkrankungen nehmen Kaninchen das aufgeweichte Futter auch gerne selbstständig direkt aus einer Schale auf, entweder mit den Lippen oder durch Auflecken mit der Zunge.

Falls das Tier den mittels Spritze angebotenen Futterbrei nicht abschlucken kann oder will, besteht die Möglichkeit einer künstlichen Ernährung mit Hilfe einer **Nahrungssonde** (Abb.290) Hierzu können jedoch nur sehr fein zermahlene Spezialpulver verwendet werden, die mit Wasser einen homogenen Futterbrei ergeben, da gröbere Faserpartikel das Lumen der Sonde rasch verlegen würden. Geeignete Produkte enthalten ca. **30 g Trockensubstanz (TS) pro 100 ml**. Davon werden **zweimal täglich 5–6 ml/100 g Körper** verabreicht. Ist geplant, die Ernährungssonde über einen längeren Zeitraum zu nutzen, wird ein etwas dünnlumigeres Modell (die Größe hängt vom Gewicht des Kaninchens ab) ausgewählt, das über den **unteren Nasengang** sowie die Speiseröhre bis kurz vor den Magen eingeführt wird. Nach Fixation der Sonde im Bereich der Nase sowie an den Ohren des Tieres kann diese mehrere Tage belassen werden. Über längere Zeiträume treten als Reaktion auf diesen „Fremdkörper“ meist Entzündungen der Nasenschleimhaut auf, die jedoch nach Entfernung der Sonde rasch wieder abklingen.

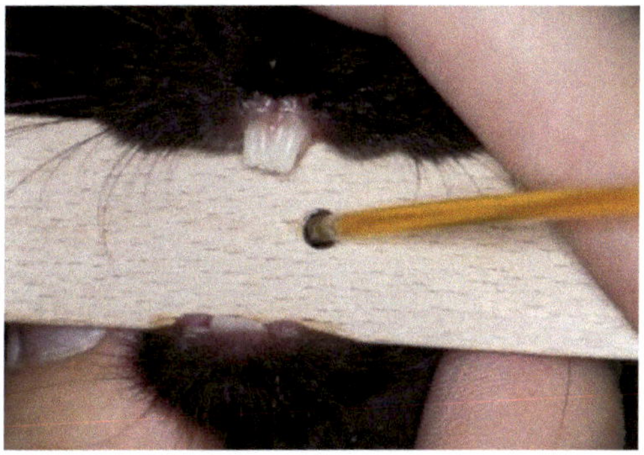

Abbildung 290: Hinter die Schneidezähne gelegter Zungenspatel aus Holz mit zentral positionierter Ernährungssonde.

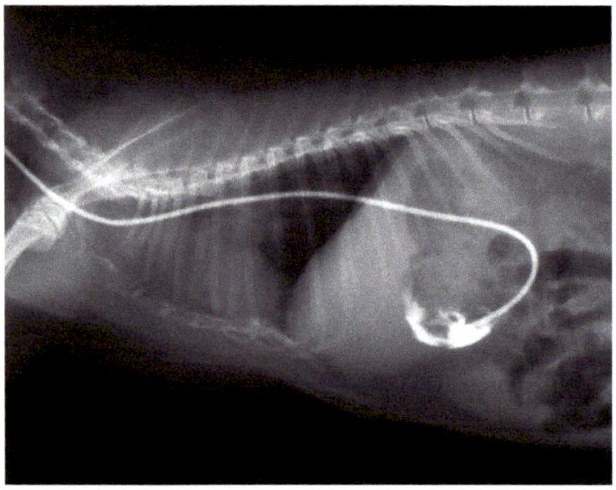

Abbildung 291: Röntgenbild eines Kaninchens mit bis in den Magen eingeführter Ernährungssonde (Kontrastmittel-Applikation).

Alternativ hierzu kann zur täglichen Fütterung eine dicklumigere Sonde (Durchmesser von ca. 3–4 mm) verwendet werden, die zu jeder Fütterung über die **Mundhöhle** sowie die Speiseröhre in den Magen eingeführt wird (Abb.291). Beim jeweiligen Platzieren der Sonde verhindert ein mit einem Loch versehener Holzspatel (sog. Zungenspatel), der hinter die Schneidezähne des Kaninchens gelegt wird, dass das Tier die Kiefer schließt und hierdurch versehentlich die Sonde durchbeißt. Der mit einem Gleitgel benetzte Silikonschlauch wird über die passende Öffnung im Zungenspatel in den Schlund und von hier aus weiter in die Speiseröhre eingeführt. Der Hals des Tieres ist dabei gebeugt, damit die Sonde nicht versehentlich in die Atemwege gerät. Nun kann der gesamte Futterbolus auf einmal verabreicht werden. Das größere Sondenlumen ermöglicht die Verwendung eines etwas gröberen Nahrungsbreis. Diese Sondierungstechnik eignet sich auch gut dazu, den **Magen bei starken Blähungen** relativ einfach **abzugasen** oder bei Röntgenkontraststudien Kontrastmittel zu verabreichen.

Abbildung 292. Kaninchen sollen nach Operationen so bald als möglich wieder selbstständig fressen („Stopfmagen").

Ohne auftretende Komplikationen kann der Organismus mit Hilfe der **assistierten Ernährung** über **mehrere Tage** (im Extremfall **sogar** Wochen) hinweg ausreichend mit Nährstoffen, Elektrolyten, Vitaminen sowie Mineralstoffen versorgt werden, während gleichzeitig eine physiologische Magen-Darm-Peristaltik aufrechterhalten wird. Parallel hierzu muss selbstverständlich für eine Wasserzufuhr gesorgt werden, am einfachsten, indem man den Brei dünner anrührt. Diese Phase gibt dem Tierarzt/der Tierärztin genügend Zeit, die primäre Krankheitsursache zu erfassen und anschließend eine möglichst gezielte Therapie einzuleiten. Man sollte jedoch – unabhängig von der Diagnose – darauf achten, dass das Kaninchen **sobald wie möglich** wieder **selbstständig Nahrung aufnimmt**, da es sonst infolge der unzureichenden Zahnabrasion rasch zu einem Backenzahnüberwuchs kommen kann. Um die Tiere dazu zu animieren, kann das Heu kurzfristig etwas stärker mit beliebten getrockneten Blüten und auch Kräutern verbessert werden oder man bietet für wenige Tage besonders zarte, wohlschmeckende Pflanzen an (z. B. Dill oder jungen Löwenzahn) (Abb.292). Auch die Verabreichung von Vitamin-B-Komplex-Präparaten kann appetitfördernd wirken.

Spezielle Erkrankungen

Dysbakterie

Verändert sich die physiologische Zusammensetzung der Mikroflora im Blinddarm, nennt man dies Dysbiose oder Dysbakterie (siehe auch dort). Hierbei kommt es zu einer **massiven Vermehrung pathogener gramnegativer Keime**, während die grampositiven Darmbakterien zunehmend absterben. Dies stellt für Kaninchen eine Bedrohung dar, da hierdurch nicht nur die Verdauung (Blinddarmfermentation) und somit die Verfügbarkeit an Nähr- sowie Aufbaustoffen stark beeinträchtigt ist. Es kommt auch zur **Produktion von Giftstoffen (Enterotoxinen)**, die über die Darmwand in das Blut aufgenommen werden und rasch zu **lebensbedrohlichen Komplikationen** führen können.

Ursache für eine Dysbiose kann eine **kohlenhydrat- und proteinreiche, rohfaserarme Ernährung** sein, da diese zu einer reduzierten Magen-Darm-Motorik mit sekundärer Stase des Darminhalts sowie Fehlgärung führt. Prädisponierend wirkt eine vermehrte **Aufnahme pathogener gramnegativer Mikroorganismen**, sei es durch kontaminiertes Frischfutter oder durch eine Erhöhung des pH-Werts im Magen. Letztere entsteht, wenn der Magen überwiegend mit kompakt miteinander verbundenen Teilchen gefüllt ist (wie z. B. nach Aufnahme von Presslingen, Flocken oder Körnern). In diesem Fall kann die Magensäure nicht bis in die inneren Schichten des sehr pastösen Nahrungsbreis vordringen, und dementsprechend können pathologische Keime nicht abgetötet werden (Abb.192). Sie gelangen nunmehr in hoher Anzahl in den Verdauungstrakt und Durchfallerkrankungen sowie Dysbakterien sind die Folge. Ursächlich in Frage kommt auch **Stress**, da eine langfristig erhöhte Konzentration an Glukokortikoiden (Stresshormonen) die Verdauung und somit das bakterielle Gleichgewicht negativ beeinflusst, und nicht zuletzt die Applikation eines **ungeeigneten Antibiotikums** (Wirksamkeit gegen grampositive Keime).

Bei der Therapie von Dysbakterien steht die **Wiederherstellung einer physiologischen Blinddarmflora** an erster Stelle. Hierzu können Probiotika verabreicht werden (siehe dort) oder alternativ eine Weichkotaufschwemmung gesunder Kaninchen. Hierbei sollten die einzelnen Kotbällchen jedoch nicht zerstört oder aufgelöst werden, da ansonsten die in der Zäkotrophe enthaltenen Bakterien zum Großteil von der Magensäure zerstört werden. Um die Wiederansiedlung grampositiver Keime zu fördern, können bei Bedarf zusätzlich auch **Antibiotika** verwendet werden, die **gegen gramnegative Keime wirksam** sind. Parallel hierzu wird die Ernährung des Kaninchens umgestellt bzw. optimiert (schmackhaftes, **raufaserreiches Futter**).

Um einer Dysbiose möglichst effektiv vorzubeugen, ist eine adäquate Nährstoffzusammensetzung des Futters sehr wichtig. Hierdurch wird eine optimale Versorgung der im Zäkum befindlichen Darmbakterien sichergestellt und gleichzeitig möglichst ungünstige Lebensbedingungen für pathogene Keime geschaffen. Der Wiederaufbau einer zerstörten Blinddarmflora ist stets deutlich schwieriger als deren Erhalt. Im Bedarfsfall sowie in Stresssituationen können Probiotika daher auch prophylaktisch eingesetzt werden (siehe dort), wenngleich ihre Effektivität fraglich ist, wenn sie Keime enthalten, die kein normaler Bestandteil der Darmflora von Kaninchen sind.

Hepatische Lipidose (krankhafte Leberverfettung)

Bei der hepatischen Lipidose handelt es sich primär um eine **Störung des Leber- und Fettstoffwechsels**, die mit **massiven Fetteinlagerungen in das Lebergewebe** einhergeht. Flüchtige Fettsäuren sind für Kaninchen die Hauptenergiequelle ihres Stoffwechsels. Sie gelangen zum Großteil direkt über die Blinddarmwand in die Blutbahn; nur ein kleinerer Anteil wird im Dünndarm während der Verdauung der Zäkotrophe absorbiert. Die Konzentration der flüchtigen Fettsäuren im arteriellen Blut wird bei gesunden Tieren durch die regulative Funktion der Leber aufrechterhalten – trotz einer gewissen Fluktuation der Absorption aus dem Verdauungstrakt. Denn die Aufnahme der flüchtigen Fettsäuren über die Darmwand variiert in Abhängigkeit von der Hart- bzw. Weichkotphase und wird auch von der Darmmotorik beeinflusst.

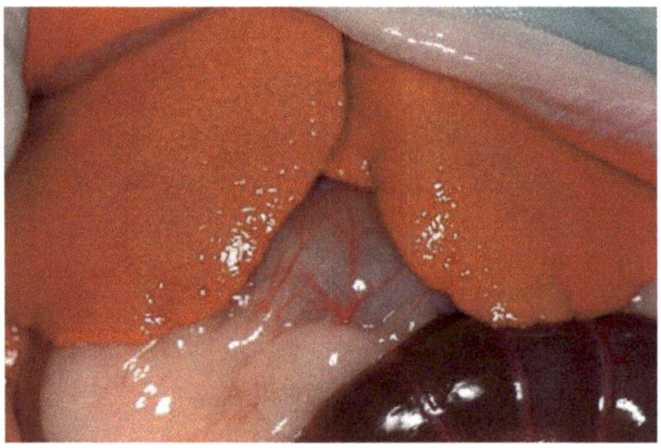

Abbildung 293: Fettleber eines Kaninchens mit hepatischer Lipidose.

In Phasen einer **reduzierten** oder **fehlenden Futteraufnahme** sinkt die Glukoseabsorption über die Darmschleimhaut und es reduziert sich gleichzeitig das Angebot an flüchtigen Fettsäuren. Das Absinken der Glukosekonzentration stimuliert die **Mobilisierung von freien Fettsäuren aus dem Fettgewebe**. Diese werden zur Leber transportiert, die hieraus wieder Lipide (Fette) synthetisieren kann (**endogene Fettsynthese**). Bei niedrigem Blutzuckerspiegel entstehen jedoch als Nebenprodukt der Fettverbrennung innerhalb der Leberzellen sog. Ketonkörper. Steigt deren Konzentration stark an, kommt es zur sog. **Ketoazidose** (Übersäuerung des Blutes), die von den Tieren nicht ausgeglichen werden kann. Während dieser Phase einer erhöhten Fettsäuremobilisation wird gleichzeitig weniger Fett in diverse Gewebe abtransportiert. Als Folge dessen akkumulieren die Lipide in den Leberzellen (Hepazozyten) und es entwickelt sich eine sog. **stoffwechselbedingte Fettleber** (Abb.293). Eine hiermit einhergehende Verstopfung der Gallengänge (Cholestase) kann zu einem Leberversagen sowie zum plötzlichen Tod der Tiere führen.

Die hepatische Lipidose tritt **bevorzugt bei fettleibigen Kaninchen** auf, da bei diesen als Folge einer langfristig erhöhten Fettabsorption aus dem Dünndarm bereits im Vorfeld ein erhöhter Triglyzeridgehalt in den Leberzellen vorliegt (**alimentäre oder nahrungsbedingte Leberverfettung**). Diese Tiere entwickeln nach Hungerphasen besonders schnell eine metabolische (stoffwechselbedingte) hepatische Lipidose. Daher stellt bei ihnen jeder operative Eingriff, der mit Stress, Schmerzen oder einer länger andauernden Futterverweigerung einhergeht, ein erhöhtes Risiko dar. Ebenso steigert Futter mit einem hohen Fettanteil das Risiko einer metabolischen Leberverfettung deutlich. Es gibt keine spezifischen klinischen Symptome für den sicheren Nachweis einer hepatischen Lipidose. Besonders gefährdet und somit verdächtig sind auf jeden Fall fettleibige Tiere, die plötzlich einen reduzierten Appetit und einen verminderten Kotabsatz aufweisen. Mit Fortschreiten der Erkrankung reduziert sich das Allgemeinbefinden kontinuierlich. Letztendlich sind die Kaninchen völlig **appetitlos** und stellen die Futteraufnahme ein. Sie können mit **aufgekrümmtem Rücken** stundenlang mehr oder weniger bewegungslos im Käfig sitzen, putzen sich nicht mehr und sind **völlig apathisch**. Im Endstadium wirken sie häufig desorientiert; das Gangbild wird **ataktisch** (torkelnd).

Häufig zeigen sie **schmerzbedingtes Zähneknirschen** sowie eine zunehmende Austrocknung des Körpers als Folge einer **unzureichenden Wasseraufnahme**.

Die hepatische Lipidose geht stets mit einer **reduzierten Magen-Darm-Motorik** einher, die schließlich vollständig aussetzen kann. Der Futterbrei bleibt im Magen und Blinddarm liegen (**Stasis**), es kommt zu einer **Fehlgärung** mit **Aufgasung** des Magen-Darm-Trakts. Parallel hierzu sistiert auch der Kotabsatz. Der mit Futter gefüllte Magen kann als feste Masse im vorderen Bauchraum getastet werden. Meist reicht er von der Ausdehnung her weit über den Rippenbogen hinaus, ebenso wie die verfettete und somit vergrößerte Leber.

Ist die Konzentration der Fette im Blut erhöht (**Lipämie**) und bestätigt sich darüber hinaus eine Überzuckerung (**Hyperglykämie**), besteht eine eher ungünstige Prognose, vor allem wenn sich die Tiere gleichzeitig ataktisch bewegen. Im **Frühstadium** der hepatischen Lipidose liegt eher ein **erniedrigter Blutzuckerspiegel** vor. Werden die Tiere gestresst oder haben sie starke Schmerzen, kann auch zu Beginn eine Hyperglykämie vorliegen. Bei Kaninchen mit deutlich eingeschränkter Magen-Darm-Peristaltik lassen sich auch **erhöhte Nierenwerte** im Blut sowie eine gewisse **Eindickung des Blutes** nachweisen. Sobald sich eine hepatische Lipidose ausgebildet hat, werden auch die Nieren mit Fett infiltriert und versagen letztendlich ebenso wie die Leber (akutes **Leber- und Nierenversagen**). Bei erkrankten Kaninchen sollte sobald als möglich ein stationärer Aufenthalt mit einer entsprechenden Intensivtherapie eingeleitet werden.

Der Entstehung einer hepatischen Lipidose **kann vorgebeugt werden**, wenn bei Tieren ohne selbstständige Nahrungsaufnahme möglichst unmittelbar über eine assistierte Ernährung eine **positive Energiebilanz aufrechterhalten** wird. So kann eine Fettmobilisierung mit all ihren Folgen weitgehend vermieden werden. Jede Hungerphase eines Kaninchens in Verbindung mit einem reduzierten Kotabsatz kann somit eine potentiell lebensgefährliche Situation darstellen. Daher müssen Kaninchen, die nicht mehr fressen, möglichst unverzüglich behandelt werden, auch wenn sie im Anfangsstadium häufig noch „putzmunter“ erscheinen.

Eine Futterverweigerung in Verbindung mit einem reduzierten Kotabsatz kann beim Kaninchen eine potentiell lebensgefährliche Situation darstellen.

Mögliche Symptome einer hepatischen Lipidose

- reduziertes Allgemeinbefinden (Apathie)
- reduzierte Aktivität bis hin zur vollständigen Passivität
- verminderte oder eingestellte Futteraufnahme
- unzureichende Wasseraufnahme
- aufgeblähter, schmerzhafter Bauchraum (mit aufgekrümmtem Rücken)
- Bauchkoliken
- Zähneknirschen (Schmerz)
- Durchfall
- fehlender Kotabsatz
- veränderte Form und Struktur, Farbe, Geruch des Hart- oder Weichkots
- Verschmutzung im Anogenitalbereich
- Lebervergrößerung (Tast- und Ultraschallbefund)

Diagnostik und Therapie von Zahnerkrankungen

Untersuchung bei Verdacht auf eine primäre Gebisserkrankung

Erhebung des Vorberichts

Bei Kaninchen mit Verdacht auf eine primäre Zahn- oder Kiefererkrankung wird im Vorfeld einer eingehenden Mundhöhlenuntersuchung ein genauer **Vorbericht** erhoben. Hierzu gehört die Frage, wann die **ersten Symptome** auftraten. Gebissveränderungen machen sich meist im Alter von 1–3 Jahren bemerkbar, sofern keine angeborenen Erkrankungen vorliegen (z. B. eine Verkürzung des Oberkiefers), bei denen es frühzeitiger zu Symptomen kommt. Von Bedeutung sind ferner Angaben zur **Ernährung** und zu den **Haltungsbedingungen**. Es folgen Fragen hinsichtlich einer eventuellen **Vorbehandlung**, dem resultierenden Therapieerfolg, einer momentanen **Medikation** sowie dem aktuellen **Gewicht** des Patienten bzw. einem festgestellten **Gewichtsverlust**. Um sicher zu sein, dass Kaninchen ausreichend Nahrung zu sich nehmen und ihr Gewicht langfristig halten, sollten sie vom Tierbesitzer routinemäßig einmal wöchentlich gewogen werden. Dies ist insbesondere bei Haltung mehrerer Tiere in einer Gruppe wichtig.

Weitere Fragen zielen auf die **Futteraufnahme** und die Verdauung ab. Frisst das Kaninchen noch ausreichend allein oder muss bereits zugefüttert werden? Welche Nahrung wird dem Tier hierbei verabreicht und in welcher Menge? Wie ist der **Kotabsatz**, sowohl im Hinblick auf die Menge als auch die Form der einzelnen Kotbällchen? Setzt das Tier noch Weichkot ab (**Zäkotrophie**)? Wird die Zäkotrophe ganz oder partiell aufgenommen? Auf Zahnerkrankungen kann auch ein **verändertes Fressverhalten** hinweisen. Manche Tiere fressen **sehr selektiv**, indem sie weicheres Futter bevorzugen und härteres wie Heu zunehmend meiden. Hiermit gehen meist auch entsprechende **Verdauungsprobleme** einher (härterer oder weicherer Kot, reduzierte oder fehlende Zäkotrophie, Koliken usw.). Andere Kaninchen versuchen mit Heißhunger zu fressen, lassen die Nahrung jedoch „angekaut“ rasch wieder aus dem Mund fallen; vermutlich schmerzbedingt oder weil ihnen eine Zerkleinerung der Futterpartikel nicht möglich ist. Schmerzen können **Wesens-** oder **Verhaltensänderungen** zur Folge haben (Aggression oder eher reduziertes, apathisches Verhalten). Relativ häufig zeigen Kaninchen mit starken Schmerzen ein typisches **Zähneknirschen**. Es tritt insbesondere bei schweren Koliken auf. Auf Zahnerkrankungen weisen außerdem atypische oder **„leere“ Kaubewegungen** hin, die leicht mit dem schmerzbedingten Zähneknirschen zu verwechseln sind.

Manche Kaninchen können als Folge eines generalisierten **Backenzahnüberwuchses** ihre Mundhöhle nicht mehr korrekt schließen. **Sekundär** kommt es dann zu einer extremen **Verlängerung der Schneidezähne**, die ohne die Möglichkeit eines korrekten Abriebs aneinander vorbeiwachsen (Abb.294). Diese erworbene Malokklusion der Schneidezähne (Inzisivi) muss von der **angeborenen Form** des Schneidezahnüberwuchses bei verkürztem Kiefer (**Brachygnathie**) unterschieden werden (siehe Schneidezahnüberwuchs bei kurzköpfigen Kaninchen). Bei dieser vererbten Erkrankung fällt bereits im Alter von wenigen Monaten ein unzureichender Abrieb der Inzisivi auf.

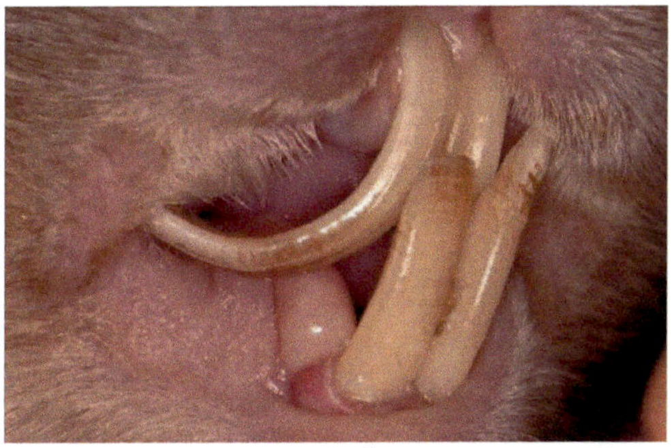

Abbildung 294: Erworbener Überwuchs der Schneidezähne bei einem älteren Kaninchen mit Impression des rechten Inzisivus in die Backe.

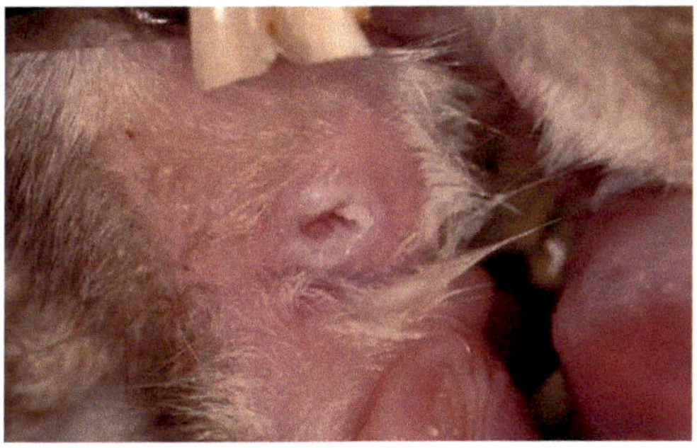

Abbildung 295: Das Ausmaß der Verletzung wird nach Kürzung der Schneidezähne deutlich sichtbar.

Vermehrtes Speicheln kann ebenfalls auf eine Zahnerkrankung hinweisen (Abb.296). Meist liegen sehr schmerzhafte **Mundschleimhautverletzungen** vor, die als Folge einer **Zahnspitzenbildung** im Oberkiefer (Backenbereich) oder Unterkiefer (Zunge) entstehen (Abb.265). Recht häufig berichten die Tierbesitzer, dass das Kaninchen kurzzeitig schlecht gefressen und exzessiv gespeichelt hat, dann aber eine deutliche Besserung eintrat woraufhin sich die gleiche Symptomatik wiederholte. Dieser **intervallartige Verlauf** der Befunde erklärt sich wie folgt: Die durch eine feine Zahnspitze hervorgerufene, zunächst sehr schmerzhafte Zungenläsion heilt häufig auch ohne Zahnkürzung nach gewisser Zeit ab, da sich lokal eine **Vernarbung** ausbildet (Abb.297). Das Tier frisst wieder besser, bis die sich weiter vergrößernde Zahnspitze das Narbengewebe erneut verletzt und somit die Wunde wieder schmerzhaft wird. Es folgt abermals verstärktes Speicheln, das mit einer reduzierten Futteraufnahme einhergeht. Viele dieser Tiere trinken auch nicht mehr ausreichend (vor allem aus Nippeltränken), da die hierfür erforderlichen Zungenbewegungen sehr schmerzhaft sind. Der erhöhte Speichelfluss führt sehr häufig zu **Fellverklebungen im Kinnbereich** und auf der Innenseite der Vorderpfoten, da sich die Tiere meist vermehrt putzen. Hautveränderungen im Kinnbereich können aber auch die Folge einer Entzündung der Kinndrüse sein. Diese spezielle Duftdrüse entwickelt sich im Lauf der Geschlechtsreife und ist bei dominanten männlichen Tieren besonders ausgeprägt. Ihr Sekret dient der Territorialmarkierung. Mit einer typischen Kopfbewegung wird es hierzu an markanten Stellen abgestreift (Käfigeingang, Holz, Futterplatz etc.). Ein Blick auf die Backenzähne hilft bei der Differenzierung zwischen einer primären Drüsenveränderung und einer Malokklusion mit sekundärer Schleimhautverletzung.

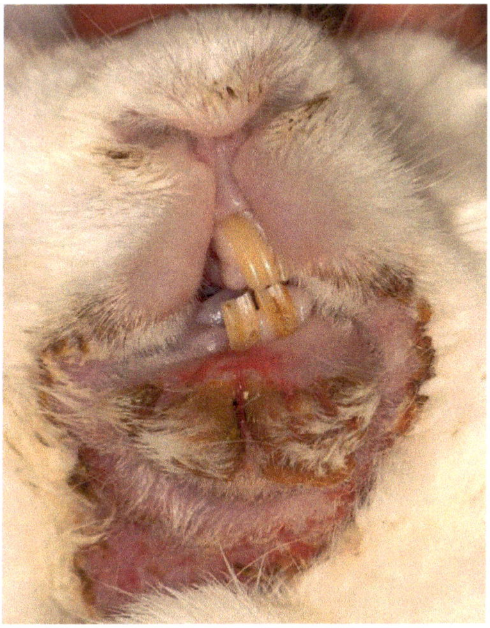

Abbildung 296: Kaninchen mit Zahnspitzenbildung und hierdurch bedingtem starken Speicheln. Sekundäre feuchtigkeitsbedingte Hautentzündung im Kinnbereich.

Kaninchen mit primären Zahnerkrankungen leiden meist auch an sekundären Verdauungsproblemen. Sie zeigen entweder Anzeichen einer **Verstopfung** (reduzierte Magen-Darm-Motorik) oder aber häufiger **Durchfallerkrankungen** mit einer **Verschmutzung des Anogenitalbereichs**. Teilweise handelt es sich hierbei jedoch nur um mit dem Fell verklebten Weichkot, da Tiere mit schmerzhaften Zahnproblemen oft keine Zäkotrophe mehr aufnehmen. Auch putzen sie sich nur noch unzureichend, wobei sie normalerweise in regelmäßigen Abständen mit den Schneidezähnen die Unterwolle entfernen. Daher ist bei Tieren mit schwerwiegenderen Zahnerkrankungen das **Fell** sekundär häufig stark **verfilzt** und ganz allgemein **ungepflegt**.

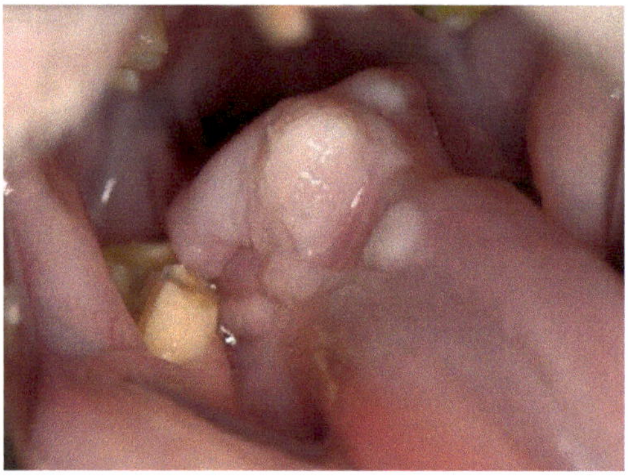

Abbildung 297: Starke Verdickung und Entzündung der Zunge (sog. Zungenphlegmone) durch wiederholte Verletzungen (Zahnspitzen).

Klinische Untersuchung

Als erster Untersuchungsschritt erfolgt ein sorgfältiges Abtasten (**Palpation**) des gesamten Ober- und Unterkieferbereichs. Hierbei wird auf (schmerzhafte) **Schwellungen, Kieferdeformationen, Knochenauftreibungen** sowie eventuelle Weichteil bzw. Knochen-**Asymmetrien** im Kopfbereich geachtet. Diese können Folge eines zahnassoziierten Kieferabszesses oder eines bei Kaninchen eher selten vorkommenden Tumors sein. Aber auch in die Mundschleimhaut eingedrungene Fremdkörper führen mitunter zu schweren Weichteilvereiterungen mit Backenschwellung. Dominieren beim Abtasten des Unterkiefers vereinzelte, kleinere, harte Knochenvorwölbungen, handelt es sich in der Regel um eine retrograde Zahnwurzelverlängerung einzelner Zähne (Abb.261 und Abb.251.). Solange eine derartige Knochenprominenz nicht schmerzhaft und röntgenologisch unauffällig ist, bleibt sie zunächst unbehandelt und wird regelmäßig kontrolliert. In diesem Stadium ist die über den Kieferknochen hinausragende Zahnwurzel meist noch ausreichend mit einer dünnen Knochenplatte abgedeckt (Röntgenbefund). Löst sich diese jedoch entzündungsbedingt auf (im Gefolge einer Infektion der Zahnwurzelspitze) oder wird sie vom scharfkantigen Zahnende rein mechanisch durchbrochen, resultieren Schmerzen und es besteht das Risiko einer Kieferabszessbildung.

Nicht selten werden Kaninchen erst dann in der Tierarztpraxis vorgestellt, wenn sich als Folge einer zunächst „einfachen" Zahnwurzelentzündung „plötzlich" **umfangreichere Kieferabszesse** mit einer Asymmetrie im Kopfbereich (Schwellung am Ober- oder Unterkiefer) entwickelt haben (Abb.298, Abb.299 und Abb.307). Eine apikale (an der Zahnwurzelspitze liegende) Vereiterung der letzten vier Oberkieferbackenzähne kann auch mit einem einseitigen **Augapfelvorfall** einhergehen, da sich die Wurzeln dieser Zähne im vorderen Bereich der Augenhöhle befinden. Brechen die Zahnwurzeln als Folge einer retrograden Zahnverlängerung oder entzündungsbedingt in die Augenhöhle ein, so wird der Augapfel progressiv herausgedrückt – entweder rein mechanisch (Zahnüberwuchs) oder als Folge einer lokalen Abszedierung (in Form einer hinter dem Auge liegende Abszessblase) (Abb.249 und 262). Infolgedessen werden parallel zur Palpation der Kieferknochen auch stets beide Augen genau beurteilt und insbesondere auf Auftreibungen in deren naher Umgebung geachtet. **Therapieresistente Augenentzündungen** oder ein hartnäckiger, meist **einseitiger eitriger Nasenausfluss** gehören ebenfalls zu möglichen Hinweisen auf primäre Zahnerkrankungen (Abb.300 und Abb.301). In diesen Fällen ist meist der **Tränen-Nasen-Kanal** mitbetroffen, dessen

Durchgängigkeit sich mit Hilfe einer Spülung leicht überprüfen lässt (Abb.303). Hierzu reicht eine Lokalanästhesie des Auges mit entsprechenden Augentropfen aus. Nach Einführen einer metallischen Tränen-Nasen-Kanüle oder eines pädiatrischen Venenkatheters (ohne Nadel) in das ca. 4 mm vom unteren Lidrand entfernt liegende Tränenpünktchen (der Beginn der tränenableitenden Wege) werden ca. 1–2 ml einer Spülflüssigkeit (z. B. physiologische Kochsalzlösung) eingespritzt. Bei einem normal durchgängigen Kanal tritt die klare Flüssigkeit während des Spülens tropfenweise aus der gleichseitigen Nasenöffnung aus. Liegt eine chronische Entzündung des Tränen-Nasen-Kanals vor, ist die Spüllösung trüb bis eitrig. Bei unklaren Befunden kann eine Kontrastmitteluntersuchung durchgeführt werden (Abb.302). Die alleinige Gabe antibiotischer Augentropfen ist bei eitrigen Entzündungen des Kanals meist nicht ausreichend und führt nur zu einer vorübergehenden Besserung. Am wichtigsten sind begleitende regelmäßige Spülungen des Tränen-Nasen-Kanals, da sich Bakterien in ihm sehr wohl fühlen bzw. hier optimale Bedingungen zu ihrer Vermehrung vorfinden.

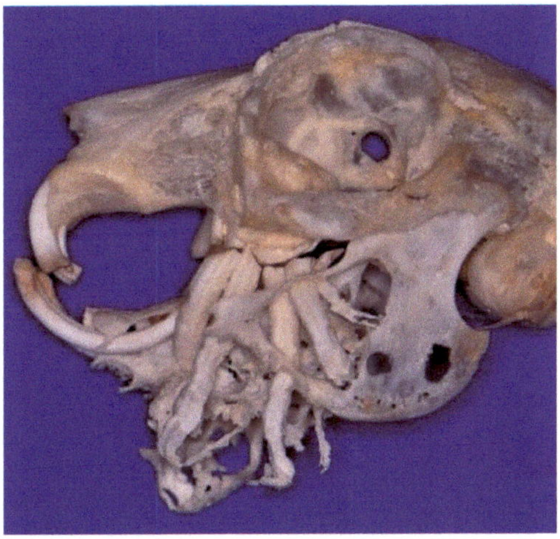

Abbildung 298: Präparat eines Kaninchenschädels mit weit fortgeschrittener Unterkieferabszedierung (Röntgenbild des Patienten siehe Titelbild). Die stark strukturell veränderten und überlangen Backenzähne ragen weit über den völlig zerstörten Unterkieferknochen hinaus. Welche Qualen musste dieses arme Kaninchen erleiden!

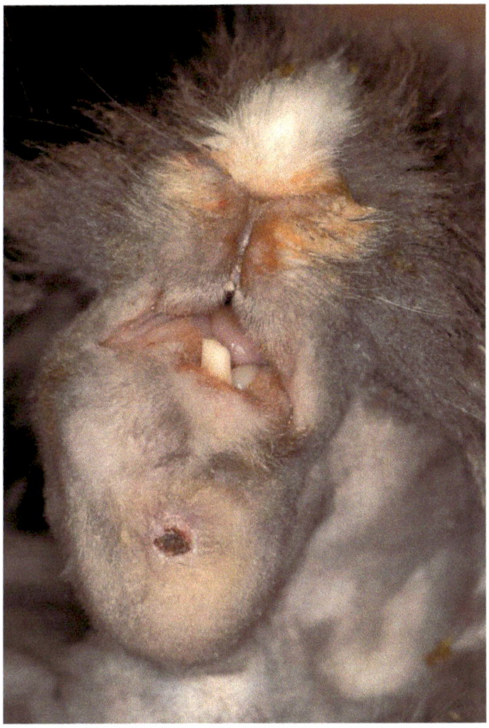

Abbildung 299: Kaninchen mit Unterkieferabszess und beiderseitigem Nasenausfluss (unbedingte Indikation zu einer weiteren Röntgendiagnostik!).

Der **Tränen-Nasen-Kanal** verbindet den inneren Augenwinkel mit dem vorderen Bereich der Nasenhöhle und leitet – wie beim Menschen – überschüssige Tränenflüssigkeit ab. Beim Kaninchen verläuft er in unmittelbarer Nähe zu einzelnen Zähnen und ist daher für **kompressionsbedingte Verlegungen** und sekundäre Entzündungen besonders empfänglich. So findet sich als häufigste Ursache einer Einengung des Kanals eine **retrograde Verlängerung des oberen Schneidezahns** (Verlagerung der Zahnwurzel in den benachbarten Kieferknochen) (Abb.222 und Abb.302). Aber auch pathologische Veränderungen des **ersten Oberkieferbackenzahns** können den Tränen-Nasen-Kanal in Mitleidenschaft ziehen. Verlagert sich der Zahn hierbei in die Nasenhöhle, kann sich eine schwerwiegende einseitige **Nasenhöhlenentzündung** entwickeln, bis hin zu einer **intranasalen Abszedierung**. Unmittelbare Folge sind meist schwere **Atemprobleme**, denn

Kaninchen können prinzipiell nur durch die Nase atmen. Da sie durch die einseitige Einengung der oberen Atemwege kräftiger einatmen müssen, um genügend Luft und somit Sauerstoff zu erhalten, entsteht sekundär häufig eine Überblähung der Lunge (typischer Röntgenbefund).

Abbildung 300: Kaninchen mit leichtem Vorfall des linken Augapfels sowie eitrigem Augenausfluss.

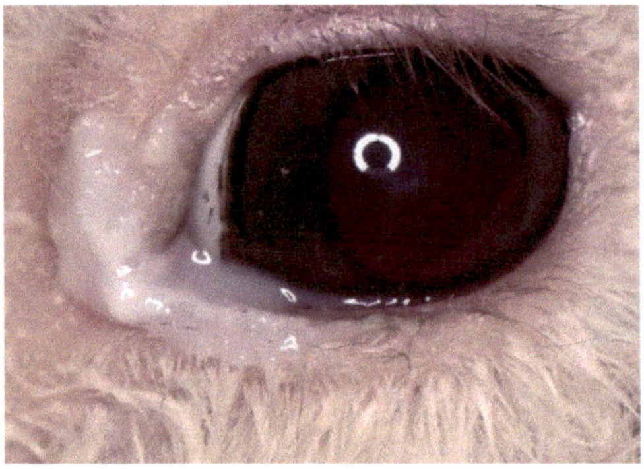

Abbildung 301: Linkes Auge des Kaninchens von Abb. 300: Der Verdacht einer primären Erkrankung des Tränen-Nasen-Kanales sollte abgeklärt werden.

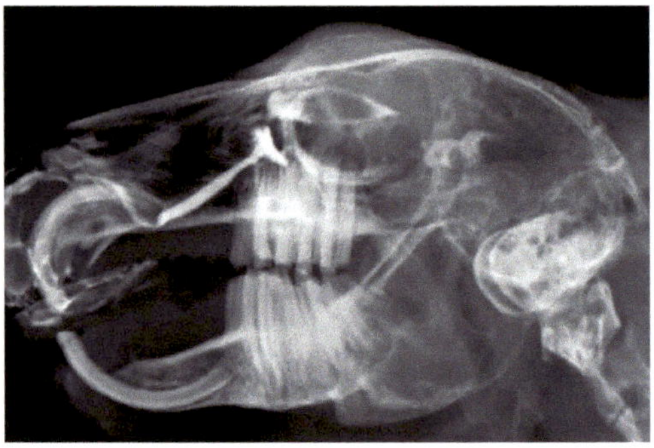

Abbildung 302: Röntgenbild des Kaninchens von Abb. 300: Die Kontrastmittelstudie des Tränen-Nasen-Kanales zeigt eine Einengung des Kanales im Bereich der oberen Schneidezahnwurzel.

Im Fall einer **chronischen Abszedierung** (ganz unabhängig von der Ursache) besteht die Gefahr, dass sich die eitrige Entzündung über die Blutbahn in **innere Organe ausbreitet**. Dies muss bei der klinischen wie auch bei der röntgenologischen Untersuchung besonders beachtet werden. Eine erfolgte Keimstreuung kann den Brustkorb (meist Lungenabszesse) und den Bauchraum (überwiegend Bauchfellentzündung) betreffen.

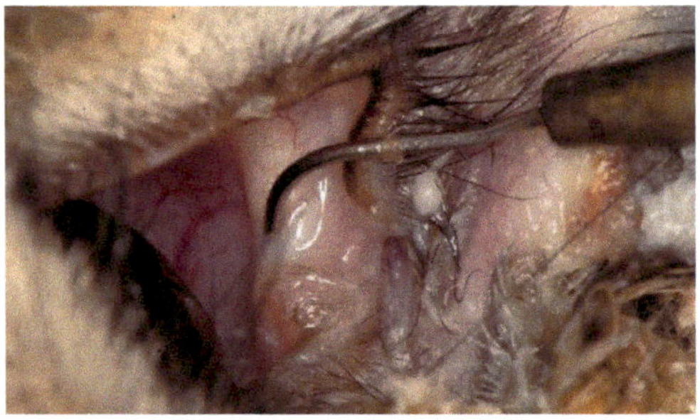

Abbildung 303: Kanüle im Tränen-Nasen-Kanal

Früherkennung von Kieferabszedierungen

- regelmäßiges Abtasten der Kiefer sowie des gesamten Kopfbereichs (beim Streicheln)
- Achten auf jegliche Asymmetrie im oberen Kopfbereich, an den Kiefern und im Bereich der Augen
- frühzeitiges Erkennen einer einseitigen Augapfelvorwölbung
- fundierte Diagnostik bei chronischen Augenentzündungen (meist einseitig)
- genauere Abklärung chronischer eitriger Nasenentzündungen
- Einleitung diagnostischer Schritte bei unangenehmem Geruch des Tieres (Eiter) oder Verschmutzungen des Felles durch Eiterabfluss

Bei der **Untersuchung der Zähne** und der Mundhöhle verhalten sich die Tiere oft ruhiger, wenn der Besitzer sie selbst festhält. Bei Kaninchen muss man stets mit plötzlichen Abwehrreaktionen rechnen, da sie als Fluchttiere versuchen, einer für sie bedrohlich erscheinenden Situation zu entkommen. Um ein **plötzliches Ausschlagen** mit den Hinterbeinen zu **vermeiden**, das allein durch die Anspannung der Rückenmuskulatur zu schwerwiegenden **Wirbelsäulenverletzungen** führen kann, achtet man bei der Fixierung des Tieres auf eine gute Ruhigstellung der Wirbelsäule sowie der Beckengliedmaßen (Abb.305). Während eine Hand die Vorderpfoten vor der Brust der fixierenden Person umfasst, drückt die andere Hand beide stark gebeugten (oder gestreckten) Kniegelenke fest gegen den eigenen Bauch. Hierdurch ist die Wirbelsäule des Tieres optimal gesichert. Zur **Untersuchung der Schneidezähne** werden die **Lippen leicht zurückgezogen**, was den sichtbaren Zahnkörper (klinische Zahnkrone) zur näheren Beurteilung freilegt. Geachtet wird auf die Position der Zähne zueinander, die Form ihrer Kontaktflächen sowie deren Gesamtlänge, Farbe, Oberflächenstruktur und Form. Insbesondere quer verlaufende Rillen auf der Schmelzoberfläche sowie stärkere Zahnverbiegungen weisen auf eine im Zahnwurzelbereich liegende Veränderung oder Irritation hin (siehe Kapitel Anatomie Mundhöhle).

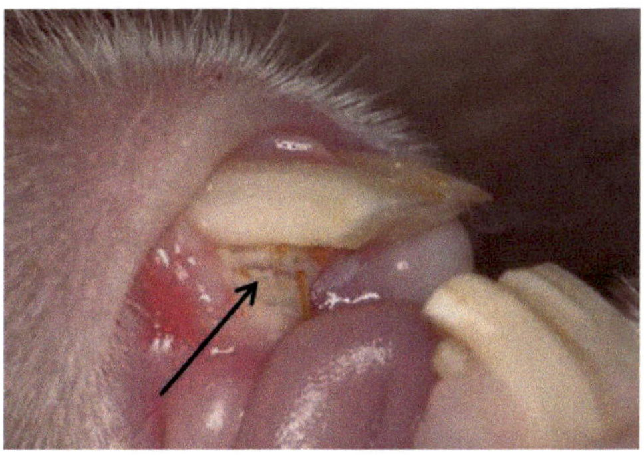

Abbildung 304: Verletzung der Schleimhaut hinter den unteren Schneidezähnen als Folge des wiederholten Einsatzes eines Mundspreizers ohne Narkose des Tieres.

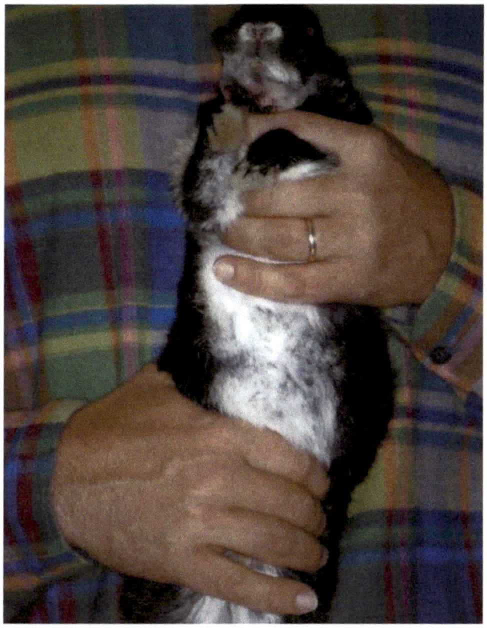

Abbildung 305: Fixation eines Kaninchens zur Zahnuntersuchung durch den Besitzer.

Zur orientierenden Untersuchung der **Backenzähne** dient ein **Endoskop** oder ein **Otoskop** mit aufgesetztem metallischem Ohrtrichter passender Größe. Das Instrument wird über den zahnlosen Kieferbereich (Diastema) vorsichtig in die Mundhöhle eingeführt. Alternativ eignet sich zur intraoralen Diagnostik ein kleines Spreizspekulum. Wichtig ist ebenfalls eine gute Lichtquelle (z. B. Stirnlampe). Die **Verwendung von Kiefer- und Wangenspreizern** bei **nicht sedierten Tieren ist strikt abzulehnen**. Kaninchen reagieren hierauf stets mit einer gewissen Abwehr. Durch die dabei stattfindenden seitlichen Kieferbewegungen unterliegen die Schneidezähne einer kräftigen Scherbewegung, die sich entlang der Zahnlängsachse bis in den Wurzelbereich überträgt und die Zahnwurzel stark belastet bzw. irritiert. Im Extremfall kann dies eine Schneidezahnproblematik mit unphysiologischem Nachwachsen der Zahnhartsubstanz auslösen. Hinzu kommen oft unterschätzte Verletzungen der hinter den Zahnkronen liegenden Weichteile (Abb.304). Lokale Drucknekrosen sind eine häufige Folge dieses unsachgemäßen Instrumenteneinsatzes. Diese können sogar zu einer Lockerung der knöchernen Fuge (Symphyse) führen, die beide Kieferhälften miteinander verbindet (Abb.306). Aus diesem Grund und auch deshalb, weil man ansonsten viele Befunde übersieht, sollten grundsätzlich ebenfalls **keine Backenzahnkorrekturen ohne Narkose** des Tieres durchgeführt werden (siehe unten).

Kaninchen sind generell sehr stressanfällig. Jede Aufregung steigert die Herzschlagfrequenz und den Blutdruck. Dies zeigt sich in **Stresssituationen** häufig an einem beiderseitigen **Hervorquellen der Augäpfel**, da der hinter den Augen liegende Venenkomplex stärker durchblutet wird. In derartigen Situationen besteht grundsätzlich die Gefahr ernsthafter **Herzrhythmusstörungen**, die sogar den plötzlichen Tod des Tieres bedingen können (sog. **Stresstod**). Schon allein zur Vermeidung dieser Gefahr sollten Kaninchen zur näheren Untersuchung der Mundhöhle sowie zur eventuellen Gebisskorrektur stets narkotisiert werden. Erst dann lassen sich Kiefer- und Backenspreizer gefahrlos einsetzen und der Tierarzt/die Tierärztin kann eine fundierte klinische Diagnostik sowie entsprechend sorgfältige Therapie durchführen.

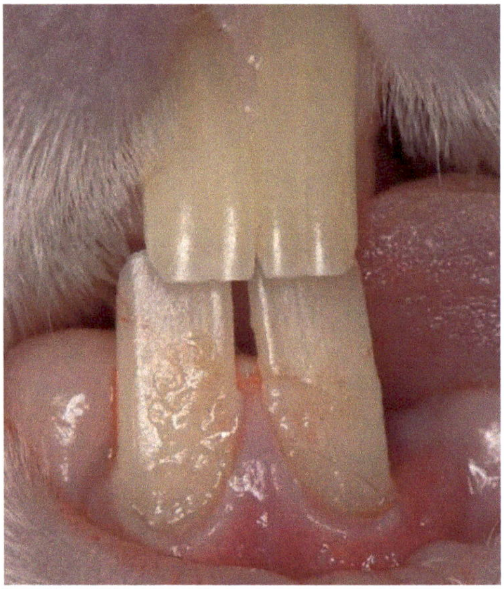

Abbildung 306: Lockerung und Vereiterung der unteren Schneidezähne als Folge des wiederholten Einsetzens eines Kieferspreizers ohne Narkose des Tieres (Scherbewegungen).

Röntgenologische Untersuchung des Gebisses

Eine röntgenologische Diagnostik des Gebisses ist **unverzichtbar**, um Zahnerkrankungen korrekt beurteilen oder ausschließen zu können, denn **lediglich 20% aller pathologischen Veränderungen**, die die Zähne, das Zahnfach sowie den Kieferknochen betreffen, **lassen sich durch eine alleinige klinische Untersuchung erfassen** – und dies völlig unabhängig davon, wie erfahren der Untersuchende ist und mit welcher Sorgfalt er die intraorale Diagnostik durchführt. Bleiben pathologische Befunde ohne Anfertigung geeigneter Röntgenaufnahmen „verborgen“ (d.h. 80% der vorliegenden Veränderungen!) (Abb.308), schreiten sie völlig unbemerkt kontinuierlich fort, häufig so lange, bis sie dann letztendlich auch der Laie erkennt. Der Tierhalter berichtet dann oft von einer „plötzlich“ aufgetretenen Schwellung oder Nahrungsverweigerung (Abb.307).

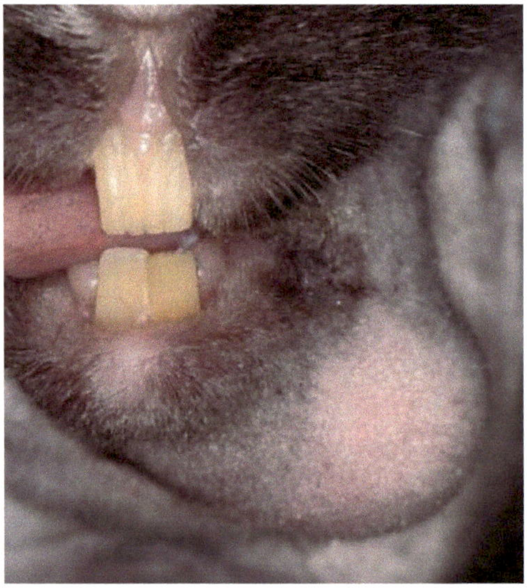

Abbildung 307: Vom linken unteren Schneidezahn ausgehender Unterkieferabszess bei einem Kaninchen.

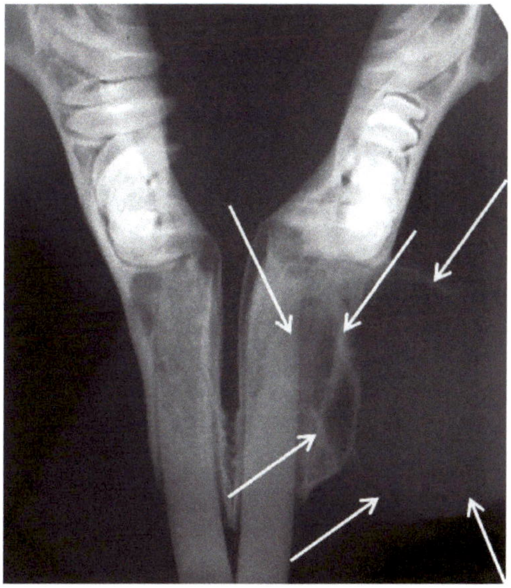

Abbildung 308: Intraorales Röntgenbild des Unterkiefers (Kaninchen von Abb. 307): Die Vereiterung ist auf den Schneidezahn begrenzt; die unteren Backenzähne sind ohne Befund.

Bei näherem Hinsehen liegen jedoch meist nicht akute Veränderungen vor, sondern Prozesse mit einem schleichenden Verlauf. In diesen weit fortgeschrittenen Stadien der Erkrankung ist dann häufig keine Therapie mehr möglich oder erfolgversprechend, so dass das Kaninchen wegen der aussichtslosen Prognose eingeschläfert werden muss. In manchen Fällen fällt diese Entscheidung auch wegen der nunmehr hohen Behandlungskosten, die der Besitzer nicht tragen kann oder möchte. Diese stehen in keinem Verhältnis zu den Kosten einer frühzeitig durchgeführten Röntgendiagnostik.

Auf eine Zahn- oder Kiefererkrankung hinweisende Symptome

- überlange, anormal zueinander positionierte und geformte Schneidezähne
- Hautentzündungen im Kieferwinkel oder Kinnbereich
- Verschmutzung und/oder Hautentzündung im Bereich der Innenseite beider Vorderpfoten (Folge des Putzens bei exzessivem Speichelfluss)
- vermehrt tränende Augen durch Verlegung des Tränen-Nasen-Kanals (meist einseitig)
- chronische, therapieresistente Augenentzündungen (meist einseitig)
- chronischer (meist einseitiger sowie eitriger) Nasenausfluss
- Schwellungen und Asymmetrie im Kopf-/Kieferbereich (Abszedierungen)
- Austritt von Eiter oder Blut im Kopf-/Kieferbereich (Abszedierungen)
- abnormer Mundgeruch (Eiter in der Mundhöhle)
- Schmerzanzeichen beim Streicheln des Kopfbereichs
- leichte Vorwölbung eines Augapfels (meist einseitig)
- Verstopfung oder harter, kleinerer Kot
- rezidivierender oder chronischer Durchfall
- Koliken (Raufasermangel sowie schlecht gekautes Futter)
- verschmutzter Anogenitalbereich (fehlende Zäkotrophie)
- verfilztes oder struppiges, ungepflegtes Fell (mangelhafte Fellpflege)
- stark reduzierte Futteraufnahme bis hin zur Futterverweigerung
- Gewichtsverlust (wöchentliches Wiegen)
- verändertes Fressverhalten (Bevorzugung weicherer Nahrung, abnorme Kaubewegungen, Herausfallen von „angekautem“ Futter aus der Mundhöhle)
- vermehrtes Speicheln (Schleimhautverletzungen)
- Hinweise auf Schmerzen: „Zähneknirschen“, Drücken des Kopfes in die Ecke, ruhiges Verharren an einer Stelle, Wesensveränderung (Aggression oder sich Zurückziehen vom Partner sowie Tierhalter)

An dieser Stelle sei nochmals explizit darauf hingewiesen, dass ein normales, **unauffälliges Verhalten nicht gleichbedeutend** ist mit der Feststellung, ein Tier habe **„keine Schmerzen“**. Als **Flucht- und Beutetiere** verstecken Kaninchen von Natur aus schmerzhafte Leiden sehr erfolgreich, ansonsten würden sie nicht lange überleben (Fressfeinde). Jedoch haben sie – ebenso wie der Mensch oder andere Tiere – eine individuell sehr unterschiedliche Schmerztoleranz. Es gibt auch bei Kaninchen sehr empfindliche Naturen, die sich gern verwöhnen lassen, und robustere, extrem indolente Charaktere, die erst einmal „still“ leiden. Daher gilt generell die Empfehlung, auch bei Kaninchen, die allem Anschein nach an keiner oder lediglich an einer „leichten“ Zahnproblematik leiden, im Rahmen der Erstvorstellung beim Tierarzt/der Tierärztin eine Röntgenaufnahme anfertigen zu lassen. Am besten wird hierbei der Kopf in zwei Ebenen dargestellt (seitliche Aufnahme sowie Darstellung des Schädels mit Strahlengang von oben oder unten).

Auf den Röntgenbildern kann mit Hilfe spezieller Linien (**Referenzlinien nach Böhmer & Crossley**), die bestimmte Fixpunkte miteinander verbinden, genau beurteilt werden, ob das Kaninchen an einer Gebissproblematik leidet und wie ausgeprägt die Befunde bereits sind (Abb.223). Bei jüngeren Tieren lässt sich mit diesen Linien sehr frühzeitig auch eine gewisse **Prädisposition für Gebisserkrankungen nachweisen**, denn sie ermöglichen es, sowohl die Gesamtlänge der Zähne als auch einen Durchbruch der Zahnspitzen in den benachbarten Ober- oder Unterkieferknochen exakt zu beurteilen. Gelingt es im Frühstadium einer Gebisserkrankung, die Ernährung der Tiere hinsichtlich eines adäquaten Zahnabriebs zu optimieren, können schwerwiegendere Veränderungen unter Umständen verhindert oder zumindest deutlich hinausgezögert werden. Daher ist es ratsam, bereits bei jungen Tieren im Alter von **6–12 Monaten** im Rahmen eines sowieso erforderlichen Tierarztbesuches (z. B. Impfung, Kastration) ein Röntgenbild anzufertigen. Derartige **„Übersichtsaufnahmen“ des Kopfes** erfordern in aller Regel keine Sedation des Kaninchens. Sind hierauf verdächtige Veränderungen erkennbar, schließen sich weitere diagnostische Schritte an (z. B. Anfertigung von aussagekräftigeren Spezialaufnahmen), die dann meist in Narkose erfolgen, unmittelbar vor dem therapeutischen Eingriff. Auf diese Art und Weise kann ein eventuell vorliegender Befund sehr frühzeitig erhoben und somit hoffentlich auch erfolgreich behandelt werden, ohne dass schwerwiegendere Gebissveränderungen auftreten. Eine frühzeitige röntgenologische Diagnostik kann somit die Langzeitprognose deutlich verbessern!

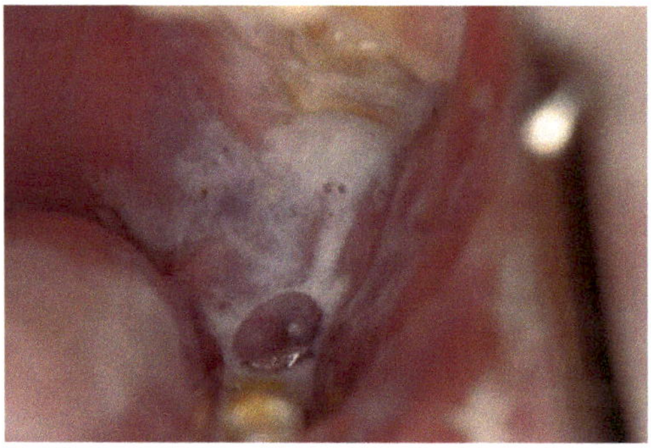

Abbildung 309: Eiter in der Mundhöhle – welcher Zahn ist betroffen????

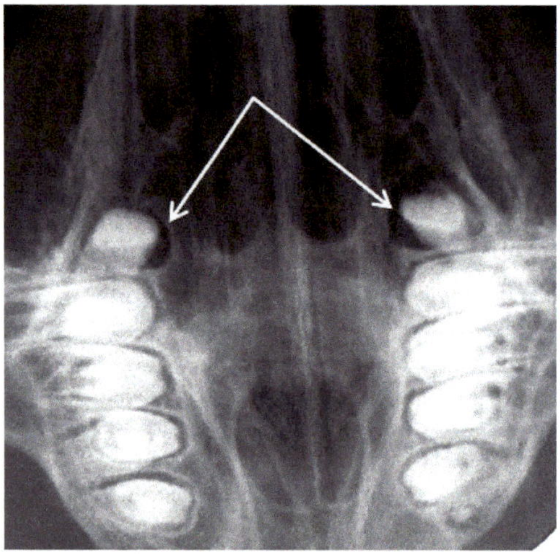

Abbildung 310. Intraorales Röntgenbild des Oberkiefers (Kaninchen von Abb. 309): Die Zahnfächer der beiden ersten Oberkieferbackenzähne sind stark erweitert (beiderseitige Zahnentzündung mit Indikation zur Zahnextraktion).

Mit Hilfe **spezieller Lagerungen** des Kopfes (Schrägaufnahmen, rostrokaudale Aufnahmetechniken [von vorn nach hinten gerichteter Strahlengang], geöffnete Mundhöhle etc.) sowie durch **intraorale Aufnahmetechniken** (Verwendung sog. Dentalfilme oder entsprechender Einlesefolien (Abb.310) lässt sich **jeder einzelne Zahn** des Ober- sowie Unterkiefers überlagerungsfrei und somit **isoliert darstellen**. Dies ermöglicht eine exakte Beurteilung der lokalen Situation (Abb.309-313). Bedeutung hat dies insbesondere bei der chirurgischen Abszessbehandlung mit einer erforderlichen oder geplanten Zahnextraktion. Intraorale Aufnahmen dienen auch dazu, nach Abschluss einer Abszesstherapie den tatsächlichen Behandlungserfolg zu überprüfen. Man ist oft überrascht, welche pathologischen Veränderungen noch zu erkennen sind, obgleich die Tiere allem Anschein nach keine Beschwerden zeigen und somit als „geheilt" gelten. Eine mögliche Ausbreitung der Entzündung auf benachbarte Strukturen (Zähne oder Kieferknochen) kann somit sicher ausgeschlossen oder aber frühzeitig erkannt und therapiert werden.

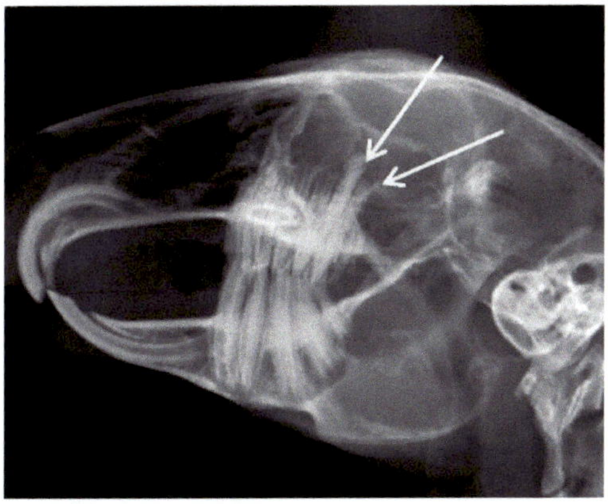

Abbildung 311: Röntgenbild eines Kaninchens mit einseitigem Augapfelvorfall (rechts) Die zwei hinteren oberen Backenzähne sind stark verlängert (retrograde Zahnelongation).

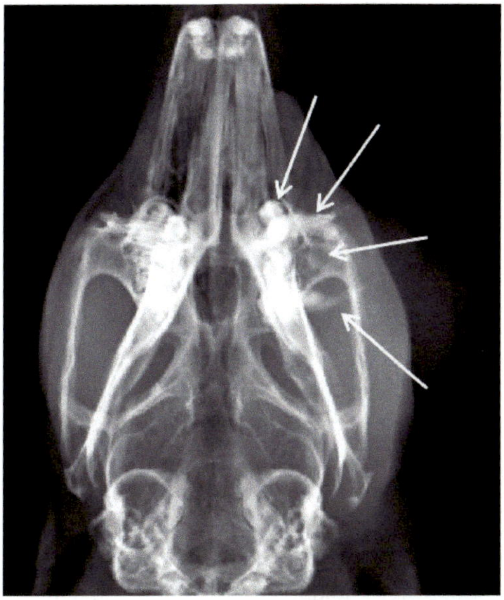

Abbildung 312: Die zweite Röntgenbildebene des Kaninchens von Abb. 311 zeigt, dass alle Zähne des rechten Oberkiefers verändert sind und im Rahmen der Therapie gezogen werden müssen.

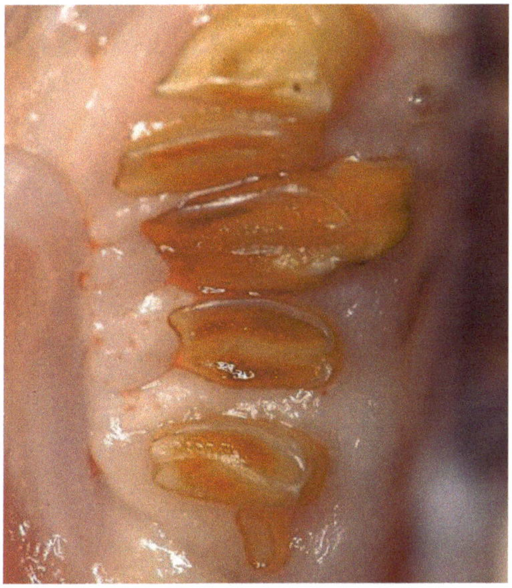

Abbildung 313: Linke obere Kaufläche des Kaninchens von Abb. 311: Allein anhand des intraoralen Befundes wäre eine korrekte Einschätzung der Schwere der Befunde nicht möglich (Beispiel für die Wichtigkeit der Anfertigung von Röntgenaufnahmen!).

Muss eine **Backenzahnkürzung** durchgeführt werden, **helfen diese Referenzlinien** auch bei der exakten **Berechnung der abzutragenden Zahnsubstanz**. Eine seitliche Kontrollaufnahme des Schädels nach dem Abfräsen der überlangen Zähne zeigt, ob die Gebisskorrektur optimal durchgeführt wurde. Dies ist dann der Fall, wenn anhand der Referenzlinien nachweisbar ist, dass die

Kaufläche der Backenzähne im Verhältnis zu den Schneidezähnen wieder normal verläuft.

Abhängig von den Primärbefunden an den Backenzähnen und dem Kieferknochen kann es in Einzelfällen erforderlich sein, die Backenzähne in **regelmäßigen Abständen zu kürzen**. Die Intervalle zwischen den Gebisskorrekturen sollten jedoch **8 Wochen** nicht unterschreiten, wobei vor der ersten Zahnkürzung immer eine Röntgenaufnahme anzufertigen ist. Zusätzlich sollte in **gewissen Abständen** durch **Kontrollröntgenaufnahmen** überprüft werden, was in der „Tiefe" vor sich geht und wie sich die erhobenen Befunde weiter entwickeln. So kann im Bedarfsfall rasch auf Veränderungen reagiert und ein Fortschreiten des Krankheitsverlaufs zumindest hinausgezögert werden.

Gibt es bei der Beurteilung von Röntgenaufnahmen irgendwelche Zweifel hinsichtlich der klar erkannten oder vermuteten Befunde, besteht auch die Möglichkeit **Röntgenbilder „per Internet" fachkundig interpretieren zu lassen** (www.curoxray.de). Ebenso kann es im Einzelfall hilfreich sein, zusätzlich oder alternativ zur routinemäßigen Röntgenuntersuchung ein **Computertomogramm** anzufertigen. Dies gilt beispielsweise bei Verdacht auf ein **neoplastisches Geschehen** oder eine vorwiegend von den Weichteilen ausgehende pathologische Veränderung. Den Nutzen einer derartigen „Hi-Tech"-Diagnostik sollte man jedoch nicht überschätzen. Der Abstand der einzelnen Schnittbilder beträgt ca. 0,5–1,5 mm, so dass sehr dezente Befunde (insbesondere beginnende Zahnfachveränderungen) leicht „übersehen" werden können. Für eine Vielzahl von Zahnerkrankungen ist die Darstellung derartiger Befunde mittels folienloser Dentalfilme oder entsprechender digitaler Einlesefolien infolge der höheren Auflösung deutlich einfacher – zumal sie vom behandelnden Tierarzt vor Ort durchgeführt werden kann (keine Überweisung erforderlich). Somit ist die Computertomographie in aller Regel keine Voraussetzung für eine erfolgreiche Abszesstherapie und auch kein Garant für einen besseren Therapieerfolg.

Therapie von Zahnerkrankungen (Zahnüberwuchs und Kieferabszesse)

Die Behandlung von Zahnerkrankungen bei Kaninchen ist nicht so einfach, wie man sich dies als Laie vielleicht vorstellt. Das Gebiss bildet eine komplexe Einheit und die kleinste Veränderung in diesem fein aufeinander abgestimmten Gefüge hat stets gewisse langfristige Folgen. Dies betrifft pathologische Befunde ebenso wie therapeutische Eingriffe, die daher wohl überdacht sein müssen. So dürfen **Schneide- und Backenzahnkürzungen nur dann durchgeführt** werden, wenn sie **zweifelsfrei indiziert** und tatsächlich hilfreich sind. Denn durch eine „Glättung" der Backenzahnkaufläche wird die Zerkleinerung faserigen Futters stark beeinträchtigt und hierdurch ändern sich unter Umständen die auf die Zähne einwirkenden Druckverhältnisse. Auch kann in fast allen Fällen eine Entscheidung zur Gebisskorrektur nicht ohne Anfertigung eines entsprechenden Röntgenbildes getroffen werden, das es ermöglicht, mit Hilfe der Referenzlinien nach Böhmer & Crossley die Situation **objektiv einzuschätzen**. Darüber hinaus helfen die Linien bei einem indizierten Eingriff das genaue Ausmaß der Gebisskorrektur zu planen – völlig unabhängig von der Erfahrung des jeweiligen Therapeuten.

Um die Zähne so wenig wie möglich zu traumatisieren, werden zur Zahnkürzung ausschließlich **rotierende Instrumente** verwendet (entsprechende Schleifkörper). Der Einsatz von Zangen ist obsolet, da hierbei Splitterungen der Zahnhartsubstanz auftreten, auch wenn diese mit bloßem Auge nicht unbedingt zu erkennen sind (Abb.314). Zum Abtragen von Zahnsubstanz im Schneidezahnbereich hat sich der Einsatz einer diamantbeschichteten Trennscheibe bewährt. Sollen ausschließlich die

Schneidezähne gekürzt werden (z. B. bei Brachygnathie, siehe unten), kann dies unter entsprechendem Schutz der Weichteile, beispielsweise mit einem Holzspatel, auch ohne Sedation des Tieres durchgeführt werden. Dagegen ist bei einer Kürzung von Backenzähnen und anderen intraoralen Behandlungen eine Narkose des Patienten zwingend erforderlich.

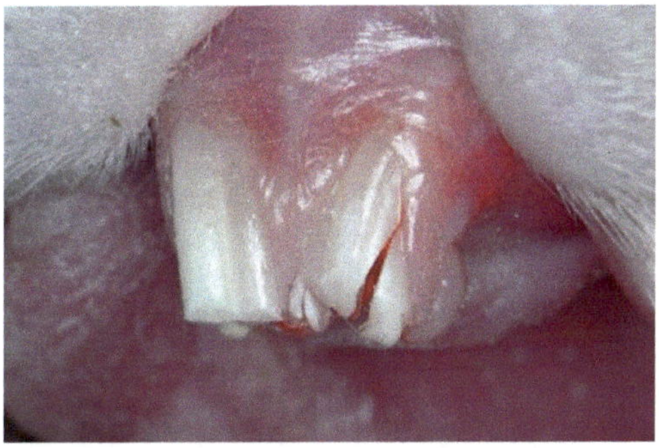

Abbildung 314: Splitterung des linken Oberkieferschneidezahns nach Kürzung der Zähne mittels Zange.

Ein weiterer wichtiger Punkt bei der Behandlung von Zahnerkrankungen ist, dass prinzipiell **alle Zähne entfernt werden** sollten, die eine **Zahnwurzelentzündung** aufweisen. Andernfalls schreiten die hiermit einhergehenden knochenauflösenden Veränderungen ungehindert fort, erfassen dabei auch benachbarte, zunächst noch gesunde Zähne und führen letztlich zu einer Kieferabszedierung, deren Therapie wesentlich komplizierter, prognostisch meist ungünstiger und auch teurer wird. Dieser schleichende Krankheitsverlauf findet überwiegend „verborgen“ statt, geht jedoch stets mit stärkeren Schmerzen einher, die ein Kaninchen als Beutetier nicht zwingend zeigt. Um die pathologischen Veränderungen „in der Tiefe“ zu diagnostizieren bedarf es der oben beschriebenen Röntgendiagnostik.

Infektionsverdächtig sind Zähne, die bei der klinischen intraoralen Untersuchung **strukturelle Veränderungen der Zahnhartsubstanz** aufweisen (seien sie auch noch so gering), denn diese sind oft Folge einer Entzündung oder zumindest stärkeren Irritation des Zahnwurzelbereichs. Zu diesen Veränderungen gehören eine „plumpe“, aus lediglich einem Zahnbeinkörper bestehende Zahnkrone, eine brüchige Schmelzoberfläche (wie altes Porzellan), deutliche Schmelzrillenbildung im Bereich der Zahnoberfläche, Zahnlängsspaltung sowie ausgeprägtere Zahnkörperverbiegungen und Zahnkippungen oder Dislokationen (Verlagerungen). Meist lässt sich begleitend - sowohl klinisch als auch röntgenologisch - eine Entzündung und Erweiterung des Zahnfachs (Parodontopathie) feststellen.

Muss infolge einer auf den Zahnwurzelbereich beschränkten Vereiterung ein Schneide- oder Backenzahn gezogen werden, kann die **Zahnextraktion** – abhängig vom Einzelfall – **mit oder ohne operative Eröffnung des Zahnfachs** (**Osteotomie**) erfolgen. Der Vorteil einer retrograden, also zahnwurzelnahen Aufbohrung des Zahnfachs ist, dass die nach der Zahnextraktion nunmehr leere Alveole während der postoperativen Heilungsphase ohne Sedation des Tieres sauber gehalten werden kann. Um diesen Zugang so lange wie möglich offen zu halten, wird das leere Zahnbett (im Unterkiefer sozusagen „von unten“) mit Gaze austamponiert, die im Rahmen der anfangs täglich stattfindenden Wundreinigung regelmäßig gewechselt wird. Nach spätestens 10 Tagen ist die in der Mundhöhle liegende Schleimhautwunde normalerweise verheilt. Der eigentliche Abszessbereich bleibt hingegen so lange „offen“, wie dies bis zur Abheilung erforderlich ist.

Muss ein Zahn extrahiert werden, dessen Zahnwurzelentzündung bereits zu einem **ausgedehnten Kieferabszess** geführt hat, besteht in den meisten Fällen bereits ein von außen gut erreichbarer, unmittelbarer Zugang zur knöchernen Abszesshöhle sowie zum Zahnfach. Nach **Entfernung sämtlicher vereiterten Zähne** und einer recht radikal erfolgenden **Abtragung** allen **veränderten Knochen-** sowie **Weichteilgewebes** wird die nun fast „saubere“, meist sehr große Abszesshöhle mit Gaze austamponiert, die ebenfalls regelmäßig gewechselt wird. Nach 2–3 Tagen sehen die so behandelten Abszessbereiche stets sehr unansehnlich aus. Das liegt daran, dass sich nach dem Eingriff weiteres verändertes Gewebe demarkiert (vom gesunden Gewebe absondert). Hält dieser Zustand jedoch länger als ca. 5 Tage an, besteht der berechtigte Verdacht auf einen gestörten Heilungsprozess durch unterschiedliche Ursachen (z. B. übersehener Zahnrest, nekrotisches [abgestorbenes] Knochengewebe, Ausbreitung der Entzündung auf Nachbarzähne). In diesem Fall ist eine röntgenologische Kontrolluntersuchung angezeigt (Abb.315).

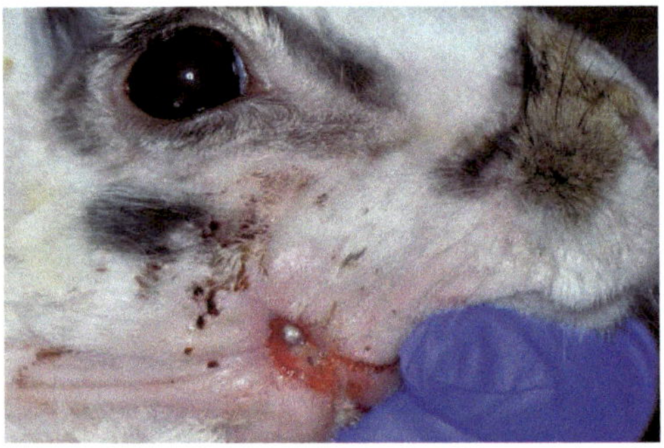

Abbildung 315: Situation nach operativer Therapie eines Unterkieferabszesses mit begleitender Backenzahnextraktion. Trotz konsequenter Wundbehandlung anhaltend Eiter im Wundbereich. Absolute Indikation zu erneutem Röntgen (!).

Ein besonderes Problem hinsichtlich einer effektiven Behandlung stellen **stark gebogene** oder **dislozierte Zähne** mit einer resultierenden **Zahnspitzenbildung** dar. Dies betrifft am häufigsten die mittleren Backenzähne im Unterkiefer. Bei der Extraktion eines solchen Zahns ist langfristig damit zu rechnen, dass die benachbarten Zähne zur „Lücke" hin abkippen. Daher muss von Fall zu Fall abgewogen werden, welche Vorgehensweise für die Gesamtsituation des Gebisses am vorteilhaftesten ist. Liegt jedoch zusätzlich oder ursächlich eine Zahnwurzelentzündung vor, gibt es zur Zahnextraktion keine Alternative.

Die **Abheilung von Kieferabszessen** ist **sehr langwierig** und es gibt **kein Patentrezept**, d. h. keine Behandlungsmethode, die sicher zur Heilung führt. So wird in der Fachliteratur eine Vielzahl **diverser Therapieverfahren** beschrieben (empfohlene Lektüre: Zahnheilkunde bei Kaninchen und Nager – E. Böhmer, Schattauer Verlag 2011). Jede Methode hat abhängig vom Einzelfall ihre Vor- und Nachteile. So kann beispielsweise bei einer auf die Zahnwurzel begrenzten Entzündung eine „einfache" **Wurzelspitzenresektion** durchgeführt werden, die aber nur unter ganz gewissen Voraussetzungen erfolgversprechend ist (z. B. keine weitere Schädigung der Zahnhartsubstanz), oder es wird lokal ein **antibiotikumhaltiger Knochenzement** eingebracht (sog. **AlPMMA-Kügelchen** – antibiotic impregnated polymethyl methacrylate beads) eingebracht (Abb.316). Bei dieser Technik lassen sich einige Antibiotika einsetzen, die bei eitrigen Kieferentzündungen sehr gut wirksam sind, jedoch systemisch (d. h. oral oder per Injektion) verabreicht durch Verursachung einer Dysbakterie sowie Enterotoxämie schädlich oder sogar tödlich für das Kaninchen wären (z. B. Clindamycin).

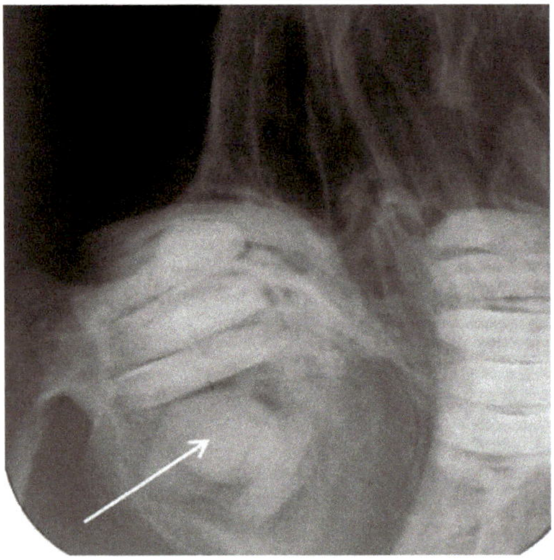

Abbildung 316: Intraorales Röntgenbild: Mit einem Antibiotikum „getränktes" Knochenzement-Implantat im Bereich eines hinter dem Augapfel liegenden Oberkieferabszesses.

Um das im Einzelfall wirksamste Antibiotikum auswählen zu können, ist vor der Herstellung der AlPMMA-Kügelchen eine **bakteriologische Keimbestimmung** mit **Resistenz-**

testung (Untersuchung auf wirksame Antibiotika) indiziert. Hierzu verwendet man am besten ein kleines Stückchen der eiterbildenden Abszesskapsel. Die Nutzung des bei Kaninchen sehr dickflüssigen, rahmartigen Eiters ergibt meist einen negativen bakteriologischen Befund, da der Eiter im Wesentlichen aus abgestorbenen Keimen, Gewebe- sowie Abwehrzellen besteht und daher fast keimfrei ist. Auch bei der Auswahl systemisch eingesetzter Antibiotika kann eine Testung sinnvoll sein, denn bisweilen liegen Infektionen mit resistenten Keimen vor, die nur mit einem speziellen, gegen diesen Bakterienstamm wirksamen Antibiotikum bekämpft werden können. Im Vordergrund einer Therapie steht jedoch immer die chirurgische Versorgung; Antibiotika unterstützen die Heilung lediglich. Allein verabreicht können sie Kiefer- und Zahnvereiterungen nicht heilen. Denn dann wäre auch unser Zahnarzt arbeitslos, da wir uns im Falle einer Zahnwurzelentzündung beim Hausarzt lediglich ein „geeignetes“ Antibiotikum holen müssten.

Zur **Nachbehandlung** chirurgisch versorgter Kieferabszesse kann einfacher **Zucker** oder (medizinischer bzw. normaler) **Honig** eingesetzt werden. Beide Substanzen wirken stark hygroskopisch; d. h. sie entziehen den Bakterien Wasser, so dass sich diese nicht mehr vermehren können. Wissenschaftliche Untersuchungen haben gezeigt, dass Zucker und Honig gegen mehr als 200 verschiedene Bakterien wirksam sind, dabei unter anderem auch gegen viele „Problemkeime“. Der größte Vorteil einer „Zuckertherapie“ ist jedoch, dass sich im Prinzip keine Resistenzen ausbilden können. Zudem unterstützt Zucker die Heilung, da er den Wundbereich feucht hält und durch seine hygroskopische Wirkung den Abszessbereich über eine vermehrte Produktion von Wundsekret reinigt.

Mit **bioaktiven Keramiken** (sog. Zahn- bzw. Knochenersatzmaterialien) können die Bakterien bekämpft und gleichzeitig der Knochenaufbau nach einer Kieferabszedierung gefördert werden. Alternativ lassen sich auch mit einem speziellen Antibiotikum getränkte **Kollagenfaserplatten** oder diverse andere Implantate einsetzen. Sehr kontrovers diskutiert wird hingegen das Einbringen von **Kalziumhydroxid** in eine frisch chirurgisch ausgeräumte Abszesshöhle. Diese chemische Substanz ist stark alkalisch (pH-Wert 12,0) und tötet hierdurch Bakterien sehr effektiv ab. Häufig führt Kalziumhydroxid jedoch auch zu massiven Gewebe- und Knochenverätzungen, weshalb dessen Einsatz bei Kieferabszedierungen nicht sinnvoll erscheint, zumal es schonendere Methoden gibt.

Eine unumstößliche Tatsache ist, dass **zahnassoziierte Abszesse im Kopfbereich** langfristig **nicht abheilen** können, wenn sie **ohne Zahnextraktion** lediglich eröffnet und ausgeräumt werden (sog. Abszessspaltung). Bei dieser Vorgehensweise wird an der tiefsten Stelle der „Eiterbeule“ mit einem Skalpell eine **Stichinzision** durchgeführt, der Eiter abgelassen und danach die ganze Abszesshöhle ausgeschabt. Dem schließt sich eine mehrtägige Wundspülung an. Ein Nachteil dieser Methode ist, dass die eiterbildende Abszesskapsel nicht reseziert (entfernt) wird, wie dies bei einer operativen Abszessrevision normalerweise erfolgt. Somit bildet sich immer wieder **Eiter** nach. Da dieser beim Kaninchen **sehr zähflüssig** ist, lässt er sich kaum aus der Abszesshöhle herausspülen (was z. B. bei Hunden und Katzen durchaus möglich ist), sondern muss mechanisch entfernt werden. Hierzu eignen sich unterschiedlich große scharfe Löffel. Dabei bleibt jedoch meist ein Teil des Eiters in kleineren Gewebespalten haften und führt so zu einer verzögerten Abheilung des Abszesses oder sogar zu einer erneuten Abszedierung (**Abszessrezidiv**). Unterstützt wird dies dadurch, dass bei der alleinigen Abszessinzision die Ursache der eitrigen Entzündung häufig nicht weiter abgeklärt und somit auch nicht beseitigt wird (Extraktion des ursächlichen vereiterten Zahns). Daher kann der Therapieerfolg bestenfalls vorübergehend sein. Spätestens nach einigen

Monaten stellen sich in der Mehrzahl der Fälle erneut Probleme ein. Daher entspricht eine derartige Behandlung nicht den allgemein gültigen Standards und sollte daher abgelehnt werden – außer der Besitzer wünscht dies explizit aus Kostengründen. Es ist jedoch nicht im Sinne des Tierschutzes und kann langfristig gesehen auch durchaus teurer werden (Komplikationen durch schleichendes Fortschreiten der Entzündung).

Wie es also nicht *die* Behandlungsmethode gibt, steht leider auch nicht *das* Antibiotikum zur Verfügung, das Kieferabszedierungen ohne begleitende operative Therapie zur Abheilung bringen könnte. Für Kaninchen empfehlenswert, da gut verträglich (Dickdarmflora!), sind prinzipiell folgende systemisch anzuwendenden **Antibiotika**: Chloramphenicol, Sulfonamide, Trimethoprim-Sulfonamid, Oxytetracyclin, Doxycyclin, Enrofloxacin und Metronidazol. Allerdings zeigen viele dieser Wirkstoffe bei eitrigen Knochenentzündungen nur wenig oder keine ausreichende Wirkung. Daher ist deren **lokaler Einsatz viel sinnvoller** (**AIPMMA-Kügelchen** = antibiotic impregnated polymethyl methacrylate beads). Perioperative Antibiotikagaben unterstützen die Abszessheilung, indem sie eine zu starke Keimbelastung des Blutes und somit eine eventuelle Abschwemmung der Eitererreger in andere Organe verhindern. Ein Einsatz über mehr als 10 Tage ist jedoch nicht sinnvoll. Zeigt der Abszessbereich in dieser Zeitspanne keine eindeutige Heilungstendenz, wurde etwas übersehen und es ist primär eine erneute gezielte Röntgendiagnostik indiziert.

Bisweilen werden zur Langzeitbehandlung von Kieferabszessen diverse **Penizillin-Präparate** empfohlen. Diese haben zwar eine **vorübergehende Wirkung**, indem sich die eitrige Knochenentzündung kurzfristig etwas beruhigt, aber die zahn- und knochenzerstörenden Veränderungen schreiten in der Tiefe weiter fort, vielleicht nur etwas verzögert und von außen unbemerkt. Zu einer langfristigen Heilung führt eine derartige Medikation jedoch nachweislich nicht. Mit Hilfe von Röntgenaufnahmen lässt sich dies meist eindeutig belegen. Auch sollte man die mit einer derartigen Behandlung einhergehenden Schmerzen keinesfalls unterschätzen, die sich auch mit der Gabe von Analgetika (Schmerzmitteln) nicht effektiv bekämpfen lassen. Anders ist die Situation, wenn **Penizillin-Präparate** mit einer **operativen Abszessrevision** sowie **Zahnextraktion** kombiniert werden. Zwar primär nicht für Kaninchen zugelassen (prinzipielle Gefährdung der Darmflora!), können sie derart eingesetzt in Einzelfällen dennoch hilfreich und gut verträglich sein. Besonders bewährt hat sich hierbei eine Mischung aus Penizillin und Streptomycin.

Parallel zur Zahnextraktion und operativen Abszessrevision muss stets eine **adäquate Schmerztherapie** durchgeführt werden. Dies ist nicht nur wichtig, um ein Leiden des Patienten zu verhindern (Tierschutz), sondern auch um die **Abwehrkräfte des Organismus zu unterstützen**. Anhaltende Schmerzen führen zu einer Immunsuppression und erhöhen somit die Gefahr zusätzlicher Infektionen oder einer Keimausschwemmung in innere Organe. Auch verschlechtert sich die Wundheilung. Da nicht analgetisch versorgte Tiere schmerzbedingt deutlich weniger trinken und fressen, kommt es darüber hinaus sekundär häufig ebenfalls zu Verdauungsproblemen. Bei ganz extremen Schmerzen kann der Organismus sogar in eine Art Schock verfallen, der letztendlich zum Tod führt.

Zusammenfassend lässt sich festhalten, dass der **entscheidende Faktor jeder Behandlung im Gebissbereich** eine möglichst **umfassende Diagnostik** ist. Nur wenn die primären Ursachen in ihrer Gesamtheit erkannt und (sofern machbar) gezielt beseitigt werden, kann ein langfristiger Therapieerfolg erzielt werden. Und hierzu bedarf es in allererster Linie **informativer Röntgenaufnahmen**. Daher lohnt es sich, in eine möglichst frühzeitige Diagnostik Geld zu investieren – schon allein im Interesse des Tieres.

Schneidezahnüberwuchs bei kurzköpfigen Kaninchen (Brachygnathie)

Sind die Schneidezähne bei jungen Kaninchen (4–12 Monate alt) extrem lang und wachsen sie ohne Kontakt und gegenseitigen Abrieb aneinander vorbei, liegt meist ein genetischer Defekt vor. Verantwortlich hierfür ist ein falsch definiertes Zuchtziel; d. h. die Zucht von Kaninchen mit einem möglichst kleinen, runden Köpfchen (sog. „**Kindchen-Schema**"). Die damit verbundenen verkürzten Kiefer (**Brachygnathie**) führen zu einer **angeborenen Gebissveränderung**. Meist besteht eine Verkürzung des Diastemas (zahnloser Bereich hinter den Schneidezähnen) im Oberkiefer, wodurch die Länge von Ober- und Unterkiefer differiert. Die beständig wachsenden Schneidezähne haben hierdurch keinen Kontakt zueinander oder treffen in unnatürlicher Weise aufeinander, so dass sie sich gegenseitig gar nicht mehr oder in abnormer Weise abreiben. Da die oberen Schneidezähne von Natur aus eine größere Krümmung aufweisen, wachsen sie meist „posthornartig" in die Mundhöhle hinein (Gefahr der Weichteilverletzung), während die weniger gekrümmten unteren Inzisivi wie Elefanten-Stoßzähne in einem weiten Bogen an der Nasenspitze vorbeiwachsen (Abb.11 und Abb.13 und Abb.317).

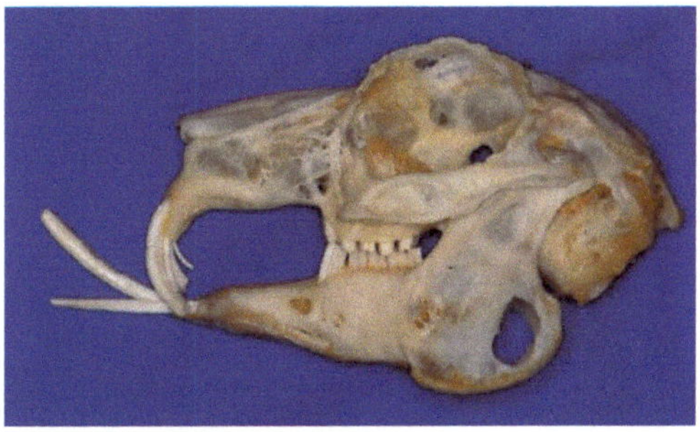

Abbildung 317: Angeborene Verkürzung des Oberkiefers („Kindchenschema") mit sekundärem Schneidezahnüberwuchs.

Im Anfangsstadium liegen primär keine Veränderungen im Backenzahnbereich vor, so dass den Tieren eine normale Zerkleinerung des vorwiegend mit den Lippen aufgenommenen Futters möglich ist. Die Schneidezähne müssen bei diesen brachygnathen Tieren während ihres ganzen Lebens absolut **regelmäßig gekürzt** werden. Dies ist **ca. alle 4-6 Wochen** erforderlich und erfolgt vorzugsweise mit Hilfe einer **rotierenden Trennscheibe** (Abb.318 und Abb.319).

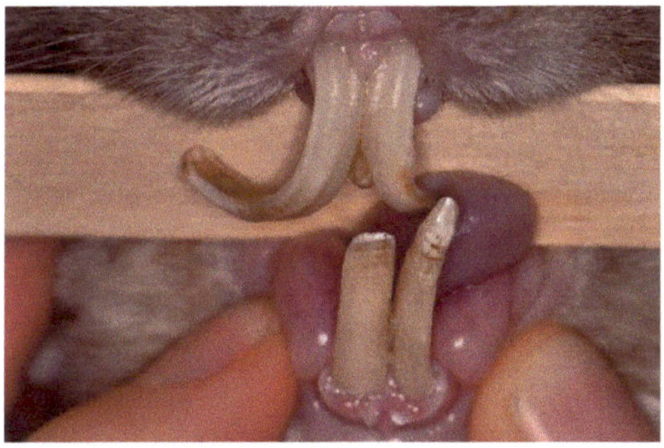

Abbildung 318: Hölzerner Zungenspatel als „Weichteilschutz" hinter den oberen Inzisivi.

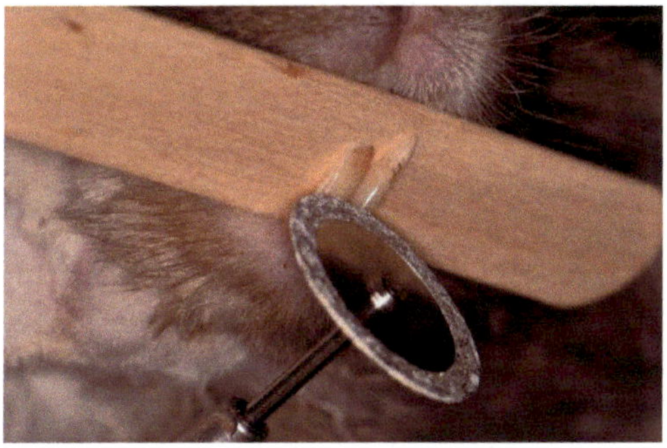

Abbildung 319: Kürzung der unteren Schneidezähne eines Kaninchens mit Hilfe der Trennscheibe.

Zögert man die Zahnkürzung so lange hinaus, bis die überlangen Schneidezähne tiefe Verletzungen der Mundschleimhaut verursacht haben (Abb.295), entwickeln sich innerhalb kurzer Zeit begleitende Backenzahnveränderungen, die schwerwiegende Folgen haben können. Denn bedingt durch den Schmerz, der sich aus der Schleimhautverletzung ergibt, schließen die Tiere die Mundhöhle nicht mehr vollständig. Hierdurch stehen die Kauflächen der Backenzähne etwas auf Distanz, was zu einer raschen Verlängerung der sichtbaren Krone aller Backenzähne führt. Werden die überlangen Schneidezähne dann gekürzt, kontaktieren die Backenzahnkauflächen wieder miteinander. Als Folge des vorübergehend übermäßigen Zahnwachstums steigt die axiale Druckeinwirkung auf die Backenzähne und dies prädisponiert zum Durchbruch der Zahnwurzeln in den Kiefer. Um dies zu verhindern, ist eine möglichst frühzeitig durchgeführte **Entfernung aller Schneidezähne** die **bessere Behandlungsoption**. Postoperativ können die Tiere Heu sowie kleinere Futterbestandteile (z. B frische Gräser, Blüten, Blätter und Teile von Blattgemüse) problemlos mit den Lippen aufnehmen und im Backenzahnbereich zerkleinern. Somit ist eine artgerechte Ernährung möglich.

Bei sehr kurznasigen Kaninchenrassen können angeborene Veränderungen auftreten, die nicht nur das Oberkiefer-Diastema betreffen, sondern das gesamte Kopfskelett. In diesen Fällen treffen auch die Backenzähne primär nicht korrekt aufeinander, da die Kauflächen leicht versetzt sind. Diese **skelettalen Anomalien** lassen sich nur mit Hilfe einer Röntgenaufnahme von der einfachen Brachygnathie differenzieren. Langfristig besteht eine deutlich ungünstigere Prognose. Der Tierarzt/die Tierärztin wird von Fall zu Fall entscheiden, welche Therapieform sinnvoll und erfolgversprechend ist.

Häufiger als angeborene Schneidezahnerkrankungen finden sich bei Kaninchen **sekundäre Probleme der Schneidezähne**, die im **Gefolge einer primären Backenzahnmalokklusion** auftreten. Betroffen sind in der Regel ältere Tiere (Durchschnittsalter ca. 2–3 Jahre) und im Vordergrund der Therapie stehen die meist sehr ausgeprägten Befunde im Backenzahnbereich. Können diese erfolgreich therapiert werden, so normalisiert sich üblicherweise auch die Situation im Schneidezahnbereich. Eine „einfache" Kürzung der Schneidezähne ist aus diesem Grund nicht sinnvoll. Nicht reversibel sind jedoch Zahnwurzelentzündungen oder strukturelle Zahnveränderungen (Abb.217, Abb.266 und Abb.320).

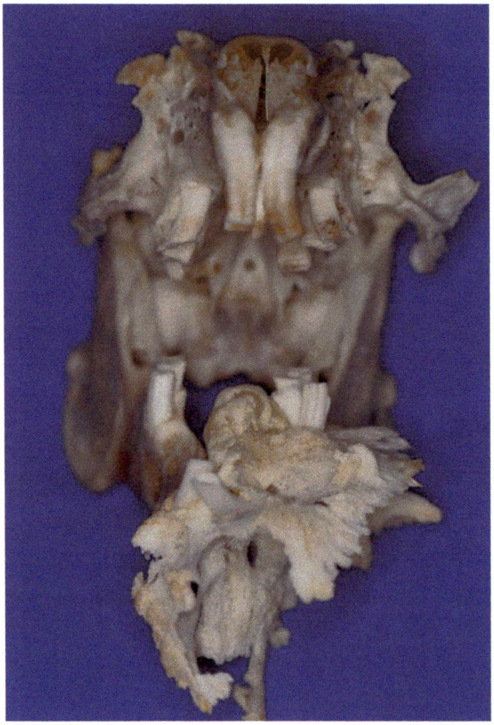

Abbildung 320: Präparat eines Kaninchenschädels mit weit fortgeschrittener linksseitiger Unterkieferabszedierung und starker sekundärer Veränderung fast aller Schneide- sowie Backenzähne.

Kampylognathie und Zangengebiss

Die **Kampylognathie** ist eine besondere Form der angeborenen skelettalen Missbildung. Durch eine seitliche Verschiebung sowie **Verdrehung des vorderen Oberkiefers sowie des Nasenbeins** im Verhältnis zum Unterkiefer kommt es ebenfalls zu einem unphysiologischen oder gänzlich fehlenden Schneidezahnkontakt. Abhängig vom Befund im Backenzahnbereich kann therapeutisch eine Entfernung aller Inzisivi in Erwägung gezogen werden.

Angeborene Missbildungen können nicht nur die Kieferknochen betreffen (skelettale Missbildung), sondern auch die Schneidezähne selbst (**dentale Missbildung**). Derartige Anomalien werden allerdings recht selten beobachtet. Klinisch macht sich die angeborene Zahnmissbildung durch einen deutlich **veränderten Krümmungsradius der Schneidezähne** bemerkbar. Das Resultat ist im Prinzip dasselbe wie bei der skelettalen Missbildung (Brachygnathie): Die Inzisivi kontaktieren in einer abnormen Weise. Sie haben meist einen unmittelbaren Kontakt (sog. **Zangengebiss**) und ihre Okklusionsfläche ist stumpf statt meißelförmig. Ein Zangengebiss kann allerdings als Folge einer primären Backenzahnproblematik auch erworben sein. Röntgenbilder helfen bei der Differenzierung. In Einzelfällen kann eine frühzeitig durchgeführte korrektive „Einschleifung" der Schneidezähne hilfreich sein. Jedoch kann dies über eine hiermit einhergehende Veränderung der axialen Zahnbelastung auch zu einem verstärkten retrograden Wachstum der Zähne führen.

Nachwort

Am Ende des Buches angelangt wird sich der Leser nun fragen: „Na gut – aber wie soll ich mein Kaninchen denn nun eigentlich ernähren? Welches Futter? Welche Marke? Wo bekomme ich es her? .....“ Hat man den Text aufmerksam gelesen und gewisse Zusammenhänge auch wirklich verstanden, erkennt man selbst, dass sich diese Fragen nicht so einfach beantworten lassen. Am besten wäre es, wenn man sein Kaninchen möglichst artgerecht und natürlich füttern könnte; d. h. überwiegend mit Frischfutter von der Wiese im Sommer sowie geeigneten Heumischungen und diversen Blattgemüsesorten im Winter. Aber lässt sich dies langfristig auch wirklich in die Tat umsetzen? Dies hängt von vielen Faktoren ab und daher muss jeder für sich entscheiden, wie viel Geld, Zeit und Mühe er in eine gesunde Ernährung seines Lieblings investieren möchte oder kann.

Greift man alternativ auf kommerzielle Futtermischungen zurück, sollte man bedenken, dass es bis dato keine ideale Fertignahrung für Hauskaninchen gibt, die langfristig als Alleinfutter verabreicht alle Forderungen hinsichtlich einer optimalen Ernährung sowie eines adäquaten Zahnabriebs erfüllt (dies ist zumindest die persönliche Ansicht der Autorin). Hierdurch sollen jedoch keinesfalls auf dem Markt befindliche Produkte per se „abgewertet“ werden. Viele Erzeugnisse sind qualitativ hochwertig und als Zusatzfutter für Kaninchen durchaus geeignet und somit empfehlenswert. Ein gewissenhaftes Studium der Inhaltsstoffe sowie eine kritische Beurteilung der Struktur der einzelnen Futterkomponenten wird dem informierten Kaninchenhalter zeigen, welche Vorzüge das einzelne Produkt hat oder ob es vielleicht doch gewisse Gefahren in sich birgt (insbesondere im Hinblick auf eine langfristige Gesundheit des Gebisses sowie eine stabile Verdauung). Wenden Sie bei der Auswahl der einzelnen Futtermittel das mit der Lektüre dieses Buches erworbene Wissen einfach praktisch an – dann wird sich fast automatisch die Spreu vom Weizen trennen. Bei ausbleibender Nachfrage werden für Kaninchen völlig ungeeignete Futtermittel hoffentlich rasch vom Markt verschwinden – zum Wohle künftiger Kaninchengenerationen.